U0340955

对症滋补养生汤全书

孙志慧　编著

天津出版传媒集团
天津科学技术出版社

图书在版编目（CIP）数据

对症滋补养生汤全书 / 孙志慧编著 . —天津：天津科学技术出版社，2014.12（2023.12 重印）

ISBN 978-7-5308-9424-8

Ⅰ . ①对… Ⅱ . ①孙… Ⅲ . ①保健 – 汤菜 – 菜谱 Ⅳ . ① TS972.122

中国国家版本馆 CIP 数据核字（2015）第 004016 号

对症滋补养生汤全书

DUIZHENG ZIBU YANGSHENGTANG QUANSHU

策划编辑：杨　譞

责任编辑：孟祥刚

责任印制：兰　毅

出　　版：天津出版传媒集团 / 天津科学技术出版社

地　　址：天津市西康路 35 号

邮　　编：300051

电　　话：（022）23332490

网　　址：www.tjkjcbs.com.cn

发　　行：新华书店经销

印　　刷：三河市万龙印装有限公司

开本 720 × 1 020　1/16　印张 28　字数 550 000

2023 年 12 月第 1 版第 3 次印刷

定价：78.00 元

前言

“无汤不上席，无汤不成宴。”汤是中国人餐桌上必不可少的角色，喝汤是中国人自古延续至今的饮食传统，也是公认的最好的滋补养生方式。

做汤就是通过食物巧妙的搭配、火候的科学把握，针对不同病症和需求制作出不同功效的汤品。好汤不止是滋味好，还有着大家不了解的、隐藏在浓汤之中的补身治病的秘密。汤中不仅包含了各种新鲜食材的补益功效，还囊括了各种药材的综合作用，能有效营养脏腑、滋润关节、补虚健体。

经常喝汤，益处多多。研究表明，汤中的营养成分更容易被人体吸收，而且不易流失，在人体内的利用率也高。早餐喝汤，可以润肠养胃，迅速补充夜间代谢掉的水分，促进废物排泄；饭前喝汤，可以增加饱腹感，从而减少食物的摄取量，达到瘦身减肥的效果；春秋季节喝汤，可以驱赶寒冷，增强机体免疫力。而对于老年人、小孩、肠胃吸收不好的人群、术后调养的人以及孕产期妇女，喝汤更是有百利而无一害。

喝汤是一门学问，多喝骨汤抗衰老，多喝鸡汤防感冒，多喝鱼汤治哮喘，多喝菜汤解疲劳……根据中医理论，无论是荤汤还是素羹，“对症喝汤”都可以达到抗衰防病的功效。每个人都能根据自己的身体状况选择适合自己的汤品，利用好喝又有食疗作用的汤有针对性地进行调养。

那么，如何才能烹制出美味又营养的滋补汤呢？本书针对不同人群和日常生活中常见的100多种疾病，精心设计了近700个对症滋补的汤谱，涵盖不同季节、不同体质、不同人群、不同疾病，疾病则按照常见小病、现代病、内科疾病、外科疾病、妇科疾病、男科疾病、儿科疾病来进行归类，各有侧重，详细介绍了对症滋补的汤品。每个汤品都将蔬菜、肉类、水产等食材和调料、药材巧妙搭配，材料、调料、做法，面面俱到，烹饪步骤清晰，同时配以精美的图片，读者可以一目了然地了解汤品的制作方法。即使没有任何经验，也可以按照书中的指导做出美味健康的养生汤。

健康的身体需要平时的调养呵护，本书一定会成为您喝汤食疗的首选，为您的餐桌增添色彩，为您的生活增添暖意，让全家人远离疾病，喝出健康。

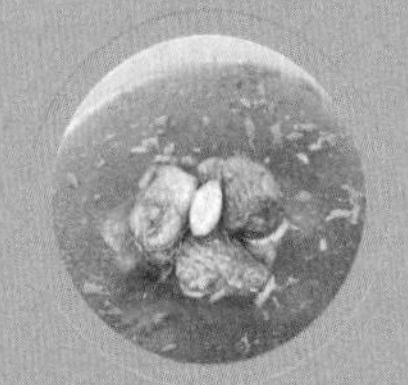

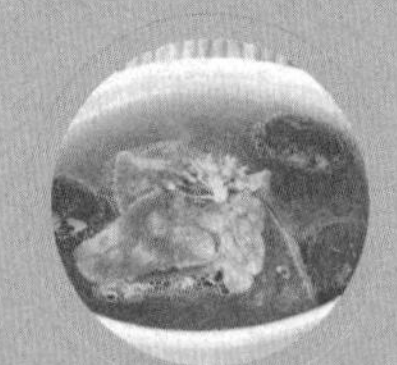

目录

绪论

上篇　滋补全家人的营养汤

第三章 适合不同人群的滋补汤....35

第四章 让身体更好的强身汤........46

下篇 赶走身体不适的调养汤

第一章 常见小病食疗好汤膳........202

第二章 现代病食疗好汤膳............249

第三章 内科疾病食疗好汤膳........280

绪论

汤饮的营养保健功效

为了能够充分地发挥汤的养生功效，我们就要对做汤食材的养生功效有所认识和了解，这就需要我们认识食材的五味，掌握食材的四性。不同的食材有不同的性、味和归经，有不一样的养生功效，适合于不同的人群和体质，适合于不同的季节食用。如果能够顺应季节选择适合自己体质的食物入汤，就能最大限度地发挥食材的养生功效。

认识五味煮好汤

食物分五味，五味原料入汤，可单一，也可多样。五味既相互配合，又相互制约，是和人体、季节紧密相连的。如能按照季节、身体状况，调节五味原料入汤，就会对养生起到事半功倍的作用。

五味图表

味	对应内脏	功效	过量食用危害	代表食物
酸	入肝	促进消化和保护肝脏的作用，杀灭胃肠道内的病菌，预防感冒、降血压、软化血管	伤脾，会引起胃肠道痉挛，消化功能紊乱	山楂、韭菜、芝麻
甘	入脾	补气养血、补充热量、解除疲惫、调养解毒	伤肾，心气烦闷、喘息、肤色晦暗、骨骼疼痛、头发脱落，血糖升高，胆固醇增加，使人发胖，诱发心血管疾病	大枣、粳米、牛肉
苦	入心	清热、泻火	会使皮肤枯槁、毛发脱落，极易导致腹泻，消化不良等症	杏、羊肉、麦
辛	入肺	保护血管，调理气血、流通经络，预防风寒、感冒	刺激胃黏膜，使肺气过盛，筋脉不舒、指甲干枯	桃、葱、鸡肉、黄黍
咸	入肾	调节人体细胞和血液渗透、保持正常代谢	会使流经血脉中的血瘀滞，甚至改变颜色	栗、猪肉、大豆

五味与四季养生图表

四季 / 食用宜忌	少食	多食
春季	酸	甘
夏季	苦	辛
秋季	辛	酸
冬季	咸	苦

掌握四性煮好汤

食物的四性即寒、凉、温、热，食物的寒凉性和温热性是相对而言的，还有一类食物在四性上介于寒凉与温热之间，即寒热之性不明显，通常将之称为平性。在我们日常食用的食物中，平性食物居多，温热性食物次之，寒凉性食物最少。食物在入汤时，讲究相互搭配、寒热均衡，这样才能保证膳食平衡，才不至于对人体体质造成伤害。

食物四性图表

四性	养生功效	适应人群	代表食物
温性	增强体力、补气血	适合温性体质、虚性体质、湿性体质，以素食为主的人群	糯米、猪肝、牛肉、韭菜、枣、姜
寒性	除燥热、利尿	适合热性体质、实性体质，以肉食为主的人群	大白菜、冬瓜、螃蟹、海带、西瓜、甘蔗
凉性	除燥热、静心	适合燥性体质	小麦、鸭肉、菠菜、草莓、菊花
热性	暖身散寒	适合寒性体质	辣椒、胡椒、鳟鱼、肉桂、花椒

不管是传统中医还是现代科学研究都已经证实，汤饮养生是饮品养生中的一种极佳方法，对人体健康养生大有裨益。

煲汤大多会经过急火煮沸、慢火煮烂的过程，各种食材、药材经过长时间的炖煮，多被煮得软烂，食用这些食材有利于消化，不会增加消化系统的负担，而且这些食材的营养成分在这个过程中充分渗入到汤中，极易被人体消化吸收。而且汤可以润滑口腔和肠胃，刺激胃液的分泌，起到帮助胃消化的作用，从而达到增进食欲的效果。

不同的汤品，不同的功效

煲汤的食材广泛，营养保健功效各异，因此，无论是身体虚弱，或是患有疾病的人群，都可以通过汤饮来养生，即使是身体健康的人群，也可以通过汤饮来强身健体。

因此，如果能够掌握一些日常汤品的养生功效，经常为家人献上一道营养美味的汤品，就一定能够为家人的身体健康保驾护航。

1. 鸡汤抗感冒

鸡汤，特别适用于体弱多病者。鸡汤（特别是母鸡汤）中的特殊养分，能够加快咽喉部支气管黏膜的血液循环，增强黏液分泌，及时清除呼吸道病毒，可以有效地缓解咳嗽、咽干、喉痛等症状，对感冒、支气管炎等的防治效果独到。

2. 鱼汤可防哮喘

鱼汤中含有一种特殊脂肪酸，这种脂肪酸具有抗炎作用，可抑制呼吸道发炎，防止哮喘疾病的发作。如果能够坚持每周喝 2 ~ 3 次鱼汤，可使因呼吸道感染而引起的哮喘病发生率减少 75%。

3. 骨头汤补充钙质，抗衰老

骨头汤适用于儿童和老人。儿童喝骨头汤是较好的补钙方式，且吸收利用率较高。而老人常喝骨头汤能预防骨质疏松，随着年龄的增加，骨髓制造红细胞和白细胞的能力也会逐渐衰退，会出现头发脱落，皮肤变干燥和松弛，经常伤风咳嗽等现象，甚至招致心脑血管疾病缠身，这些都是微循环障碍的结果。骨汤中含有的特殊营养成分以及胶原蛋白等可疏通微循环，从而改善上述老化症状，起到抗衰老作用。

4. 蔬菜汤抗污染

蔬菜汤有“人体清洁剂”的美称。各种新鲜蔬菜中都含有大量碱性成分，并易于溶入汤中，饮用蔬菜汤可使体内血液呈弱碱性，并能促使沉积于细胞中的污染物或毒性物质重新溶解，随尿液排出体外。

5. 海带汤增强新陈代谢

海带中富含碘元素，利于甲状腺激素的合成，此种激素具有产热效应，通过加快组织细胞的氧化过程提高人体基础代谢，并使皮肤血流加快，从而增强人体的新陈代谢。

煲汤方法要掌握

煲汤的食材取材广泛，汤品的种类各异，常见的汤品有：

高汤

高汤是烹饪中常用到的一种辅助原料，主要选用猪骨、鸡骨和鱼骨等为煲汤原料。以高汤为辅助原料做出来的汤品滋味更加鲜美。制作高汤所用的材料各有优劣，只有掌握正确的熬制方法，才能扬长避短，熬出质优价廉的高汤。尤需注意的是，由于高汤在制作过程中，需要反复熬制，使得其中亚硝酸盐含量严重偏高，因此，高汤只能作为调味辅料使用，直接饮用会极大增加致癌隐患。

浓汤

浓汤是以高汤做汤底，添加各种材料后一起煮，再以大量的淀粉勾芡做成的，其汤汁呈浓稠状，味道也比较醇厚，如玉米浓汤。

清淡汤

清淡汤大多加热时间较短，汤汁清澈、口感滑嫩。但是，由于材料加热的时间太短，所以食材的鲜味无法在汤中得到完全释放，因此必须靠调料或高汤来提味。常见的清淡汤有家常的酸辣汤、青菜豆腐汤、蛋花汤等。还有一些汤直接以材料本身的原味提鲜，这就需要用小火慢熬。熬汤时切忌用大火烧，否则，不仅材料不容易煮烂，而且汤汁会快速蒸发，造成汤汁混浊，失去美感。

甜汤

甜汤的味道甜美，根据不同配制及佐料可起到滋润、泄热、止渴、生津、美容养颜、滋阴除烦、补血安神等功效，有极高的营养价值。可以作为甜汤的材料有很多，不同的材料具有不同的功效，有的属于清凉性，有的具有燥热性。根据不同的主料来配搭不同辅料，可以达到相辅相助的效果。

羹汤

羹汤虽然也是以粉料勾芡而成，但和浓汤之间还是存在着一些差异的，羹汤所用的粉料以淀粉或玉米粉为主，食材往往切得非常细碎，只有这样，才能缩短烹制的时间，保证食材软烂，常见的羹汤有海鲜羹汤、肉羹汤等。

无论是哪一类汤品，都有其各自的风味特点和养生功效，但汤品的味道和营养功效主要还是取决于煲汤方法的正确与否，不同的煲汤原料，就要采用不同的方法煲制，只有这样，才能让原料的营养价值最大限度地发挥出来，下面就介绍几种常见的煲汤方法以及相应的注意事项：

氽汤

氽汤是煲汤的常用方法之一，指对一些原料进行过水处理，属于大火速成的烹调方法。氽菜的主料多加工成细小的片、丝、花刀形或制成丸子，而且成品汤比较多。这种煲汤方法容易产生浮沫，要除去。通过这种烹调方法煲制出来的汤品质嫩爽口、清淡解腻。

煮汤

煮汤的方法和氽汤有些相似，但煮汤比氽汤的时间长。煮汤就是把主料放在汤汁或清水中，用大火烧开后，改用中火或小火慢慢煮熟。值得注意的是，在煮汤的过程中，汤要一次性加足，不要中途续加，不需要勾芡，否则就会影响味道。通过这种烹调方法煲制出来的汤品口味清鲜、汤菜各半。

炖汤

炖汤要先用葱、姜炝锅，再冲入汤或水，烧开后下入主料，先大火烧开，再小火慢炖。要想炖一款美味鲜汤，最好选择韧性较强、质地较坚硬的块状原料。通过这种烹调方法煲制出来的汤品汤汁清醇、质地软烂。

熬汤

熬汤就是将原料用水涨发后，除去杂质，冲洗干净，撕成小块，锅内先注入清水，再放入原料和调料用大火烧沸后，撇净浮沫，改用小火熬至汁稠味浓即可。熬汤的时间比炖汤的时间更长，一般在 3 小时以上，多适用烹制含胶质重的原料。

煨汤

煨汤是指将质地较老的原料放入锅中，用小火长时间加热直到原料熟烂为止，汤汁无须勾芡，最后放盐。尤其要强调的是，煨汤一定要选择质地较老、纤维较粗、不易成熟的原料，并将其切成较小的块状。通过这种烹调方法煲制出来的汤品主料酥烂、汤汁浓香、口味醇厚。

煲汤调味有诀窍

煲一锅好汤，调味是关键的一步。调味就是将原料按配方比例和工艺程序进行投放与调和，使调料与主料、配料在加热过程的前、中、后三个阶段，相互影响，相互渗透，使其发生物理和化学反应。它的功效在于，可以去除异味、保持本味、增加美味、确定口味、调节和丰富菜品色彩、提高营养价值、杀菌等。

《吕氏春秋》第十四卷《本味篇》中有这样的记载，“调和之事，必以甘、酸、苦、辛、咸，先后多少，其齐甚微，皆有四起”，要达到“甘而不浓，酸而不酷，咸而不减，辛而不烈，淡而不薄，肥而不厚”。在为汤调味时，就要承袭这一宗旨，使调制出来的汤品不可过咸、过辣、过甜，要亦甜、亦咸、亦辣等，做到不偏不倚、不藏不露、适中可口。

要想调出理想的味道，首先就要选对调料。你想要什么味道，就要选用能调出这种味道的调料。

煲汤用水有讲究

水既是鲜香食物的溶剂，又是食物的传热媒介，还是汤的精华。水温的变化、用量的多少、水质的好坏都会对汤的味道产生直接的影响。因此，煲汤用水有很多的讲究，以下几点一定要注意：

（1）煲汤时，最难掌握的是不知如何计算水量、时间、原料和火候。为了煲汤方便，可根据以下的换算公式确定用水量：

喝汤人数 × 每人喝的碗数 ×220（每碗 220 毫升）

水量也要根据预定的煲煮时间来确定。长时间煲煮的汤品水量会越煮越少，所以要在基本水量之外增加 10%，避免中途加水，否则会破坏汤的鲜美。这时就要遵循以下公式：

煮 1 小时的水量是：喝汤人数 × 每人喝的碗数 ×220×110%

煮 2 小时的水量是：喝汤人数 × 每人喝的碗数 ×220×120%

煮 3 小时的水量是：喝汤人数 × 每人喝的碗数 ×220×130%

如果是隔水蒸炖的汤，由于水分不会蒸发，因此，煲汤的用水量就要遵循这样的公式：

喝汤人数 × 每人喝的碗数 ×220

快速滚氽类的汤与羹汤，由于煲制时间短，汤水不会很容易蒸发掉，这时，煲汤的用水量就要遵循这样的公式：

喝汤人数 × 每人喝的碗数 ×220×80%

水量的计算也要考虑到原料的分量及含水率。如使用豆类、粮食类、干货或药材等容易吸水的原料，汤水不妨多加一点；而蔬菜类、瓜果类等含水量较多，容易出水的原料，煮汤的水量可以稍少一点。

（2）煲汤一般有两种方法，即开水煲汤和凉水煲汤。大部分均使用开水煲汤，而有些原料则需要用凉水煲汤，比如河鱼。凉水煲汤时，若用自来水，则必须烧开后晾凉。因为自来水中含有漂白粉或氯气，漂白粉在消毒杀菌的同时，也会在煲汤的过程中将肉中的维生素 B_1 破坏掉，这在无形之中就会失去一部分营养素。

（3）煲汤时绝不能使用纯净水与蒸馏水，纯净水过滤得很彻底，除了氧以外不含任何营养物质，而蒸馏水属于纯水，连氧也没有，更没有别的物质。

（4）煲汤时切忌使用时间过长的老化水。这类水的细菌指标过高，即便煲汤，水中细菌不仅容易污染原料，而且煮沸后还会有沉淀污物。

（5）煲汤时切忌使用炉火上沸腾了太长时间的或反复沸腾的千滚水。煮得过久，水中的重金属以及亚硝酸盐含量就会升高，饮用此类水，会引起腹泻、肠胃不适甚至机体缺氧。

（6）切忌使用剩余汤汁重新加热。同千滚水一样，它的亚硝酸盐含量会增加，对人体不利，因此制作汤品应适量，一旦制作多了，可吃掉汤中主料，剩余汤汁不可重复加热饮用。

好汤会喝才健康

煮汤要讲究一定的方式和方法，喝汤同样也要遵守一定的原则，什么时候喝、怎样喝都有其特定的讲究，喝得合理，则延年益寿；喝得不得法，反而于健康有害。那么，喝汤应注意哪些问题呢？

汤料要一起吃

大多数人认为，汤经过长时间煲煮，食材中的营养素已全部融进了汤中，因此就失去了食用价值。实际上，这种看法是错误的。相关实验证明：用鱼、鸡、牛肉等富含高蛋白的材料煮汤，6 小时后，汤看上去已经很浓了，可实际上只有 6% ~ 15% 的蛋白质融进了汤中，其余 85% ~ 94% 的蛋白质仍留在食材中。因此，只有将汤、料同食，才能最大限度地吸收营养。

饭前喝汤

很多健康养生专家认为：“饭前喝汤，苗条健康；饭后喝汤，越喝越胖。”《黄帝内经》也有记载：“邪气留于上焦，上焦闭而不通，已食若饮汤，卫气留久于阴而不行，故卒然多卧焉。”就是说，邪气停留在上焦，使上焦闭阻，气行不通畅，若在吃饱后，又饮汤水，使卫气在阴分停留时间较长，而不能外达于阳分，人就会突然嗜睡了。

饭前先喝汤，可以将口腔、食道润滑一下，这样就能够防止干硬食物刺激消化道黏膜，有利于食物稀释和搅拌，促进消化、吸收。而且饭前喝汤可使胃内食物充分贴近胃壁，增强饱腹感，从而抑制摄食中枢，减少进食量。有研究表明，一碗汤，可以让人少吸收 420 ~ 800 千焦的热能。相反，饭后喝汤是一种不利于健康的做法。吃饱后再喝汤容易导致营养过剩，造成肥胖，而且最后喝下的汤会冲淡胃液，而影响食物的消化吸收。

中午是喝汤的最佳时机。营养专家指出：“午餐时喝汤吸收的热量最少”，因此，为了

防止长胖，不妨选择中午喝汤。而晚餐则不宜喝太多的汤，否则吸收的营养堆积在体内，很容易导致体重增加。

不宜用汤泡饭

有人喜欢吃“汤泡饭”，这是非常不科学的。要知道，食物只有经过充分的咀嚼，才易于被肠道消化吸收。而汤与饭混合在一起吃，食物在口腔中尚未被完全嚼烂，就与汤一同进入了胃中，由于食物没有被充分咀嚼，这无形中给胃增添了许多负担。更何况，胃和胰脏分泌的消化液本来就不多，而且还被汤冲淡了，吃下去的食物，无法得到很好的消化吸收，这样，就成了一个恶性循环，久而久之，就会引发多种疾病。

喝汤要适量

喝汤对健康有益，并不是喝得多就好，要因人而异。同时，也要掌握喝汤时间，以饭前20分钟左右为好，吃饭时也可以少量喝汤。总之，喝汤以胃部舒适为度，切忌“狂饮”。

喝汤不宜过快

美国营养学家指出，只有延长吃饭的时间，才能充分享受食物的味道，并提前产生饱腹的感觉，喝汤也是同一道理。慢喝汤会给食物的消化吸收留出充足的时间，感觉饱了时，就是吃得恰到好处之时；而快速喝汤，等你意识到饱了，可能摄入的食物已经超过了身体所需要的量。

不宜喝单一种类的汤品

人体需要补充各种营养，而爱喝单一种类汤水的人，易出现营养不良的现象。医学上提倡用肉类与蔬菜类食物混合煮汤，不但可以使食材鲜味相互交融，还能为人体提供多种氨基酸、矿物质和维生素，从而使营养均衡。

不宜喝60℃以上的汤品

人的口腔、食道、胃肠道所能承受的最高温度为60℃，一旦超过了这个界限，就会造成黏膜烫伤。尽管人体有自行修复的功能，但反复损伤也会使消化道黏膜恶变。据调查材料表明，喜欢吃烫食的人，食道癌的发病概率要高于常人。为了维护健康，将汤的养生作用发挥出来，最好待汤冷却到50℃以下时再饮用。

不宜喝隔日汤

为了避免浪费，很多人将剩下的汤留到第二天再加热饮用。煲好的汤超过24小时，维生素就会自动流失，剩下的就只有脂肪和胆固醇等，再经加热，汤便会变质，长期饮用这类汤有损人体健康。

家庭煲汤的器具介绍

煲汤都要准备哪些器具呢？下面将为大家介绍煲汤常用的各种器具。

汤锅

汤锅是家中必备的煲汤器具之一。有不锈钢和陶瓷等不同材质，可用于电磁炉。若要使用汤锅长时间煲汤，一定要盖上锅盖慢慢炖煮，这样可以避免过度散热。

漏勺

漏勺可用于食材的汆水处理，多为铝制。煲汤时可用漏勺取出汆水的肉类食材，方便快捷。

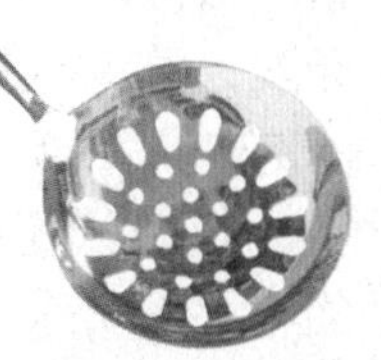

滤网

滤网是制作高汤时必须用到的器具之一。制作高汤时，常有一些油沫和残渣，滤网便可以将这些细小的杂质滤出，让汤品美味又美观。可在煲汤完成后用滤网滤去表面油沫和汤底残渣。

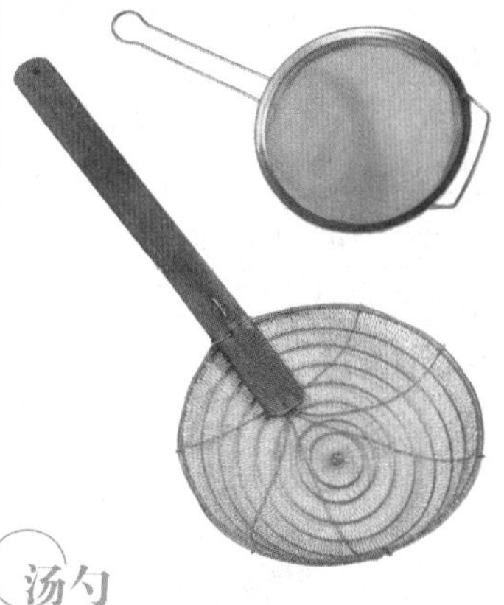

汤勺

汤勺可用来舀取汤品，有不锈钢、塑料、陶瓷、木质等多种材质。煲汤时可选用不锈钢材质的汤勺，耐用，易保存。塑料汤勺虽然轻巧隔热，但长期用于舀取过热的汤品，可能产生有毒化学物质，不建议长期使用。

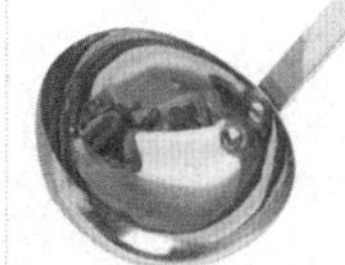

瓦罐

地道的老火靓汤煲制时多选用质地细腻的砂锅瓦罐，其保温能力强，但不耐温差变化，主要用于小火慢熬。新买的瓦罐第一次应先用来煮粥或是锅底抹油放置一天后再洗净煮一次水。经过这道开锅手续的瓦罐使用寿命更长。

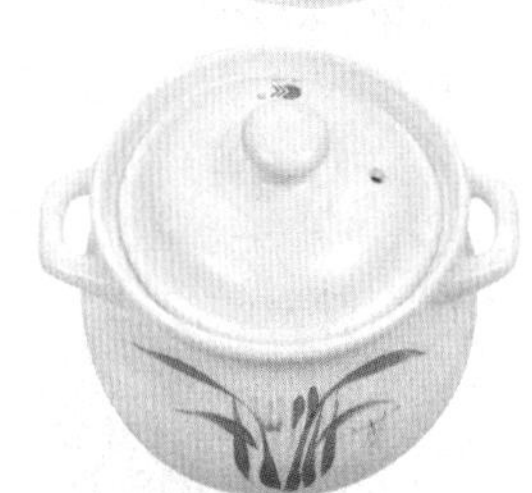

家庭煲汤常用食材介绍

家庭煲汤必须选择鲜味充足的食材。汤的鲜味成分主要来自食物中的核苷酸、氨基酸、鸟苷酸、酰胺、肽、有机酸等物质，而这些成分在动物性食材中含量较为丰富，猪肉、猪骨、猪蹄、牛肉、羊肉、鸡肉、鸭肉等。下面为大家详细介绍。

猪肉

营养功效：猪肉含蛋白质、脂肪、碳水化合物、磷、钙、铁、维生素 B_1、维生素 B_2、烟酸等成分。猪肉味苦性微寒，有小毒，入脾、肾经，有滋养脏腑、滑润肌肤、补中益气、滋阴养胃之功效。

选购窍门：选购猪肉时，要选择肌肉有光泽、红色均匀，不黏手，嗅之气味正常的新鲜猪肉。

煲汤技巧：煲猪肉汤最好用小火慢炖，这样炖出来的猪肉汤原汁原味，而且更富有营养。

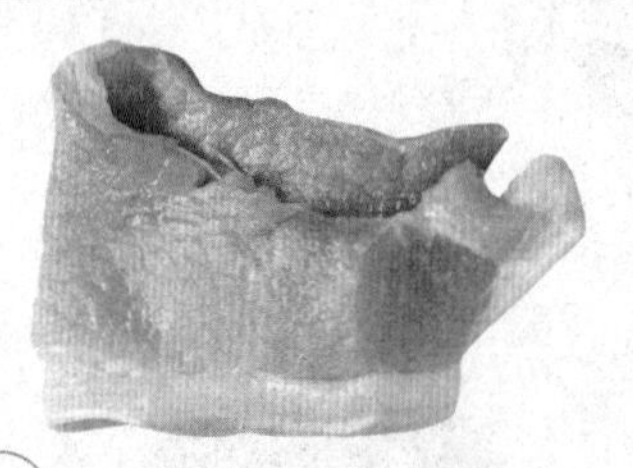

猪骨

营养功效：猪骨含大量蛋白质、脂肪、维生素以及磷酸钙、骨胶原、骨黏蛋白等。猪骨有补脾、润肠胃、生津液、丰机体、泽皮肤、补中益气、养血健骨的功效。儿童常喝骨头汤能及时补充生长发育所必需的骨胶原等物质，增强骨髓造血功能。

选购窍门：应挑选富有弹性、其肉呈红色的新鲜猪骨。

煲汤技巧：煲骨头汤前一定要先将猪骨入沸水锅中汆去血水。煲汤时，如果在汤内放点醋，可促进骨头中的蛋白质及钙、磷、铁等矿物质的溶解。此外，醋还可以防止食物中的维生素被破坏，使汤的营养价值更高，味道更鲜美。

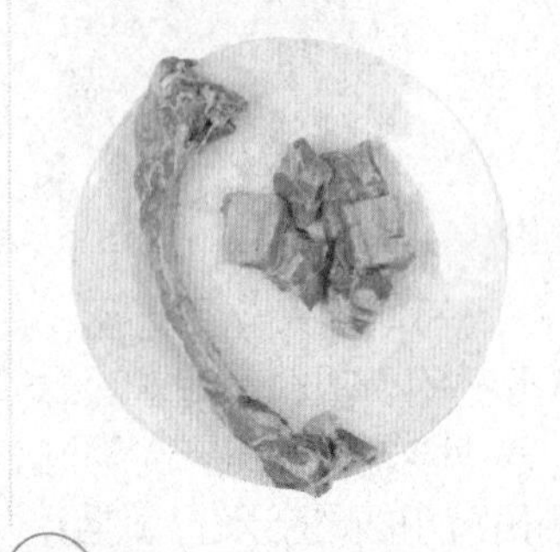

猪蹄

营养功效：猪蹄含较多的脂肪和碳水化合物，并含有维生素 A、维生素 D、维生素 E、维生素 K 及钙、磷、铁等。猪蹄具有补虚弱、填肾精等功效，对延缓衰老和促进儿童生长发育具有特殊作用，对老年人神经衰老等症有良好的改善作用。

选购窍门：要选择肉色红润均匀、洁白有光泽、肉质紧密的新鲜猪蹄。

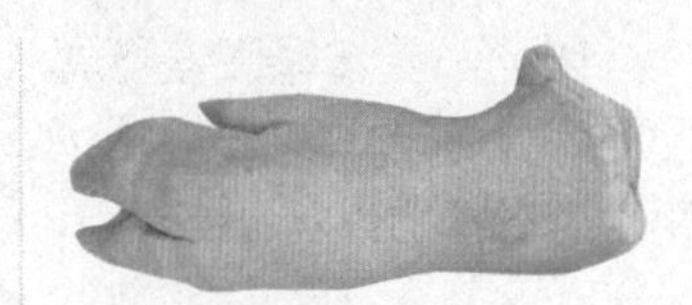

煲汤技巧：煲猪蹄汤时先用大火烧开，继续用大火烧 20 分钟，可以使汤色发白。

猪肺

营养功效：猪肺含蛋白质、脂肪、维生素 B_1、维生素 B_2、钙、磷、铁、烟酸等营养成分，具有补肺、止咳、止血的功效。

选购窍门：要选择颜色稍淡的新鲜猪肺，不要购买红色的，因为充血的猪肺炖出来会发黑。

煲汤技巧：先将切块后的猪肺同姜片炒香，再放入汤煲中加水煮沸，再加些蔬菜，如白萝卜、白菜干等同煲至熟即可。

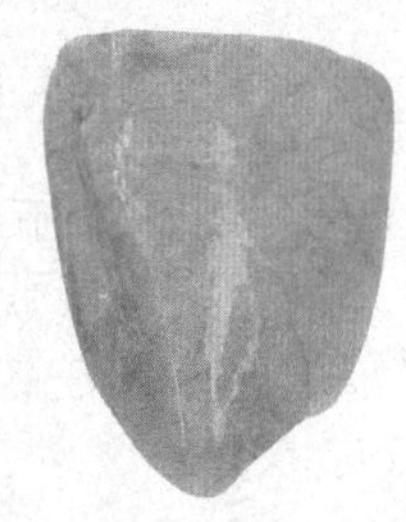

猪肚

营养功效：猪肚富含蛋白质、脂肪、维生素 A、维生素 E 以及钙、钾、镁、铁等元素，具有补虚损、健脾胃的功效。

选购窍门：要选购黄白色的、手摸劲挺、黏液多、

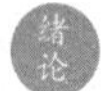

肚内无块和颗粒、弹性足的猪肚。

煲汤技巧：煲猪肚汤时加入适量生姜可以有效地去除腥味。

牛肉

营养功效：牛肉含蛋白质、脂肪、维生素 B_1、维生素 B_2、钙、磷、铁等营养成分，还含有多种特殊的成分，如肌醇、黄嘌呤、次黄质、牛磺酸、氨基酸等。牛肉味甘性温平，无毒，有补中益气、滋养脾胃、强健筋骨、化痰息风、止渴止涎之功效。

选购窍门：新鲜牛肉有光泽，肌肉红色均匀，肉的表面微干或湿润，不黏手。

煲汤技巧：炖牛肉时，将一小撮用纱布包好的茶叶同时放入锅中，与肉同煮，牛肉很快就能炖熟炖烂，并且不会影响牛肉的味道。或者在切好的牛肉块上涂干芥末，放置几小时后用冷水洗净再炖，牛肉也容易熟烂。如果煮时再放一些酒或醋，会更快煮烂。

羊肉

营养功效：羊肉含有丰富的蛋白质、脂肪，还含有维生素 B_1、维生素 B_2 及矿物质钙、磷、铁、钾、碘等。羊肉气味苦、甘，大热，无毒，入脾、肾经，为益气补虚、温中暖下之品，对虚劳羸瘦、腰膝酸软、产后虚寒腹痛、寒疝等皆有较显著的补益功效。

选购窍门：新鲜羊肉肉色鲜红而均匀，有光泽，肉质细而紧密，有弹性，外表略干，不黏手。

煲汤技巧：炖羊肉时，在锅里放点食碱，羊肉便很容易煮烂。

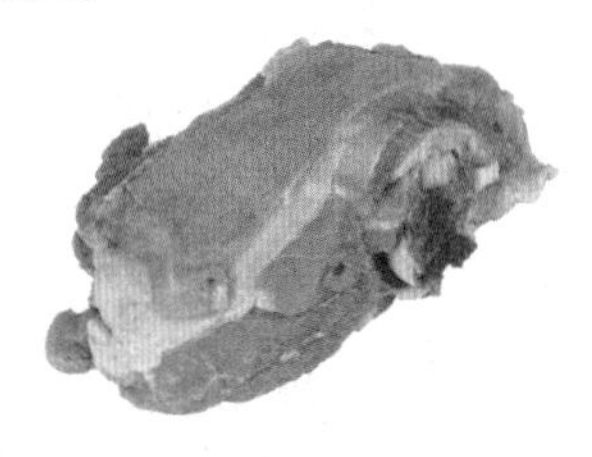

羊骨

营养功效：羊骨中含有磷酸钙、碳酸钙、骨胶原等成分。其性温味甘，有补肾、强筋的作用，对再生不良性贫血、筋骨疼痛、腰软乏力、白浊、淋痛、久泻、久痢等病症有补益功效。

选购窍门：选购羊骨时，一定要选择肉色鲜红有光泽，肉细而紧密，有弹性，外表略干，不黏手，气味新鲜，无其他异味的新鲜羊骨。

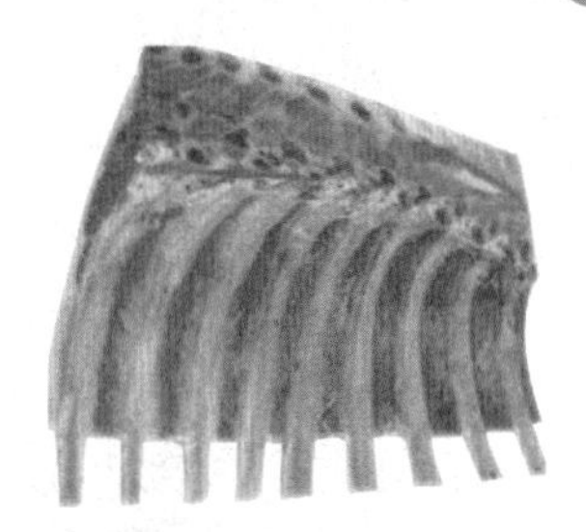

煲汤技巧：羊骨剁块后要先汆去血水和血沫，再入锅中用大火炖 2 个小时便可。

鸡肉

营养功效：鸡肉富含蛋白质、脂肪、碳水化合物、维生素 B_1、维生素 B_2、烟酸、钙、磷、铁、钾、钠、氯、硫等营养成分，有温中益气、补精填髓、益五脏、补虚损的功效。冬季多喝些鸡汤可提高自身免疫力。

选购窍门：新鲜的鸡肉肉质紧密，颜色呈干净的粉红色且有光泽；鸡皮呈米色，并有光泽和张力，毛囊突出。

煲汤技巧：鸡肉与药膳同煮，营养更全面。带皮的鸡肉含有较多的脂肪，所以较肥的鸡应该去掉鸡皮再烹制。鸡杀好后放 5 ~ 6 小时，待鸡肉表面产生一层光亮的薄膜再下锅煮，味道更美；先将水烧开，再放鸡肉，炖的汤更鲜；用盐腌渍过的鸡肉，放入冷水锅中炖更易炖烂。另外，鸡汤在食用前才放盐，味道更鲜美。

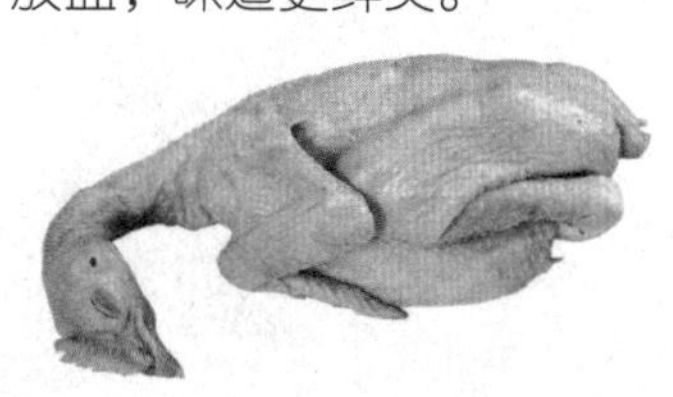

乌鸡

营养功效： 乌鸡含有人体不可缺少的赖氨酸、蛋氨酸和组氨酸，有相当高的滋补药用价值。乌鸡还富含具有极高滋补药用价值的黑色素，有滋阴、补肾、养血、添精、益肝、退热、补虚作用，能调节人体免疫功能和抗衰老。

选购窍门： 选购乌鸡时，以骨和肉都是黑色的为佳。

煲汤技巧： 乌鸡连骨（砸碎）熬汤，滋补的效果最佳。炖煮时最好不用高压锅，使用砂锅小火慢炖最好。

鸭肉

营养功效： 鸭肉富含蛋白质、B族维生素、维生素E以及铁、铜、锌等矿物质，具有养胃滋阴、清肺解热、大补虚劳、利水消肿的功效。

选购窍门： 要选择肌肉新鲜、脂肪有光泽的鸭肉。

煲汤技巧： 炖鸭的时间须在2小时以上，因为这样汤料的味才能熬出来。此外，炖老鸭时，为了使老鸭熟烂得快，可将几只螺蛳一同入锅烹煮，任何陈年老鸭也会炖得酥烂。

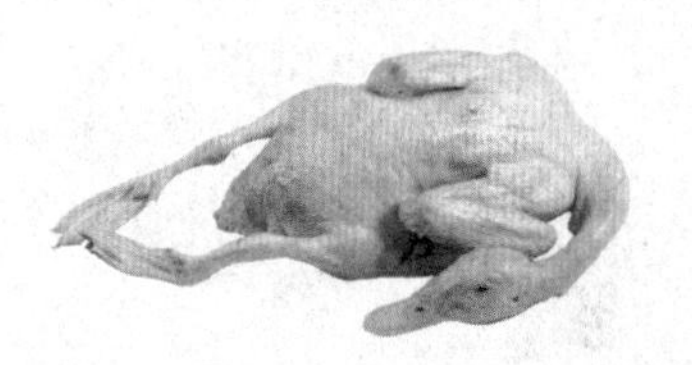

鸽子

营养功效： 鸽子肉富含维生素A、维生素B_1、维生素B_2、维生素E及造血用的微量元素，具有补肾、益气、养血的功效。女性常食鸽肉，可调补气血、提高性欲。

选购窍门： 优质鸽肉有光泽，脂肪洁白；劣质鸽肉肉色稍暗，脂肪无光泽。

煲汤技巧： 鸽子入锅后，要改用小火慢慢炖至肉酥。此外，鸽子汤的味道非常鲜美，不必放太多调味料。

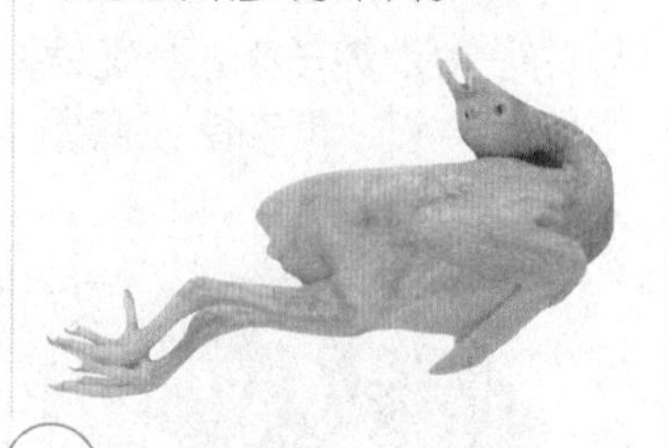

鹌鹑

营养功效： 鹌鹑富含蛋白质、卵磷脂、维生素A、维生素B_1、维生素B_2、维生素P以及铁、钙、磷等元素，具有补五脏、益精血、温肾助阳的功效。鹌鹑肉中的维生素P有防治高血压及动脉硬化的功效。

选购窍门： 好的鹌鹑胸肉肥厚，羽毛齐全而有光。

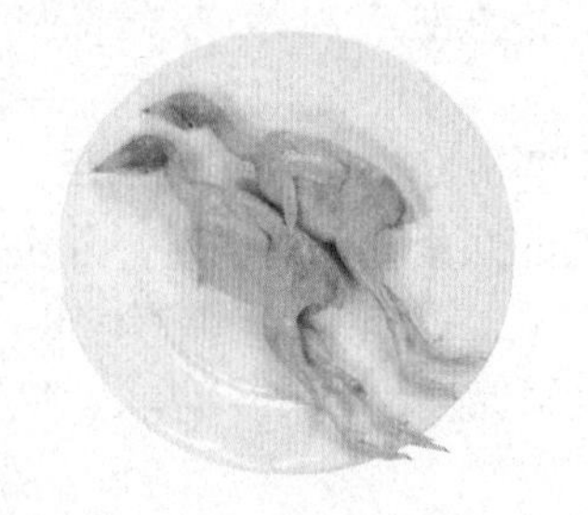

煲汤技巧： 鹌鹑切块后放入热油锅中与姜丝同炒片刻，再倒入汤煲中慢火煲3个小时。

生鱼

营养功效： 生鱼含有不饱和脂肪酸、氨基酸、优质蛋白质、钙、铁、磷等营养元素，以及增强人类记忆的微量元素。生鱼具有补气血、健脾胃之功效，可强身健体、延缓衰老。

选购窍门： 应挑选体表光滑、黏液少的生鱼。

煲汤技巧： 煲生鱼汤前，最好先将生鱼两面煎一下，这样可让鱼皮定结，再放入锅中煲就不易碎烂了，而且还不会有腥味。

鱼头

营养功效： 富含蛋白质、碳水化合物、脂肪、多种维生素、组织蛋白酶A、组织蛋白酶B、组织蛋白酶C、钙、铁、磷、谷氨酸等成分，常吃鱼头有提神健脑、增强免疫力的功效。

选购窍门： 一定要选购新鲜的鱼头。

煲汤技巧：煲鱼头汤前，要先将鱼头对半切开，再放入锅中慢火煮至沸腾。

鲫鱼

营养功效：鲫鱼富含蛋白质、脂肪、钙、铁、锌、磷等营养元素及多种维生素，可补阴血、通血脉、补体虚，还有益气健脾、利水消肿、清热解毒等功效。鲫鱼肉中富含极高的蛋白质，而且易于被人体所吸收，氨基酸含量也很高，所以对促进智力发育、降低胆固醇和血液黏稠度、预防心脑血管疾病有明显作用。

选购窍门：鲫鱼要买身体扁平、颜色偏白的，肉质会很嫩。新鲜的鲫鱼眼略凸，眼球黑白分明，眼面发亮。

煲汤技巧：鲫鱼洗净后放入锅中煲至熟，火候要掌握好，且时间不宜太长，否则鱼肉太烂影响口感。此外，可在锅内滴入几滴鲜奶，不仅可令汤中鱼肉白嫩，而且汤的滋味更为鲜美。

鲤鱼

营养功效：鲤鱼营养价值很高，特别是含有极为丰富的优质蛋白质，而且容易被人体吸收，利用率高达 98%，可供给人体必需的氨基酸。鲤鱼肉中还含有大量的氨基乙磺酸，具有增强人体免疫力的作用，同时又是促进婴儿视力、大脑发育必不可少的营养成分。

选购窍门：鲤鱼体呈纺锤形、青黄色，最好的鱼游在水的下层，呼吸时鳃盖起伏均匀。

煲汤技巧：鲤鱼两边背脊的皮内各有一条似白线的筋，在烹制前要把它抽出，一是因为它的腥味重，二是它属强发性物（俗称“发物”），特别不适于某些病人食用。

甲鱼

营养功效：甲鱼含有丰富的蛋白质，蛋白质中含有 18 种氨基酸，并含有一般食物中很少有的蛋氨酸。此外，甲鱼还含有磷、脂肪、碳水化合物等营养成分。甲鱼是滋阴补肾的佳品，有滋阴壮阳、软坚散结、化瘀和延年益寿的功效。

选购窍门：好的甲鱼动作敏捷，腹部有光泽，肌肉肥厚，裙边厚而向上翘，体外无伤病痕迹。

煲汤技巧：甲鱼煲汤前一定要在沸水中煮一下，以洗掉表面的一层膜，然后再入锅中加水大火炖至熟烂。

冬瓜

营养功效：冬瓜含有矿物质、维生素等营养成分，具有清热解毒、利水消肿、减肥美容的功效。

选购窍门：最好选择外形完整、无虫蛀、无外伤的新鲜冬瓜。

煲汤技巧：冬瓜最好切大块，放入锅中和其他原材料慢火煲至熟烂即可。

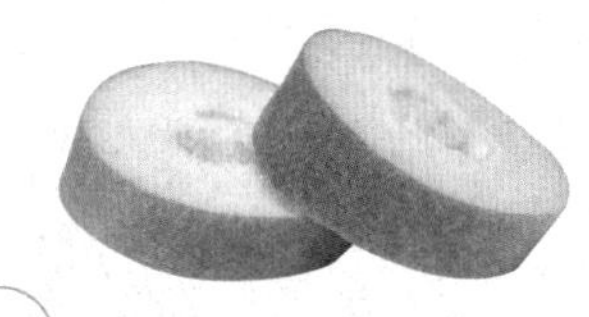

白萝卜

营养功效：白萝卜含蛋白质、糖类、B 族维生素和大量的维生素 C，以及铁、钙、磷、纤维、芥子油和淀粉酶等营养成分。白萝卜中还含有大量的植物蛋白、维生素 C 和叶酸，食入人体后可洁净血液和皮肤，同时还能降低胆固醇含量，有利于血管弹性的维持。

选购窍门：皮细嫩光滑，比重大，用手指轻弹，声音沉重、结实的为佳，如声音混浊则多为糠心。

煲汤技巧：白萝卜味道鲜甜，用来煲汤可以增加汤的鲜味，因此不可加太多调味料，以免影响汤的味道。

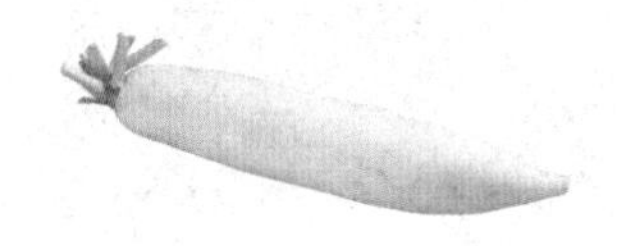

莲藕

营养功效：莲藕含葡萄糖、天冬碱、蛋白质、蔗糖、葫芦巴碱等，还有丰富的钙、磷、铁及多种维生素。莲藕具有滋阴养血的功效，可以补五脏之虚、强壮筋骨、补血养血。

选购窍门：要选择两端的节很细、藕身圆而笔直、用手轻敲声音厚实、皮颜色为淡茶色、没有伤痕的莲藕。

煲汤技巧：用莲藕煲汤时，最好切成大块，用小火慢煲至莲藕熟烂。

玉米

营养功效：玉米含蛋白质、糖类、钙、磷、铁、硒、镁、胡萝卜素、维生素 E 等营养素，具有开胃益智、宁心活血、调理中气等功效。玉米还能降低血脂肪，对于高血脂、动脉硬化、心脏病的患者有助益，并可延缓人体衰老、预防脑功能退化，增强记忆力。

选购窍门：玉米以整齐、饱满、无缝隙、色泽金黄、表面光亮者为佳。

煲汤技巧：煲汤时加入整根玉米或者将玉米切成小段熬煮即可。

制作广东靓汤的关键

广东老火靓汤很有名，所以很多人认为做出正宗的广东老火靓汤很难。其实广东老火靓汤的制作并没有想象的那么难，但是要想做好一锅美味又营养兼备的广东老火靓汤，一定要注意以下七个关键。

注意主料和调味料的搭配

常用的花椒、生姜、胡椒、葱等调味料，这些都起去腥增香的作用，一般都是

少不了的，针对不同的主料，需要加入不同的调味料。比如烧羊肉汤，由于羊肉膻味重，调料如果不足的话，做出来的汤就是涩的，这就得多加姜片和花椒了。但调料多了也有一个不好的地方，就是容易产生太多的浮沫，这就需要大家在做汤的后期自己耐心地将浮沫去掉。

选择优质合适的配料

一般来说，根据所处的季节的不同，加入时令蔬菜作为配料，比如炖酥肉汤的话，春夏季就加入菜头做配料，秋冬季就加白萝卜。对于那些比较特殊的主料，需要加特别的配料，比如，牛羊肉烧汤吃了就很容易上火，就需要加去火的配料，

这时，白萝卜就是比较好的选择了，二者合炖，就没那么容易上火了。

原料应冷水下锅

制作老火靓汤的原料一般都是整只整块的动物性原料，如果投入沸水中，原料表层细胞骤受高温易凝固，会影响原料内部蛋白质等物质的溢出，成汤的鲜味便会不足。煲老火靓汤讲究“一气呵成”，不应中途加水，

因为这样会使汤水温度突然下降，肉内蛋白质突然凝固，再也不能充分溶解于汤中，也有损于汤的美味。

应注意加水的比例

原料与水按1：1.5的比例组合，煲出来的汤色泽、香气、味道最佳，对汤的营养成分进行测定，汤中氨态氮（该成分可代表氨基酸）的含量也最高。

要将汤面的浮沫撇去

去净浮沫是提高汤汁质量的关键。如煲猪蹄汤、排骨汤时，汤面常有很多浮沫出现，这些浮沫主要来自原料中的血红蛋白。水温达到80℃时，动物性原料内部的血红蛋白才不断向外溢出，此刻汤的温度可能已达90～100℃，这时撇去浮沫最为适宜。可以先将汤上的浮沫舀去，再加入少许白酒，不但可分解泡沫，又能改善汤的色、香、味。

掌握好调味料的投放时间

制作老火靓汤时常用葱、姜、料酒、盐等调味料，主要起去腥、解腻、增鲜的作用。要先放葱、姜、料酒，最后放盐。如果过早放盐，就会使原料表面蛋白质凝固，影响鲜味物质的溢出，同时还会破坏溢出蛋白质分子表面的水化层，使蛋白质沉淀，汤色灰暗。

掌握好火候

大火：大火是以汤中央“起菊心——像一朵盛开的大菊花”为度，每小时消耗水量约20%。煲老火汤，主要是以大火煲开、小火煲透的方式来烹调。

小火：小火是以汤中央呈“菊花心——像一朵半开的菊花心”为准，耗水量约每小时10%。

肉类原料经不同的传热方式受热以后，由表面向内部传递，称为原料自身传热。一般肉类原料的传热能力都很差，大多是热的不良导体。但由于原料性能不一，传热情况也不同。据实验：一条大黄鱼放入油锅内炸，当油温达到180℃时，鱼的表面温度达到100℃左

右时，鱼的内部温度也只有60～70℃。因此，在烧煮大块鱼、肉时，应先用大火烧开，小火慢煮，原料才能熟透入味，并达到杀菌消毒的目的。

此外，原料体中还含有多种酶，酶的催化能力很强，它的最佳活动温度为30～65℃，温度过高或过低其催化作用就会变得非常缓慢或完全丧失。因此，要用小火慢煮，以利于酶在其中进行分化活动，使原料变得软烂。

利用小火慢煮肉类原料时，肉内可溶于水的肌溶蛋白、肌肽肌酸、肌酐和少量氨基酸等会被溶解出来。这些含氮物浸出得越多，汤的味道越浓，也越鲜美。

另外，小火慢煮还能保持原料的纤维组织不受损，使菜肴形体完整。同时，还能使汤色澄清，醇正鲜美。如果采取大火猛煮的方法，肉类表面蛋白质会急剧凝固、变性，并不溶于水，含氮物质溶解过少，鲜香味降低，肉中脂肪也会溶化成油，

使皮、肉散开，挥发性香味物质及养分也会随着高温而蒸发掉。还会造成汤水耗得快、原料外烂内生、中间补水等问题，从而导致延长烹制时间，降低菜品质量。

至于煲汤时间，有个口诀就是“煲三炖四”。因为煲与炖是两种不同的烹饪方式，煲是直接将锅放于炉上焖煮，约煮3小时以上；炖是用隔水蒸熟为原则，时间约为4小时以上。煲会使汤汁愈煮愈少，食材也较易于酥软散烂；炖汤则是原汁不动，汤头较清不混浊，食材也会保持原状，软而不烂。

高汤的制作

高汤是烹饪中常用的一种辅助原料，可在烹制其他菜肴时，代替水加入到菜肴或汤羹中，可提鲜。高汤的制作没有想象的那么难，本文将为你介绍几款常用的高汤制作方法。

鲜鱼高汤的制作

材料：鱼头1个（约200克），姜片1小片，水600毫升

做法：

1. 鱼头洗净，加水和姜片一起煮滚后转小火，再熬1小时煮至鱼骨能轻易用筷子剥开的程度。

2. 等汤汁稍凉后，用细网筛过滤2次后即完成。

鸡骨高汤的制作

材料：鸡胸骨400克，水1500毫升

做法：

1. 鸡胸骨洗净，用沸水汆去除血污，再洗净备用。

2. 将鸡胸骨和1500毫升水一起煮沸，再转小火熬煮至鸡骨用汤匙即可压碎的程度。

3. 取出鸡胸骨，过滤出汤汁，待凉后放入冰箱冷却1～2小时后取出，将上面的油脂刮除后即完成。

大骨高汤的制作

材料：猪大骨500克，水2000毫升

做法：

1. 将猪大骨用清水洗净。

2. 用沸水汆去血水后用清水洗净，再和2000毫升的水一起煮沸。

3. 边煮边用滤网捞除汤面浮沫，再转小火熬煮至汤色变浓，约需1小时（若能熬煮3～4小时，可释放更多营养素）。

4. 取出猪大骨，再利用网筛过滤出汤汁。

5. 等汤汁凉后放入冰箱冷藏1～2小时，等表面凝结后，刮除油脂。

6. 将汤汁倒入制冰盒中，放入冰箱，使之凝固成小块状，再放入密封袋中保存即完成。

蔬菜高汤的制作

材料：包菜叶 2 片，胡萝卜 1/4 条，洋葱 1/2 个，水 500 毫升

做法：

1. 包菜叶洗净，撕成小片，先用热水汆烫备用。

2. 胡萝卜、洋葱分别洗净后切小块，和包菜叶一起放入水中，用中火熬煮至胡萝卜变软，再过滤出蔬菜，高汤即完成。

蔬菜猪骨高汤的制作

材料：排骨 300 克，干香菇约 6 朵，洋葱 1/2 个，水 1500 毫升

做法：

1. 排骨洗净，用沸水汆烫去血污，洗净备用。

2. 香菇泡水至软；洋葱洗净备用。

3. 将所有材料一起放入清水锅中以大火煮沸，转小火，熬煮至汤汁呈琥

珀色，再用滤网过滤出汤汁即完成。

牛肉高汤的制作

材料：牛肉 400 克，蒜适量，老抽、料酒各 15 克

做法：

1. 将牛肉洗净；蒜去皮洗净，拍碎。

2. 将牛肉放入沸水锅中汆去血水，捞出洗净切成小

块备用。

3. 锅中加油烧热，下入蒜炒香，倒入牛肉煸炒片刻，加入料酒和老抽翻炒均匀，注入适量清水烧开，捞出牛肉，高汤即制成。

番茄高汤的制作

材料：番茄 500 克，洋葱 2 个

做法：

1. 将番茄洗净，切大块；洋葱去皮洗净，切大块。

2. 将番茄和洋葱放入汤锅中，加入适量水，用大火煮沸。

3. 再转小火煮 1.5 小时，捞出番茄和洋葱即可。

老汤的制作与保存

所谓老汤，是指使用多年的卤煮禽、肉的汤汁，时间越长，内含营养成分、芳香物质越丰富，煮制出的肉食风味愈美。

老汤的制作

任何老汤都是日积月累所得，而且都是从第一锅汤来的，家庭制老汤也不例外。第一锅汤，即炖煮鸡、排骨或猪肉的汤汁，除主料外，还应加花椒、大料、胡椒、肉桂、砂仁、丁香、陈皮、草果、小茴香、白蓝、桂皮、鲜姜、食盐、白糖等调料。最好不要加葱、蒜、酱油、红糖等调料，以利于汤汁的保存。上述调料的品种可依市场行情，并非缺一不可，但常用的调料应占一半以上。调料的数量依主料的多少而定，与一般炖肉食用料一样。不易拣出的调料要用纱布包好。将主料切小、洗净，放入锅内，加上调料，添上清水（略多于正常量），煮熟主

料后，将肉食捞出食用，拣出调料，滗净杂质所得汤汁即为“老汤”之“始祖”。

将汤盛于搪瓷缸内，凉凉后放在电冰箱内保存。第二次炖鸡、肉或排骨时，取出倒在锅中，放主料加上述调料（用量减半），再添适量清水（水量依老汤的多少而定，但总量要略多于正常量）。炖熟主料后，依上述方法留取汤汁即可。如此反复，就可得到“老汤”了。这种老汤既可炖肉，亦可炖鸡，如此反复使用多次后，炖出的肉食味道极美，且炖鸡有肉香，炖肉有鸡味，妙不可言。

老汤的保存

家庭保存老汤量依人口多少，每次得老汤500 ~ 1000毫升即可。保存老汤时，一定要清除汤中杂质，凉透后放入冰箱内。盛器最好用大搪瓷杯，保证汤汁不与容器发生化学反应。容器要有盖，外面再套上塑料袋，放在冷藏室，5天内不会变质。如每周吃一次炖鸡或炖肉，则对老汤不必专门再煮沸杀菌。如较长时间不用老汤，放在冷冻室内可保存3周，否则应煮沸杀菌后再继续保存。

煲汤小窍门

煲汤是需要技巧的，下面将为大家介绍许多煲汤的小窍门，相信对你煲出 一锅美味的汤有很大的帮助！

煲汤时要善用原汤、老汤

煲汤时要善用原汤、老汤，没有原汤就没有原味。例如，炖排骨前将排骨放入开水锅内汆水时所用之水，就是原汤。如嫌其浑浊而倒掉，就会使排骨失去原味，如将这些水煮开除去浮沫污物，用此汤炖排骨，才能真正炖出原味。

使汤更营养的秘诀

第一是懂药性

比如煲鸡汤时，为了健胃消食，就加肉蔻、砂仁、香叶、当归；为了补肾壮阳，就加山芋肉、丹皮、泽泻、山药、熟地黄、茯苓；为了给女性滋阴，就加红枣、黄芪、当归、枸杞子。

第二是懂肉性

煲汤一般以肉为主。比如乌鸡、黄鸡、鱼、排骨、龙骨、猪蹄、羊肉、牛骨髓、牛尾、羊脊等，肉性各不相同，有的发、有的酸、有的热、有的温，入锅前处理方式也不同，入锅后火候也不同，需要多少时间也不同。

第三是懂辅料

常备煲汤辅料有霸王花、霉干菜、海米、花生、枸杞子、西洋参、草参、银耳、木耳、红枣、八角、桂皮、小茴香、肉蔻、草果、陈皮、鱿鱼干、紫苏叶等，搭配有讲究，入锅有早晚。

第四是懂配

吃饭时很少仅喝汤，还要吃其他菜，但有的会相克，影响汤性发挥。比如喝羊肉汤不宜吃韭菜，喝猪蹄汤不宜吃松花蛋与蟹类，等等。

第五是懂装锅

一般情况下，水与汤料比例在2.5 ：1左右，猛火烧开后撇去浮沫，微火炖至汤余50% ~ 70%即可。

炖各种肉类的快熟法则

炖肉可以保持肉的醇香味，是许多人喜爱的食物，但是炖肉不容易熟又使人们很难耐心等待。下面介绍几种肉类的炖法，使你可以在短时间内吃到香喷喷的炖肉。

炖牛肉：炖牛肉时可用干净的白布包一些茶叶同煮，这样牛肉易烂，而且有特殊的香味。

炖猪肉：可以往锅中放一些山楂。

炖羊肉：在水中放一些食碱。

炖鸡肉：在宰鸡前给鸡灌一汤匙酱油或醋。

炖鱼：在锅中放几颗红枣，既可除腥，又易熟。

煲骨头汤的小窍门

因为骨头中的类黏朊物质最为丰富，如牛骨、猪骨等，可把骨头砸碎，按1：5的比例加水小火慢煮。切忌用大火猛烧，也不要中途加冷水，因为那样会使骨髓中的类黏朊不易溶解于水中，从而影响食效。

骨汤增钙的诀窍

熬骨汤时若加进少量的食醋，可大大增加骨中钙质在汤水中的溶解度，成为真正的多钙补品。用清水熬骨汤，只能从骨的钙质—羟基

磷灰石中“熬出”几十毫克的钙离子，因羟基磷灰石极难溶解于水，而加入食醋，食醋可与骨中的钙起化学反应，生成较易溶解的醋酸钙，其溶解度是未加食醋时骨钙的一万六千多倍。

防止腔骨骨髓流失的窍门

煲腔骨汤时，如果煲的时间稍长，其中的骨髓就会流出，导致营养流失，而煲的时间过短，腔骨中的营养素又不能充分溶解到汤中。能不能找到一个两全其美的办法呢？为防止骨髓流出来，可用生白萝卜块堵住腔骨的两头，这样骨髓就流不出来了。

煲汤无骨头渣的方法

骨头汤虽好喝，可汤中有骨头渣却难免，让人很不便。想要没有骨头渣，可用手工钢锯把骨头锯断。锯前在需要锯断的地方用菜刀把肉切开，用钢锯直接锯骨头，可以按所需长度去锯。用钢锯锯起来又轻巧又快速，一般四根猪蹄约 3 分钟就可以锯成理想的最佳长度。用钢锯锯骨头，没有一点骨渣，仅仅有极少的骨末。锯得愈小，骨油溢出越多，汤也会越煮越鲜。

炖鸡不要先放盐

炖鸡如果先放盐，会直接影响到鸡肉、鸡汤的口味、特色及营养素的保存。这是因为鸡肉含水分较高，有的高达 65% ~ 90%，而食盐具有脱水作用，如果在炖制时先放盐，使鸡肉在盐水中浸泡，组织中的细胞水分向外渗透，蛋白质被凝固，鸡肉组织明显收缩变紧，影响营养向汤中溶解，妨碍汤汁的浓度和质量，使炖熟后的鸡肉变硬、变老，汤无香味。

因此，炖鸡时正确放盐的方法是，将炖好的鸡汤降温至 80 ~ 90℃时，再加适量的盐，这样鸡汤及肉质口感最好。

对症喝汤更健康

日常人们常喝的汤有荤汤、素汤两大类，荤汤有鸡汤、肉汤、骨头汤、鱼汤、蛋花汤等；素汤有海带汤、豆腐汤、紫菜汤、西红柿汤、冬瓜汤和米汤等。无论是荤汤还是素汤，都应根据个人的喜好与口味来选料烹制，"对症喝汤"可达到防病滋补、清热解毒的"汤疗"效果。

对症喝汤

多喝汤不仅能调节口味，补充体液，增强食欲，而且能防病抗病，对健康有益。

1. 延缓衰老多喝骨汤

人到中老年，机体的种种衰老现象相继发生，由于微循环障碍而导致心脑血管疾病的产生。另外，老年人容易发生"钙迁徙"而导致骨质疏松、骨质增生和骨折等症。骨头汤中特殊养分一胶原蛋白可补充钙质，从而改善上述症状，延缓人体的衰老。

2. 防治感冒多喝鸡汤

鸡汤特别是母鸡汤中的特殊养分，可加快咽喉及支气管黏膜血液循环，增加黏液的分泌，及时清除呼吸道病毒，可缓解咳嗽、咽干、喉痛等症状，对感冒、支气管炎等防治效果尤佳。

3. 治疗哮喘多喝鱼汤

鱼汤中尤其是鲫鱼、墨鱼汤中含有大量的特殊脂肪酸、可防止呼吸道发炎，并防治哮喘的发作，对儿童哮喘病更为有益，鱼汤中卵磷脂对病体的康复更为有利。

4. 养气血多喝猪蹄汤

猪蹄性平味甘，入脾、胃、肾经，能强健腰腿、补血润燥、填肾益精。加入一些花生和猪蹄煲汤，尤其适合女性，民间还用于妇女产后阴血不足、乳汁缺少。

5. 退风热多喝豆汤

如甘草生姜黑豆汤，对小便涩黄、风热入肾等症，有一定治疗效果。

6. 解体衰多喝菜汤

各种新鲜蔬菜含有大量碱性成分，常喝蔬菜汤可使体内血液呈正常的弱碱性状态，防止血液酸化，并使沉积于细胞中的污染物或毒性物质重新溶解后随尿排出体外。

不同人群怎样喝汤

由于每个人的体质各不相同，日常生活中我们可以根据个人的身体状况合理喝汤，才能让身体更健康。

1. 脾虚的人

脾虚的人常常表现为食少腹胀、食欲不振、肢体倦怠、乏力、时有腹泻、面色萎黄。这类朋友不妨适度喝些健脾和胃的汤，如山药汤、豇豆汤等，以促进脾胃功能的恢复。

2. 胃火旺盛的人

平时喜欢吃辛辣、油腻食品的朋友，日久易化热生火，积热于肠胃，表现为胃中灼热、喜食冷饮、口臭、便秘等。这类人群一定要注意清胃中之火，适度多喝苦瓜汤、黄瓜汤、冬瓜汤、苦菜汤等。

3. 老年人及儿童

由于消化能力较弱，胃中常有积滞宿食，表现为食欲不振或食后腹胀。因此，应注重消食和胃，不妨适量喝点山楂羹、白萝卜汤等消食、健脾、和胃的汤。

上篇

滋补全家人的营养汤

春季养生汤

春属木，其气温，通于肝，所以春季应以养肝为先。《素问·五脏生成》云："故人卧血归于肝，肝受血而能视，足受血而能步。"若肝血不足，易使两目干涩、视物昏花、肌肉拘挛。因此养肝补血，是春季养生的重中之重。春季药膳养肝，常用的原料有：红枣、枸杞子、猪肝、带鱼、桑葚、女贞子、菠菜、葡萄等。

红枣

枸杞子

猪肝

带鱼

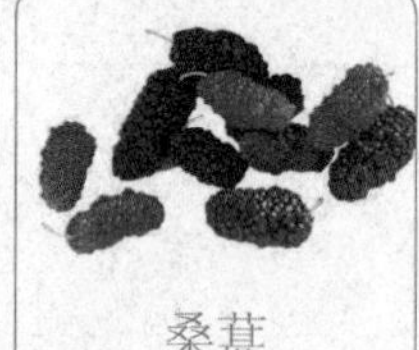
桑葚

葡萄干红枣汤

|原材料| 红枣15克，葡萄干30克。

|做 法| ①葡萄干洗净，备用。②红枣去核，洗净。③锅中加适量的水，大火煮沸，先放入红枣煮10分钟，再下入葡萄干煮至枣烂即可。

功效 此汤具有养肝补血、滋阴明目的功效，适合春季食用，可改善眼睛干涩、视物模糊、贫血等。

兔肉百合枸杞子汤

|原材料| 兔肉60克，百合130克，枸杞子50克，葱花、盐各适量。

|做 法| ①兔肉洗净斩块；百合、枸杞子泡发。②锅中加入清水，再加入兔肉、盐，烧开后倒入百合、枸杞子，煮5分钟，撒上葱花即成。

功效 枸杞子、百合药食两用，能养肝明目、清心安神，常食兔肉可预防心脑血管疾病。

党参枸杞子猪肝汤

|原材料| 党参15克，枸杞子15克，猪肝200克，盐适量。

|做 法| ①将猪肝洗净切片，汆水后备用。②将党参、枸杞子用温水洗净。③净锅上火倒入水，将猪肝、党参、枸杞子一同放进锅里煲至熟，加盐调味即可。

功效 本汤有滋补肝肾、补中益气、明目养血等功效，适合春季食用。

夏季养生汤

夏属火，其气热，通于心，即夏季心气最为旺盛。心气包括心阳和心阴，心阳即心的阳气，若心阳虚，可出现心悸气短、脉率微弱、精神萎靡甚至大汗淋漓、四肢厥冷等症状，心阴虚与心阳虚相对而言，表现为五心烦热、心慌气短、咽干失眠、脉细数等。夏季心阳最为旺盛，而夏热却会耗伤心阴，故夏季应注意滋养心阴。夏季药膳滋养心阴，常用的原料有麦冬、金银花、绿豆、苦瓜、西瓜、鲫鱼等。

麦冬

苦瓜

绿豆

西瓜

鲫鱼

麦冬杨桃甜汤

|原材料| 麦冬15克，天冬10克，阳桃1个，紫苏梅4个，紫苏梅汁1大匙，冰糖1大匙。

|做 法| ①麦冬、天冬洗净；杨桃表皮以少量的盐搓洗，切成片状。②将全部材料放入锅中，以小火煮沸，加入冰糖搅拌溶化。③加入紫苏梅汁拌匀即可。

功效 润肺养阴，可清除粉刺，改善咽干口燥。

解暑西瓜汤

|原材料| 葛根粉10克，西瓜250克，苹果100克，白糖50克。

|做 法| ①将西瓜、苹果洗净去皮切小丁备用。②净锅上火倒入水，调入白糖烧沸。③加入西瓜、苹果，用葛根粉勾芡即可。

功效 清热解暑、生津止渴、泻火除烦。

绿豆炖鲫鱼

|原材料| 绿豆50克，鲫鱼1条，西洋菜150克，胡萝卜100克，姜片、高汤、盐各适量。

|做 法| ①胡萝卜去皮切片，鲫鱼洗净，西洋菜洗净。②砂煲上火，将绿豆、鲫鱼、姜片、胡萝卜全放入煲内，倒入高汤，炖约40分钟，放入西洋菜稍煮，调盐即可。

功效 清热解毒、利尿通淋。

秋季养生汤

秋季的主气是“燥”，燥邪为病的主要病理特点是：一是燥易伤肺，因肺喜清肃濡润，主呼吸而与大气相通，外合毛皮，故外界燥邪极易伤肺和肺所主之地。二是燥胜则干，在人体，燥邪耗伤津液，也会出现一派干涸之象，如鼻干、喉干、咽干、口干、舌干、皮肤干燥皴裂，大便干燥、艰涩等。故无论外燥、内燥，一旦发病，均可出现上述津枯液干之象。秋季药膳清肺润燥，常用的药材、食材有天冬、桔梗、银耳、菊花、梨等。

天冬

桔梗

银耳

菊花

梨

桔梗苦瓜

|原材料| 玉竹10克，桔梗6克，苦瓜200克，花生粉1茶匙，盐少许。

|做　法| ①苦瓜洗净，对切，去子，切薄片，泡冰水，冷藏10分钟。②将玉竹、桔梗打成粉末。③将盐和所有粉末拌匀，淋在苦瓜上即可。

功效 本品清肺润燥、止咳化痰、生津止渴，还能防治糖尿病。

雪梨银耳瘦肉汤

|原材料| 雪梨500克，银耳20克，猪瘦肉500克，大枣11个，盐5克。

|做　法| ①雪梨洗净切块，猪瘦肉洗净。②银耳洗净，撕成小朵；大枣洗净。③瓦煲内注入清水，煮沸后加入全部原料，用文火煲2小时，加盐调味即可。

功效 养阴润肺、生津润肠、降火清心。

天冬米粥

|原材料| 天冬25克，大米100克，白糖3克，葱5克。

|做　法| ①大米泡发洗净；天冬洗净；葱洗净，切花。②锅置火上，倒入清水，放入大米，以大火煮开。③加入天冬煮至粥呈浓稠状，撒上葱花，调入白糖拌匀即可。

功效 此粥养阴清热、生津止渴、润肺滋肾。

冬季养生汤

冬季是自然界万物休养生息的季节，同时也是寒邪肆虐的时节。中医认为，“肾元蜇藏”，即肾为封藏之本。而肾主藏精，肾精秘藏，则使人健康，如若肾精外泄，则容易被邪气侵入而致病。且古语云：“冬不藏精，春必病温”，冬季没有做好“藏精养生”，到春天会因肾虚而影响机体的免疫力，使人容易生病。冬季药膳养肾藏精，常用的药材、食材有熟地黄、神曲、黑豆、香菜、白萝卜等。

熟地黄

神曲

黑豆

香菜

白萝卜

肾气乌鸡汤

|原材料| 熟地黄、山药各15克，山茱萸、丹皮、茯苓、泽泻、牛膝各10克，乌鸡腿1只，盐适量。

|做　法| ①鸡腿洗净剁块，入沸水中汆去血水。②鸡腿及所有的药材盛入煮锅中，加适量水至盖过所有的材料。③以武火煮沸，然后转文火续煮40分钟左右即可取汤汁饮用。

功效 本品滋阴补肾、温中健脾。

大米神曲粥

|原材料| 神曲适量，大米100克，白糖5克。

|做　法| ①大米洗净，泡发后，捞出沥水备用；神曲洗净。②锅置火上，倒入清水，放入大米，以大火煮至米粒开花。③加入神曲同煮片刻，再以小火煮至浓稠状，调入白糖即可。

功效 此粥有健脾消食、理气化湿、解表的功效，适合冬季食用。

牡蛎白萝卜蛋汤

|原材料| 牡蛎肉500克，白萝卜100克，鸡蛋1个，精盐5克，葱花适量。

|做　法| ①将牡蛎肉洗净，白萝卜洗净切丝，鸡蛋打入容器搅匀。②汤锅上火倒入水，下入牡蛎肉、白萝卜烧开，调入精盐，淋入鸡蛋液煮熟，撒上葱花即可。

功效 本品暖胃散寒、消食化积、补虚损，尤其适合冬季食用。

第二章 调和体质的保健汤

平和体质首选保健汤

平和体质者一般不需要特殊调理，但人体的内部环境也易受外界因素的影响，如夏季炎热、干燥少雨，人体出汗较多，易耗伤阴津，所以可适当选用一些滋阴清热的食材或药材，如百合、玉竹、银耳、枸杞子、沙参、梨、丝瓜、鸭肉、兔肉等。在梅雨季节气候多潮湿，则可选用一些健脾祛湿的食物或药材，如鲫鱼、茯苓、白扁豆、山药、赤小豆、莲子、薏米、绿豆、马蹄、冬瓜等。

玉竹

茯苓

薏米

枸杞子

鲫鱼

玉竹瘦肉汤

|原材料| 玉竹30克，猪瘦肉150克，盐、味精各适量。

|做 法| ①玉竹洗净用纱布包好，猪瘦肉洗净切块。②玉竹、猪瘦肉同放入锅内，加适量水煎煮，熟后取出玉竹，加盐、味精调味即可。

功效 滋阴润燥、益气补虚。

绿豆茯苓薏米粥

|原材料| 绿豆30克，大米60克，薏米50克，茯苓15克，冰糖20克。

|做 法| ①绿豆、大米、薏米淘净，放入锅中加6碗水。②茯苓碎成小片，放入锅中，以大火煮开，转小火续煮30分钟。③加冰糖煮溶即可。

功效 健脾益气、清热利湿、养心安神。

枸杞子蒸鲫鱼

|原材料| 鲫鱼1条，枸杞子20克，生姜丝5克，葱花、盐、味精、料酒各适量。

|做 法| ①将鲫鱼洗净，宰杀后，用生姜丝、葱花、盐、料酒等腌渍入味。②将泡发好的枸杞子均匀地撒在鲫鱼身上。③再将鲫鱼上火蒸6~7分钟至熟即可。

功效 健脾利水、滋补肝肾、明目。

气虚体质首选保健汤

气虚体质者宜吃性平偏温的、具有补益作用的药材和食材。比如中药有人参、西洋参、党参、太子参、山药等。果品类有大枣、葡萄干、苹果、龙眼肉、橙子等。蔬菜类有白扁豆、红薯、山药、莲子、白果、芡实、南瓜、包心菜、胡萝卜、土豆、香菇等。肉食类有鸡肉、猪肚、牛肉、羊肉、鹌鹑、鹌鹑蛋等。水产类有泥鳅、黄鳝等。调味料有麦芽糖、蜂蜜等。谷物类有糯米、小米、黄豆制品等。

红枣

西洋参

党参

太子参

黄鳝

归芪猪蹄汤

|原材料| 猪蹄1只，当归10克，黄芪15克，黑枣5个，盐5克，味精3克。

|做　法| ①猪蹄洗净斩件，放入滚水汆去血水。②当归、黄芪、黑枣洗净。③把全部用料放入清水锅内，武火煮滚后，改文火煲3小时，加调味料即可。

功效 补气养血、强壮筋骨。

参果炖瘦肉

|原材料| 猪瘦肉25克，太子参100克，无花果200克，盐、味精各适量。

|做　法| ①太子参略洗；无花果洗净。②猪瘦肉洗净切片。③把全部用料放入炖盅内，加滚水适量，盖好，隔滚水炖约2小时，调味供用。

功效 益气养血、健胃理肠。

芪枣黄鳝汤

|原材料| 黄鳝500克，黄芪75克，生姜5片，红枣5个，盐5克，味精3克。

|做　法| ①黄鳝洗净，用盐腌去黏液，切段，汆去血腥。②起锅爆香生姜片，放入黄鳝炒片刻取出。③黄芪、红枣、鳝肉放入煲内，加水煲2小时，调味即可。

功效 补气益血、滋补强身。

阳虚体质首选保健汤

阳虚体质者可多食温热之性的药材和食材。比如中药有鹿茸、杜仲、肉苁蓉、淫羊藿、锁阳等。果品类有荔枝、榴梿以及龙眼肉、板栗、大枣、核桃、腰果、松子等。干果中最典型的就是核桃，可以温肾阳，最适合腰膝酸软、夜尿多的老年人。蔬菜类包含生姜、韭菜、辣椒等。肉食类有羊肉、牛肉、鸡肉等。水产类有虾、黄鳝、海参、鲍鱼、淡菜等。调料类有麦芽糖、花椒、姜、茴香、桂皮等。

杜仲

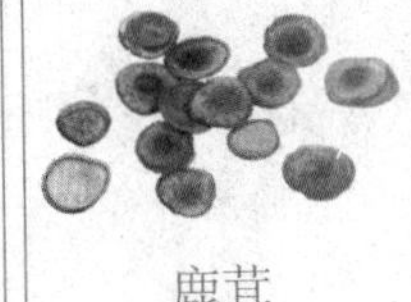
鹿茸

核桃

韭菜

虾

鹿茸枸杞子蒸虾

|原材料| 大白虾500克，鹿茸10克，枸杞子10克，米酒50毫升。

|做　法| ①大白虾剪去须脚，自背部剪开冲净。②鹿茸、枸杞子以米酒浸泡20分钟。③大白虾盛盘，放入鹿茸、枸杞子及酒汁。④将盘子移入锅内隔水蒸8分钟即成。

功效 壮元阳、补气血、益精髓。

猪肠核桃汤

|原材料| 猪大肠200克，核桃仁60克，熟地黄30克，大枣10个，姜丝、葱末、料酒、盐各适量。

|做　法| ①猪大肠反复漂洗干净，汆水切块；核桃仁捣碎；熟地黄、大枣洗净。②锅内加水适量，放入所有材料小火炖煮2小时即成。

功效 滋补肝肾、强健筋骨。

核桃拌韭菜

|原材料| 核桃仁300克，韭菜150克，白糖、白醋、盐、香油各适量。

|做　法| ①韭菜洗净，切长段。②锅内下油烧热，下入核桃仁炸成浅黄色后捞出。③在另一碗中放入韭菜、白糖、醋、盐、香油，拌入味，和核桃仁一起装盘即成。

功效 补肾壮阳、通便润肠、暖脾胃。

阴虚体质首选保健汤

阴虚证多源于肾、肺、胃或肝的不同症状，应根据不同的阴虚症状而选用药材或食材。比如中药材有百合、石斛、玉竹、枸杞子等。食材类有石榴、葡萄、柠檬、苹果、梨、香蕉、罗汉果、西红柿、马蹄、冬瓜、丝瓜、苦瓜、黄瓜、菠菜、生莲藕等。新鲜莲藕非常适合阴虚内热的人，可以在夏天榨汁喝；如果藕稍微老一点，质地粉，补脾胃效果则更好。也可以利用以上的药材和食材做成药膳，不仅美味，而且营养丰富，滋阴润燥。

百合

石斛

莲藕

冬瓜

梨

冬瓜瑶柱汤

|原材料| 冬瓜200克，虾30克，瑶柱、草菇各20克，高汤、姜、盐各适量。

|做　法| ①冬瓜去皮切片；瑶柱泡发；草菇洗净对切。②虾去壳洗净；姜切片。③锅上火，爆香姜片，下入高汤、冬瓜、瑶柱、虾、草菇煮熟，调味即可。

功效 滋阴补血、利水祛湿。

雪梨猪腱汤

|原材料| 猪腱500克，雪梨1个，无花果8个，盐5克。

|做　法| ①猪腱洗净切块；雪梨去皮，洗净切块，无花果用清水浸泡，洗净。②把全部用料放入清水煲内，武火煮沸后，改文火煲2小时。③加盐调味即可。

功效 润肺清燥、降火解毒。

百合绿豆粥

|原材料| 大米50克，百合30克，绿豆60克，枸杞子10克，盐2克。

|做　法| ①大米、绿豆泡发洗净；百合洗净。②锅置火上，倒入清水，放入大米、绿豆煮至开花。③加入百合、枸杞子同煮至浓稠状，调入盐拌匀即可。

功效 清火、润肺、安神。

血瘀体质首选保健汤

血瘀体质者养生重在活血祛瘀，补气行气。调养血瘀体质的首选中药是丹参。丹参是著名的活血化瘀中药，有促进血液循环，扩张冠状动脉，增加血流量，防止血小板凝集，改善心肌缺血的功效。另外，桃仁、红花、当归、三七、川芎等中药对于血瘀体质者也有很好的活血化瘀功效。食材方面如山楂、金橘、韭菜、洋葱、大蒜、桂皮、生姜、菇类、螃蟹、海参等都适合血瘀体质者食用。

红花

桃仁

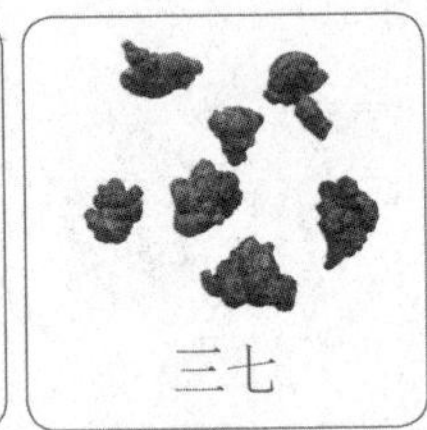
三七

丹参

山楂

三七薤白鸡肉汤

|原材料| 鸡肉350克，枸杞子20克，三七、薤白各少许，盐5克。

|做　法| ①鸡收拾干净，斩件，汆水；三七洗净，切片；薤白切碎。②将鸡肉、三七、薤白、枸杞子放入锅中，加适量清水，用小火慢煲。③2小时后加入盐即可食用。

功效 活血化瘀、散结止痛。

二草赤小豆汤

|原材料| 赤小豆200克，益母草8克，白花蛇舌草15克，红糖适量。

|做　法| ①赤小豆洗净，以水浸泡备用。益母草、白花蛇舌草洗净煎汁备用。②再将药汁加赤小豆以小火续煮1小时后，至赤小豆熟烂，即可加红糖调味食用。

功效 凉血解毒、活血化瘀。

丹参红花陈皮饮

|原材料| 丹参10克，红花5克，陈皮5克。

|做　法| ①丹参、红花、陈皮洗净备用。②先将丹参、陈皮放入锅中，加水适量，大火煮开，转小火煮5分钟即可关火。③再放入红花，加盖闷5分钟，倒入杯内，代茶饮用。

功效 活血化瘀、疏肝解郁。

痰湿体质首选保健汤

痰湿体质者养生重在祛除湿痰、畅达气血，宜食味淡、性温平之食物。中药方面可选山药、薏米等有健脾利湿功效的，也可选生黄芪、茯苓、白术、陈皮等有健脾、益气、化痰功效的。食材方面宜多食粗粮，如玉米、小米、紫米、高粱、大麦、燕麦、荞麦、黄豆、黑豆、芸豆、蚕豆、红薯、土豆等。有些蔬菜比如芹菜、韭菜，也含有丰富的膳食纤维，非常适合痰湿体质者食用。

白扁豆

山药

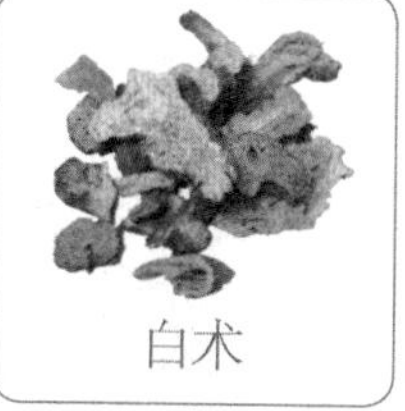

白术

陈皮

玉米

白扁豆鸡汤

|原材料| 白扁豆100克，莲子40克，鸡腿300克，砂仁10克，盐5克。

|做 法| ①将清水1500毫升、鸡腿、莲子置入锅中，以大火煮沸，转小火续煮45分钟备用。②白扁豆洗净，沥干，放入锅中煮熟。③再放入砂仁，搅拌溶化后，加盐调味后即可关火。

功效 健脾化湿、和中止呕。

白术茯苓牛蛙汤

|原材料| 白术、茯苓各15克，白扁豆30克，芡实20克，牛蛙4只（约200克），盐5克。

|做 法| ①牛蛙宰洗干净，去皮斩块，备用；芡实、白扁豆、白术、茯苓均洗净，投入锅内转小火炖煮20分钟，再将牛蛙放入锅中炖煮。②加盐调味即可。

功效 健脾益气、利水消肿。

陈皮山楂麦茶

|原材料| 陈皮10克，山楂10克，麦芽10克，冰糖10克。

|做 法| ①将陈皮、山楂、麦芽一起放入煮锅中。②加800毫升水以大火煮开，转小火续煮20分钟。③再加入冰糖，小火煮至溶化即可。

功效 理气健脾、祛湿润燥。

湿热体质首选保健汤

湿热体质者养生重在疏肝利胆、祛湿清热。饮食以清淡为主。中药方面可选用有清热利湿功效的茯苓、薏米、赤小豆、玄参等。食材方面可多食绿豆、芹菜、黄瓜、丝瓜、荠菜、芥蓝、竹笋、藕、紫菜、海带、四季豆、兔肉、鸭肉等甘寒、甘平的食物。湿热体质者还可适当喝些凉茶，如决明子、金银花、车前草、淡竹叶、溪黄草、木棉花等泡的茶，这对湿热体质者有很好的效果，可驱散湿热，但不可多喝。

赤小豆

玄参

绿豆

金银花

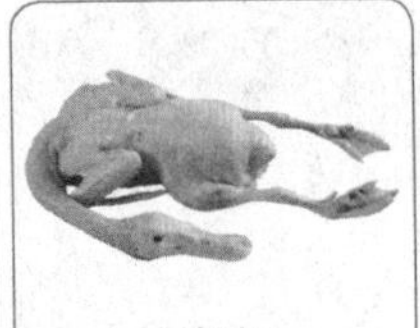
鸭肉

金银花饮

|原材料| 金银花20克，山楂10克，蜂蜜250克。

|做　法| ①将金银花、山楂放入锅内，加适量水。②置急火上烧沸，5分钟后取药液一次，再加水煎熬一次，取汁。③将两次药液合并，稍冷却，然后放入蜂蜜，搅拌均匀即可。

功效 清热祛湿、驱散风热。

茯苓绿豆老鸭汤

|原材料| 土茯苓50克，绿豆200克，陈皮3克，老鸭500克，盐少许。

|做　法| ①老鸭洗净，斩件备用。②土茯苓、绿豆洗净备用。③瓦煲内加适量清水，大火烧开，然后放入土茯苓、绿豆、陈皮和老鸭，改用小火继续煲3小时，加盐调味即可。

功效 清热排毒、利湿通淋。

赤小豆鱼片粥

|原材料| 鲫鱼50克，赤小豆20克，大米80克，盐3克，葱花、姜丝、料酒各适量。

|做　法| ①大米、赤小豆洗净；鲫鱼收拾干净切片，用料酒腌渍。②锅置火上，注入清水，放入大米、赤小豆煮至八成熟。③再放入鱼肉、姜丝、葱花、盐煮至粥成。

功效 解毒渗湿、利水消肿。

气郁体质首选保健汤

气郁体质者养生重在疏肝理气。中药方面可选陈皮、菊花、酸枣仁、香附等。陈皮有顺气、消食、治肠胃不适等功效；菊花有平肝宁神静思之功效；香附有温经、疏肝理气的功效；酸枣仁能安神镇静、养心解烦。食材方面可选橘子、柚子、洋葱、丝瓜、包心菜、香菜、萝卜、槟榔、大蒜、高粱、豌豆等有行气解郁功效的食物，醋也可多吃一些，山楂粥、花生粥也颇为相宜。

菊花

香附

酸枣仁

大蒜

洋葱

山楂陈皮菊花茶

|原材料| 山楂10克，陈皮10克，菊花5克，冰糖15克。

|做　法| ①山楂、陈皮盛入锅中，加400毫升水以大火煮开。②转小火续煮15分钟，加入冰糖、菊花熄火，闷一会即可。

功效 消食化积、行气解郁。

大蒜银花茶

|原材料| 金银花30克，甘草3克，大蒜20克，白糖适量。

|做　法| ①大蒜去皮，洗净捣烂。②金银花、甘草洗净，一起放入锅中，加水600毫升，大火煮沸即可关火。③调入白糖即可服用。

功效 行气解郁、清热除燥。

玫瑰香附茶

|原材料| 玫瑰花5朵，香附10克，冰糖15克。

|做　法| ①香附放入煮壶，加600毫升水煮开，转小火续煮10分钟。②陶瓷杯以热水烫温，放入玫瑰花，将香附水倒入冲泡，加冰糖调味即成。

功效 疏肝解郁、行气活血。

特禀体质首选保健汤

特禀体质者在饮食上宜清淡、均衡，粗细搭配适当，荤素配伍合理。宜多吃一些益气固表的药材和食材。益气固表的中药中最好的是人参，虽然贵点，但也是最有效果的。还有防风、黄芪、白术、山药、太子参等也有益气的作用。在食物方面可适当地多吃一些糯米、羊肚、燕麦、红枣、燕窝和有“水中人参”之称的泥鳅等。燕麦是特别适宜过敏体质的人的一种食物，经常食用可提高机体的免疫力，防止过敏。

人参

防风

燕麦

糯米

泥鳅

鲜人参炖竹丝鸡

|原材料| 鲜人参2根，竹丝鸡650克，猪瘦肉200克，生姜2片，味精、盐、鸡汁各适量。

|做　法| ①将竹丝鸡去内脏，洗净；猪瘦肉切件。②把所有的肉料焯去血污后，加入其他原材料，然后装入盅内，移到锅中隔水炖4小时。③调味即可。

功效 益气固表、强壮身体。

香附豆腐泥鳅汤

|原材料| 泥鳅300克，豆腐200克，香附10克，红枣15克，盐少许，味精3克，高汤适量。

|做　法| ①将泥鳅处理干净；豆腐切块；红枣洗净；香附煎汁备用。②锅上火倒入高汤，加入泥鳅、豆腐、红枣煲至熟，倒入香附汁，调入盐、味精即可。

功效 补中益气、疏肝解郁。

山药黑豆粥

|原材料| 大米60克，山药、黑豆、玉米粒、薏米各适量，盐、葱各适量。

|做　法| ①大米、薏米、黑豆、玉米粒均洗净；山药洗净切丁；葱切花。②锅置火上，加水，放入大米、薏米、黑豆煮至开花。③加山药、玉米煮至浓稠状，调入盐，撒上葱花即可。

功效 健脾暖胃、温中益气。

第三章 适合不同人群的滋补汤

适合儿童的滋补汤

儿童正处于生长发育期，合理的营养饮食对他们的生长发育和健康成长起着决定性的作用，同时也为他们具有良好的学习和运动能力提供了物质基础。在这个时期，营养不良不但影响少年儿童生长发育，而且有碍于智力的发育和心理的健康。在日常饮食中，儿童的饮食营养要全面，粗细要搭配好。要摄入足够的蛋白质，以增加营养，多食用富含钙的食物，以强健骨骼。多食牛奶、豆制品、核桃等以促进大脑发育。此外，小米、玉米、鱼、动物肝脏、胡萝卜、西红柿、金针菇、莴笋、山药、苹果等对儿童的生长发育均有益。

山药

牛奶

西红柿

胡萝卜

鱼

山药鱼头汤

|原材料| 鲢鱼头400克，山药100克，枸杞子10克，盐6克，鸡精3克，香菜5克，葱、姜各5克，油适量。

|做　法| ①将鲢鱼头洗净剁成块，山药浸泡洗净备用，枸杞子洗净。②净锅上火倒入油、葱、姜爆香，下入鱼头略煎加水，下入山药、枸杞子煲至成熟，调入盐、鸡精，撒上香菜即可。

功效 补脑益智、健脾益胃。

玉米胡萝卜脊骨汤

|原材料| 脊骨100克，玉米、胡萝卜各适量，盐2克。

|做　法| ①脊骨洗净，剁成段；玉米、胡萝卜均洗净，切段。②锅入水烧开，滚尽脊骨上的血水后捞出，清洗干净。③将脊骨、玉米、胡萝卜放入瓦煲，注入水，用大火烧开，改用小火煲炖1.5小时，加盐调味即可。

功效 开胃益智、调理中气。

适合青少年的滋补汤

青少年时期是人体生长发育的旺盛时期，加之青少年活动量大，学习负担重，对能量和营养的需求都很大。因此，其饮食宜富有营养，以满足生长发育的需要。在日常饮食中，青少年要注意摄入足够的优质蛋白，如瘦肉、蛋类、鱼、牛奶等，以保证发育的顺利进行。另外要注意食用富含铁和维生素的食物，如黄豆、韭菜、荠菜、芹菜、桃子、香蕉、核桃、红枣、黑木耳、海带、紫菜、香菇、牛肉、羊肉等。多吃谷类可保证充足的能量，青少年对热量的需要高于成人，且男性高于女性。此外，青少年在长身体时期，忌过多食用肥肉、糖果。

核桃

黄豆

鱼

海带

牛肉

藿香金针菇牛肉丸

【原材料】藿香10克，金针菇120克，精牛肉350克，香菜2克，酱油3克，葱末、姜末各5克，高汤、鸡蛋清、盐、味精、各适量。

【做法】①将藿香用纱布包起，扎紧备用；精牛肉剁成泥，加盐、味精、酱油、葱末、姜末、鸡蛋清搅匀制成丸子；金针菇洗净。②净锅上火，倒入高汤，下入藿香药包煎煮10分钟后捞出，再下入丸子汆熟，再下入金针菇煲至熟，加盐调味，撒入香菜即可。

【功效】化湿健脾、预防感冒。

黄豆猪蹄汤

【原材料】猪蹄200克，黄豆、红枣各适量，盐3克，姜片6克。

【做法】①黄豆洗净后浸泡30分钟；红枣去核，洗净。②猪蹄洗净，斩件，飞水。③砂煲内注水，放入姜片、猪蹄、红枣、黄豆用大火煲沸，改小火煲3小时，加盐调味即可。

【功效】健脾益气、养血润燥。

适合中年女性的滋补汤

女性由于生理期的原因，身体状况较多，尤其到了更年期，身体受激素影响会出现内分泌代谢紊乱、贫血和骨质疏松等症状。因此，在日常饮食中，中年女性宜多补充维生素C，如红枣、樱桃、橙子、竹笋、胡萝卜等，以延缓衰老。多食富含维生素D的食物，如脱脂牛奶、坚果、动物肝脏等，可以促进钙的吸收，预防骨质疏松。宜多食含有维生素E的食物，如谷类、小麦胚芽油、绿叶蔬菜、蛋黄、西红柿、胡萝卜、莴苣及乳制品等，以抗衰老，防癌抗癌。此外，还可选择滋阴补血的中药材食用，如当归、龙眼肉、何首乌、阿胶、熟地黄等。

当归

阿胶

熟地黄

脱脂牛奶

小麦胚芽油

核桃仁当归瘦肉汤

原材料 瘦肉500克，核桃仁、当归、姜、葱、盐各少许。

做　法 ①瘦肉洗净，切件；核桃仁洗净；当归洗净，切片；姜洗净去皮切片；葱洗净，切段。②瘦肉入水氽去血水后捞出。③瘦肉、核桃仁、当归放入炖盅，加入清水；大火慢炖1小时后，调入盐，转小火炖熟即可食用。

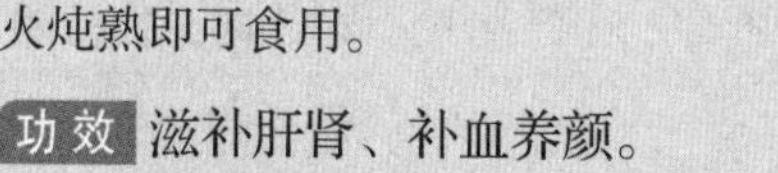
功效 滋补肝肾、补血养颜。

阿杞炖甲鱼

原材料 甲鱼1只，清鸡汤1碗半，山药8克，枸杞子6克，阿胶10克，生姜1片，绍酒、盐、味精各适量。

做　法 ①甲鱼宰杀洗净，切块，飞水去其血污，山药、枸杞子洗净。②将甲鱼肉、清鸡汤、山药、枸杞子、生姜、绍酒置于炖盅，加盖，隔水炖2小时，最后放入阿胶烊化，加盐、味精调味即可。

功效 补血止血、滋阴润燥。

适合中年男性的滋补汤

中年男性是指40岁以后的男性，其身材较女性高大，故需要更多的热量。此外，男人的胆固醇代谢经常遭到破坏，易患心脏病、脑卒中、心肌梗死和高血压病等疾病。因此，要注意饮食的安排。在日常饮食中，中年男人应多摄入含纤维的食物，以加强肠胃的蠕动，降低胆固醇。宜食富含镁的食物，以助提高男性的生殖能力。平时可多食的食材有花生、大豆、韭菜、芹菜、白萝卜、黑木耳、绿豆、紫菜、香菇、芝麻等。此外，中年男性可根据体质适当选择一些补阳类的中药材，如鹿茸、巴戟天、补骨脂、杜仲等。

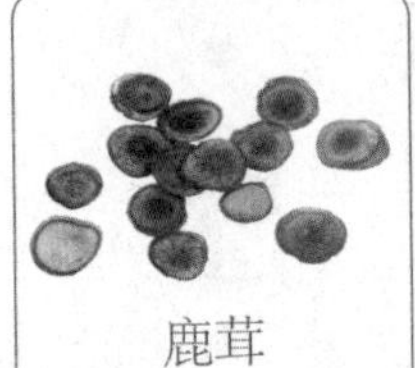
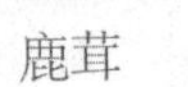
鹿茸

杜仲

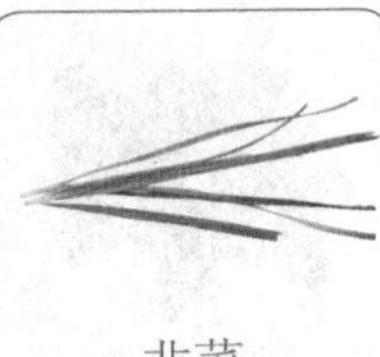
韭菜

芹菜

绿豆

鹿茸炖乌鸡

|原材料| 乌鸡250克，鹿茸10克，盐适量。

|做　法| ①乌鸡洗净，切块，入沸水中汆去血水，捞出；鹿茸洗净备用。②将鹿茸与乌鸡块一齐装入炖盅内，炖盅内加适量开水，加盖，移入锅中，以小火隔水炖熟。③加盐调味后即可服用。

功效 保肝护肾、增强体质。

杜仲巴戟天猪尾汤

|原材料| 猪尾、巴戟天、杜仲、红枣、盐各适量。

|做　法| ①猪尾洗净，斩件；巴戟天、杜仲均洗净，浸水片刻；红枣去蒂洗净。②净锅入水烧开，下入猪尾汆透，捞出洗净。③将泡发巴戟天、杜仲的水倒入瓦煲，再注入适量清水，大火烧开，放入猪尾、巴戟天、杜仲、红枣改小火煲3小时，加盐调味即可。

功效 滋补肝肾、强壮筋骨。

适合老年人的滋补汤

人进入老年期，体内细胞的新陈代谢逐渐减弱，生理功能减退，消化系统的调节适应能力也在下降。一系列的生理变化，势必使老年人的营养需要也发生相应的变化。因此，在日常饮食中，老年人宜多食具有健补脾胃、益气养血作用的食物，如红枣、黑芝麻、山药、猪肚、泥鳅等。宜多食含有丰富蛋白质、维生素、矿物质的食物。多食粗粮，如玉米、小米、燕麦、大豆等，可增强体力，延年益寿。此外，虾皮、鱼类、醋、青枣、白菜、南瓜、羊肉等也是非常适宜老年人食用的食物。

红枣

黑芝麻

南瓜

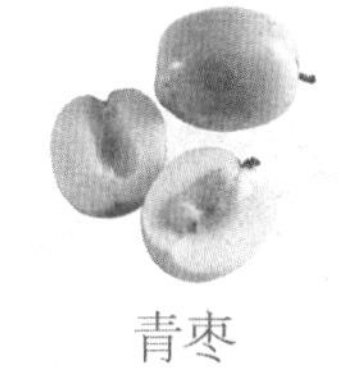

青枣

羊肉

杞枣猪蹄汤

|原材料| 猪蹄200克，山药10克，枸杞子5克，红枣少许，盐3克。

|做　法| ①山药洗净，切块；枸杞子洗净泡发；红枣去核洗净。②猪蹄洗净，斩件，飞水。③将适量清水倒入炖盅，大火煲滚后，放入全部材料，改用小火煲3小时，加盐调味即可。

功效 健脾益胃、益气补血。

南瓜猪展汤

|原材料| 南瓜100克，猪展180克，姜、红枣适量，盐、高汤、鸡精各适量。

|做　法| ①南瓜洗净，去皮切块；猪展洗净切块；红枣洗净；姜切片。②锅中注水烧开后加入猪展，氽去血水。③另起砂煲，将南瓜、猪展、姜片、红枣放入煲内，注入高汤，小火煲煮2小时后调入盐、鸡精调味即可。

功效 强身健体、降低血糖。

适合脑力劳动者的滋补汤

脑力劳动者是靠头脑工作，脑力劳动强度较大，难免会有烦躁、精神疲倦、神经衰弱等症状，长时间保持坐着的状态会造成四肢血液循环受阻、静脉曲张或手脚酸麻等现象。因此，在日常饮食中，脑力劳动者宜多吃富含维生素A、维生素C及B族维生素的食物，如胡萝卜、红枣、龙眼肉等。胡萝卜有养肝明目的作用，常吃还可增强机体的抵抗力。红枣素有“天然维生素丸”之称，可提高记忆力，安抚神经、解除忧郁。龙眼肉含磷脂和胆碱，有助于神经的传导功能。此外，脑力劳动者应多吃健脑的食物，如花生仁、核桃仁、猪脑等。

红枣

胡萝卜

花生

核桃

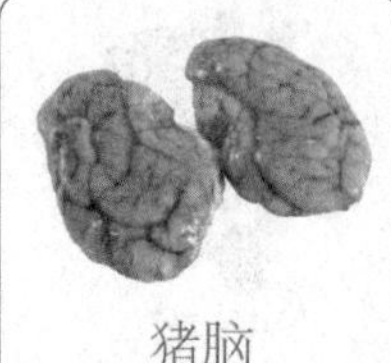
猪脑

核桃排骨汤

|原材料| 排骨200克，核桃100克，何首乌40克，当归15克，熟地黄15克，桑寄生25克，盐适量。

|做　法| ①排骨洗净砍成大块，汆烫后捞起备用。②其他所有食材洗净。③再将备好的材料加水以小火煲3小时，起锅前加盐调味即可。

功效 提神健脑、滋阴补血。

胡萝卜红枣猪肝汤

|原材料| 猪肝200克，胡萝卜300克，红枣10个，盐、油、料酒各适量。

|做　法| ①胡萝卜洗净，去皮切块，放油略炒后盛出；红枣洗净。②猪肝洗净切片，用盐、料酒腌渍，放油略炒后盛出。③把胡萝卜、红枣放入锅内，加足量清水，大火煮沸后以小火煲至胡萝卜熟软，放猪肝再煲沸，加盐调味。

功效 清肝明目、增强记忆力。

适合体力劳动者的滋补汤

体力劳动者，如搬运工人、运动员等，他们的工作多以肌肉、骨骼的活动为主，能量消耗多，一天下来，肌肉酸痛、神疲力倦。因此，体力劳动者的饮食应以强健筋骨、补充能量为主。在日常饮食中，体力劳动者宜加大饭量来获得较高的热量，适当增加蛋白质的摄入，还要补充充足的水分、维生素和无机盐。宜多吃黑木耳、猕猴桃、橙子、南瓜、木瓜等。另外，体力劳动者在工作中难免会有碰伤、摔伤，因此宜选择三七、五加皮等散瘀消肿、强壮筋骨的中药材。此外，还要多食抗粉尘的食物，如猪血、胡萝卜、动物肝脏等。

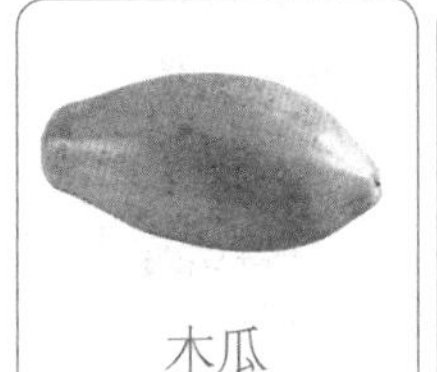
木瓜

三七

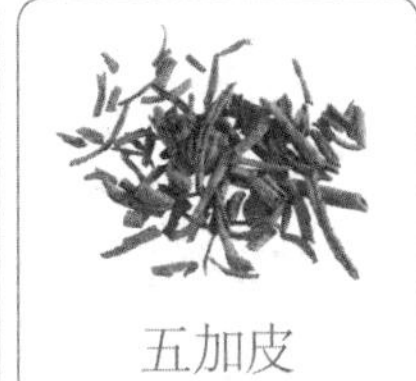
五加皮

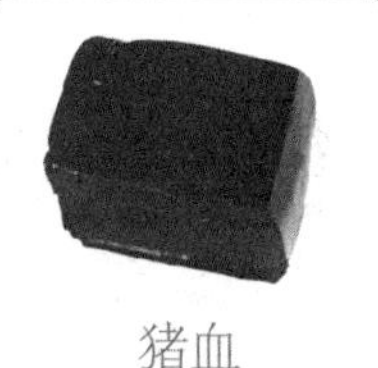
猪血

南瓜

三七粉粥

|原材料| 三七粉3克，红枣5个，粳米100克，红糖适量。

|做　法| ①粳米洗净；红枣去核、洗净备用。②将三七粉、红枣、粳米一同放入锅中，加水适量，大火煮开，转小火煮粥。③待粥将成时，加入红糖搅拌融化即可。

功效 益气补虚、活血化瘀。

南瓜猪骨汤

|原材料| 猪骨、南瓜各100克，盐3克。

|做　法| ①南瓜去瓤，去皮，洗净切块；猪骨洗净，斩开成块。②净锅入水烧沸，下猪骨汆透，取出洗净。③将南瓜、猪骨放入瓦煲，注入水，大火烧沸，改小火炖煮2.5小时，加盐调味即可。

功效 强身体、壮筋骨。

适合夜间工作者的滋补汤

夜间工作者，如娱乐场所服务员、出租车司机等，由于过着昼夜颠倒的生活，这对人体的生理和代谢功能都会产生一定的影响，这类工作者有时会出现头晕，疲倦或者食欲不振的情况。因此在日常饮食中，夜间工作者要注意补充维生素A，如胡萝卜、动物肝脏等，都含有丰富的维生素A，多吃对眼睛有很好的保护作用。宜多食山楂、陈皮等具有助消化、增强食欲的中药材。另外，宜多食具有安神、助眠的食物，如牛奶、猕猴桃、莲子等，每晚临睡前喝上一杯热牛奶，对促进睡眠有很好的帮助。

山楂

陈皮

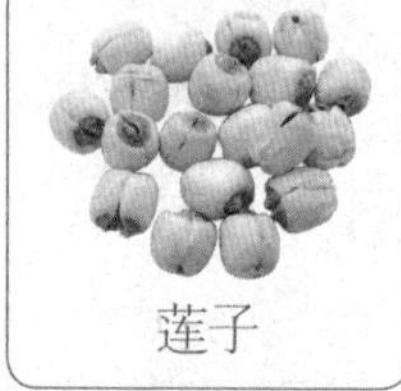
莲子

牛奶

鸡肝

红枣山楂茶

|原材料| 红枣10个，玫瑰花3朵，山楂10克，荷叶粉25克，柠檬半个

|做　法| ①将红枣、玫瑰花、山楂分别洗净，同荷叶粉放入锅中，加水适量，放在炉火上直到水开后15分钟即可。②把切片后的柠檬放进去，煮1分钟熄火，去渣留汤即可。

功效 补气益血、健脾益胃。

莲子红枣糯米粥

|原材料| 糯米150克，红枣10个，莲子150克，冰糖3大匙

|做　法| ①糯米洗净，加水后以大火煮开，再转小火慢煮20分钟。②红枣泡软，莲子冲净，加入煮开的糯米中续煮20分钟。③待莲子熟软，米粒开花呈糜状时，加冰糖调味即可。

功效 健脾养胃、安神益心。

适合高温工作者的滋补汤

高温工作者，如炼钢工人、发电厂工人等。他们在高温环境下工作，体温调节、水盐代谢、血液循环等功能都会受到一定程度的影响，高温作业会使蛋白质代谢增强，从而引起腰酸背痛、头晕目眩、代谢功能衰退等症状。因此，在日常饮食中，高温工作者应多补充蛋白质，高温作业会使蛋白质分解代谢增加，若体内蛋白质长期不足，则可能会造成负氮平衡。另外，要注意补充多种矿物质、维生素以及维持水、盐的平衡。可选用一些清热利尿的药材，如金银花、车前草等。多食黄豆、黑豆、土豆、草鱼、苦瓜、芹菜等食物。

金银花

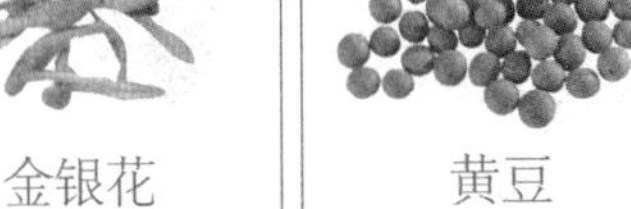
黄豆

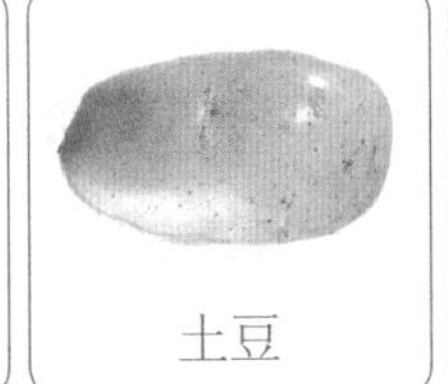
土豆

草鱼

芹菜

大蒜银花茶

|原材料| 金银花30克，甘草3克，大蒜20克，白糖适量。

|做 法| ①将大蒜去皮，洗净捣烂。②金银花、甘草分别洗净，与大蒜一起放入锅中，加水600毫升，用大火煮沸即可关火，滤去渣。③最后调入白糖即可服用。

功效 清热解毒、消炎杀菌。

黄豆猪蹄汤

|原材料| 猪蹄300克，黄豆300克，葱1根，盐5克，料酒8克。

|做 法| ①黄豆洗净，泡入水中至涨至2～3倍大；猪蹄洗净，斩块；葱洗净切丝。②锅中注水适量，放入猪蹄汆烫，捞出沥水；黄豆放入锅中加水适量，大火煮开，再改小火慢煮约4小时，至豆熟。③加入猪蹄，再续煮约1小时，调入盐和料酒，撒上葱丝即可。

功效 益血补虚、增强体质。

适合低温工作者的滋补汤

低温工作者与普通环境下的工作者的生理状态存在着明显的差异，他们在低温环境中作业，体热散失加速，基础代谢率增高。此外，低温会使甲状腺素的分泌增加，使体内物质的氧化过程加速，机体的散热和产热能力都明显增强。因此，在日常饮食中要补足热量，提高蛋白质的摄入量，多食羊肉、牛肉、鸡肉、鹌鹑、海参等，可提高机体的御寒能力。此外，补充富含钙和铁的食物可提高机体的御寒能力，如海带、黑木耳、牡蛎、虾、动物血、猪肝、红枣等。

牛肉

鹌鹑

海参

海带

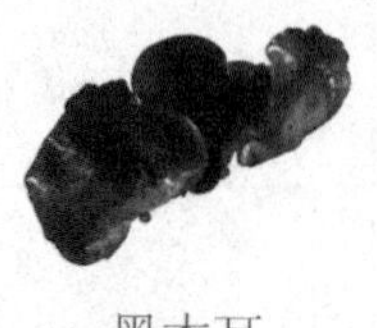
黑木耳

黑豆牛肉汤

|原材料| 黑豆200克，牛肉500克，生姜15克，盐8克。

|做　法| ①黑豆淘净，沥干；生姜洗净，切片。②牛肉切块，放入沸水中汆烫，捞起冲净。③黑豆、牛肉、姜片盛入煮锅，加7碗水以大火煮开，转小火慢炖50分钟，调味即可。

功效 补血、提高御寒能力。

腐竹焖海参

|原材料| 鲜腐竹200克，水发海参200克，西蓝花100克，冬菇50克，姜片、葱、盐、味精各适量。

|做　法| ①锅中放入水，下入姜片、葱、水发海参煨入味待用。②将鲜腐竹煎至两面金黄色待用，西蓝花焯熟待用。③起锅爆香姜、葱，下入鲜腐竹、海参、冬菇略焖，再下入调味料焖至入味后装盘，西蓝花围边即可。

功效 补肾益精、养血润燥。

适合长时间电脑工作者的滋补汤

长时间电脑工作者，如网络销售员、编辑等。这类人群在显示屏前工作时间过长，视网膜上的视紫红质会被消耗掉，还会出现头晕、食欲下降、反应迟钝等症状。此外，长时间操作电脑的人因长期姿势不良、全身性运动减少，容易引起腕管综合征与关节炎。在日常饮食中，长时间电脑工作者应多吃些胡萝卜、花生、核桃、豆腐、红枣、橘子以及牛奶、鸡蛋、动物肝脏、瘦肉等，从而补充人体内维生素A和蛋白质。另外，用菊花和枸杞子合泡成的杞菊茶具有清肝明目的作用，是最适宜长时间电脑工作者饮用的饮品。

花生

菊花

枸杞子

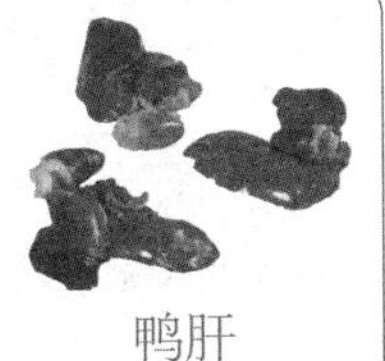
鸭肝

瘦肉

菊花羊肝汤

|原材料| 鲜羊肝200克，干菊花50克，鸡蛋1个，生粉、料酒、味精、盐、香油各适量。

|做　法| ①鲜羊肝切片，干菊花洗净；鸡蛋去黄留清，同生粉调成蛋清糊。②羊肝片入沸水中稍汆捞出，用盐、料酒、蛋清糊浆好。③锅中注水，加入羊肝片、盐、菊花稍煮，加味精煮沸后，淋入香油即可。

功效 清热泻火、养肝明目。

西洋参川贝瘦肉汤

|原材料| 海底椰15克，西洋参10克，川贝母10克，猪瘦肉400克，蜜枣2颗，盐5克。

|做　法| ①海底椰洗净；西洋参洗净；川贝母洗净，打碎；猪瘦肉洗净，切块；蜜枣洗净。②将海底椰、西洋参、川贝母、瘦肉、蜜枣一起放入炖盅内，注入沸水，加盖，隔水炖4小时，加盐调味即可。

功效 滋阴益气、止咳化痰。

滋补养生汤

滋补养生是按照人体的自然规律，按四时调摄，以食养、药养等方式达到调理气血、健康、长寿的一种养生方法。给身体适时补充滋养能量不是老年人的专利，在日常生活中，每个人都可以根据自身的需要，利用好喝又滋补的汤进行有针对性的调养，使身体时常保持在健康、活力的状态。

二子苍术瘦肉汤

制作时间	制作成本	专家点评	适合人群
130 分钟	14元	益气补虚	男性

原材料

瘦肉300克，苍术、枸杞子、五味子各10克，盐3克，鸡精2克。

做 法

①瘦肉洗净，切件；苍术洗净，切片；枸杞子、五味子分别洗净。②锅内烧水，待水沸时，放入瘦肉去除血水。③将瘦肉、苍术、枸杞子、五味子放入汤锅中，加入清水，大火烧沸后以小火炖2小时，调入盐和鸡精即可食用。

山楂麦芽猪腱汤

制作时间	制作成本	专家点评	适合人群
160分钟	8元	益气和中	老年人

原材料

盐2克，鸡精3克，猪腱、山楂、麦芽各适量。

做 法

①山楂洗净，去核；麦芽洗净；猪腱洗净，斩块。②锅上水烧开，将猪腱汆去血水，取出洗净。③瓦煲内注水用大火烧开，下入猪腱、麦芽、山楂，改小火煲2.5小时，加盐、鸡精调味即可。

清补凉煲瘦肉

制作时间	制作成本	专家点评	适合人群
130分钟	15元	滋补气血	女性

原材料

瘦肉400克，枸杞、蜜枣各20克，盐6克，薏米、山药各适量。

做 法

❶瘦肉洗净，切件，氽水；薏米、枸杞洗净，浸泡；干山药洗净；蜜枣洗净去核。❷瘦肉氽去血水，捞出洗净。❸将瘦肉、薏米、蜜枣放入锅中，加入清水，大火烧沸后以小火炖2小时，放入山药、枸杞稍炖，加入盐调味即可。

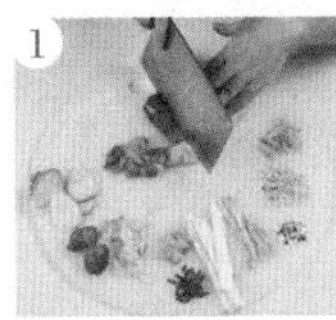

1

2

3

小贴士

山药是虚弱、疲劳或大病初愈者恢复体力的最佳食品，还可以抗癌，对于癌症患者治疗后的调理也极具疗效。经常食用山药又能提高免疫力、预防高血压、降低胆固醇、利尿、润滑关节。

干贝山药瘦肉汤

制作时间	制作成本	专家点评	适合人群
130分钟	15元	清肺利咽	女性

原材料

瘦肉500克，干贝15克，盐4克，山药、生姜各适量。

做 法

❶瘦肉洗净，切块，氽水；干贝洗净，切丁；山药、生姜洗净，去皮，切片。❷将瘦肉放入沸水中氽去血水。❸锅中注水，放入瘦肉、干贝、山药、生姜慢炖2小时，加入盐调味即可。

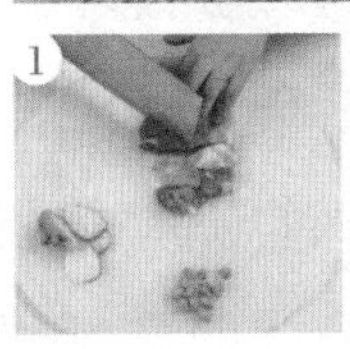

1

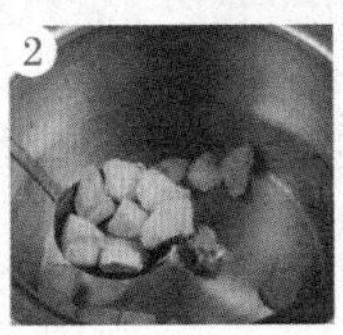

2

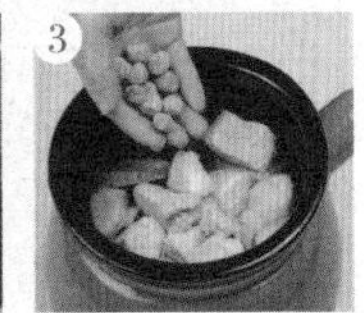

3

小贴士

干贝蛋白质含量高，多食可能会引发皮疹。干贝所含的谷氨酸钠是味精的主要成分，可分解为谷氨酸和酪氨酸等，在肠道细菌的作用下，转化为有毒、有害物质，会干扰大脑神经细胞正常代谢，因此一定要适量食用。

芥菜连锅汤

制作时间	制作成本	专家点评	适合人群
70分钟	18元	滋阴养胃	女性

原材料

猪肉300克，葱20克，姜15克，芥菜100克、花椒5克，盐6克，酱油15克，辣豆瓣酱20克，醋8克，红油4克，香油10克

做 法

❶猪肉洗净切片；葱洗净切段和末；姜洗净切片；芥菜洗净切段。❷锅中加油烧热，放入猪肉炒香，加入适量水、花椒、葱段、姜片，以小火煮半小时至熟。❸调入盐、醋及剩余调味料，煮至入味即可。

小贴士

芥菜含有大量的抗坏血酸，抗坏血酸是活性很强的还原物质，参与机体重要的氧化还原过程，能增加大脑中氧含量，激发大脑对氧的利用，有提神醒脑，解除疲劳的作用。

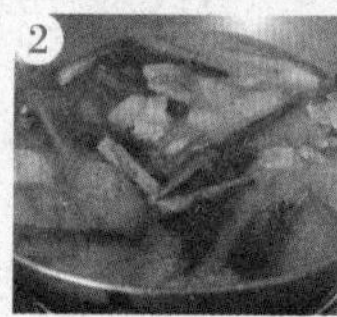

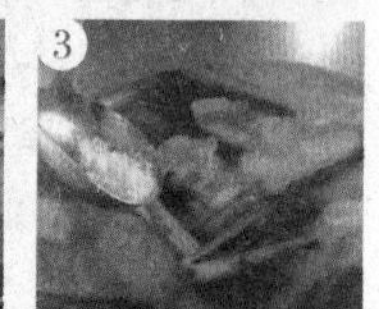

参杞香菇瘦肉汤

制作时间	制作成本	专家点评	适合人群
130分钟	28元	滋养脏腑	男性

原材料

猪瘦肉750克，党参25克，香菇100克，枸杞5克，生姜4片，盐、味精各适量。

做 法

❶香菇浸发，剪去蒂；党参、生姜、枸杞分别洗净。❷猪瘦肉洗净，切块备用。❸把全部材料放入清水锅内，大火煮滚后改小火煲2小时，加入盐、味精调味即可。

小贴士

香菇是世界第二大食用菌，也是我国特产之一，在民间素有“山珍”之称。香菇是一种生长在木材上的真菌，味道鲜美，香气沁人，营养丰富，素有“植物皇后”美誉。经常食用香菇对预防人体，特别是婴儿因缺乏维生素D而引起的血磷、血钙代谢障碍导致的佝偻病有益。

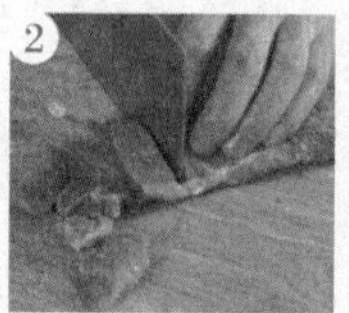

干贝黄精生熟地炖瘦肉

制作时间	制作成本	专家点评	适合人群
130分钟	25元	滋阴养胃	女性

原材料

猪瘦肉350克，干贝、黄精、生地、熟地各10克、盐6克，鸡精4克

做　法

①瘦肉洗净，切块，汆水；干贝、黄精、生地、熟地分别洗净，切片。②锅中注水，烧沸，放入瘦肉炖1小时。③再放入干贝、黄精、生地、熟地慢炖1小时，加入盐和鸡精调味即可。

灵芝石斛鱼胶猪肉汤

制作时间	制作成本	专家点评	适合人群
132分钟	30元	滋补气血	女性

原材料

猪瘦肉300克，盐6克，鸡精5克，灵芝、石斛、鱼胶、枸杞各适量。

做　法

①瘦肉洗净，切件，汆水；灵芝、鱼胶洗净，浸泡；石斛洗净，切片。②将瘦肉、灵芝、石斛、鱼胶、枸杞放入锅中，加入清水慢炖。③炖至鱼胶变软散开后，调入盐和鸡精即可食用。

胡萝卜花胶猪腱汤

制作时间	制作成本	专家点评	适合人群
160分钟	20元	健脾益气	老年人

原材料

猪腱200克，胡萝卜100克，花胶15克、盐3克

做　法

①猪腱洗净，剁成大块；胡萝卜洗净，切块；花胶洗净。②净锅入水烧沸，下猪腱滚尽血水，捞出洗净。③炖盅内注入清水烧开，将猪腱、胡萝卜、花胶放入，用小火煲煮2.5小时，加盐调味即可。

芹菜金针菇响螺猪肉汤

制作时间	制作成本	专家点评	适合人群
160分钟	18元	滋养脾胃	老年人

原材料

猪瘦肉 300 克，金针菇 50 克，芹菜 100 克，响螺适量、盐 5 克，鸡精 5 克。

做　法

①猪瘦肉洗净，切块；金针菇洗净，浸泡；芹菜洗净，切段；响螺洗净，取肉。②猪瘦肉、响螺肉放入沸水中汆去血水。③锅中注水，烧沸，放入猪瘦肉、金针菇、芹菜、响螺肉慢炖 2.5 小时，加入调味料即可。

木瓜银耳猪骨汤

制作时间	制作成本	专家点评	适合人群
130分钟	15元	强壮筋骨	男性

原材料

木瓜 100 克，银耳 10 克，猪骨 150 克、盐 3 克，生油 4 克

做　法

①木瓜去皮，洗净切块；银耳洗净，泡发撕片；猪骨洗净，斩块。②热锅入水烧开，下入猪骨，煲尽血水，捞出洗净。③将猪骨、木瓜放入瓦煲，注入水，大火烧开后下入银耳，改用小火炖煮 2 小时，加盐、生油调味即可。

粉葛红枣猪骨汤

制作时间	制作成本	专家点评	适合人群
160分钟	12元	补气养阴	女性

原材料

猪骨 200 克，盐 3 克，姜片、粉葛、红枣各适量。

做　法

①粉葛洗净，切成块；红枣洗净，泡发；猪骨洗净，斩块。②净锅上水烧开，下猪骨煮尽血水，捞出洗净。③将粉葛、红枣、猪骨、姜片放入炖盅，注入清水，大火烧沸后改小火炖煮 2.5 小时，加盐调味即可。

双枣莲藕炖排骨

制作时间	制作成本	专家点评	适合人群
80分钟	20元	清热利湿	男性

原材料

莲藕600克，排骨250克，红枣10颗，黑枣10颗，盐6克。

做　法

①排骨洗净斩件，汆烫，去浮沫，捞起冲净。②莲藕削皮，洗净，切成块；红枣、黑枣洗净去核。③将所有材料盛入锅内，加适量水，煮沸后转小火炖煮约60分钟，加盐调味即可。

党参蜜枣脊骨汤

制作时间	制作成本	专家点评	适合人群
195分钟	14元	和中益气	男性

原材料

脊骨150克，盐3克，党参、蜜枣各适量。

做　法

①脊骨洗净，斩件；党参洗净，泡发切段；蜜枣洗净，切开去核。②锅加水烧开后，放入脊骨煲尽血水，倒出洗净。③将脊骨、党参、蜜枣放入砂煲，注入适量水，猛火煲沸后改慢火煲3小时，加盐调味即可。

雪梨猪腱汤

制作时间	制作成本	专家点评	适合人群
160分钟	20元	润喉养肺	女性

原材料

猪腱500克，雪梨1个，无花果8个，盐5克（冰糖10克）

做　法

①猪腱洗净，切块；雪梨洗净去皮切成块，无花果用清水浸泡，洗净。②把全部用料放入清水煲内，大火煮沸后，改小火煲2小时。③加盐调成咸汤或加冰糖调成甜汤供用（可根据自己的口味调用）。

双菇脊骨汤

制作时间	制作成本	专家点评	适合人群
105分钟	18元	滋补养生	老年人

原材料

盐3克，脊骨、香菇、茶树菇各适量。

做　法

①脊骨洗净，斩段；香菇、茶树菇均洗净，泡发。②热锅上水烧开，下入脊骨汆透，捞出洗净。③将脊骨放入砂煲，注入适量水，大火煲沸后放入香菇、茶树菇，改用小火煲1.5小时，加入盐调味即可。

鲜莲排骨汤

制作时间	制作成本	专家点评	适合人群
55分钟	20元	舒筋活络	老年人

原材料

新鲜莲子150克，排骨200克，生姜5克，巴戟5克，盐4克，味精3克。

做　法

①莲子洗净去心；排骨洗净，剁成段；生姜洗净切成小片；巴戟洗净切成小段。②锅中加水烧开，下入排骨氽水后捞出。③将排骨、莲子、巴戟、生姜放入汤煲，加适量水，大火烧沸小火炖45分钟，加盐、味精调味即可。

绿豆陈皮排骨汤

制作时间	制作成本	专家点评	适合人群
210分钟	20元	滋养脾胃	女性

原材料

绿豆 60 克，排骨 250 克，陈皮 15 克，盐、生抽各适量。

做　法

❶绿豆除去杂物和坏豆子，清洗干净。❷排骨洗净斩件，汆水；陈皮浸软，刮去瓤，洗净。❸锅中加适量水，放入陈皮先煲开，再将排骨、绿豆放入煮 10 分钟，改小火再煲 3 小时，加适量盐、生抽调味即可。

沙葛花生猪骨汤

制作时间	制作成本	专家点评	适合人群
200分钟	35元	清喉补气	老年人

原材料

沙葛 500 克，花生 50 克，墨鱼干 30 克，猪骨 500 克，蜜枣 3 颗，盐 5 克。

做　法

❶沙葛去皮，洗净，切成块状。❷花生、墨鱼干洗净；蜜枣洗净。❸猪骨斩件，洗净，汆水。❹将清水 2000 克放入瓦煲内，煮沸后加入以上材料，大火煮沸后改用小火煲 3 小时，加盐调味即可。

人参猪蹄汤

制作时间	制作成本	专家点评	适合人群
150分钟	50元	延缓衰老	老年人

原材料

人参须、黄芪、麦冬、枸杞各 10 克，薏米 50 克，猪蹄 200 克，胡萝卜 100 克，姜片、盐各 3 克。

做　法

❶将全部药材洗净，放入棉布袋中；枸杞、薏米洗净，放入锅中；胡萝卜洗净切块，放入锅中。❷猪蹄洗净后剁成块，汆烫后放入锅中。❸锅中放入姜片、水，煮沸后小火煮 30 分钟，捞出药材包，熬煮至熟透，加盐调味。

猪蹄炖牛膝

制作时间	制作成本	专家点评	适合人群
100分钟	25元	清热解毒	女性

原材料

猪蹄1只，牛膝15克，大西红柿1个，盐3克。

做 法

❶猪蹄洗净，剁成块，放入沸水汆烫，捞起冲净。❷西红柿洗净，在表皮轻划数刀，放入沸水烫到皮翻开，捞起去皮，切块；牛膝洗净。❸将备好的材料一起放入汤锅中，加适量水，以大火煮开后转小火炖煮1小时，加盐调味即可。

无花果蘑菇猪蹄汤

制作时间	制作成本	专家点评	适合人群
130分钟	26元	补脾健胃	男性

原材料

猪蹄1只，蘑菇150克，无花果30克，盐、香菜末适量。

做 法

❶将猪蹄洗净，切块，汆水；蘑菇洗净撕条；无花果洗净。❷汤锅里加入适量水，下入猪蹄、蘑菇、无花果煲至熟，加盐调味，撒上香菜末即可。

猪蹄灵芝汤

制作时间	制作成本	专家点评	适合人群
125分钟	30元	滋阴助阳	女性

原材料

猪蹄1只，黄瓜35克，灵芝8克，盐6克。

做 法

❶将猪蹄洗净，切块，汆水；黄瓜去皮、子，洗净，切滚刀块；灵芝洗净，撕成小块。❷汤锅里加入适量水，下入猪蹄、灵芝，煲至快熟时下入黄瓜，再煲10分钟，加盐调味即可。

猪皮花生眉豆汤

制作时间	制作成本	专家点评	适合人群
130分钟	10元	润肺化痰	老年人

原材料

猪皮120克，花生、眉豆各30克，盐、鸡精各适量。

做　法

①猪皮去毛洗净，切块；生姜洗净，去皮切片；花生、眉豆洗净，加清水略泡。②净锅注水，烧开后加入猪皮氽透，捞出。③往砂煲内注入高汤，加入猪皮、花生、眉豆、姜片，小火煲2小时后调入盐、鸡精即可。

花生丁香猪尾汤

制作时间	制作成本	专家点评	适合人群
165分钟	10元	理气化痰	男性

原材料

猪尾90克，盐3克，丁香、花生、红枣各少许。

做　法

①猪尾洗净，斩成段；丁香、花生、红枣均洗净。②净锅上水烧开，放入猪尾氽至透，捞起洗净。③将猪尾、丁香、花生、红枣放入瓦煲内，加适量水，用大火烧开后改小火煲2.5小时，加盐调味即可。

枸杞猪尾汤

制作时间	制作成本	专家点评	适合人群
100分钟	13元	补虚益精	男性

原材料

猪尾150克，盐3克，枸杞适量。

做　法

①猪尾洗净，剁成段；枸杞洗净，浸水片刻。②净锅入水烧沸，下猪尾氽透，捞出洗净。③将猪尾、枸杞放入瓦煲内，加入适量清水，大火烧沸后改小火煲1.5小时，加盐调味即可。

黑木耳猪尾汤

制作时间	制作成本	专家点评	适合人群
140分钟	13元	补阴益髓	女性

原材料

猪尾100克，盐2克，生地、黑木耳各少许。

做 法

①猪尾洗净，斩成段；生地洗净，切段；黑木耳泡发洗净，撕成片。②净锅上水烧开，下入猪尾汆透，捞起洗净。③将猪尾、黑木耳、生地放入炖盅，加入适量水，大火烧开后改小火煲2小时，加盐调味即可。

小贴士

猪尾有补腰力、益骨髓的功效，可改善腰酸背痛，预防骨质疏松。在青少年发育过程中，多喝猪尾汤可促进骨骼发育。中老年人饮用猪尾汤，则可延缓骨质老化、早衰。

金银花蜜枣煲猪肺

制作时间	制作成本	专家点评	适合人群
135分钟	12元	补肺止咳	老年人

原材料

猪肺200克，蜜枣2颗，金银花、盐、鸡精各适量。

做 法

①猪肺洗净，切成小块；蜜枣洗净；金银花洗净。②净锅上水烧开，汆去猪肺上的血渍后捞出，清洗干净。③将猪肺、蜜枣放进瓦煲，加入适量水，大火烧开后放入金银花，改小火煲2小时，加盐、鸡精调味即可。

小贴士

中医认为，猪肺味甘、性平，入肺经，具有补肺、止咳、止血的功效，主治肺虚咳嗽、咯血等症。凡肺气虚弱，如肺气肿、肺结核、哮喘、肺痿等病人，以猪肺作为食疗之品最为有益。

猴头菇章鱼猪肚汤

制作时间	制作成本	专家点评	适合人群
150分钟	35元	补气养血	孕产妇

原材料

猴头菇80克，章鱼干40克，猪肚1个，盐2克，姜10克。

做　法

①猴头菇浸泡20分钟，洗净；章鱼干洗净，加水浸泡片刻；姜洗净切片。②猪肚洗净，入锅汆透，除去异味。③将所有材料和姜片放入砂煲内，加适量清水，用大火煮沸后改小火煲约2小时，加盐调味即可。

胡椒老鸡猪肚汤

制作时间	制作成本	专家点评	适合人群
165分钟	23元	温中益气	女性

原材料

胡椒20克，老鸡100克，猪肚130克，红枣3颗，盐6克。

做　法

①胡椒洗净，晾干后研碎；老鸡洗净，切块；猪肚洗净。②锅中注水烧开，分别放入鸡块、猪肚汆水，捞出，将胡椒碎放入猪肚内。③将所有材料放入砂煲内，加水大火煲沸改小火煲2.5小时，调入盐即可。

党参淮山猪肚汤

制作时间	制作成本	专家点评	适合人群
155分钟	18元	补虚健脾	老年人

原材料

猪肚150克，党参、淮山各20克，黄芪5克，枸杞适量，盐6克，姜片10克。

做　法

①猪肚洗净；党参、淮山、黄芪、枸杞洗净。②锅中注水烧开，放入猪肚汆透。③将所有材料和姜片放入砂煲内，加清水淹过食材，大火煲沸后改小火煲2.5小时，调入盐即可。

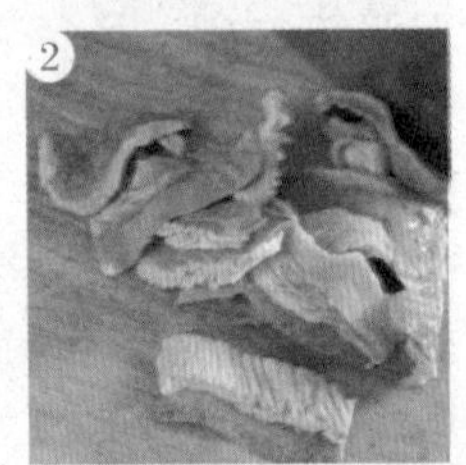

滋阴凉补猪肚汤

制作时间	制作成本	专家点评	适合人群
140分钟	16元	滋阴养胃	女性

原材料

猪肚250克，银耳100克，花旗参25克，乌梅3粒，盐6克。

做　法

❶银耳以冷水泡发，去蒂，撕小块；花旗参洗净备用；乌梅洗净去核。❷猪肚刷洗干净，汆水，切片。❸将猪肚、银耳、花旗参、乌梅放入瓦煲内，大火烧沸后再以小火煲2小时，再加盐调味即可。

生姜肉桂炖猪肚

制作时间	制作成本	专家点评	适合人群
135分钟	16元	温中止呕	孕产妇

原材料

猪肚150克，猪瘦肉50克，生姜15克，肉桂5克，薏米25克，盐6克。

做　法

❶猪肚里外反复洗净，汆水后切成长条；猪瘦肉洗净后切成块。❷生姜去皮，洗净，用刀拍烂；肉桂浸透洗净，刮去粗皮；薏米淘洗干净。❸将所有材料放入炖盅，加适量清水，隔水炖2小时，加盐调味即可。

玉米圆肉煲猪胰

制作时间	制作成本	专家点评	适合人群
120分钟	13元	健脾养胃	女性

原材料

玉米50克，桂圆肉20克，鸡脚1个，猪胰70克，盐、鸡精、姜片各适量。

做　法

①玉米洗净切成小块；鸡脚洗净，剪去趾甲；猪胰洗净，切成小块；桂圆肉洗净。②猪胰、鸡脚汆去血水。③砂煲内注入清水，烧开后加入所有材料和姜片，大火烧沸后小火煲煮1.5小时，调入盐、鸡精即可。

党参淮山猪胰汤

制作时间	制作成本	专家点评	适合人群
200分钟	26元	补气养阴	孕产妇

原材料

党参30克，淮山30克，蜜枣3颗，猪胰200克，猪瘦肉150克，盐5克。

做　法

①党参、淮山洗净，浸泡。②蜜枣洗净；猪胰、猪瘦肉洗净，切块，汆水。③将适量清水放入瓦煲中，加入所有材料，大火煲开后改用小火煲3小时，加盐调味即可。

杏仁小白菜猪肺汤

制作时间	制作成本	专家点评	适合人群
220分钟	18元	降气润燥	女性

原材料

小白菜50克，杏仁20克，猪肺750克，黑枣5粒，姜2片，盐5克。

做　法

①杏仁洗净，去皮、尖；黑枣、小白菜洗净。②猪肺注水、挤压至猪肺变白，切成块状，汆水，烧锅放姜，将猪肺爆炒5分钟左右。③将清水2000克放入瓦煲内，放入所有材料，大火煲开改小火煲3小时，加盐调味即可。

佛手瓜银耳煲猪腰

制作时间	制作成本	专家点评	适合人群
135分钟	20元	补脾开胃	男性

原材料

佛手瓜100克，银耳40克，猪腰120克，姜4克，盐、鸡精各适量。

做　法

❶猪腰洗净去筋，切块；佛手瓜洗净，切块；银耳泡发洗净，去除黄色杂质，撕小块；姜洗净去皮，切片。❷锅中注水烧沸后放入猪腰，氽熟后捞出。❸瓦煲注入适量清水，将所有备好的材料放入，小火煲煮2小时，调入盐、鸡精即可。

小贴士

银耳是一味滋补良药，其特点是滋润而不腻滞，具有补脾开胃、益气清肠、安眠健胃、补脑、养阴清热、润燥的功效，对阴虚火旺不受参茸等温热滋补的人来说是一种良好的补品。

淮山羊肉汤

制作时间	制作成本	专家点评	适合人群
130分钟	45元	温中补虚	老年人

原材料

羊肉400克，干山药、人参、红枣、枸杞各20克，盐5克，鸡精3克。

做　法

❶羊肉洗净，切件，氽水；干山药洗净；人参洗净；红枣、枸杞洗净，浸泡。❷炖锅中放入羊肉、山药、人参、红枣、枸杞，加适量清水。❸炖锅置于火上，大火炖2小时，调入盐和鸡精即可。

小贴士

山药含有淀粉酶、多酚氧化酶等物质，有利于脾胃的消化吸收功能，是一味平补脾胃的药食两用之品。不论脾阳亏或胃阴虚，皆可食用。

猪肠莲子枸杞汤

制作时间	制作成本	专家点评	适合人群
150分钟	17元	润肠润燥	孕产妇

原材料

猪肠150克，葱段5克，鸡脚、红枣、枸杞、党参、莲子、盐各适量。

做 法

①猪肠切段，洗净；鸡脚、红枣、枸杞、党参均洗净；莲子去皮、去莲心，洗净。②锅注水烧开，下猪肠氽透，捞出。③将所有材料放入瓦煲，注入清水，大火烧开改为小火炖煮2小时，加盐调味，撒上葱段即可。

蝉花熟地猪肝汤

制作时间	制作成本	专家点评	适合人群
135分钟	15元	健脾养肝	男性

原材料

蝉花10克，熟地12克，猪肝180克，红枣6个，盐6克，姜、淀粉、胡椒粉、香油各适量。

做 法

①蝉花、熟地、红枣洗净；猪肝洗净，切片，加淀粉、胡椒粉、香油腌渍片刻；姜洗净切片。②将蝉花、熟地、红枣、姜片放入瓦煲内，注入清水，大火煲沸后改中火煲2小时，放入猪肝滚熟，调味即可。

枸杞瘦肉汤

制作时间	制作成本	专家点评	适合人群
80分钟	30元	强健筋骨	儿童

原材料

新鲜山药600克，瘦肉500克，枸杞10克，盐6克。

做 法

①瘦肉洗净，氽水后捞起，再冲净1次，待凉后切成薄片备用。②山药削皮，洗净切片。③将瘦肉放入炖锅中，加适量水，以大火煮沸后转小火慢炖1小时。④加入山药、枸杞，续煮10分钟，加盐调味即可。

什锦牛丸汤

制作时间	制作成本	专家点评	适合人群
40分钟	28元	补中益气	老年人

原材料

牛肉300克，胡萝卜100克，圣女果80克，木耳20克，味精3克，淀粉6克，盐、高汤适量。

做 法

❶将牛肉洗净，剁成肉馅，加淀粉搅匀；胡萝卜去皮，洗净切碎；圣女果洗净，一分为二；木耳泡发洗净，撕成小块。❷炒锅上火倒入高汤，下入肉馅氽成丸子，再下入胡萝卜、圣女果、木耳，调入盐、味精煮熟即可。

黄芪牛肉汤

制作时间	制作成本	专家点评	适合人群
50分钟	40元	滋养脾胃	女性

原材料

牛肉450克，黄芪6克，盐6克，葱段2克，香菜30克。

做 法

❶将牛肉洗净，切块，氽水；香菜择洗净，切段；黄芪用温水洗净备用。❷净锅上火倒入水，下入牛肉、黄芪煲至成熟，撒入葱段、香菜、盐调味即可。

五加皮牛肉汤

制作时间	制作成本	专家点评	适合人群
135分钟	20元	调中下气	男性

原材料

五加皮15克，牛大力100克，黑豆45克，红枣（去核）10颗，牛肉150克，盐适量。

做 法

❶将五加皮、牛大力洗净，用纱布包好。❷将黑豆、红枣洗净，黑豆用清水浸泡1小时；牛肉洗净，切小块。❸将全部材料放入砂煲内，加适量清水，大火煮沸后改小火煲2小时，加盐调味即可。

牛腩炖白萝卜

制作时间	制作成本	专家点评	适合人群
100分钟	30元	滋阴助阳	男性

原材料

牛腩500克，白萝卜800克，枸杞50克，盐6克，黑胡椒粉5克，芹菜10克。

做　法

①牛腩洗净，切条，用盐、黑胡椒粉腌渍；白萝卜去皮，洗净，切长条；芹菜洗净，切段。②将牛腩放入瓦煲，加入高汤烧开，加入枸杞，小火炖1小时，加入白萝卜炖半小时，最后加盐和芹菜段即可。

白萝卜煲羊肉

制作时间	制作成本	专家点评	适合人群
130分钟	27元	温中补虚	女性

原材料

羊肉350克，白萝卜100克，生姜、枸杞各10克，盐、鸡精各5克。

做　法

①羊肉洗净，切件，汆水；白萝卜洗净，去皮，切块；生姜洗净，切片；枸杞洗净，浸泡。②炖锅中注水，烧沸后放入羊肉、白萝卜、生姜、枸杞以小火炖。③2小时后，转大火，调入盐、鸡精，稍炖出锅即可。

清炖柠檬羊腩汤

制作时间	制作成本	专家点评	适合人群
195分钟	24元	滋补养生	老年人

原材料

羊腩350克，柠檬100克，香菇50克，枸杞15克，盐5克，鸡精5克。

做　法

①羊腩洗净，切件，汆水；柠檬洗净，切片；香菇、枸杞洗净，浸泡。②将羊腩、香菇、枸杞放入炖锅中，加适量水煮沸。③放入柠檬，加盖大火炖3小时，加入盐和鸡精调味即可。

冬瓜薏米猪腰汤

制作时间	制作成本	专家点评	适合人群
140分钟	18元	防癌抗癌	老年人

原材料

猪腰150克，冬瓜60克，薏米50克，香菇20克，盐适量。

做　法

❶猪腰洗净，切开，除去白色筋膜；薏米浸泡，洗净；香菇洗净泡发，去蒂；冬瓜去皮、子，洗净切大块。❷锅中注水烧沸，放入猪腰汆水，去除血沫，捞出切块。❸将适量清水放入瓦煲内，大火煲滚后加入所有备好的材料，改用小火煲2小时，加盐调味即可。

小贴士

冬瓜，果呈圆、扁圆或长圆形，大小因果种不同，小的重数千克，大的数十千克；皮绿色，多数品种的成熟果实表面有白粉；果肉厚，白色，多汁，味淡，嫩瓜或老瓜均可食用。

胡萝卜竹蔗羊肉汤

制作时间	制作成本	专家点评	适合人群
135分钟	23元	和中清火	孕产妇

原材料

羊肉350克，竹笋、甘蔗、胡萝卜各50克，盐、鸡精各5克。

做　法

❶羊肉洗净，切件，汆水；竹笋去壳，洗净，切块；甘蔗去皮，洗净，切段；胡萝卜洗净，切块。❷将羊肉、竹笋、甘蔗、胡萝卜放入炖盅，加入适量水。❸锅中注水，烧沸，放入炖盅隔水炖熟，加入盐和鸡精调味即可。

小贴士

竹笋味甘性微寒，无毒，具有清热化痰、益气和胃、治消渴、利水道、利膈爽胃等功效。竹笋还具有低脂肪、低糖、多纤维的特点，不仅能促进肠道蠕动、帮助消化、去积食、防便秘，并有预防大肠癌的功效。

橘子羊肉汤

制作时间	制作成本	专家点评	适合人群
60分钟	20元	健脾顺气	男性

原材料

羊肉300克，橘子50克，味精3克，盐、高汤各适量。

做　法

①将羊肉洗净，切大片，汆水；橘子洗净，切片备用。②炖锅上火，加适量高汤，加入羊肉、橘子，大火烧沸后以小火煲至熟，加盐、味精调味即可。

银耳淮山莲子煲鸡汤

制作时间	制作成本	专家点评	适合人群
120分钟	20元	补精填髓	男性

原材料

鸡肉400克，盐5克，鸡精3克，银耳、淮山、莲子、枸杞各适量。

做　法

①鸡肉洗净，切块，汆水；银耳泡发洗净，撕小块；淮山洗净，切片；莲子洗净，对半切开，去莲心；枸杞洗净。②炖锅中注水，放入鸡肉、银耳、淮山、莲子、枸杞，大火炖至莲子变软。③ 加入盐和鸡精调味即可。

羊排红枣山药滋补煲

制作时间	制作成本	专家点评	适合人群
100分钟	25元	健脾益气	女性

原材料

羊排350克，干山药175克，红枣4颗，盐适量。

做 法

❶将羊排洗净，切块，汆水；干山药洗净；红枣洗净备用。❷净锅上火倒入水，下入羊排、山药、红枣，以大火煲沸后转小火煲至熟，加盐调味即可。

木瓜银耳煲白鲫

制作时间	制作成本	专家点评	适合人群
135分钟	16元	滋补养生	女性

原材料

白鲫300克，木瓜40克，银耳20克，盐2克，姜片，鸡精适量。

做 法

❶白鲫洗净；木瓜洗净去皮，切块；银耳用温水泡发，去除黄色杂质。❷锅内注油烧热，将白鲫稍煎，沥干油备用。❸用瓦煲装入清水，煲滚后加入所有食材，小火煲2小时后调入盐、鸡精即可。

蛤蜊羊排汤

制作时间	制作成本	专家点评	适合人群
60分钟	23元	滋阴润燥	女性

原材料

羊排200克，豆腐150克，蛤蜊80克，色拉油20克，香菜各3克，葱段5克，味精、盐适量。

做 法

❶将羊排洗净斩段；豆腐切块；蛤蜊洗净备用。❷炒锅上火，倒入色拉油，将葱段炝香，倒入水，下入羊排、豆腐、蛤蜊，大火煲沸后转小火煲至熟，撒入香菜，调入盐、味精即可。

银杏青豆羊肉汤

制作时间	制作成本	专家点评	适合人群
65分钟	20元	延年益寿	老年人

原材料

羊肉250克，银杏30克，青豆10克，盐、高汤各适量。

做　法

❶将羊肉洗净，切丁；银杏、青豆洗净备用。❷炖锅上火，倒入高汤，下入羊肉、银杏、青豆，以大火烧沸后转小火煲至熟，调入盐即可。

节瓜鸡肉汤

制作时间	制作成本	专家点评	适合人群
100分钟	15元	解毒消肿	男性

原材料

鸡肉250克，节瓜100克，枸杞15克，盐5克，鸡精3克。

做　法

❶鸡肉洗净，切块，汆水；节瓜去皮，洗净切块；枸杞洗净，泡发。❷炖锅中注入适量水，放入鸡肉、节瓜、枸杞，大火煲沸后转小火慢炖1.5小时。❸加入盐和鸡精调味，出锅即可。

鲜人参炖鸡

制作时间	制作成本	专家点评	适合人群
250分钟	80元	补气益肺	女性

原材料

鸡1只，鲜人参2条，猪瘦肉200克，金华火腿30克，花雕酒3克，生姜2片，盐、鸡精各2克，味精3克，浓缩鸡汁2克。

做　法

①先将鸡洗净，在背部开刀；猪瘦肉洗净，切成大肉粒；金华火腿洗净，切成粒；鲜人参洗净。②把所有的原材料装进炖盅，隔水炖4小时。③在炖好的汤里加入调味料即可。

人参鸡汤

制作时间	制作成本	专家点评	适合人群
130分钟	80元	益脏补虚	女性

原材料

老母鸡250克，人参1支，盐5克，姜片2克。

做　法

①将老母鸡洗净，斩块汆水；人参洗净备用。②汤锅上火倒入水，下老母鸡、人参、姜片，大火煲沸后转小火煲至熟，加盐调味即可。

红枣炖兔肉

制作时间	制作成本	专家点评	适合人群
120分钟	25元	补中益气	老年人

原材料

兔肉500克，红枣25克，马蹄50克，生姜1片，盐8克。

做　法

① 兔肉洗净，切块；红枣、生姜洗净，马蹄去皮，洗净。②把全部材料放入炖盅内，加开水适量，盖好，隔水炖1～2小时，加盐调味即可。

西洋菜鸡汤

制作时间	制作成本	专家点评	适合人群
180分钟	25元	化痰止咳	老年人

原材料

鸡400克，西洋菜100克，盐6克，川贝、枸杞各少许。

做　法

①鸡洗净，氽水；西洋菜洗净；川贝洗净；枸杞洗净，浸泡。②将鸡、川贝、枸杞放入锅中，加适量清水慢炖2.5小时。③放入西洋菜，加入盐稍炖后，关火出锅即可。

平菇木耳鸡汤

制作时间	制作成本	专家点评	适合人群
100分钟	18元	舒筋活络	老年人

原材料

鸡300克，平菇50克，黑木耳30克，盐6克。

做　法

①鸡洗净，斩件，氽水；平菇洗净；黑木耳泡发，洗净。②将鸡、平菇、黑木耳放入炖盅中，加适量水，盖好。③用小火慢炖1.5个小时，加入盐即可食用。

花胶冬菇鸡脚汤

制作时间	制作成本	专家点评	适合人群
135分钟	40元	防癌抗癌	男性

原材料

鸡脚200克，盐5克，鸡精3克，花胶、冬菇、党参各适量。

做　法

①鸡脚洗净，氽水；花胶洗净，浸泡；冬菇洗净，浸泡；党参洗净，切段。②锅中放入鸡脚、花胶、冬菇、党参，加入清水，炖2小时。③调入盐和鸡精即可。

人参糯米鸡汤

制作时间	制作成本	专家点评	适合人群
90分钟	50元	益气补脾	孕产妇

原材料

人参15克，糯米20克，鸡腿1只，红枣10克，盐6克。

做　法

❶糯米淘洗干净，用清水泡1小时，沥干；人参洗净，切片；红枣洗净。❷鸡腿剁块，洗净，汆烫后捞起，再冲净。❸将糯米、鸡块和参片、红枣盛入炖锅，加水1600克，以大火煮开后转小火炖至肉熟米烂，加盐调味即可。

黄精山药鸡汤

制作时间	制作成本	专家点评	适合人群
60分钟	30元	增强免疫力	儿童

原材料

黄精10克，干山药200克，红枣8枚，鸡腿1只，盐6克，味精适量。

做　法

❶鸡腿洗净，剁块，放入沸水中汆烫，捞起冲净；黄精、红枣洗净；山药洗净。❷将鸡腿、黄精、红枣放入锅中，加7碗水，以大火煮开，转小火续煮20分钟。❸加入山药续煮10分钟，加入盐、味精调味即成。

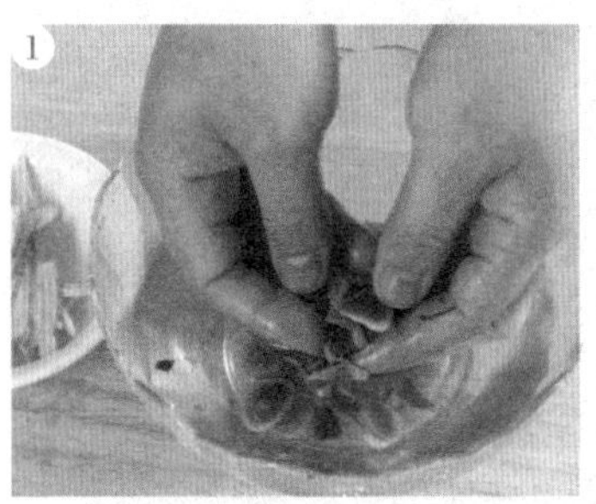

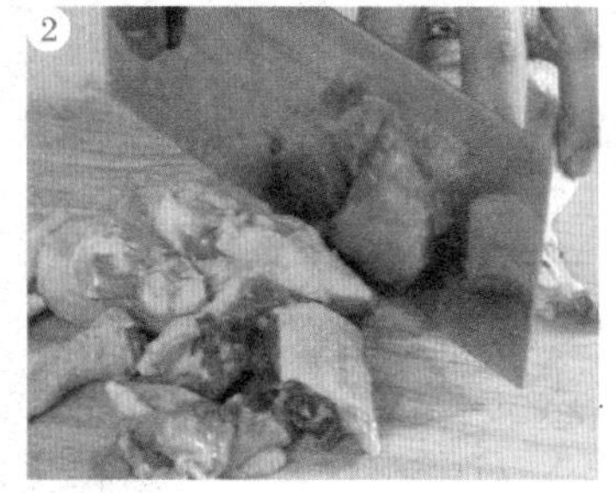

茸芪煲鸡汤

制作时间	制作成本	专家点评	适合人群
200分钟	70元	降低血压	老年人

原材料

鸡1只，猪瘦肉300克，鹿茸20克，黄芪20克，生姜10克，盐5克，味精3克。

做　法

①将鹿茸片放置清水中洗净；黄芪洗净；生姜去皮，切片；猪瘦肉洗净，切成厚块。②将鸡洗净，斩成块，放入沸水中氽去血水后捞出。③锅内注入适量水，下入所有原材料，大火煲沸后再改小火煲3小时，调入盐、味精即可。

胡萝卜马蹄煮鸡腰

制作时间	制作成本	专家点评	适合人群
60分钟	20元	凉血解毒	儿童

|原材料|

胡萝卜、马蹄各100克，鸡腰150克，淮山、枸杞、党参、黄芪各3克，姜5克，盐、料酒、味精各适量。

|做　法|

❶胡萝卜、马蹄均洗净，胡萝卜去皮切菱形，马蹄去皮；淮山、枸杞、党参、黄芪均洗净；鸡腰洗净。❷胡萝卜、马蹄下锅焯水；鸡腰加盐、料酒、味精腌渍后下锅氽水。❸所有材料放入锅中，加适量清水，大火烧沸后转小火煲熟，加盐、味精调味即可。

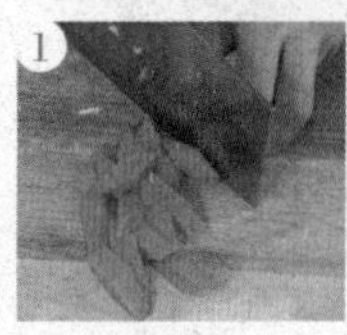

杜仲艾叶鸡蛋汤

制作时间	制作成本	专家点评	适合人群
135分钟	10元	补气安胎	女性

|原材料|

杜仲25克，艾叶20克，鸡蛋2个，盐5克，生姜丝少量。

|做　法|

❶杜仲、艾叶分别用清水洗净。❷鸡蛋打入碗中，搅成蛋浆，再加入姜丝，放入油锅内煎成蛋饼，放凉后切成块。❸再将以上材料放入煲内，用适量水，猛火煲至滚，然后改用中火续煲2小时，加盐调味即可。

小贴士

中国民间流传的许多养生药膳都离不开鸡蛋。例如，何首乌煮鸡蛋、鸡蛋煮猪脑、鸡蛋粥等。如将鸡蛋加工成咸蛋，含钙量会明显增加，可由每百克的55毫克增加到520毫克，约为鲜鸡蛋的10倍，特别适宜想补钙的人。

五子鸡杂汤

制作时间	制作成本	专家点评	适合人群
120分钟	20元	补益五脏	男性

原材料

鸡内脏（含鸡肫、鸡心、鸡肝）1份，茺蔚子、蒺藜子、覆盆子、车前子、菟丝子各10克，棉布袋1只，姜1块，葱1根，盐6克。

做 法

①鸡内脏洗净，均切片。②姜洗净，切丝；葱去根须，洗净，切丝。③将所有药材洗净，放入棉布袋装妥扎紧，放入煮锅，加4碗水以大火煮沸，转小火续煮20分钟。④捞弃棉布袋，转至中小火，放入鸡内脏、姜丝、葱丝等，待汤一滚，加盐调味即成。

黑枣党参鸡肉汤

制作时间	制作成本	专家点评	适合人群
135分钟	20元	温中益气	女性

原材料

鸡300克，土豆100克，黑枣、党参、枸杞各15克，盐5克。

做 法

①鸡洗净，斩件；土豆洗净，去皮，切块；党参洗净，切段；黑枣、枸杞洗净，浸泡。②锅中注水，放入鸡氽去血水，捞出。③将鸡、土豆、黑枣、党参、枸杞放入锅中，加适量清水慢炖2小时，加入盐即可食用。

十全大补乌鸡汤

制作时间	制作成本	专家点评	适合人群
100分钟	28元	补中益气	老年人

原材料

乌鸡1只，当归、熟地、党参、白芍、白术、茯苓、黄芪、川芎、甘草、肉桂、枸杞、红枣各10克。

做 法

①鸡洗净剁块，放入沸水氽烫，捞起，冲净；药材以清水快速冲洗，沥干备用。②将鸡和所有药材一道盛入炖锅，加7碗水，以大火煮沸。③转小火慢炖1小时即成。其间，可用食具适当搅拌，使药材完全入味。

百合乌鸡汤

制作时间	制作成本	专家点评	适合人群
130分钟	20元	止崩治带	女性

原材料

乌鸡1只，生百合30枚，葱5克，姜4克，盐6克，白粳米适量。

做　法

①将乌鸡洗净斩件；百合洗净；姜洗净切片；葱洗净切段；白粳米淘洗干净。②将乌鸡放入锅中汆水，捞出洗净。③锅中加适量清水，下入乌鸡、百合、姜片、白粳米炖煮2小时，下入葱段，加盐调味即可。

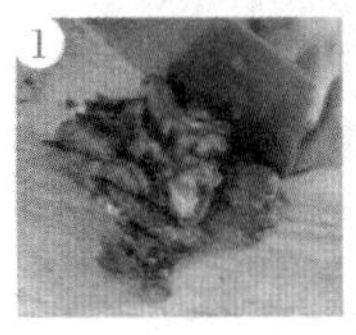

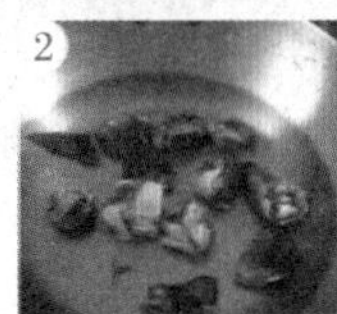

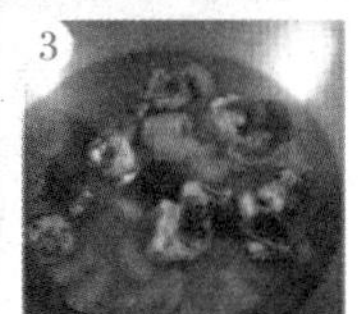

小贴士

百合主要含生物素、秋水碱等营养物质，有良好的营养滋补之功，对病后体弱、神经衰弱等症大有裨益。支气管不好的人食用百合，有助病情改善，皆因百合可以解温润燥，常食有润肺、清心、调中之效，可止咳、止血、开胃、安神。

当归田七炖鸡

制作时间	制作成本	专家点评	适合人群
120分钟	18元	养血补虚	孕产妇

原材料

当归20克，田七7克，乌鸡半只，盐8克。

做　法

①当归、田七洗净；乌鸡洗净，斩件。②再将乌鸡块放入开水中煮5分钟，捞起洗净。③把全部用料放入煲内，加适量清水，盖好，小火炖1～2小时，加盐调味供用。

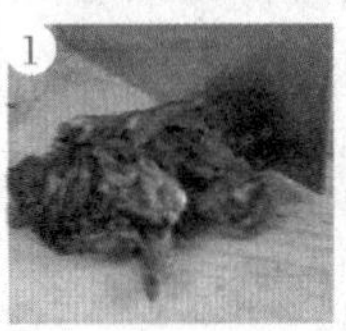

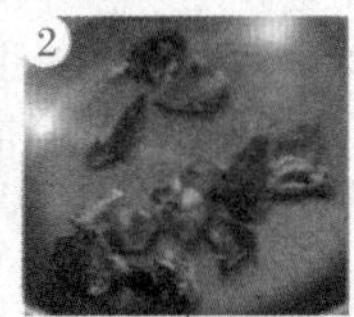

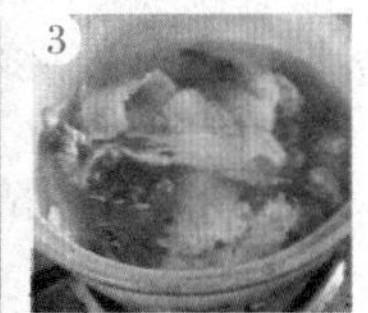

乌鸡味甘性微温，无毒，有补中止痛、滋补肝肾、益气补血、滋阴清热、调经活血、止崩治带等功效，对妇女的气虚、血虚、脾虚、肾虚等症，以及小儿生长发育迟缓、妇女更年期综合征等尤为有效。

西洋菜乌鸡汤

制作时间	制作成本	专家点评	适合人群
100分钟	18元	滋阴补虚	女性

原材料

乌鸡 350 克，西洋菜 150 克，枸杞 15 克，盐 4 克，鸡精 3 克。

做　法

❶乌鸡洗净，斩件，汆水；西洋菜洗净；枸杞洗净，浸泡。❷将乌鸡、西洋菜、枸杞放入炖盅，加入适量清水。❸将炖盅置于火上，隔水炖煮 1.5 小时，加入盐和鸡精调味即可。

小贴士

现代医学研究认为，乌鸡含有人体不可缺少的赖氨酸、蛋氨酸和组氨酸，有相当高的滋补药用价值，特别是富含极高滋补药用价值的黑色素，有滋阴、补肾、养血、添精、益肝、退热、补虚作用。

椰盅乌鸡汤

制作时间	制作成本	专家点评	适合人群
135分钟	21元	滋补养生	女性

原材料

乌鸡 300 克，椰子 1 个，盐 4 克，鸡精 3 克，板栗、干山药、枸杞各适量。

做　法

❶乌鸡洗净，斩件，汆水；板栗去壳；干山药洗净；枸杞洗净，浸泡。❷椰子洗净，顶部切开，倒出椰汁，留壳备用。❸乌鸡、板栗、山药、枸杞放入锅中，加椰汁慢炖 2 小时，调入盐和鸡精，盛入椰盅即可。

小贴士

板栗为补肾强骨之果。现代医学研究发现，板栗中胡萝卜素含量是花生的 4 倍、维生素 C 含量是花生的 18 倍，有很好的预防癌症，降低胆固醇，防止血栓、病毒、细菌侵袭的作用。

参麦黑枣乌鸡汤

制作时间	制作成本	专家点评	适合人群
140分钟	50元	养阴生津	孕产妇

原材料

乌鸡 400 克，人参、麦冬各 20 克，黑枣、枸杞各 15 克，盐 5 克，鸡精 4 克。

做　法

①乌鸡洗净，斩件，汆水；人参、麦冬洗净，切片；黑枣洗净，去核，浸泡；枸杞洗净，浸泡。②锅中注入适量清水，放入乌鸡、人参、麦冬、黑枣、枸杞，盖好盖。③大火烧沸后以小火慢炖 2 小时，调入盐和鸡精即可食用。

小贴士

枸杞是常用的营养滋补佳品，常用其煮粥、熬膏、泡酒或同其他药物、食物一起食用。枸杞中的维生素 C 含量比橙子高，β－胡萝卜素含量比胡萝卜高，铁含量比牛排还高。

田七木耳乌鸡汤

制作时间	制作成本	专家点评	适合人群
160分钟	13元	益气补血	老年人

原材料

乌鸡 150 克，田七 5 克，黑木耳 10 克，盐 2 克。

做　法

①乌鸡洗净，斩件；田七浸泡，洗净，切成薄片；黑木耳泡发，洗净，撕成小朵。②锅中注入适量清水烧沸，放入乌鸡汆去血沫后捞出洗净。③用瓦煲装适量清水，煮沸后加入乌鸡、田七、黑木耳，大火煲沸后改用小火煲 2.5 小时，加盐调味即可。

小贴士

常吃黑木耳可抑制血小板凝聚，降低血液中胆固醇的含量，对冠心病、动脉血管硬化、心脑血管病颇为有益。黑木耳中的胶质还可将残留在人体消化系统内的灰尘杂质吸附聚集，排出体外。

节瓜山药莲子煲老鸭

制作时间	制作成本	专家点评	适合人群
180分钟	20元	滋养五脏	老年人

原材料

老鸭400克，节瓜150克，盐5克，鸡精3克，山药、莲子各适量。

做　法

❶老鸭洗净，切件，汆水；山药洗净，去皮切块；节瓜洗净，去皮切片；莲子洗净，去芯。❷汤锅中放入鸭肉、山药、节瓜、莲子，加入适量清水。❸大火烧沸改小火慢炖2.5小时，调入盐和鸡精即可。

陈皮绿豆煲老鸭

制作时间	制作成本	专家点评	适合人群
150分钟	18元	养胃生津	男性

原材料

老鸭450克，绿豆50克，陈皮20克，盐、鸡精各5克。

做　法

❶老鸭洗净，斩件，汆水；绿豆洗净，泡发；陈皮洗净，切片。❷锅中注水，烧沸后放入老鸭肉、绿豆、陈皮慢火炖2小时。❸调入盐、鸡精拌匀后，出锅即可。

山药杞子老鸭汤

制作时间	制作成本	专家点评	适合人群
135分钟	16元	止咳息惊	老年人

原材料

老鸭300克，山药（干品）20克，枸杞15克，盐4克，鸡精3克。

做　法

❶ 老鸭洗净，切件，汆水；山药洗净；枸杞洗净，浸泡。❷锅中注水，烧沸后放入老鸭肉、山药、枸杞，慢火炖2小时。❸调入盐、鸡精，待汤色变浓后起锅即可食用。

花胶炖老鸭汤

制作时间	制作成本	专家点评	适合人群
130分钟	35元	滋阴润燥	女性

原材料

老鸭350克，花胶20克，枸杞15克，盐5克，鸡精3克。

做　法

①老鸭洗净，切件；花胶洗净，浸泡；枸杞洗净，浸泡。②锅中烧水，放入老鸭肉煮净血水。③汤锅中放入老鸭肉、花胶、枸杞，加入适量清水，大火烧沸后以小火慢炖2小时，调入盐和鸡精即可。

佛手瓜老鸭汤

制作时间	制作成本	专家点评	适合人群
130分钟	18元	降低血压	老年人

原材料

老鸭250克，佛手瓜100克，枸杞15克，盐5克，鸡精3克。

做　法

①老鸭洗净，切件，汆水；佛手瓜洗净，切片；枸杞洗净，浸泡。②锅中放入老鸭肉、佛手瓜、枸杞，加入适量清水，小火慢炖。③至香味四溢时，调入盐和鸡精，稍炖，出锅即可。

北芪党参水鸭汤

制作时间	制作成本	专家点评	适合人群
150分钟	17元	补血行水	女性

原材料

水鸭300克，枸杞10克，盐、鸡精各3克，北芪、党参各适量。

做　法

①水鸭洗净，切件，汆水；北芪洗净，切段；党参洗净，切段；枸杞洗净，浸泡。②锅中注入适量水，烧沸后放入水鸭肉、北芪、党参、枸杞，以小火慢炖2小时。③调入盐、鸡精即可食用。

薏米百合煲老鸭汤

制作时间	制作成本	专家点评	适合人群
140分钟	18元	清心调中	老年人

原材料

老鸭300克，盐4克，鸡精3克，薏米、百合、南杏各适量。

做　法

①老鸭洗净，切件，汆水；薏米洗净；百合、南杏洗净，浸泡。②锅中注入适量水，烧沸后放入老鸭肉、薏米、百合、南杏，以小火慢炖2小时。③关火，调入盐、鸡精拌匀即可食用。

桂圆干老鸭汤

制作时间	制作成本	专家点评	适合人群
130分钟	22元	养血宁神	孕产妇

原材料

老鸭500克，桂圆干20克，盐6克，鸡精2克，生姜少许。

做　法

①老鸭洗净，切件，入沸水锅汆水；桂圆干去壳；生姜洗净，切片。②将老鸭肉、桂圆干、生姜放入锅中，加入适量清水，以小火慢炖。③待桂圆干变得圆润之后，调入盐、鸡精即可。

生地老鸭汤

制作时间	制作成本	专家点评	适合人群
132分钟	18元	防癌抗癌	男性

原材料

老鸭350克，山药（干品）150克，生地15克，盐、鸡精各4克。

做　法

① 老鸭洗净，切件，汆水；山药洗净；生地洗净，浸泡。②锅中放入鸭肉、山药、生地，加入适量清水，置火上。③大火煮开后转小火慢炖2小时，调入盐和鸡精即可。

北杏党参老鸭汤

制作时间	制作成本	专家点评	适合人群
130分钟	18元	润肺止咳	老年人

原材料

老鸭300克，北杏20克，党参15克，盐5克，鸡精3克。

做　法

①老鸭洗净，切件，汆水；北杏洗净，浸泡；党参洗净，切段，浸泡。②锅中放入老鸭肉、北杏、党参，加入适量清水，大火烧沸后转小火慢炖2小时。③调入盐和鸡精，稍炖，关火出锅即可。

小贴士

鸭肉所含B族维生素和维生素E较其他肉类多，能有效抵抗脚气病、神经炎和多种炎症，还能抗衰老。鸭肉中还含有较为丰富的烟酸，它是构成人体内两种重要辅酶的成分之一，对心肌梗死等心脏疾病患者有保护作用。

金银花水鸭汤

制作时间	制作成本	专家点评	适合人群
135分钟	18元	抗衰防癌	老年人

原材料

水鸭350克，金银花、生姜、枸杞各20克，盐4克，鸡精3克。

做　法

①水鸭洗净，切件；金银花洗净，浸泡；生姜洗净，切片；枸杞洗净，浸泡。②锅中注水，烧沸，放入老鸭、生姜和枸杞，以小火慢炖。③1小时后放入金银花，再炖1小时，调入盐和鸡精即可。

小贴士

鸭肉适宜体内有热、上火的人食用，发低热、体质虚弱、食欲不振、大便干燥和水肿的人食之更佳。营养不良，产后病后体虚、盗汗、遗精，妇女月经少、咽干口渴者也可食用鸭肉。

沙参老鸭煲

制作时间	制作成本	专家点评	适合人群
100分钟	18元	益胃生津	女性

原材料

老鸭500克，沙参10克，盐6克，姜片5克，枸杞、香菜末少许。

做　法

❶老鸭洗净，斩块，汆水；沙参、枸杞洗净备用。❷净锅上火，倒入适量清水，下入老鸭、沙参、姜片、枸杞煲至成熟，加盐调味，撒上香菜末即可。

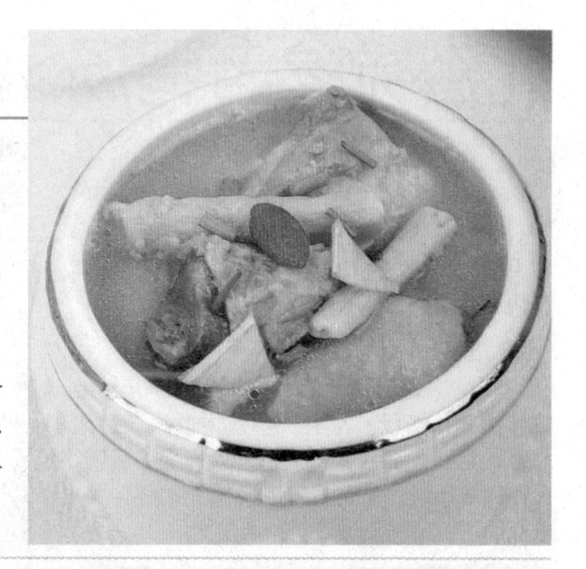

老鸭枸杞煲萝卜

制作时间	制作成本	专家点评	适合人群
90分钟	17元	养胃生津	男性

原材料

老鸭250克，白萝卜175克，枸杞5克，姜片3克，盐少许。

做　法

❶将鸭肉洗净，斩块，汆水；白萝卜洗净，去皮切方块；枸杞洗净备用。❷净锅上火，倒入适量清水，下入鸭子、白萝卜、姜片、枸杞煲至成熟，加盐调味即可。

芡实扁豆老鸭汤

制作时间	制作成本	专家点评	适合人群
180分钟	28元	健脾和中	老年人

原材料

芡实60克，白扁豆90克，老母鸭1只，黄酒、盐各适量。

做　法

❶将芡实、白扁豆分别洗净。❷将老母鸭洗净，斩成小块，沥干。❸起油锅，放入鸭块，爆炒3分钟，烹入黄酒，加适量清水，大火煮沸后改小火煲2小时，加入芡实、白扁豆再煮1小时，加盐调味即可。

清炖鸭汤

制作时间	制作成本	专家点评	适合人群
190分钟	22元	补血行水	女性

原材料

鸭肉250克，鸭肾1个，葱白5克，生姜块3克，猪油50克，味精、黄酒、盐各适量。

做　法

①将鸭肉洗净，切成块；鸭肾剖开，去掉黄皮和杂物，洗净，切成4块；生姜块洗净，拍松待用；葱白洗净，切段。②汤锅置旺火上，下入猪油烧热，放入鸭块、鸭肾、葱白、生姜块，爆炒5分钟，待鸭块呈金黄色时，倒入黄酒，翻炒5分钟，起锅盛入砂锅内。③在砂锅内加入清水750克，置小火上清炖3个小时，然后放入盐、味精调味即可。

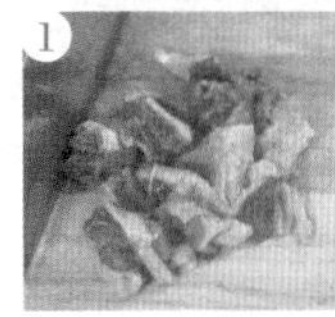

小贴士

鸭肉忌与兔肉、杨梅、核桃、鳖、木耳、胡桃、大蒜、荞麦同食。

冬笋鸭块

制作时间	制作成本	专家点评	适合人群
60分钟	35元	通血化痰	老年人

原材料

冬笋500克，母鸭1只（约1000克），火腿肉25克，料酒、盐、生姜、味精各适量。

做　法

①母鸭洗净，斩成小块。②将冬笋剥壳洗净，切成骨牌块；火腿肉洗净切片；生姜洗净切末。③炒锅置旺火上，放入植物油烧热，将姜末炒出香味，投入鸭块翻炒，加入料酒和冬笋块一同翻炒，再添入适量的水和火腿肉片，煮约40分钟后调入味精、盐即可出锅。

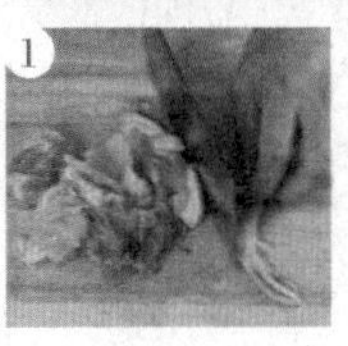

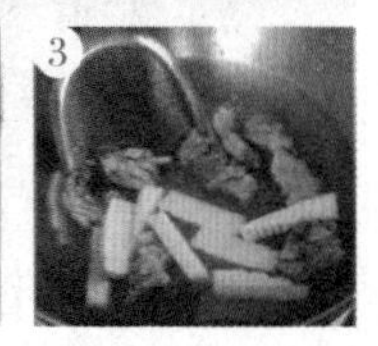

小贴士

公鸭肉性微寒，母鸭肉性微温，入药以老而肉白、肉白而骨乌者为佳。用老而肥大之母鸭同海参炖食，具有很大的滋补功效，炖出的鸭汁善补五脏之阴和虚痨之热。

鸭子炖黄豆

制作时间	制作成本	专家点评	适合人群
70分钟	20元	降压降糖	老年人

原材料

鸭半只，黄豆200克，姜5克，上汤750克，盐、味精各适量。

做　法

①将鸭洗净斩块；黄豆洗净，浸泡；姜洗净切片。②将鸭块放入锅中汆水，捞出洗净。③上汤倒入汤锅中，放入鸭肉、黄豆、姜片，大火烧沸后转小火炖1小时，调入盐、味精即可。

西洋参百合绿豆炖鸽汤

制作时间	制作成本	专家点评	适合人群
175分钟	43元	滋补养生	老年人

原材料

乳鸽1只，盐3克，西洋参、百合、绿豆、枸杞各适量。

做　法

①乳鸽洗净；西洋参、百合、枸杞均洗净，泡发；绿豆洗净，泡水20分钟。②锅中注水烧开，放入乳鸽煮尽血水，捞出洗净。③将西洋参、乳鸽放入瓦煲，注入适量清水，大火烧开，放入百合、枸杞、绿豆，以小火煲煮2.5小时，加盐调味即可。

灵芝核桃乳鸽汤

制作时间	制作成本	专家点评	适合人群
190分钟	28元	延年益寿	老年人

原材料

党参20克，核桃仁80克，灵芝40克，乳鸽1只，蜜枣6颗，盐适量。

做 法

❶将核桃仁、党参、灵芝、蜜枣分别用清水洗净。❷将乳鸽去内脏，洗净，斩件。❸锅中加水，大火烧开，放入准备好的材料，改用小火续煲3小时，加盐调味即可。

鲜人参煲乳鸽

制作时间	制作成本	专家点评	适合人群
130分钟	40元	延缓衰老	男性

原材料

乳鸽1只，鲜人参30克，红枣10颗，生姜5克，盐3克，味精2克。

做 法

❶乳鸽洗净；人参洗净；红枣洗净，去核；生姜洗净去皮，切片。❷乳鸽入沸水中汆去血水后捞出洗净。❸将乳鸽、人参、红枣、姜片一起装入煲中，再加适量清水，以大火炖煮2小时，加盐、味精调味即可。

四宝煲老鸽

制作时间	制作成本	专家点评	适合人群
140分钟	20元	滋补养生	女性

原材料

乳鸽1只，莲子、南杏、芡实、薏米、盐、姜各适量。

做 法

❶乳鸽洗净；莲子去除莲心，洗净；南杏、芡实均洗净；薏米洗净，浸泡15分钟；姜去皮洗净，切片。❷锅加水烧开，下入乳鸽，煮尽血水，捞出洗净。❸将莲子、南杏、芡实、薏米、姜片、乳鸽放入砂煲，加水后用大火煲沸，改小火煲2小时，加盐调味即可。

清补乳鸽汤

制作时间	制作成本	专家点评	适合人群
130分钟	20元	补中益气	孕产妇

原材料

鸽肉200克，党参、红枣、枸杞、芡实、蜜枣、盐、大蒜各适量。

做　法

①鸽肉洗净，剁大块；党参洗净，泡发切段；芡实洗净；红枣、枸杞均洗净泡发；大蒜去皮，洗净切薄片；蜜枣洗净，切片。②水烧开，放入鸽肉，煮尽血水，捞起，洗净。③将党参、红枣、枸杞、芡实、鸽肉、蜜枣放入炖盅，注水，大火煲沸后放入蒜片，改小火炖煮2小时，加盐调味即可。

人参红枣鸽子汤

制作时间	制作成本	专家点评	适合人群
100分钟	55元	延缓衰老	女性

原材料

鸽子1个，红枣8颗，人参1支，葱花、盐各适量。

做　法

①将鸽子洗净，剁成块；红枣、人参均洗净备用。②净锅上火，倒入水，入鸽子烧开，打去浮沫，放入人参、红枣，小火煲至熟，加盐调味，撒上葱花即可。

洋参淮山乳鸽汤

制作时间	制作成本	专家点评	适合人群
130分钟	52元	补气养阴	女性

原材料

乳鸽1只，盐3克，西洋参、淮山、枸杞各适量。

做　法

①乳鸽洗净；西洋参、淮山、枸杞均洗净，泡发15分钟。②锅上水烧开，放入乳鸽，煮尽血水，捞起洗净。③瓦煲注水，放入乳鸽、西洋参、淮山、枸杞，大火烧开后改小火炖煮2小时，加盐调味即可。

猴头菇干贝乳鸽汤

制作时间	制作成本	专家点评	适合人群
135分钟	25元	滋养五脏	男性

原材料

鸽肉250克，猴头菇10克，干贝20克，盐3克，枸杞少许。

做　法

①鸽肉洗净，斩件；猴头菇洗净；枸杞、干贝均洗净，浸泡10分钟。②锅入水烧沸，放入鸽肉稍滚5分钟，捞起洗净。③将干贝、枸杞、鸽肉放入砂煲，注水烧沸，放入猴头菇，改小火炖煮2小时，加盐调味即可。

银耳鹌鹑汤

制作时间	制作成本	专家点评	适合人群
100分钟	16元	补中益气	孕产妇

原材料

鹌鹑1只，银耳10克，盐2克，枸杞、红枣各适量。

做　法

①鹌鹑洗净；银耳、枸杞均洗净泡发；红枣去核洗净。②瓦煲注水烧开，放入鹌鹑稍滚5分钟，捞出洗净。③将枸杞、红枣、鹌鹑放入瓦煲，注上清水，大火烧开后下入银耳，改小火煲炖1.5小时，加盐调味即可。

黄芪绿豆煲鹌鹑

制作时间	制作成本	专家点评	适合人群
165分钟	15元	益气固表	男性

原材料

鹌鹑1只，盐2克，黄芪、红枣、扁豆、绿豆各适量。

做　法

①鹌鹑洗净；黄芪洗净，泡发；红枣洗净，切开去核；扁豆、绿豆均洗净，浸水30分钟。②锅入水烧开，将鹌鹑放入，煮尽表面的血水，捞起洗净。③将黄芪、红枣、扁豆、绿豆、鹌鹑放入砂煲，加水后用大火煲沸，改小火煲2小时，加盐调味即可。

小贴士

鹌鹑肉是典型的高蛋白、低脂肪、低胆固醇食物，特别适合中老年人以及高血压、肥胖症患者食用。鹌鹑肉中含有维生素P等成分，常食有防治高血压及动脉硬化之功效。

菊花北芪煲鹌鹑

制作时间	制作成本	专家点评	适合人群
120分钟	14元	利水消肿	老年人

原材料

鹌鹑1只，盐2克，北芪、菊花、枸杞各适量。

做　法

①菊花洗净，沥水；枸杞洗净，泡发；北芪洗净，切片。②鹌鹑去毛及内脏，洗净，汆水。③瓦煲里加入适量水，放入全部材料，用大火烧沸后改小火煲2小时，加盐调味即可。

小贴士

中医认为，鹌鹑味甘性平，无毒，入肺、脾经，有消肿利水、补中益气的功效。现代医学研究发现，鹌鹑肉中蛋白质含量高，脂肪、胆固醇含量极低，而且富含芦丁、磷脂、多种氨基酸等，有补脾益气、健筋骨、固肝肾之功效。

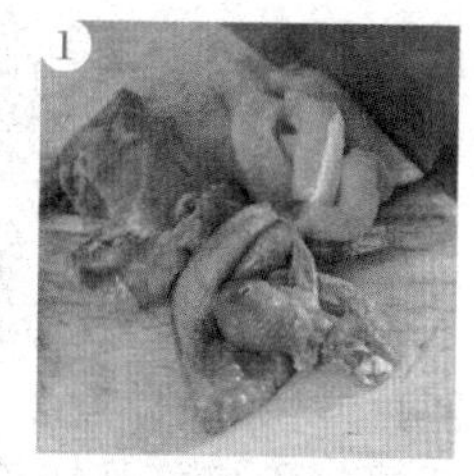

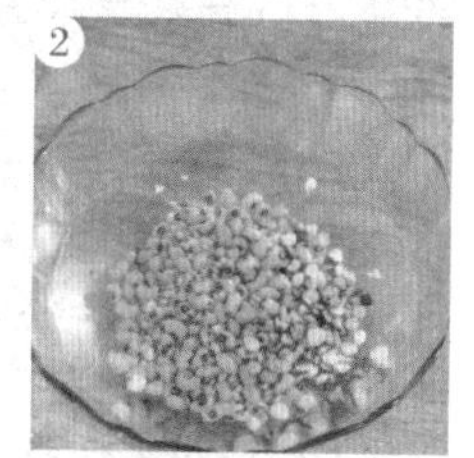

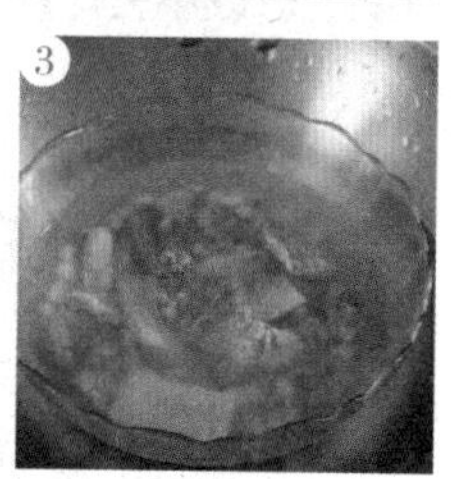

眉豆薏芡炖鹌鹑

制作时间	制作成本	专家点评	适合人群
150分钟	26元	利水散血	孕产妇

原材料

鹌鹑2只，猪肉100克，眉豆25克，薏米、芡实各12克，生姜3片，盐、味精各适量。

做法

①鹌鹑洗净，去其头、爪和内脏，斩成大块；猪肉洗净，切成中条。②眉豆、薏米、芡实分别用热水浸透并淘洗干净。③将所有用料放进炖盅，加沸水1碗半，再放入姜片，把炖盅盖上，隔水炖之。先用大火炖30分钟，再用中火炖50分钟，最后用小火炖1小时，趁热加入适量盐、味精调味后便可饮用。

淮山党参鹌鹑汤

制作时间	制作成本	专家点评	适合人群
195分钟	18元	补益气血	女性

原材料

盐3克，鹌鹑1只，党参、淮山、枸杞各适量。

做法

①鹌鹑洗净；党参、淮山、枸杞均洗净，泡发。
②锅注水烧开，放入鹌鹑滚尽血渍，捞出洗净。
③炖盅注水，放入鹌鹑、党参、淮山、枸杞，大火烧沸后改小火煲3小时，加盐调味即可。

白菜干鹌鹑汤

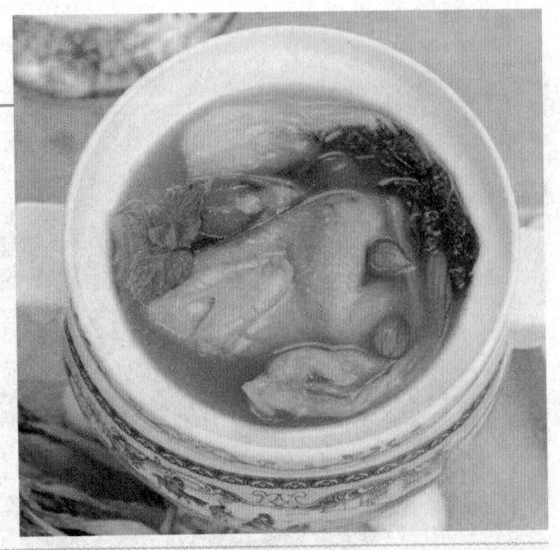

制作时间	制作成本	专家点评	适合人群
130分钟	17元	降脂降压	老年人

原材料

鹌鹑1只，白菜干15克，杏仁、红枣、盐各适量。

做　法

①鹌鹑洗净；白菜干泡发洗净；杏仁洗净；红枣洗净，切薄片。②热锅入水烧开，下入鹌鹑，待表皮血水煮尽，捞出洗净。③砂煲注水，放入鹌鹑、杏仁、红枣，大火煲沸，放入白菜干，改小火炖煮2小时，加盐调味即可。

灵芝炖鹌鹑

制作时间	制作成本	专家点评	适合人群
195分钟	25元	补中益气	孕产妇

原材料

鹌鹑1只，灵芝、党参、枸杞、红枣、盐各适量。

做　法

①灵芝洗净，泡发撕片；党参洗净，切薄片；枸杞、红枣均洗净，泡发。②鹌鹑宰净，去毛、内脏，洗净后氽水。③炖盅注水，下灵芝、党参、枸杞、红枣以大火烧开，放入鹌鹑，用小火煲3小时，加盐调味即可。

椰子鹌鹑汤

制作时间	制作成本	专家点评	适合人群
130分钟	20元	清肺胃热	男性

原材料

鹌鹑1只，椰子1个，银耳15克，盐2克，红枣、枸杞各适量。

做　法

①鹌鹑洗净；椰子洗净，取肉；银耳、红枣、枸杞均洗净，泡发。②锅注水烧开，放入鹌鹑氽水。③炖盅注适量清水，下入鹌鹑、椰子肉、红枣、枸杞、银耳，大火煲沸后改小火煲2小时，加盐调味，盛入椰壳即可。

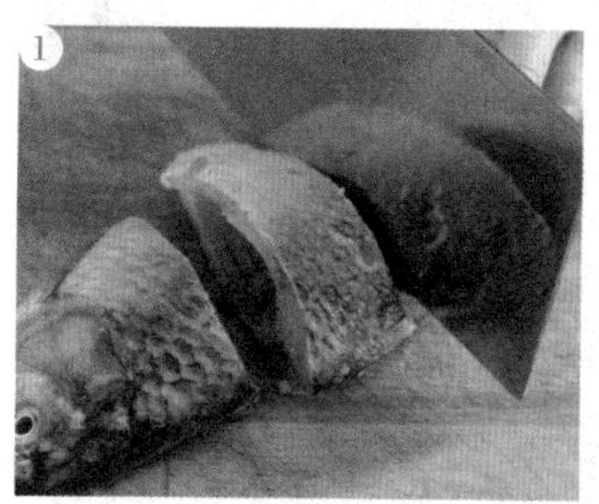

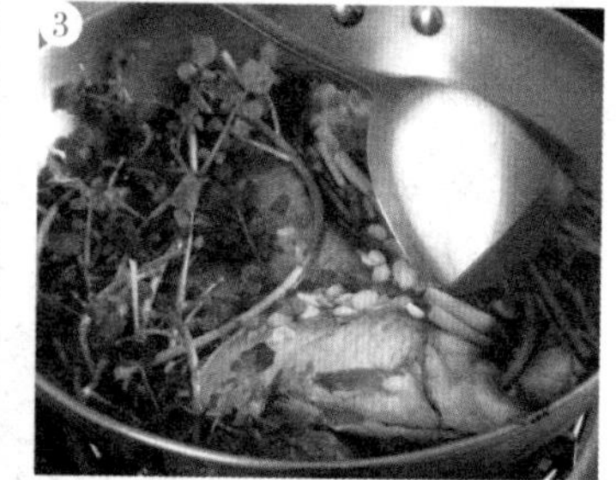

西洋菜鲤鱼汤

制作时间	制作成本	专家点评	适合人群
130分钟	30元	通脉下乳	孕产妇

原材料

西洋菜、龙骨、鲤鱼各200克，瘦肉100克，南杏10克，红枣、生姜各5克，盐5克，味精3克。

做　法

❶鲤鱼去鳞、内脏，斩段；西洋菜洗净；南杏洗净；红枣洗净，去核；生姜洗净，切片。❷瘦肉洗净，切成厚块；龙骨洗净斩段；将瘦肉、龙骨一起放入沸水中氽水。❸将适量清水放入瓦煲内，烧沸后加入所有原材料，大火煲滚后改用小火煲2小时，加盐、味精调味即可。

小贴士

鲤鱼有较高的医疗保健价值，鲤鱼肉中含有大量的氨基乙磺酸，具有增强人体免疫力的作用，同时又是促进婴儿视力、大脑发育必不可少的养分。

眉豆木瓜银耳煲鲫鱼

制作时间	制作成本	专家点评	适合人群
135分钟	17元	通络下乳	女性

原材料

鲫鱼320克,眉豆30克,木瓜40克,银耳20克,姜片、盐、鸡精各适量。

做　法

①鲫鱼洗净，切去尾巴；眉豆洗净，浸泡；木瓜去皮洗净，切块；银耳用温水泡发，去除黄色杂质。②所有食材放入砂煲内，大火烧沸后小火煲 2 小时，调入盐、鸡精即可。

节瓜鲫鱼汤

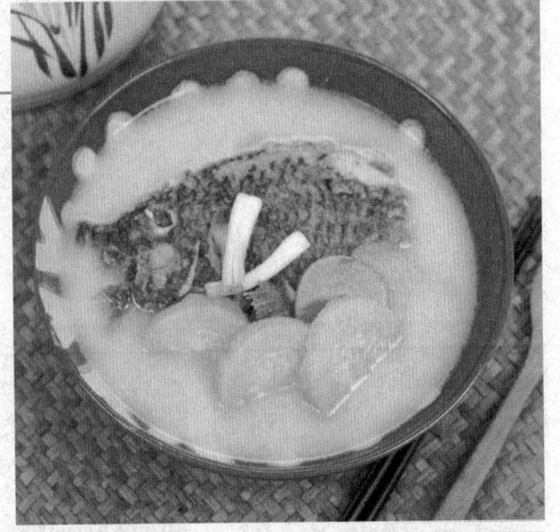

制作时间	制作成本	专家点评	适合人群
120分钟	16元	补阴通血	女性

原材料

鲫鱼 1 条，节瓜 150 克，姜 2 片，葱段 10 克，胡萝卜、盐、胡椒粉各少许。

做　法

①鲫鱼去鳞去鳃，洗净后切段，入油锅略煎；节瓜去皮洗净，切厚片；胡萝卜去皮洗净，切薄片。②净锅上火倒入水，放入鲫鱼、姜片、葱段，用大火烧沸后下入节瓜、胡萝卜。③改用小火慢慢煲至熟，最后加入盐、胡椒粉调味。

冬瓜生鱼汤

制作时间	制作成本	专家点评	适合人群
90分钟	15元	健脾养胃	男性

原材料

冬瓜 200 克，生鱼 150 克，香菜 10 克，红豆、蜜枣、盐各适量。

做　法

①冬瓜洗净，切块；生鱼宰杀洗净，切长段；红豆、蜜枣洗净，泡软；香菜洗净备用。②将生鱼放入沸水中略烫，捞出后用温水洗净。③汤锅中加水烧沸，下入冬瓜、生鱼、红豆、蜜枣煲熟，调入盐，最后撒上香菜。

海底椰无花果生鱼汤

制作时间	制作成本	专家点评	适合人群
50分钟	16元	增强体质	儿童

原材料

生鱼1条，无花果10克，马蹄50克，海底椰10克，盐4克，味精5克。

做 法

❶海底椰、无花果洗净，备用；生鱼宰杀洗净后切成小段。❷煎锅上火，下油烧热，下入生鱼段煎熟。❸将所有材料加适量清水炖40分钟后，调入味即可。

党参生鱼汤

制作时间	制作成本	专家点评	适合人群
60分钟	19元	补脾益胃	男性

原材料

生鱼1条，党参20克，料酒、姜片，葱段各10克，盐5克，高汤200克。

做 法

❶将党参洗净泡透，切成段。❷生鱼宰杀洗净，切段，放入六成热的油中煎至两面金黄后捞出备用。❸锅置火上，下入油烧热，下入姜片、葱段爆香，再下入生鱼、料酒、党参，加水烧煮至熟。

西洋参银耳生鱼汤

制作时间	制作成本	专家点评	适合人群
75分钟	50元	养阴清热	女性

原材料

生鱼200克，西洋参片，银耳、枸杞、盐各适量。

做 法

❶生鱼宰杀洗净，切长段；西洋参片洗净；银耳、枸杞泡发洗净。❷将生鱼、西洋参片、银耳、枸杞放入汤煲中，加水至盖过材料，用大火煮沸。❸改用小火炖50分钟，加入盐调味即可。

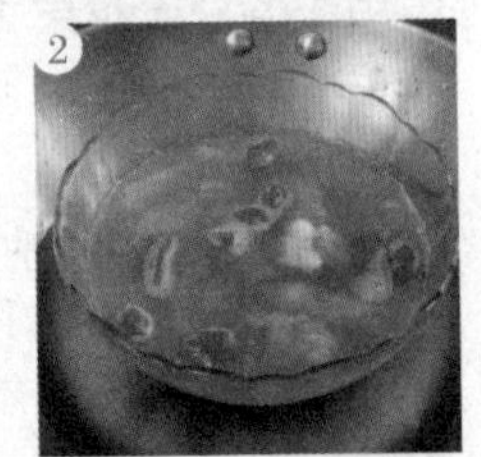

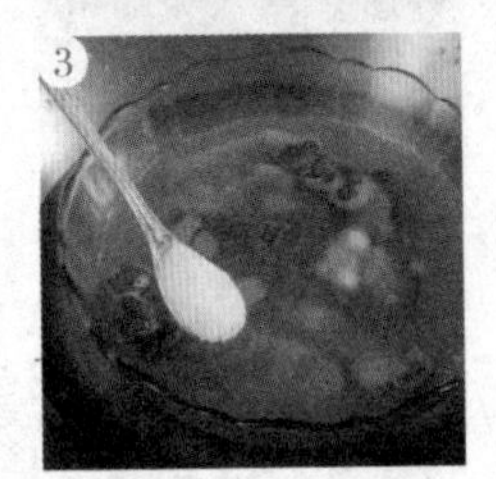

川芎白芷鱼头汤

制作时间	制作成本	专家点评	适合人群
70分钟	20元	益气和中	男性

原材料

川芎20克，白芷15克，红枣10枚，鱼头1个，生姜2片，盐8克。

做 法

①鱼头去鳃，用水冲去血污，洗净，斩件。②川芎、白芷、红枣和生姜分别洗净，红枣去核；将川芎、白芷、红枣放入炖盅，加入适量水，盖上盖，放入锅内，隔水炖约1小时。③待煲出药味，放入鱼头、生姜煲熟，加入盐调味即可。

淮山圆肉生鱼汤

制作时间	制作成本	专家点评	适合人群
85分钟	17元	生肌补血	老年人

原材料

生鱼250克，枸杞15克，淮山、桂圆肉、盐各适量。

做 法

①生鱼洗净，切块后入沸水汆去血腥；淮山、桂圆肉均洗净；枸杞洗净泡发。②将所有原材料放入汤锅中，加适量水，以大火煮沸后改小火慢炖1小时。③起锅前，加入盐调味即可。

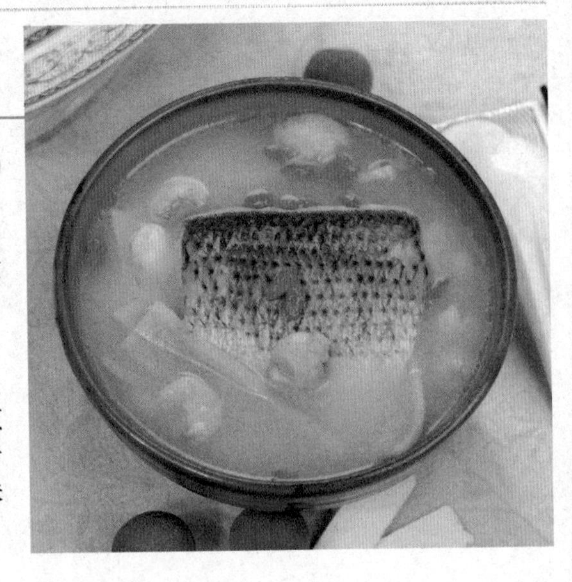

西洋参甲鱼汤

制作时间	制作成本	专家点评	适合人群
200分钟	50元	延年益寿	老年人

原材料

无花果20克，甲鱼500克，西洋参10克，枸杞10克，冬虫夏草2根，盐少许。

做　法

①甲鱼血放尽，与清水放入锅内煮沸；西洋参、无花果、枸杞、冬虫夏草洗净备用。②将甲鱼捞出除去表皮与内脏，斩块，略汆水后备用。③将适量清水煮沸后加入所有材料，煲开后转小火煲3小时，加盐调味即可。

海参甲鱼汤

制作时间	制作成本	专家点评	适合人群
190分钟	90元	祛病延年	老年人

原材料

水发海参100克，甲鱼1只，枸杞10克，菜心20克，味精3克，高汤、盐各适量。

做　法

①将海参洗净；甲鱼洗净，斩块，汆水备用；枸杞洗净，菜心洗净。②瓦煲上火，倒入高汤，下入甲鱼、海参、枸杞，快熟时下入菜心煲至熟，加盐、味精调味即可。

五指毛桃熟地炖甲鱼

制作时间	制作成本	专家点评	适合人群
250分钟	60元	降低血糖	老年人

原材料

甲鱼1只，盐3克，五指毛桃根、熟地黄、枸杞各适量。

做　法

①将五指毛桃根、熟地黄、枸杞均洗净，浸水10分钟。②甲鱼洗净，斩块，氽水去掉血水。③将五指毛桃根、熟地黄、枸杞放入砂煲，注水烧开，下入甲鱼，用小火煲煮4小时，加盐调味即可。

小贴士

甲鱼是我国传统的上等食补品，具有极高的药用价值，是滋阴补肾的佳品，有滋阴壮阳、软坚散结、化瘀和延年益寿的功效。

灵芝石斛甲鱼汤

制作时间	制作成本	专家点评	适合人群
190分钟	70元	软坚散结	男性

原材料

甲鱼1只，灵芝15克，石斛10克，盐3克，枸杞少许。

做　法

①甲鱼洗净，斩块；灵芝洗净，泡发撕片；石斛、枸杞均洗净，泡发。②净锅上水烧开，放入甲鱼，煮尽表皮血水，捞出洗净。③将甲鱼、灵芝、石斛、枸杞放入瓦煲，加入适量清水，大火煲沸后改为小火煲3小时，加盐调味即可。

小贴士

经常食用甲鱼，体内的阴精就能不断地得到加强，并起到滋阴潜阳的作用，使人体阴阳恢复到相对平衡的状态，从而达到强身健体、祛病延年的效果。甲鱼尤其适宜于中老年及体质虚弱者进补。

西洋参无花果甲鱼汤

制作时间	制作成本	专家点评	适合人群
195分钟	43元	利咽消肿	老年人

原材料

西洋参10克，无花果20克，甲鱼500克，红枣3颗，生姜5克，盐5克。

做　法

①将甲鱼血放尽，并与适量清水一同放入锅内，加热至水沸；西洋参、无花果、红枣分别洗净；西洋片、生姜洗净切片。②将甲鱼捞出，褪去表皮，去内脏，洗净，汆水。③将2000克清水放入瓦煲内，煮沸后加入所有原材料，大火煲沸后改用小火煲3小时，加盐调味即可。

小贴士

凡脾虚、胃口不好、孕妇及产后泄泻的人不宜食用甲鱼，以防食后肠胃不适；患慢性胃炎、肾功能不全、肝炎、肝硬化的病人都不宜吃甲鱼及其制剂，以免诱发肝性脑病。

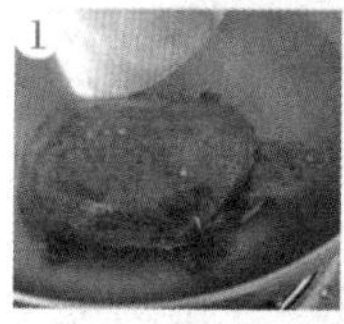
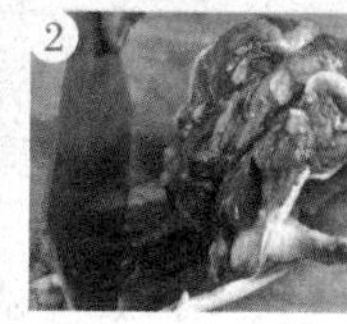

灵芝土茯苓炖甲鱼

制作时间	制作成本	专家点评	适合人群
190分钟	60元	通利关节	男性

原材料

甲鱼1只，灵芝6克，土茯苓25克，淮山8克，生姜10克，盐5克，味精3克。

做　法

①甲鱼置于冷水锅内，慢火加热至沸；将甲鱼剖开两边，去头和内脏，洗净。②灵芝洗净切块，浸泡；土茯苓、淮山洗净，浸泡；生姜洗净切片。③将以上用料放入瓦煲内，加适量水，以大火烧开后转小火煲2小时，加食盐和味精调味即可。

小贴士

甲鱼壳对肝硬化、脾肿大有治疗作用，还能调节免疫功能、促进骨髓造血功能；将甲鱼血和蜂蜜混合后让糖尿病患者饮用，可降低血糖值。

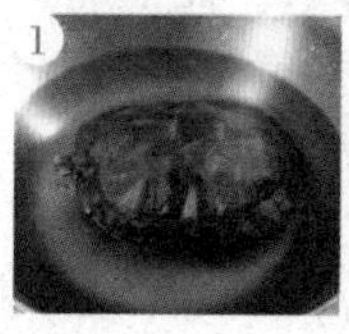
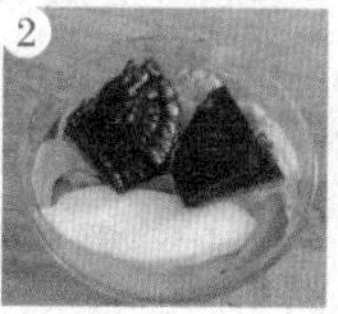

冬瓜煲牛蛙

制作时间	制作成本	专家点评	适合人群
135分钟	18元	防癌抗癌	男性

原材料

牛蛙300克，冬瓜100克，盐4克，鸡精3克，平菇、桂皮各适量。

做　法

①牛蛙洗净，去皮，切段；冬瓜洗净，切厚片；平菇洗净，切段；桂皮洗净。②锅中烧水，放入牛蛙煮净血水。③将牛蛙、冬瓜、平菇、桂皮一起放入沸水锅中，以小火炖2小时，调入盐和鸡精即可。

沙参泥鳅汤

制作时间	制作成本	专家点评	适合人群
130分钟	18元	调中收痔	男性

原材料

泥鳅250克，猪瘦肉100克，红枣3颗，沙参20克，北芪10克，盐少许。

做　法

①泥鳅用沸水略烫，去掉黏液；猪瘦肉洗净，切大块。②炒锅下花生油，将泥鳅煎至金黄色。③将剩下的材料洗净，红枣泡发。④将1300克清水煮沸，加入所有材料，大火煲滚后转小火煲2小时，加盐调味即可。

绿豆莲子牛蛙汤

制作时间	制作成本	专家点评	适合人群
120分钟	15元	利水消肿	男性

原材料

牛蛙1只，绿豆150克，莲子20克，盐6克，高汤适量。

做　法

①将牛蛙洗净，斩块，汆水；绿豆、莲子洗净，分别用温水浸泡50分钟备用。②净锅上火，倒入高汤，放入牛蛙、绿豆、莲子煲至熟，加盐调味即可。

参芪泥鳅汤

制作时间	制作成本	专家点评	适合人群
130分钟	20元	暖中益气	老年人

原材料

党参20克，北芪10克，泥鳅250克，猪瘦肉100克，红枣3颗，花生油15克，盐5克。

做 法

①泥鳅用沸水略烫，去掉黏液；炒锅下花生油，将泥鳅煎至金黄色。②猪瘦肉洗净，切块，汆水；党参、北芪、红枣洗净。③将1300克水放入瓦煲内煮沸，加入所有材料，大火煲沸后转小火煲2小时，加盐调味即可。

清补牛蛙汤

制作时间	制作成本	专家点评	适合人群
140分钟	30元	延缓衰老	老年人

原材料

牛蛙300克，红豆、枸杞各20克，盐、鸡精各5克，人参、山药各适量。

做 法

①牛蛙洗净，去皮，切段，汆水；山药洗净；人参、红豆、枸杞洗净，浸泡。②将牛蛙、人参、山药、红豆、枸杞放入汤锅中，加入适量水，大火烧开转小火慢炖2小时。③调入盐、鸡精即可。

芪枣鳝鱼汤

制作时间	制作成本	专家点评	适合人群
70分钟	20元	补血益气	孕产妇

原材料

鳝鱼500克，黄芪75克，生姜5片，红枣10克，盐5克，味精3克，料酒少许。

做 法

①鳝鱼洗净，宰杀洗净切段，用盐腌去黏液，汆水。②起油锅爆香姜片，加少许料酒，放入鳝鱼炒片刻取出。③黄芪、红枣洗净，与鳝鱼肉一起放入瓦煲，加适量水，大火煮沸小火煲1小时，加盐、味精调味。

萝卜竹笋煲河虾

制作时间	制作成本	专家点评	适合人群
80分钟	14元	降压降糖	老年人

原材料

河虾 250 克，青萝卜 100 克，竹笋 60 克，花生油 20 克，味精 3 克，葱段、姜片各 4 克，盐适量。

做 法

①将河虾洗净；竹笋处理干净，切段；青萝卜洗净，切块。②炒锅上火，倒入花生油，下入葱段、姜片炒香，下入河虾煸炒 1 分钟，倒入水，加入竹笋、青萝卜煮熟，最后调入盐、味精即可。

砂锅一品汤

制作时间	制作成本	专家点评	适合人群
50分钟	25元	增强免疫力	儿童

原材料

猪肚600克，香菇200克，青菜、火腿各100克，盐3克，料酒15克，香油2克。

做　法

①猪肚洗净切片，氽一下水；火腿切片；香菇、青菜洗净。②油锅烧热，放入猪肚、火腿，加料酒，炒至水干，加清水烧开，放入香菇，煲至快熟时，下入青菜。③加盐调味，淋入香油即可。

菊花土茯苓汤

制作时间	制作成本	专家点评	适合人群
20分钟	5元	除湿解毒	女性

原材料

野菊花、土茯苓各30克，冰糖10克。

做　法

①将野菊花去杂洗净；土茯苓洗净，切成薄片备用。②砂锅内加适量水，放入土茯苓片，大火烧沸后改用小火煮10～15分钟。③加入冰糖、野菊花，再煮3分钟，去渣即成。

白果枝竹薏米汤

制作时间	制作成本	专家点评	适合人群
160分钟	12元	敛肺顺气	男性

原材料

白果15克，枝竹100克，陈皮10克，薏米50克，黑枣5枚，盐适量。

做　法

①白果去壳取肉，去外层薄膜，洗净；薏米和陈皮洗净备用。②枝竹浸软，洗净，切段；黑枣洗净。③瓦煲内加水，烧开后放入白果肉、陈皮、薏米和黑枣，开后转中火煲2小时，放入枝竹煲30分钟加盐即可。

党参花甲汤

制作时间	制作成本	专家点评	适合人群
80分钟	10元	补脾益气	男性

原材料

党参20克，花甲150克，盐3克，生姜、黄酒各少许。

做　法

❶党参润透后，切段，生姜洗净切片。❷花甲洗净后，入沸水中氽至开壳。❸把全部用料放入煲内，加清水适量，武火煮滚后，改文火煲1小时，加入黄酒，再煲10分钟，调入盐即可。

四物炖豆皮

制作时间	制作成本	专家点评	适合人群
60分钟	20元	降低血压	老年人

原材料

豆皮300克，人参、口蘑各20克，枸杞、党参各10克，盐5克。

做 法

①将豆皮洗净，切成长条；人参洗净；口蘑洗净切片，枸杞、党参均泡发洗净。②将切好的豆皮条用手打成结。③再将豆皮结和所有材料一起装入炖盅内，加适量水，隔水炖40分钟，调入盐即可。

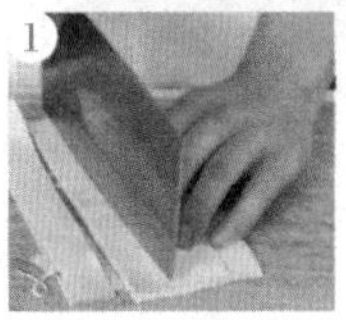

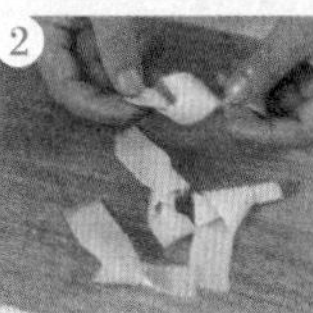

小贴士

口蘑富含微量元素硒，是良好的补硒食品。它还能够防止过氧化物损害机体，降低因缺硒引起的血压升高和血黏度增加，调节甲状腺的工作，提高免疫力。口蘑中含有多种抗病毒成分，这些成分对辅助治疗由病毒引起的疾病有很好的效果。

塘虱巴戟汤

制作时间	制作成本	专家点评	适合人群
60分钟	14元	滋补养生	老年人

原材料

塘虱（即胡子鲶）250克，黄芪4克，枸杞3克，巴戟10克，盐4克，味精2克。

做 法

①塘虱宰杀洗净；黄芪、枸杞、巴戟泡发洗净。②将所有材料装入煲内，加适量清水。③以大火煲半小时，待熟后，调入味即可。

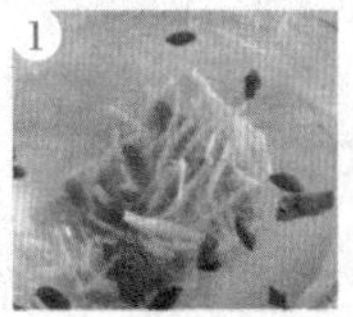

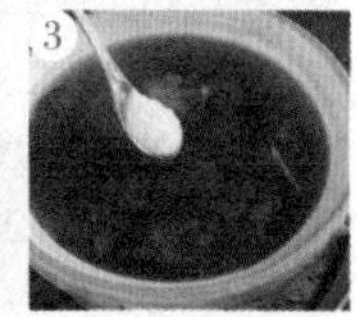

小贴士

塘虱能补脾益气，益肾兴阳。可用于身体虚弱，小儿疳积黄疸，慢性肝炎、鼻出血等。常与莲子、绿豆、红枣之类配用。此外，也用于肝肾不足、腰膝酸痛、阳痿。其肉嫩味美，可煎汤或煮粥食。为去除腥味，应把塘虱洗净用料酒、盐略腌。

补血养颜汤

睡眠不足、工作节奏快、压力大、平时缺少锻炼容易令人气虚血弱，长期的亚健康状态使人面容憔悴，肤色灰暗。老年人由于气血不足也常常手脚冰冷、面色苍白。补血养颜汤可以改善血虚、血瘀等多种血液问题，让人面色红润、精神焕发。

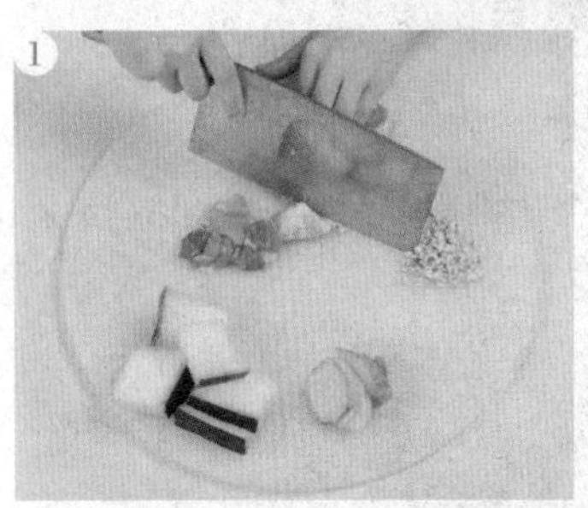

冬瓜薏米瘦肉汤

制作时间	制作成本	专家点评	适合人群
120分钟	13元	补血养颜	女性

原材料

冬瓜300克，瘦肉100克，薏米20克，盐5克，鸡精5克，姜10克。

做 法

①瘦肉洗净，切件，汆水；冬瓜去皮，洗净，切块；薏米洗净，浸泡；姜洗净，切厚片。②瘦肉入水汆去血沫后捞出备用。③所有食物材放入锅中，加水烧开，慢炖100分钟；调入盐和鸡精，转小火再稍炖一下即可。

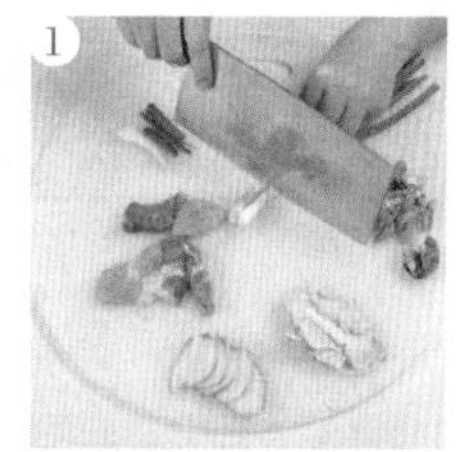

核桃仁当归瘦肉汤

制作时间	制作成本	专家点评	适合人群
100分钟	25元	补血养颜	孕产妇

原材料

瘦肉500克，盐6克，核桃仁、当归、姜、葱各少许。

做　法

①瘦肉洗净，切件；核桃仁洗净；当归洗净，切片；姜洗净去皮切片；葱洗净，切段。②瘦肉入水氽去血水后捞出。③瘦肉、核桃仁、当归放入炖盅，加入清水；大火慢炖1小时后，调入盐，转小火炖熟即可食用。

黑豆墨鱼瘦肉汤

制作时间	制作成本	专家点评	适合人群
130分钟	22元	补血养颜	女性

原材料

瘦肉300克，墨鱼150克，黑豆50克，盐5克，鸡精3克。

做　法

①瘦肉洗净，切件，氽水；墨鱼洗净，切段；黑豆洗净，用水浸泡。②锅中放入瘦肉、墨鱼、黑豆，加入清水，炖2小时。③调入盐和鸡精即可。

黑豆益母草瘦肉汤

制作时间	制作成本	专家点评	适合人群
140分钟	17元	补血养颜	女性

原材料

瘦肉250克，黑豆50克，益母草20克，枸杞10克，盐5克，鸡精5克。

做　法

①瘦肉洗净，切件，氽水；黑豆、枸杞洗净，浸泡；益母草洗净。②将瘦肉、黑豆、枸杞放入锅中，加入清水慢炖2小时。③放入益母草稍炖，调入盐和鸡精即可。

海参淡菜猪肉汤

制作时间	制作成本	专家点评	适合人群
130分钟	28元	补血养颜	女性

原材料

瘦肉350克，盐、鸡精各5克，淡菜、海参、桂圆肉各20克，枸杞适量

做　法

① 瘦肉洗净，切件；淡菜、海参洗净，浸泡；桂圆洗净，去壳去核；枸杞洗净备用。②锅内烧水，待水沸时，放入瘦肉去除血水。③将瘦肉、淡菜、海参、桂圆、枸杞放入锅中，加入清水，炖2小时后调入盐和鸡精即可食用。

莲藕猪腱汤

制作时间	制作成本	专家点评	适合人群
130分钟	15元	补血养颜	女性

原材料

猪腱200克，盐3克，莲藕、红枣、桂圆肉各适量。

做　法

①猪腱洗净，剁块；莲藕洗净，切块；红枣洗净。②腱氽去血水，洗净。③瓦煲注水烧沸，将所有材料放入，用小火煲煮2小时，加盐调味。

墨鱼干节瓜煲猪蹄

制作时间	制作成本	专家点评	适合人群
135分钟	28元	补血养颜	女性

原材料

猪蹄500克，盐、鸡精、墨鱼干、节瓜、红枣各少许。

做　法

①猪蹄洗净，斩成大块；墨鱼干、红枣均洗净，浸水片刻；节瓜去皮，洗净切厚片。②热锅上水烧沸，将猪蹄放入，煮尽血水，捞起洗净。③将所有原料放入炖盅，注水后用大火烧开，改小火炖煮2小时即可。

参果炖瘦肉

制作时间	制作成本	专家点评	适合人群
130分钟	20元	益血补虚	男性

原材料

猪瘦肉25克，太子参10克，无花果20克，盐、味精各适量。

做　法

①太子参略洗；无花果洗净。②猪瘦肉洗净，切片。③把全部材料放入炖盅内，加适量开水，盖好，隔开水炖约2小时，调入盐和味精即可。

肉苁蓉黄精骶骨汤

制作时间	制作成本	专家点评	适合人群
80分钟	15元	补血健脾	老年人

原材料

肉苁蓉15克，黄精15克，猪尾骶骨1副，白果30克，胡萝卜50克，盐5克。

做　法

①将猪尾骶骨放入沸水中汆烫，捞起，冲净后盛入煮锅。②白果洗净；胡萝卜削皮，洗净，切块，和肉苁蓉、黄精一道放入煮锅，加水至盖过材料。③以大火煮开，转小火续煮30分钟，加入白果再煮5分钟，加盐调味即可。

红枣白萝卜猪蹄汤

制作时间	制作成本	专家点评	适合人群
130分钟	18元	补血养颜	女性

原材料

猪蹄200克，红枣、白萝卜各适量，盐3克。

做　法

❶猪蹄洗净，斩件；白萝卜洗净，切成块；红枣洗净，浸水片刻。❷锅入水烧沸，放入猪蹄，滚尽血渍，捞起清洗干净。❸将猪蹄、红枣放入炖盅，注入水用大火烧开，放入白萝卜，改小火煲2小时，加盐调味即可。

益母草红枣瘦肉汤

制作时间	制作成本	专家点评	适合人群
135分钟	18元	行气活血	女性

原材料

益母草100克，猪瘦肉250克，红枣30克，盐、味精各适量。

做　法

❶益母草、红枣洗净。❷猪瘦肉洗净，切大块。❸把全部材料放入锅内，加清水适量，大火煮沸后，改小火煲2小时，调入调味料即可。

猪蹄汤

制作时间	制作成本	专家点评	适合人群
140分钟	26元	补血养颜	女性

原材料

猪蹄300克，盐3克，姜片4克，枸杞、红枣、党参、黄芪片适量。

做　法

❶猪蹄洗净，斩件；枸杞、红枣、党参、黄芪片均洗净泡发。❷锅上水烧开，将猪蹄下入，滚尽血水，捞起洗净。❸将猪蹄、枸杞、红枣、党参、姜片、黄芪片放入瓦煲内，加水，大火烧开，改小火煲煮2小时，放入盐即可。

猪蹄凤爪冬瓜汤

制作时间	制作成本	专家点评	适合人群
130分钟	28元	补血养颜	女性

原材料

猪蹄250克，鸡爪150克，冬瓜、花生米、盐、鸡精、姜片各适量。

做　法

①猪蹄洗净，斩块；鸡爪洗净；冬瓜去瓤，洗净切块；花生米洗净。②净锅入水烧沸，下入猪蹄汆透，捞出洗净。③将猪蹄、鸡爪、姜片、花生米放入炖盅，注入清水，大火烧开，放入冬瓜，改小火炖煮2小时，加盐、鸡精调味即可。

胡萝卜猪蹄汤

制作时间	制作成本	专家点评	适合人群
75分钟	40元	润肤美容	女性

原材料

猪蹄200克，胡萝卜100克，生姜片3片，人参须、黄芪、麦冬各10克，薏米50克，盐适量。

做 法

①将三味药材洗净放入棉布袋中，薏米泡水30分钟，放入锅中备用。②猪蹄洗净后剁成块，汆水备用。③胡萝卜洗净切块，同生姜片入锅，用大火煮开转小火，30分钟后捞出药包，熬至猪蹄熟透，调入盐即可。

党参炖猪蹄

制作时间	制作成本	专家点评	适合人群
200分钟	18元	滋益精血	男性

原材料

党参15克，猪蹄200克，香菇150克，枸杞15克，姜10克，盐、绍酒、味精、胡椒粉适量。

做 法

①将党参洗净，切段；猪蹄洗净，剖成两半；枸杞去杂质，洗净；香菇洗净；姜洗净切片。②猪蹄汆水备用。③将所有材料放入锅内，加水置大火上烧沸转小火烧3小时，调味即可。

莲藕红枣猪蹄汤

制作时间	制作成本	专家点评	适合人群
200分钟	15元	益气养血	女性

原材料

猪蹄100克，盐2克，莲藕、红枣、枸杞各适量。

做 法

①莲藕刮皮，洗净切块；红枣去核洗净；枸杞洗净泡发。②猪蹄洗净，斩段，飞水。③将适量清水注入砂煲内，煮沸后加入以上材料，大火煲沸，改小火煲3小时，加盐调味即可。

木耳海藻猪蹄汤

制作时间	制作成本	专家点评	适合人群
110分钟	13元	补血养颜	女性

原材料

猪蹄150克，海藻10克，盐、鸡精各3克，黑木耳、枸杞各少许。

做　法

①猪蹄洗净，斩块；海藻洗净，浸水片刻；黑木耳洗净，泡发撕片；枸杞洗净泡发。②锅入水烧开，下入猪蹄汆水备用。③将猪蹄、枸杞放入砂煲，加水烧开，下入海藻、黑木耳，改小火炖1.5小时，调味即可。

淮杞红枣猪蹄汤

制作时间	制作成本	专家点评	适合人群
185分钟	17元	补血养颜	女性

原材料

猪蹄200克，干山药10克，枸杞5克，盐3克，党参、红枣少许。

做　法

①干山药洗净泡发；党参、枸杞洗净泡发；红枣去核洗净。②猪蹄洗净，斩件，飞水。③将适量清水倒入炖盅，大火煲滚后，放入全部材料，改用小火煲3小时，加盐调味即可。

莲藕猪肉汤

制作时间	制作成本	专家点评	适合人群
130分钟	13元	补血养颜	女性

原材料

瘦肉、莲藕各150克，红枣20克，葱10克，盐5克，鸡精3克。

做　法

①瘦肉洗净，切件；莲藕洗净，去皮，切件；红枣洗净；葱洗净，切段。②锅中烧水，放入瘦肉煮净血水。③锅中放入瘦肉、莲藕、红枣，加入清水，炖2小时，放入葱段，调入盐和鸡精即可。

清补节瓜煲猪蹄

制作时间	制作成本	专家点评	适合人群
190分钟	19元	益气养血	女性

原材料

猪蹄200克，盐3克，姜片5克，芡实、莲子、节瓜各适量。

做 法

①猪蹄洗净，剁开成块；芡实洗净；莲子去莲心，洗净；节瓜去皮，洗净切块。②锅入水烧沸，下入猪蹄，待除去表面血渍后，捞起洗净。③砂煲注水，放入姜片，大火烧开，放入猪蹄、芡实、莲子、节瓜，改小火炖煮3小时，加盐调味即可。

百合猪蹄汤

制作时间	制作成本	专家点评	适合人群
70分钟	35元	行气活血	女性

原材料

百合100克，猪蹄1只，料酒，盐、味精、葱花、姜片各适量。

做 法

①猪蹄洗净，斩成件；百合洗净。②将猪蹄块下入沸水中汆去血水。③将猪蹄、百合入锅，加适量水，大火煮1小时后，加入调味料，撒上葱花略煮即可。

黄豆猪蹄汤

制作时间	制作成本	专家点评	适合人群
300分钟	20元	益血补虚	孕产妇

原材料

猪蹄300克，黄豆300克，葱1根，盐5克，料酒8克。

做 法

①黄豆洗净，泡发；猪蹄洗净，斩块；葱洗净切段。②锅中注水，放入猪蹄汆烫，捞出沥水；黄豆放入锅中加水适量，大火煮开，再改小火慢煮约4小时，至豆熟。③加入猪蹄，再续煮约1小时，调入盐和料酒，撒上葱丝即可。

花生猪蹄煲

制作时间	制作成本	专家点评	适合人群
100分钟	30元	补血健脾	女性

原材料

猪蹄450克，花生米20克，红豆18克，红枣4颗，盐6克。

做 法

①将猪蹄洗净，切块，花生米、红豆、红枣洗净浸泡备用。②净锅上火倒入水，下入猪蹄烧开，撇去浮沫，再下入花生米、红豆、红枣煲至成熟，调入盐即可。

芹菜猪蹄汤

制作时间	制作成本	专家点评	适合人群
120分钟	12元	益血养血	老年人

原材料

水发百合125克，芹菜100克，猪蹄175克，葱段、姜片各5克，盐、清汤适量。

做法

❶ 将水发百合洗净；芹菜择洗净切段；猪蹄洗净斩块备用。❷ 净锅上火倒入清汤，调入盐，下入葱段、姜片、猪蹄烧开，撇去浮沫，再下入水发百合、芹菜煲至熟即可。

章鱼花生猪蹄汤

制作时间	制作成本	专家点评	适合人群
120分钟	20元	益气补血	男性

原材料

猪蹄250克，章鱼干40克，花生仁20粒，盐适量。

做　法

①将猪蹄洗净、切块，汆水；章鱼干用温水泡透至回软；花生米用温水浸泡备用。②净锅上火倒入水，调入盐，下入猪蹄、花生米煲至快熟时，再下入章鱼干同煲至熟即可。

莴笋猪蹄汤

制作时间	制作成本	专家点评	适合人群
135分钟	17元	益气补血	孕产妇

原材料

猪蹄200克，莴笋100克，胡萝卜30克，盐、味精、高汤各适量。

做　法

①将猪蹄洗净斩块，焯水；莴笋去皮洗净切块；胡萝卜洗净切块备用。②锅上火倒入高汤，放入猪蹄、莴笋、胡萝卜，调入盐、味精，煲至熟即可。

美容猪蹄汤

制作时间	制作成本	专家点评	适合人群
90分钟	30元	美容瘦身	女性

原材料

猪蹄1只，薏米35克，盐少许。

做　法

①将猪蹄洗净、切块，汆水；薏米淘洗净备用。②净锅上火，倒入水，下入猪蹄、薏米，小火煲制65分钟，调入盐即可。

当归猪蹄汤

制作时间	制作成本	专家点评	适合人群
100分钟	21元	益气补血	女性

原材料

猪蹄200克，红枣5颗，黄豆、花生米各10克，当归5克，黄芪3克，盐5克，白糖2克，八角1个。

做　法

①将猪蹄洗净、切块，汆水；红枣、黄豆、花生米、当归、黄芪洗净浸泡备用。②汤锅上火倒入水，下入猪蹄、红枣、黄豆、花生米、当归、黄芪、八角煲至成熟，调入盐、白糖即可。

萝卜干蜜枣猪蹄汤

制作时间	制作成本	专家点评	适合人群
200分钟	21元	活血化瘀	老年人

原材料

萝卜干30克，猪蹄600克，蜜枣5颗，盐5克。

做　法

①萝卜干浸泡1小时，洗净，切块；蜜枣洗净。②猪蹄斩件，洗净，飞水，入烧锅，将猪蹄干爆5分钟。③将清水2000克放入瓦煲内，煮沸后加入以上材料，大火煲沸后，改用小火煲3小时，加盐调味即可。

猪腱子莲藕汤

制作时间	制作成本	专家点评	适合人群
150分钟	17元	益气补血	孕产妇

原材料

猪腱子肉300克，莲藕125克，香菇10克，盐5克，葱段、辣椒、姜片各2克，香油4克。

做法

①将猪腱子肉洗净，切块；莲藕去皮，洗净，切块；香菇洗净，切块备用。②汤锅上火倒入油，将葱段、辣椒、姜片爆香，下入猪腱子肉烹炒，倒入水，下入莲藕、香菇，煲至成熟，调入盐，淋入香油即可。

冬瓜荷叶薏米排骨汤

制作时间	制作成本	专家点评	适合人群
175分钟	23元	补血养颜	女性

原材料

排骨350克，盐3克，鸡精4克，冬瓜、荷叶、薏米各适量。

做　法

❶ 冬瓜洗净，切块；荷叶洗净，撕片；薏米洗净，浸泡30分钟。❷排骨洗净，剁开，斩成小块，飞水。❸将排骨、薏米放入瓦煲内，注适量水，大火烧沸，再放入冬瓜、荷叶，变小火炖煮2小时，加盐、鸡精调味即可。

党参排骨汤

制作时间	制作成本	专家点评	适合人群
90分钟	26元	益气补血	老年人

原材料

羌活、独活、川芎、前胡各2.5克，党参15克，柴胡10克，茯苓、甘草、枳壳各5克，排骨250克，干姜5克，盐4克。

做 法

①将所有药材洗净放入锅中，加水熬汁，去渣取汁。②排骨斩件，汆烫，捞起放入炖锅，加入药汁、干姜和水，以大火煮开。③转小火炖约30分钟，加盐调味即可。

木瓜西施骨汤

制作时间	制作成本	专家点评	适合人群
140分钟	11元	补血养颜	女性

原材料

猪骨100克，杏仁10克，木瓜50克，盐、鸡精各3克，姜10克。

做 法

① 猪骨洗净，斩件；木瓜去皮，洗净切块；杏仁洗净；姜去皮，洗净切片。②锅注水烧开，下猪骨滚去表面血渍，捞出洗净。③将猪骨、杏仁、木瓜、姜放入瓦煲内，注入清水，大火烧开，改小火炖煮2小时，加盐、鸡精调味即可。

藕节排骨汤

制作时间	制作成本	专家点评	适合人群
190分钟	14元	补血养颜	女性

原材料

排骨150克，盐3克，胡萝卜、莲藕、红枣、地黄各适量。

做 法

①排骨洗净，斩块；胡萝卜、莲藕洗净，切块；红枣去核，洗净切开；地黄洗净。②净锅上水烧开，将排骨汆尽血水，捞出洗净。③砂煲内放入所有食材，倒入适量清水，大火煲沸改小火煲3小时，加盐调味即可。

木瓜花生排骨汤

制作时间	制作成本	专家点评	适合人群
170分钟	18元	补血养颜	女性

原材料

排骨、木瓜各200克，花生米80克，盐3克，枸杞少许。

做 法

❶ 排骨洗净，斩块；木瓜去皮，洗净切大块；花生米、枸杞均洗净，浸泡15分钟。❷锅入水烧开，下排骨氽透，捞出清洗。❸砂煲注水烧开，放入全部材料，用小火煲炖2.5小时，加盐调味即可。

红绿豆花生猪蹄汤

制作时间	制作成本	专家点评	适合人群
210分钟	11元	补血养颜	女性

原材料

猪蹄300克，盐3克，姜片6克，红豆、绿豆、花生米各适量。

做 法

①猪蹄洗净，斩成小块；红豆、绿豆、花生米均洗净，浸泡20分钟。②锅注水烧沸，下入猪蹄煮尽血渍，倒出洗净。③将猪蹄、红豆、绿豆、花生米、姜片放入砂煲，倒入适量清水，用大火烧沸后改小火煲3小时，加盐调味即可。

章鱼猪尾煲红豆

制作时间	制作成本	专家点评	适合人群
135分钟	11元	补血养颜	女性

原材料

章鱼、猪尾各70克，红豆10克，盐、鸡精各适量。

做 法

①章鱼洗净，切片；猪尾洗净，斩段；红豆洗净，浸水片刻。②锅入水烧开，下入猪尾滚尽血渍，捞起洗净。③将章鱼、猪尾、红豆放入瓦煲，倒水后用大火烧沸，改小火炖煮2小时，加盐、鸡精调味即可。

虫草红枣炖甲鱼

制作时间	制作成本	专家点评	适合人群
145分钟	100元	益气养血	男性

原材料

甲鱼1只，冬虫夏草4枚，红枣10颗，料酒、盐、味精、葱、姜片，蒜瓣各适量。

做 法

①将宰好的甲鱼切成块；冬虫夏草洗净；红枣用开水浸泡。②甲鱼放入锅内煮沸，捞出，割开四肢，剥去腿油，洗净。③甲鱼放入砂锅中，上面放上所有材料，炖2小时，调入盐、味精，拣去葱、姜，即成。

丝瓜排骨汤

制作时间	制作成本	专家点评	适合人群
135分钟	15元	补血养颜	女性

原材料

丝瓜1条，排骨200克，盐3克，姜片5克，杏仁适量。

做　法

①丝瓜去皮，洗净，切成段；杏仁洗净。②排骨洗净，斩件，飞水。③砂煲注水，放入姜片、排骨用大火煲沸，放入丝瓜、杏仁，改换小火煲炖2小时，加盐调味即可。

木瓜排骨汤

制作时间	制作成本	专家点评	适合人群
140分钟	35元	补血健脾	女性

原材料

木瓜300克，排骨600克，盐5克，味精3克，生姜5克。

做　法

①将木瓜削皮去核，洗净切件；排骨洗净，斩件；生姜洗净切片。②木瓜、排骨、姜片同放入锅里，加清水适量，用大火煮沸后，改用小火煲2小时。③待熟后，调入盐、味精即可。

甲鱼猪骨汤

制作时间	制作成本	专家点评	适合人群
150分钟	21元	养颜通脉	老年人

原材料

甲鱼200克，猪骨175克，桂圆肉4颗，枸杞2克，盐6克，姜片2克。

做　法

①将甲鱼洗净斩块，汆水；猪骨洗净斩块，汆水；桂圆肉、枸杞洗净备用。②净锅上火倒入水，加入姜片烧开，下入甲鱼、猪骨、桂圆肉、枸杞煲至熟，调入盐即可。

银杏骨头汤

制作时间	制作成本	专家点评	适合人群
120分钟	19元	清补益气	女性

原材料

银杏150克，猪脊排125克，桑白皮5克，茯苓3克，盐6克，葱、姜片各3克，清汤适量。

做 法

①将银杏去除硬壳，用温水浸泡洗净；猪脊排洗净斩块备用。②净锅上火倒入清汤，放入葱、姜片、桑白皮、茯苓，下入银杏、猪脊排煲至熟，调入盐，撒上葱花即可。

净面美颜汤

制作时间	制作成本	专家点评	适合人群
68分钟	18元	养血调肝	男性

原材料

当归10克，山楂10克，白鲜皮10克，白蒺藜10克，乳鸽1只，水1000克，盐5克，味精3克。

做　法

①乳鸽洗净，斩成小块。②将当归、山楂、白鲜皮、白蒺藜洗净，加水放入锅中以大火煮滚后转小火煮至约剩2碗水分量备用。③再将乳鸽加入药汁内，以中火炖煮约1小时，加盐、味精调味即可。

1

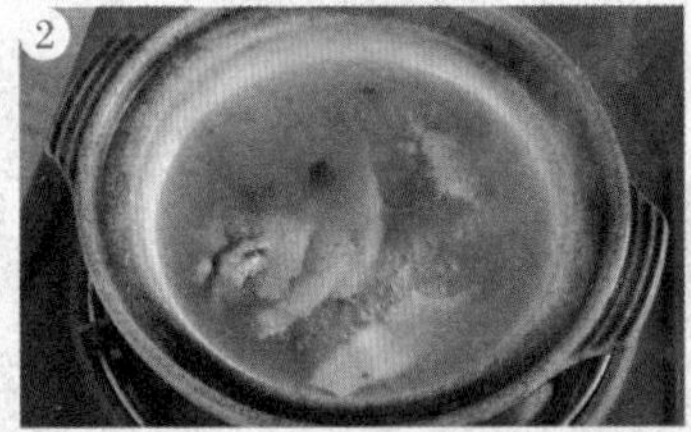

2

3

驻颜汤

制作时间	制作成本	专家点评	适合人群
175分钟	17元	美容驻颜	女性

原材料

猪瘦肉300克，党参25克，黄芪35克，味精、盐、香油各适量。

做　法

① 猪瘦肉洗净，用刀切成大块，备用。②将党参、黄芪洗净，放入炖盅内，加入适量水，放入水锅内，隔水炖30分钟左右。③再将猪瘦肉放入锅内，加水，用小火炖2小时，再加入党参、黄芪汤，调入盐、香油、味精，烧沸，盛出即成。

1

2

3

西红柿炖棒骨

制作时间	制作成本	专家点评	适合人群
135分钟	17元	益气补血	女性

原材料

棒骨300克，西红柿100克，盐4克，鸡精1克，白糖2克，葱3克。

做　法

❶棒骨洗净剁成块；西红柿洗净切块；葱洗净切碎。❷锅中倒少许油烧热，下入西红柿略加煸炒，倒水加热，下入棒骨煮熟。❸加盐、鸡精和白糖调味，撒上葱末，即可出锅。

莲子乌杞炖鸡蛋

制作时间	制作成本	专家点评	适合人群
135分钟	14元	行气活血	儿童

原材料

紫河车10克，莲子50克，枸杞10克，鸡蛋3个，陈皮5克，水1500克，米酒10克，盐适量。

做　法

❶将所有药材洗净，鸡蛋煮熟后去壳。❷所有材料加水以大火煮滚后转中火炖煮2小时，下入米酒，炖至呈浓汤状，加盐调味即可。

健体润肤汤

制作时间	制作成本	专家点评	适合人群
110分钟	7元	养颜通脉	男性

原材料

山药25克，薏米50克，枸杞10克，生姜3片，冰糖适量。

做　法

① 山药去皮，洗净切块；薏米洗净；枸杞泡发洗净。②备好的材料加水，加入生姜，以小火煲约1.5小时。③再加入冰糖调味即可。

益气润肤汤

制作时间	制作成本	专家点评	适合人群
130分钟	8元	滋润养颜	女性

原材料

土茯苓25克，胡萝卜600克，鲜马蹄10粒，木耳20克，盐少许。

做　法

①将所有材料洗净，胡萝卜、鲜马蹄去皮切块；木耳去蒂洗净，切小块。②将备好的材料和2000克水放入砂锅中，以大火煮开后转小火煮约2小时。③再加盐调味即可。

山药炖猪血

制作时间	制作成本	专家点评	适合人群
40分钟	8元	补气健脾	男性

原材料

猪血100克，鲜山药、盐、味精各适量。

做　法

①鲜山药洗净，去皮，切块。②猪血切片，放开水锅中焯一下捞出。③猪血与山药片同放另一锅内，加入油和适量水烧开，改用小火炖15～30分钟，加入盐、味精即可。

木瓜汤

制作时间	制作成本	专家点评	适合人群
70分钟	12元	美白丰胸	女性

原材料

木瓜500克，银耳100克，香菇150克，红枣10颗，黄豆芽200克，胡萝卜、盐各适量。

做　法

①豆芽、红枣洗净；木瓜、胡萝卜均去皮洗净，切条；香菇去蒂洗净切条。②起油锅，将黄豆芽炒香；银耳泡发洗净。③将备好的材料放入煲中，加水大火煮沸后，转小火煮60分钟，再加盐调味即可。

佛手瓜炖猪蹄

制作时间	制作成本	专家点评	适合人群
200分钟	24元	益气补血	男性

原材料

佛手瓜100克，老鸡200克，猪蹄200克，鸡爪6只，鸡汤500克，火腿10克，姜片5克，盐、味精、胡椒、糖各适量。

做　法

①将老鸡切块，猪蹄洗净，斩件；佛手瓜洗净，切片。②锅中水烧开，放入老鸡、猪蹄氽烫，捞出沥水后放入炖盅码好。③加入其余材料和姜片，用小火炖3小时至熟，加调味料即可。

莲藕排骨汤

制作时间	制作成本	专家点评	适合人群
180分钟	18元	滋益精血	男性

原材料

莲藕350克，排骨250克，盐6克，味精5克，鸡精5克。

做　法

❶ 莲藕洗净，切块；排骨洗净，斩件。❷排骨入沸水中汆透。❸瓦罐中加入高汤、莲藕、排骨，用锡纸封口，放入煨缸，用小火煨制2.5小时，调入盐、味精、鸡精即可。

黄芪猪蹄汤

制作时间	制作成本	专家点评	适合人群
200分钟	22元	行气活血	儿童

原材料

猪蹄1只，黄芪50克，黑枣5颗，盐5克，味精3克。

做　法

❶猪蹄洗净，斩件，放入滚水中大火煮10分钟，取出洗净。❷黄芪剪丝洗净；黑枣洗净。❸把材料放入清水锅内，大火煮滚后改小火煲3小时，加调味料即可。

红枣猪肝冬菇汤

制作时间	制作成本	专家点评	适合人群
195分钟	10元	补血养颜	女性

原材料

猪肝220克，冬菇30克，红枣6颗，枸杞、生姜、盐、鸡精各适量。

做　法

①猪肝洗净切片；冬菇洗净，用温水泡发；红枣、枸杞分别洗净；姜洗净去皮切片。②锅中注水烧沸，入猪肝汆去血沫。③炖盅装水，放入所有食材，上蒸笼炖3小时，调入盐、鸡精后即可食用。

黄芪猪肝汤

制作时间	制作成本	专家点评	适合人群
140分钟	14元	滋益精血	男性

原材料

猪肝200克，菠菜150克，姜5片，当归、黄芪、丹参、生地黄、米酒、麻油各适量。

做　法

①菠菜洗摘干净，切段；当归、黄芪、丹参、生地黄洗净，加3碗水，熬取药汁备用。②油锅烧热，入猪肝炒半熟，盛起备用。③将米酒、药汁入锅煮开，入猪肝煮开，再放入菠菜煮开，用米酒、麻油调味即可。

参芪枸杞猪肝汤

制作时间	制作成本	专家点评	适合人群
45分钟	13元	益血补血	女性

原材料

党参10克，黄芪15克，枸杞5克，猪肝300克，盐2小匙。

做　法

①猪肝洗净，切片。②党参、黄芪洗净，放入煮锅，加6碗水以大火煮开，转小火熬高汤。③熬约20分钟，转中火，放入枸杞煮约3分钟，放入猪肝片，待水沸腾，加盐调味即成。

红酒烩牛尾

制作时间	制作成本	专家点评	适合人群
110分钟	28元	塑身养颜	女性

原材料

牛尾400克，洋葱、胡萝卜各50克，西红柿60克，红酒、盐、蒜蓉、黄汁、香菜、胡椒粉各适量。

做　法

① 牛尾洗净切块，撒上盐、胡椒粉腌渍；洋葱、胡萝卜、西红柿洗净，切块。② 锅中油烧热，将牛尾煎至金黄，加入洋葱、胡萝卜、西红柿煸炒。③ 加入蒜蓉，烹入红酒、黄汁、清水，煮至牛尾酥软调入盐，撒上香菜。

猪皮枸杞红枣汤

制作时间	制作成本	专家点评	适合人群
130分钟	8元	补血养颜	女性

原材料

猪皮80克，红枣15克，盐1克，枸杞、姜、鸡精各适量。

做　法

① 将猪皮洗净，切块；生姜洗净去皮切片；红枣、枸杞分别用温水略泡，洗净。② 净锅注水烧开后加入猪皮汆透后捞出。③ 往砂煲内注入高汤，加入猪皮、枸杞、红枣、姜片，小火煲2小时，调入盐、鸡精即可。

大肠枸杞核桃汤

制作时间	制作成本	专家点评	适合人群
160分钟	13元	益气补血	男性

原材料

猪大肠175克，核桃仁35克，枸杞10克，盐6克，葱段、姜片各2克。

做　法

① 将猪大肠洗净切小段，焯水；核桃仁、枸杞用温水洗净备用。② 净锅上火倒入油，将葱、姜爆香，下入猪大肠煸炒，倒入水，调入精盐烧沸，下入核桃仁、枸杞，小火煲至熟即可。

红菜头猪大肠汤

制作时间	制作成本	专家点评	适合人群
160分钟	12元	补血养颜	女性

原材料

猪大肠200克，红菜头100克，盐3克，姜片5克，枸杞少许。

做　法

①猪大肠洗净，切段；红菜头、枸杞均洗净。②锅注水烧开，下猪大肠汆透。③将猪大肠、姜片、枸杞、红菜头一起放入炖盅内，注入清水，大火烧开后再用小火煲2.5小时，加盐调味即可。

竹香猪肚汤

制作时间	制作成本	专家点评	适合人群
80分钟	7元	养颜通脉	老年人

原材料

熟猪肚100克，水发腐竹50克，味精3克，香油4克，姜末5克，盐6克，香菜丁少许。

做　法

① 将熟猪肚切成丝；水发腐竹洗净切成丝备用。②净锅上火倒入油，将姜末炝香，下入猪肚、水发腐竹煸炒，倒入水烧沸，调入盐、味精，淋入香油，撒上香菜丁即可。

桂圆红枣猪腰汤

制作时间	制作成本	专家点评	适合人群
130分钟	8元	补血养颜	女性

原材料

猪腰150克，桂圆肉30克，红枣4颗，盐1克，姜片适量。

做　法

①猪腰洗净，切开，除去白色筋膜，再切片；红枣、桂圆肉洗净。②锅中注水烧沸，入猪腰飞水去除血沫，捞出切块。③将适量清水放入煲内，大火煲滚后加入所有食材，改用小火煲2小时，加盐调味即可。

棒骨猴头汤

制作时间	制作成本	专家点评	适合人群
110分钟	8元	活血化瘀	老年人

原材料

猴头菇150克，黄瓜50克，猪棒骨45克，盐5克，鸡精2克，白糖1克，葱段、姜片各4克。

做　法

❶将猴头菇洗净切成块；黄瓜洗净切块；猪棒骨洗净备用。❷净锅上火倒入油，将葱、姜爆香，下入猪棒骨烹炒，倒入水，调入精盐、鸡精、白糖，下入猴头菇、黄瓜，小火煲至熟即可。

苹果雪梨煲牛腱

制作时间	制作成本	专家点评	适合人群
100分钟	35元	美白养颜	女性

原材料

苹果1个，雪梨1个，牛腱600克，甜杏、苦杏、红枣各25克，姜3片，盐1小匙。

做　法

❶苹果、雪梨洗净，去皮，切块；牛腱洗净，切块，汆烫后捞起备用。❷甜杏、苦杏、红枣和姜洗净，红枣去核备用。❸将上述材料加水，以大火煮沸后，再以小火煮1.5小时，最后加盐调味即可。

当归生姜羊肉汤

制作时间	制作成本	专家点评	适合人群
135分钟	20元	补血养颜	女性

原材料

羊肉300克，枸杞、红枣各20克，盐6克，鸡精2克，当归、生姜各适量。

做　法

❶羊肉洗净，切件，汆水；当归洗净，切块；生姜洗净，切片；红枣、枸杞洗净，浸泡。❷将羊肉、当归、生姜、枸杞、红枣放入锅中，加入清水小火炖2小时。❸调入盐、鸡精，稍炖后出锅即可食用。

当归红枣牛肉汤

制作时间	制作成本	专家点评	适合人群
190分钟	30元	益血补虚	男性

原材料

牛肉500克，当归50克，红枣10颗，盐、味精各适量。

做　法

①牛肉洗净，切块。②当归、红枣洗净。③将全部材料放入煲内，加适量水，大火煲至水开，改用小火煲2～3小时，调入盐、味精即可。

理气牛肉汤

制作时间	制作成本	专家点评	适合人群
100分钟	15元	益气补血	男性

原材料

牛肉200克，盐6克，胡椒8粒，小茴香12粒，香菜2克。

做　法

①将牛肉洗净，切块备用。②净锅上火倒入水，调入胡椒、小茴香烧开，再下入牛肉煲至熟，调入盐，撒入香菜即可。

柠檬鸡汤

制作时间	制作成本	专家点评	适合人群
120分钟	17元	补血养颜	女性

原材料

鸡450克，柠檬、蜜枣、枸杞各20克，盐4克，鸡精3克。

做　法

❶鸡洗净，切块，汆水；柠檬洗净，切片；枸杞洗净，浸泡。❷锅中注水，放入鸡、蜜枣、枸杞慢炖。❸待鸡肉熟烂之后，放入柠檬小火稍炖，加入盐和鸡精调味，出锅装入炖盅即可。

鸡血藤鸡肉汤

制作时间	制作成本	专家点评	适合人群
190分钟	25元	补血养颜	女性

原材料

鸡1只，鸡血藤、生姜、天麻各20克，盐6克。

做　法

❶鸡宰杀，去毛洗净；鸡血藤、生姜、天麻洗净。❷将鸡、鸡血藤、生姜、天麻放入锅中。❸加适量清水小火炖3小时，加入盐即可食用。

党参炖鸡汤

制作时间	制作成本	专家点评	适合人群
100分钟	18元	补血养颜	女性

原材料

鸡350克，党参、枸杞各20克，盐4克，鸡精4克。

做　法

❶鸡洗净，切块，汆水；党参洗净，切段；枸杞洗净，泡发。❷将鸡、党参、枸杞装入炖盅，隔水大火炖1.5小时。❸加入盐和鸡精调味，改小火稍炖即可。

板栗土鸡汤

制作时间	制作成本	专家点评	适合人群
75分钟	30元	养颜通脉	男性

原材料

土鸡1只，板栗200克，姜片10克，红枣10克，盐5克，味精2克，鸡精2克。

做　法

❶将土鸡宰杀洗净，切件备用；板栗剥壳，去皮备用。❷锅上火，加入适量清水，烧沸，放入鸡件、板栗，滤去血水，备用。❸将鸡、板栗转入炖盅里，放入姜片、红枣，置小火上炖熟，调入调味料即可。

山药炖鸡汤

制作时间	制作成本	专家点评	适合人群
60分钟	10元	补血养颜	孕产妇

原材料

胡萝卜1根，鸡腿1只，山药250克，盐5克。

做　法

❶山药削皮，洗净，切丁；胡萝卜削皮，洗净切丁；鸡腿剁块，放入沸水中氽烫，捞出冲净。❷鸡腿、胡萝卜先下锅，加水至盖过材料，以大火煮开后转小火慢炖15分钟。❸加入山药转大火煮沸，转小火续煮10分钟，加盐调味即可。

姜汁鸡汤

制作时间	制作成本	专家点评	适合人群
130分钟	18元	补血养颜	女性

原材料

鸡350克，盐5克，生姜、红枣、枸杞各适量。

做　法

①鸡洗净，汆水；生姜洗净，切片；枸杞、红枣洗净，浸泡。②锅中注水，烧沸，放入鸡肉、生姜、枸杞、红枣小火炖2小时。③加入盐调味，出锅装入炖盅即可。

栗子红枣煲珍珠鸡

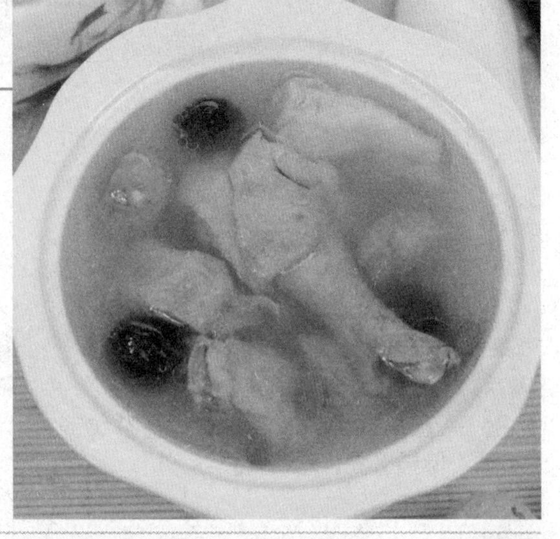

制作时间	制作成本	专家点评	适合人群
130分钟	20元	补血养颜	女性

原材料

鸡300克，板栗50克，盐5克，红枣、枸杞各适量。

做　法

①鸡洗净，斩件；板栗去壳洗净；红枣、枸杞洗净，泡发。②锅中注水烧沸，放入鸡汆去血水，捞出。③将鸡、板栗、红枣、枸杞放入锅中，加适量清水小火炖2小时，加入盐即可食用。

客家糯米酒煮鸡汤

制作时间	制作成本	专家点评	适合人群
190分钟	25元	补血养颜	孕产妇

原材料

鸡250克，客家糯米酒300克，山药片，生姜各30克，枸杞、红枣各15克，盐6克。

做　法

①鸡洗净，斩件，汆水；山药、生姜洗净，去皮，切片；枸杞、红枣洗净，浸泡。②将鸡、山药、生姜、枸杞、红枣放入锅中，加适量清水炖1小时。③倒入糯米酒小火炖2小时，加入盐即可食用。

田七冬菇炖鸡

制作时间	制作成本	专家点评	适合人群
40分钟	22元	润肤美容	女性

原材料

田七12克，冬菇30克，鸡肉500克，大枣15枚，盐6克，姜丝、蒜泥各少许。

做 法

①将田七洗净，冬菇洗净，温水泡发。②把鸡肉洗净，斩件；大枣洗净。③将所有材料放入砂煲中，加入姜、蒜，注入适量水，小火炖至鸡肉烂熟，加盐调味即可。

四物鸡汤

制作时间	制作成本	专家点评	适合人群
70分钟	11元	调经理带	女性

原材料

鸡腿150克，熟地25克，当归15克，川芎5克，炒白芍10克，盐5克。

做　法

①将鸡腿剁块，放入沸水中汆烫，捞出冲净；药材用清水快速冲净。②将鸡腿和所有药材放入炖锅，加6碗水以大火煮开，转小火续炖40分钟。③起锅前加盐调味即可。

参归枣鸡汤

制作时间	制作成本	专家点评	适合人群
50分钟	15元	补血健脾	女性

原材料

党参15克，当归15克，红枣8枚，鸡腿1只，盐2小匙。

做　法

① 鸡腿洗净剁块，放入沸水中汆烫，捞起冲净；当归、党参、红枣洗净。②鸡腿、党参、当归、红枣一起入锅，加7碗水以大火煮开，转小火续煮30分钟。③起锅前加盐调味即可。

党参茯苓鸡汤

制作时间	制作成本	专家点评	适合人群
100分钟	16元	补血美颜	女性

原材料

党参15克，炒白术5克，茯苓15克，炙甘草5克，鸡腿2只，姜1大块

做　法

①将鸡腿洗净，剁成小块。②党参、白术、茯苓、炙甘草均洗净浮尘。③锅中倒入500克水煮开，放入鸡腿及药材，转小火煮至熟，冷却后放入冰箱冷藏效果更佳。

熟地当归鸡汤

制作时间	制作成本	专家点评	适合人群
55分钟	12元	益血补虚	男性

原材料

鸡腿1只，熟地25克，当归15克，川芎5克，炒白芍10克，盐适量。

做　法

①鸡腿洗净剁块，放入沸水汆烫、捞起冲净；药材用清水快速冲净。②将鸡腿和所有药材放入炖锅，加6碗水以大火煮开，转小火续炖30分钟。③起锅后，加盐调味即成。

归芪红枣鸡汤

制作时间	制作成本	专家点评	适合人群
60分钟	11元	清补益气	女性

原材料

当归10克，小北芪15克，红枣8枚，鸡腿1只，盐2小匙。

做　法

①鸡腿洗净，剁块；当归、小北芪、红枣均洗净。②将鸡肉放入沸水中汆烫，捞起冲净。③鸡腿、当归、北芪、红枣一起放入锅中，加7碗水以大火煮开，转小火续炖30分钟，起锅前加盐调味即可。

椰子杏仁鸡汤

制作时间	制作成本	专家点评	适合人群
75分钟	10元	益气养血	女性

原材料

椰子1只，杏仁20克，鸡腿肉45克，盐、香菜末适量。

做　法

①将椰子汁倒出；杏仁洗净；鸡腿肉洗净斩块备用。②净锅上火倒入水，下入鸡块汆水洗净待用。③净锅上火倒入椰子汁，下入鸡块、杏仁烧沸煲至熟，调入盐，撒上香菜末即可。

扁豆莲子鸡汤

制作时间	制作成本	专家点评	适合人群
70分钟	14元	塑身养颜	女性

原材料

扁豆100克，莲子40克，鸡腿300克，丹参、山楂、当归尾各10克，盐2克，米酒10克。

做 法

❶ 全部药材放入棉布袋与1500克清水、鸡腿、莲子置入锅中，以大火煮沸，转小火续煮45分钟备用。❷扁豆洗净沥干，放入锅中与其他材料混合，续煮15分钟至扁豆熟软。❸取出棉布袋，加入盐、米酒后关火即可食用。

橙子当归鸡煲

制作时间	制作成本	专家点评	适合人群
45分钟	10元	益血补虚	女性

原材料

橙子、南瓜各100克，鸡腿1只，当归6克，盐、白糖各3克，香菜末适量。

做 法

❶将橙子、南瓜洗净切块；鸡腿洗净斩块汆水；当归洗净备用。❷煲锅上火倒入水，下入橙子、南瓜、鸡肉、当归煲至熟，调入盐、白糖，撒上香菜末即可。

花生香菇煲鸡爪

制作时间	制作成本	专家点评	适合人群
50分钟	13元	益气补血	孕产妇

原材料

鸡爪250克，花生米45克，香菇4朵，盐4克，高汤适量。

做 法

❶将鸡爪洗净；花生米洗净浸泡；香菇洗净对切备用。❷净锅上火倒入高汤，下入鸡爪、花生米、香菇煲至熟，调入盐即可。

丹参三七炖鸡

制作时间	制作成本	专家点评	适合人群
75分钟	33元	滋阴补虚	女性

原材料

乌鸡1只，丹参30克，三七10克，盐5克，姜丝适量。

做　法

①乌鸡洗净切块；丹参、三七洗净。②三七、丹参装入纱布袋中，扎紧袋口。③布袋与鸡同放于砂锅中，加清水600克，烧开后，加入姜丝和盐，小火炖1小时，加盐调味即可。

补血乌鸡汤

制作时间	制作成本	专家点评	适合人群
130分钟	23元	补血养颜	女性

原材料

乌鸡350克，党参20克，盐5克，鸡精4克，黑枣、枸杞各适量。

做　法

①乌鸡洗净，斩件，氽水；党参洗净，切片；黑枣洗净，去核，浸泡；枸杞洗净，浸泡。②乌鸡、党参、黑枣、枸杞一起放入锅中，加适量清水，置于火上，大火炖煮。③至锅内有香气飘出后，加入盐和鸡精调味即可。

田七炖乌鸡

制作时间	制作成本	专家点评	适合人群
130分钟	25元	补血养颜	女性

原材料

乌鸡500克，盐5克，田七、枸杞各少许。

做　法

①乌鸡洗净，斩件，氽水；田七洗净，切片；枸杞洗净，浸泡。②将乌鸡、田七、枸杞放入锅中，加适量清水。③慢炖2小时，加入盐即可食用。

红枣乌鸡汤

制作时间	制作成本	专家点评	适合人群
130分钟	23元	补血养颜	孕产妇

原材料

乌鸡350克，盐5克，鸡精4克，党参、红枣、枸杞各适量。

做 法

❶乌鸡洗净，斩件、汆水；党参洗净，切段；红枣洗净，去核，浸泡；枸杞洗净，浸泡。❷锅置火上，加适量清水烧沸，放入乌鸡、党参、红枣、枸杞，小火慢炖。❸至熟后，调入盐和鸡精，转大火稍炖几分钟即可。

花旗参乌鸡汤

制作时间	制作成本	专家点评	适合人群
70分钟	7元	滋阴补血	孕产妇

原材料

乌鸡50克，红枣4颗，花旗参2克，盐3克，味精2克，上汤适量。

做 法

❶将乌鸡洗净，切成小块；红枣洗净备用；花旗参洗净切片。❷将乌鸡块和上汤入锅煮开。❸将红枣、花旗参加入锅中，转用小火煲60分钟，调入盐、味精即可。

四物乌鸡汤

制作时间	制作成本	专家点评	适合人群
45分钟	11元	养颜通脉	老年人

原材料

熟地15克，当归10克，川芎5克，白芍10克，红枣8枚，乌骨鸡腿1只，盐2小匙。

做 法

❶乌鸡腿洗净剁块，放入沸水中汆烫，捞起冲净；所有药材洗净。❷乌鸡腿和所有药材一起盛入锅中，加7碗水以大火煮开，转小火续煮30分钟。❸熄火加盐调味即可。

银杞鸡肝汤

制作时间	制作成本	专家点评	适合人群
75分钟	10元	养颜通脉	男性

原材料

鸡肝200克，银耳50克，枸杞15克，盐3克，鸡精3克。

做 法

①鸡肝洗净，切块；银耳泡发洗净，摘成小朵；枸杞洗净，浸泡。②锅中放水，烧沸，放入鸡肝过水，取出洗净。③将鸡肝、银耳、枸杞放入锅中，加入清水小火炖1小时，调入盐、鸡精即可。

大蒜花生凤爪汤

制作时间	制作成本	专家点评	适合人群
60分钟	14元	补血益气	女性

原材料

花生150克，凤爪300克，大蒜100克，盐6克，味精3克。

做 法

①将大蒜去皮洗净；凤爪洗净；花生泡发。②将凤爪飞水，切块。③将以上材料加300克水，大火炖煮45分钟后，调入盐、味精即可。

菊花鸡肝汤

制作时间	制作成本	专家点评	适合人群
60分钟	10元	补血养颜	女性

原材料

鸡肝200克，菊花50克，枸杞20克，蜜枣4颗，盐3克，鸡精2克。

做 法

①鸡肝洗净，切块，汆水；菊花洗净，浸泡；枸杞洗净，浸泡。②将鸡肝、菊花、枸杞、蜜枣放入炖盅。③放入清水锅中，隔水炖熟，加入盐和鸡精出锅即可。

板栗枸杞鸡爪汤

制作时间	制作成本	专家点评	适合人群
60分钟	13元	润肤美容	女性

原材料

鸡爪200克，板栗肉150克，盐5克，白糖2克，枸杞适量。

做　法

①将鸡爪洗净氽水；板栗肉洗净备用。②净锅上火倒入水，放入鸡爪、板栗肉、枸杞，煲至熟，调入精盐、白糖即可。

花生碎骨鸡爪汤

制作时间	制作成本	专家点评	适合人群
90分钟	16元	益气补血	女性

原材料

鸡爪350克，花生米100克，猪碎骨80克，鸡精5克，香油2克，葱段、姜片各3克，枸杞、高汤、盐各适量。

做　法

①将鸡爪洗净汆水，花生米、枸杞、猪碎骨洗净备用。②炒锅上火倒入油，将葱、姜炝香，下入高汤，倒入鸡爪、花生米、猪碎骨、枸杞，煲至熟，调味即可。

青萝卜玉米老鸭煲

制作时间	制作成本	专家点评	适合人群
70分钟	16元	益气补血	女性

原材料

老鸭150克，玉米粒60克，青萝卜50克，味精5克，葱花2克，盐、香油各适量。

做　法

①将老鸭剁块；青萝卜去皮洗净改滚刀块；玉米粒洗净备用。②炒锅上火倒入油，葱爆香，倒入水，下入老鸭、玉米粒、青萝卜煲至熟，调入盐、味精，淋入香油即可。

老鸭莴笋枸杞煲

制作时间	制作成本	专家点评	适合人群
65分钟	16元	塑身养颜	女性

原材料

莴笋250克，老鸭150克，枸杞10克，胡椒粉3克，葱段、姜片，蒜片各2克，盐少许。

做　法

①将莴笋去皮洗净切块；老鸭洗净斩块汆水；枸杞洗净备用。②煲锅上火倒入水，放入葱、姜、蒜，下入莴笋、老鸭、枸杞煲至熟，调入盐、胡椒粉即可。

冬瓜粉丝牛蛙汤

制作时间	制作成本	专家点评	适合人群
75分钟	16元	补血健脾	男性

原材料

冬瓜450克，粉丝50克，牛蛙400克，姜丝5克，淀粉3克，糖5克，味精1克，盐5克。

做　法

①冬瓜去皮洗净，切成块状；粉丝洗净。②牛蛙洗净，斩件，用油、姜丝、生粉、糖、盐、味精腌30分钟。③将清水800克放入瓦煲内，煮沸后放入粉丝、冬瓜，煮至冬瓜熟后，放入牛蛙，小火将牛蛙煮熟，加盐调味即成。

银耳炖乳鸽

制作时间	制作成本	专家点评	适合人群
135分钟	25元	补血养颜	女性

原材料

乳鸽1只，银耳15克，盐3克，枸杞、陈皮各适量。

做　法

①乳鸽洗净；银耳、枸杞、陈皮均洗净泡发。②净锅上水烧沸，下入乳鸽煲尽血水，捞起。③将乳鸽、枸杞、陈皮放入瓦煲，注入适量水，大火烧开，放入银耳，改用小火煲炖2小时，加盐调味即可。

柠檬乳鸽汤

制作时间	制作成本	专家点评	适合人群
135分钟	23元	补血养颜	女性

原材料

乳鸽1只，瘦肉150克，盐3克，柠檬、党参、姜片各适量。

做 法

①乳鸽洗净；瘦肉洗净切块；柠檬洗净，切薄片；党参洗净浸泡。②锅入水烧开，将乳鸽、瘦肉滚尽血水，捞出，用清水冲洗。③将乳鸽、瘦肉、姜片、党参放入炖盅，注水后大火烧开，放入柠檬，改小火煲2小时，加盐调味即可。

黄精海参炖乳鸽

制作时间	制作成本	专家点评	适合人群
180分钟	20元	补血养颜	女性

原材料

乳鸽1只，盐3克，枸杞、黄精、海参各适量。

做 法

①乳鸽洗净；黄精、海参均洗净泡发。②热锅注水烧开，下乳鸽汆透，捞出。③将乳鸽、黄精、海参、枸杞放入瓦煲，注水，大火煲沸，改小火煲2.5小时，加盐调味即可。

淮枸煲乳鸽汤

制作时间	制作成本	专家点评	适合人群
195分钟	14元	补血养颜	女性

原材料

鸽肉200克，淮山、川贝、枸杞、盐各适量。

做 法

①鸽肉洗净，切成大块；淮山、川贝均洗净浮尘；枸杞泡发洗净。②净锅上水烧开，下入鸽肉，氽尽血渍，捞起。③将鸽肉、山药、川贝、枸杞放入砂煲，注水后用大火煲沸，改小火煲3小时，加盐调味即可。

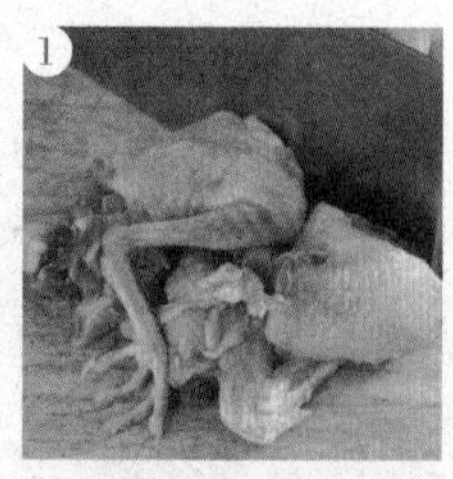

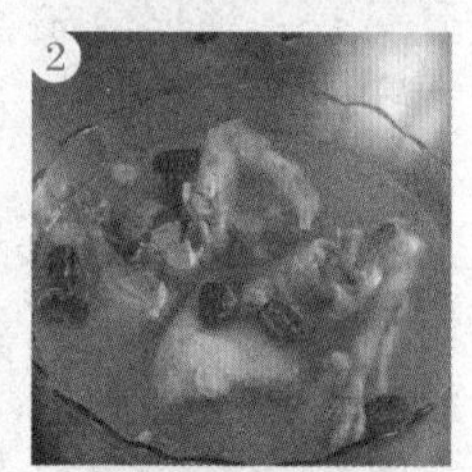

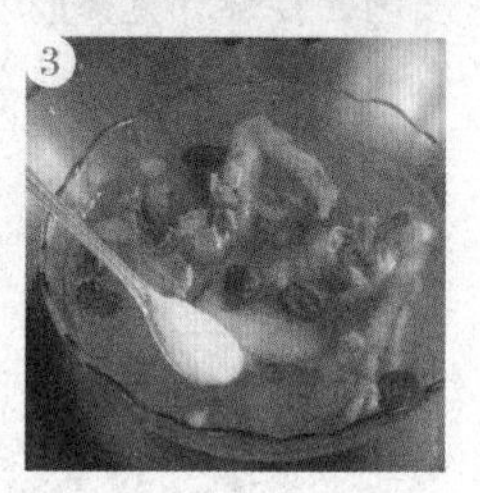

洋参炖乳鸽

制作时间	制作成本	专家点评	适合人群
220分钟	74元	润肤美容	女性

原材料

乳鸽1只，西洋参片40克，淮山50克，红枣8颗，生姜10克，盐8克。

做　法

❶ 西洋参略洗；淮山洗净，加清水浸半小时；红枣洗净；乳鸽洗净，切块。❷把全部材料放入炖盅内，加适量沸水，盖好，隔水小火炖3小时。❸加盐调味即可。

清补养颜汤

制作时间	制作成本	专家点评	适合人群
100分钟	15元	滋阴美白	女性

原材料

莲子10克，百合15克，北沙参15克，玉竹15克，桂圆肉10克，枸杞15克，盐、味精各适量。

做　法

❶将药材洗净；莲子洗净去心备用。❷将所有材料放入煲中加适量水，以小火煲约90分钟，再加盐调味即可。

参芪枸杞鹧鸪汤

制作时间	制作成本	专家点评	适合人群
135分钟	12元	补血养颜	女性

原材料

党参20克，黄芪30克，鹧鸪1只，枸杞10克，盐适量。

做　法

❶ 将党参浸透，洗净，切段。❷将黄芪、枸杞洗净；鹧鸪洗净，斩件。❸将全部材料放入瓦煲内，加适量清水，大火煮沸后，改小火煲2小时，加盐调味即可。

葛菜生鱼汤

制作时间	制作成本	专家点评	适合人群
90分钟	15元	补血养颜	女性

原材料

葛菜100克，生鱼200克，姜3片，蜜枣、玉竹、枸杞、盐各适量。

做　法

❶葛菜择洗干净；生鱼宰杀洗净，切块；蜜枣、玉竹均洗净；枸杞泡发洗净。❷锅置火上，倒入适量清水，下入葛菜、生鱼、蜜枣、玉竹、枸杞、姜片，用大火烧沸后改用小火煲1小时。❸待煲出香味后加入盐调味即可。

金针香菜鱼片汤

制作时间	制作成本	专家点评	适合人群
30分钟	15元	美肤防斑	女性

原材料

金针菇30克，鱼肉100克，香菜20克，盐适量。

做　法

❶香菜洗净切段；金针菇用水浸泡，洗净，切段备用。❷鱼肉洗净后，切成片。❸金针菇加水煮滚后，再入鱼片煮5分钟，最后加香菜、盐调味即成。

通络美颜汤

制作时间	制作成本	专家点评	适合人群
100分钟	10元	调补气血	女性

原材料

桑寄生50克，竹茹10克，红枣8粒，鸡蛋2枚，冰糖适量。

做 法

①桑寄生、竹茹洗净；红枣洗净去核备用。②鸡蛋用水煮熟，去壳备用。③药材、红枣加水以小火煲约90分钟，加入鸡蛋，再加入冰糖煮沸即可。

丰胸美颜汤

制作时间	制作成本	专家点评	适合人群
130分钟	15元	益气补血	女性

原材料

淮山50克，枸杞10克，鸽蛋3枚，陈皮5克，瘦猪肉150克，米酒10克，盐适量。

做 法

①将所有药材洗净；鸽蛋煮熟后去壳。②瘦肉洗净切块，氽烫后捞起备用。③所有材料加水以大火煮滚后转小火炖煮2小时，下入米酒，炖至呈浓汤状，加盐调味即可。

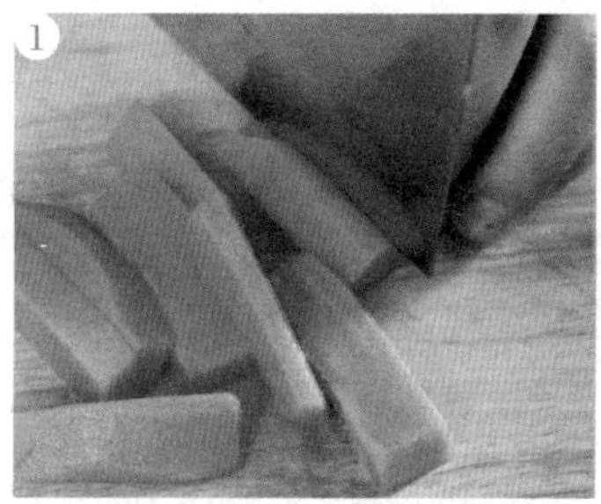

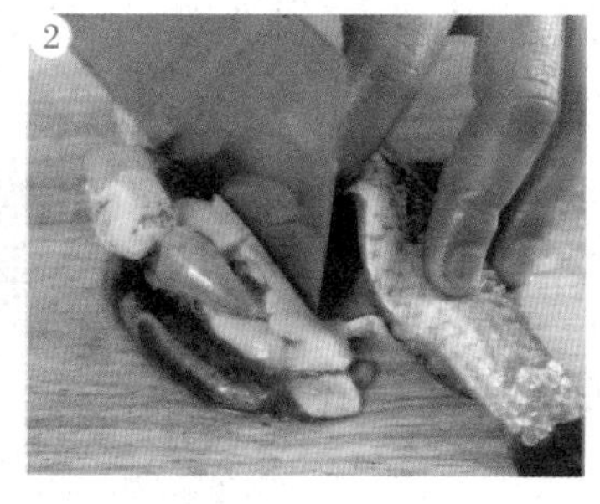

木瓜鲤鱼汤

制作时间	制作成本	专家点评	适合人群
200分钟	26元	行气活血	男性

原材料

木瓜300克，鲤鱼500克，姜2片，盐5克，淮山适量。

做　法

① 木瓜去皮，洗净，切成中条状；淮山洗净，浸泡1小时。②鲤鱼洗净，炒锅下油，爆姜，将鲤鱼两面煎至金黄色。③将1800克清水放入瓦煲内，煮沸后加入所有原材料，大火煲滚后，改用小火煲2小时，加盐调味即可。

胡萝卜鱼片汤

制作时间	制作成本	专家点评	适合人群
35分钟	8元	益气补血	女性

原材料

草鱼肉175克，胡萝卜75克，盐5克，葱花2克，高汤适量。

做 法

❶ 将草鱼肉洗净切成片；胡萝卜去皮洗净切片备用。❷净锅上火倒入高汤，下入草鱼肉、胡萝卜煲至熟，调入盐，撒入葱花即可。

芡实红枣生鱼汤

制作时间	制作成本	专家点评	适合人群
75分钟	15元	补血养颜	女性

原材料

生鱼200克，芡实20克，红枣3个，姜2片，淮山、枸杞、盐、胡椒粉各适量。

做 法

❶生鱼洗净，切段后下入沸水稍烫；淮山洗净浮尘；枸杞、芡实、红枣均洗净浸软。❷锅置火上，倒入适量清水，放入生鱼、姜片煮开，加入淮山、枸杞、芡实、红枣煲至熟，最后加入盐、胡椒粉调味。

木瓜生鱼汤

制作时间	制作成本	专家点评	适合人群
130分钟	18元	补血养颜	女性

原材料

生鱼、木瓜各200克，银耳50克，甘蔗、红枣、枸杞、盐各适量。

做 法

①生鱼洗净，切块后汆去血水；木瓜去皮去子，切块；银耳泡发洗净，撕成小片；甘蔗去皮，对半剖开后切段；红枣、枸杞洗净浸软。②锅中掺水烧沸，放入所有原材料，用小火煲2小时。③撇去浮沫，加入盐调味即可。

黄芪红枣生鱼汤

制作时间	制作成本	专家点评	适合人群
150分钟	18元	补血养颜	女性

原材料

生鱼300克，山药100克，红枣4颗，姜2片，红豆、黄芪、枸杞、盐各适量。

做 法

①生鱼洗净，切段；山药去皮，切片；红枣、黄芪均洗净浮尘；红豆、枸杞洗净泡软。②汤锅加入适量清水，放入生鱼，用大火烧沸后撇去浮沫。③加入山药、红枣、红豆、黄芪、枸杞、姜片，用小火炖2小时，调入盐即可。

鲫鱼党参汤

制作时间	制作成本	专家点评	适合人群
160分钟	16元	补血养颜	女性

原材料

鲫鱼350克，姜2片，胡萝卜、玉竹、党参、盐各适量。

做 法

①鲫鱼洗净斩段，过油煎香；胡萝卜去皮洗净，切片；玉竹、党参均洗净浮尘。②将原材料放入汤锅中，加水煮沸后，转小火慢炖2小时。③撇去浮沫，加入姜片继续煲30分钟，出锅前调入盐即可。

鱼肚冬菇汤

制作时间	制作成本	专家点评	适合人群
45分钟	8元	养颜通脉	老年人

原材料

鱼肚50克，冬菇、银耳、水淀粉各10克，韭黄20克，鸡蛋1枚，枸杞子5克，盐3克，鸡精2克。

做 法

❶鱼肚泡发切丝；冬菇、枸杞子泡发洗净；银耳泡发洗净撕碎；韭黄洗净切粒。❷锅上火，注水煮沸，放入鱼肚、枸杞子、冬菇、银耳，大火炖开后，再炖约3分钟。❸调入鸡精，勾芡，淋入蛋清，下入韭黄粒，加盐搅匀即可。

豆腐红枣泥鳅汤

制作时间	制作成本	专家点评	适合人群
50分钟	14元	益气补血	女性

原材料

泥鳅300克，豆腐200克，红枣50克，味精3克，高汤、盐各适量。

做 法

❶将泥鳅洗净备用；豆腐切小块；红枣洗净。❷锅上火倒入高汤，加入泥鳅、豆腐、红枣煲至熟，调入盐、味精即可。

节瓜红豆生鱼汤

制作时间	制作成本	专家点评	适合人群
100分钟	20元	补血养颜	女性

原材料

生鱼、节瓜各150克，干贝20克，姜3片，淮山、红豆、红枣、花生米、盐各适量。

做 法

❶生鱼洗净，切块后汆去血水；节瓜去皮洗净，切片；淮山、干贝洗净；红豆、红枣、花生米洗净泡软。❷净锅上火倒入水，下入所有原材料煲熟，加入姜片继续煲20分钟，调入盐即可。

丝瓜鱼头豆腐汤

制作时间	制作成本	专家点评	适合人群
40分钟	21元	祛斑嫩肤	女性

原材料

丝瓜500克，大鱼头2个，豆腐250克，生姜5片，盐适量。

做　法

① 将丝瓜去角边，洗净，切滚刀块；大鱼头洗净，斩件。② 豆腐用清水洗净，切块待用；将适量水放入煲内，水开时将鱼头和生姜放入煲内，先炖10分钟。③ 再将豆腐和丝瓜放入煲内，待汤沸时，再炖5分钟，加盐调味即可。

木瓜鲈鱼汤

制作时间	制作成本	专家点评	适合人群
140分钟	25元	塑身养颜	女性

原材料

木瓜450克，鲈鱼500克，金华火腿100克，姜4片，盐5克。

做　法

①鲈鱼洗净斩件；烧锅下油，爆香姜片，将鲈鱼两面煎至金黄色。②木瓜去皮、核，洗净，切成块状；金华火腿切成片；烧锅放姜片，将火腿片爆炒5分钟。③将清水放入瓦煲内，煮沸后加入木瓜、鲈鱼和火腿片，大火煲滚后改用小火煲2小时，加盐调味即可。

西红柿淡奶鲫鱼汤

制作时间	制作成本	专家点评	适合人群
50分钟	22元	益气补血	老年人

原材料

鲫鱼1条，西红柿1个，三花淡奶20克，沙参20克，豆腐1块，生姜50克，葱花20克，盐5克，味精3克，胡椒1克。

做　法

①西红柿洗净，切成小块；生姜去皮，切成片；豆腐切成小丁；沙参泡发。②鲫鱼洗净后，在背部打上花刀。③锅中加水烧沸，加入所有准备好的原材料煮沸后，调入胡椒、三花淡奶煮至入味，调入盐、味精，撒上葱花即可。

葱荽草鱼汤

制作时间	制作成本	专家点评	适合人群
135分钟	15元	塑身养颜	女性

原材料

青葱 100 克，芫荽（香菜）125 克，草鱼 300 克，盐适量。

做　法

①将青葱洗净，切长段；芫荽洗净。②将草鱼宰杀，洗净。③将全部材料放入瓦煲内，加适量清水，大火煮沸后改小火煲 2 小时，加盐调味即可。

枸杞鸡肝鲫鱼汤

制作时间	制作成本	专家点评	适合人群
130分钟	17元	补血养颜	孕产妇

原材料

鲫鱼 600 克，鸡肝 100 克，枸杞 4 克，盐 2 克，粉丝、姜片各适量。

做　法

①鲫鱼洗净；鸡肝洗净；枸杞略泡；粉丝加温水泡发。②锅内注油烧热，将鲫鱼稍煎至两面金黄；鸡肝入沸水汆去血沫。③瓦煲装入清水，放入姜片，滚后加入鲫鱼、鸡肝、枸杞，小火煲 2 小时后加入粉丝煲煮，调入盐即可。

北芪鲫鱼汤

制作时间	制作成本	专家点评	适合人群
130分钟	16元	补血养颜	女性

原材料

蜜枣 3 颗，盐少许，姜 2 片，鲫鱼 1 条，北黄芪适量。

做　法

①鲫鱼洗净，斩段后下入热油锅煎香；北芪、蜜枣均洗净待用。②将上述原材料放入汤煲中，加适量清水，待水烧开后用中火炖 1 小时。③加入姜片继续熬煮 20 分钟，至汤色润泽时调入盐即可。

包菜果香肉汤

制作时间	制作成本	专家点评	适合人群
40分钟	8元	行气活血	儿童

原材料

包菜210克，苹果175克，猪肉30克，盐5克，白糖2克。

做　法

❶ 将包菜洗净切块；苹果洗净切块；猪肉洗净切块备用。❷汤锅上火倒入水，下入包菜、苹果、猪肉，煲至熟，调入盐、白糖即可。

毛丹银耳汤

制作时间	制作成本	专家点评	适合人群
30分钟	6元	益气养血	女性

原材料

西瓜20克，红毛丹60克，银耳、冰糖各5克。

做　法

❶银耳泡发，去除蒂头，切小块，放入沸水中汆烫，捞起沥干。❷西瓜去皮，切小块；红毛丹去皮，去子。❸将冰糖和适量水熬成汤汁，待凉。❹西瓜、红毛丹、银耳、冰糖水放入碗中，拌匀即可。

醉花菇

制作时间	制作成本	专家点评	适合人群
90分钟	16元	行气活血	儿童

原材料

花菇100克，腩排300克，川椒6粒，盐5克，上汤适量。

做　法

❶ 花菇用冷水浸软，去蒂，沥干水；腩排洗净斩块。❷砂锅上火，将花菇放入锅底，腩排铺在花菇上，加入川椒粒，倒入上汤。❸用小火炖约1小时，取出加入盐即可。

莲子山药甜汤

制作时间	制作成本	专家点评	适合人群
30分钟	9元	益气养血	女性

原材料

银耳100克，莲子50克，百合50克，红枣6颗，山药100克，冰糖适量。

做 法

①银耳洗净，泡发备用。②红枣划几个刀口；山药洗净，去皮，切成块。③银耳、莲子、百合、红枣同时入锅煮约20分钟，待莲子、银耳煮软，将准备好的山药放入一起煮，加入冰糖调味即可。

红参淮杞甲鱼汤

制作时间	制作成本	专家点评	适合人群
255分钟	75元	滋益精血	男性

原材料

红参10克，山药30克，枸杞20克，桂圆肉20克，甲鱼1只，生姜2片，盐5克。

做 法

①红参切片，洗净。②山药、枸杞、桂圆肉洗净。③甲鱼与适量清水一起放入煲内，加热至水沸甲鱼死，褪去四肢表皮，去内脏，洗净，斩件，汆水。④将以上材料置于炖盅内，注入600克沸水，加盖，隔水炖4个小时，加盐即可。

胡萝卜煮珍珠贝

制作时间	制作成本	专家点评	适合人群
40分钟	10元	益气补血	女性

原材料

胡萝卜20克，珍珠贝100克，油菜50克，盐3克，葱、香菇适量。

做 法

①胡萝卜洗净，切成方块；珍珠贝洗净；油菜洗净，去叶留梗；香菇洗净，切块；葱洗净，切末。②锅中加油烧热，放入珍珠贝略炒后，注水煮至沸，加入胡萝卜、油菜、香菇、葱焖煮。③再加盐调味即可。

苦瓜炖蛤

制作时间	制作成本	专家点评	适合人群
45分钟	10元	行气活血	女性

原材料

苦瓜1条，蛤250克，姜10克，蒜10克，盐5克，味精3克。

做　法

①苦瓜洗净，剖开去子，切成长条；姜、蒜洗净切片。②锅中加水烧开，下入蛤煮至开壳后，捞出，冲凉水洗净。③再将蛤、苦瓜加适量清水，以大火炖30分钟至熟后，加入盐、味精即可。

鲜荷双瓜汤

制作时间	制作成本	专家点评	适合人群
70分钟	7元	补血益气	男性

原材料

丝瓜100克，生姜1片，荷叶、西瓜、薏米、盐各适量。

做　法

①荷叶洗净，切块；西瓜肉与瓜皮分开，切块。②丝瓜削去棱边，洗净，切块，薏米浸泡，洗净。③上述材料加清水用大火煲至薏米、丝瓜熟，去掉西瓜皮，放入新鲜荷叶和西瓜肉，稍开，加盐调味即可。

党参灵芝桂圆汤

制作时间	制作成本	专家点评	适合人群
130分钟	18元	补血健脾	男性

原材料

党参20克，灵芝15克，桂圆15克，猪心1个，盐适量。

做　法

①将党参、灵芝、桂圆肉清洗干净；猪心用水冲洗干净备用。②将全部材料放入煲内，加适量水，煲约2小时。③放入盐调味即可。

强身健体汤

喝汤，是广东传统的防病强身、扶持虚弱的自我保健方法之一。

相对于单纯的食物进补，中药补益效果明显，而汤补则更利于身体吸收。强身健体汤不仅包含各种新鲜食材的补益功效，还囊括了多种药材的综合作用，能有效营养脏腑、滋润关节、固本强身、补虚健体。

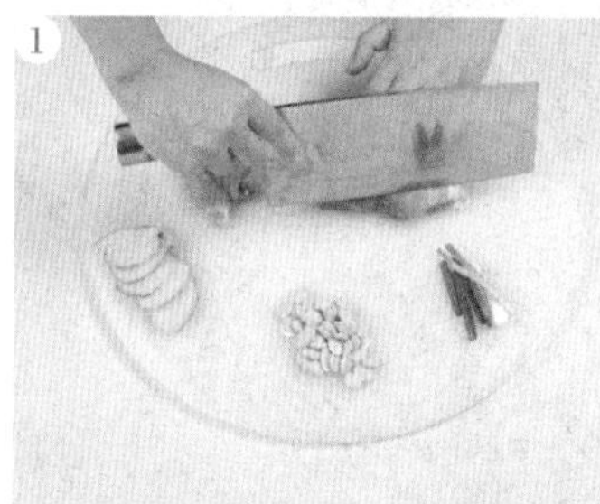

扁豆瘦肉汤

制作时间	制作成本	专家点评	适合人群
135分钟	14元	强身健体	男性

原材料

瘦肉200克，扁豆50克，姜片，葱段各10克，盐6克，鸡精2克。

做 法

①瘦肉洗净，切件；扁豆洗净，浸泡。②瘦肉入沸水氽去血水后捞出，放入砂煲中备用。③将扁豆、姜片放入砂煲中，加入清水小火炖2小时，待扁豆变软后，放入葱段，调入盐、鸡精稍炖即可。

海带海藻瘦肉汤

制作时间	制作成本	专家点评	适合人群
130分钟	14元	强身健体	女性

原材料

瘦肉350克，盐6克，姜2片，海带、海藻各适量。

做 法

①瘦肉洗干净，切件；海带洗净，切片；海藻洗净。②将瘦肉入水氽一下，去除血腥。③将瘦肉、海带、海藻、姜放入锅中，加入清水，炖2小时至汤色变浓后，调入盐即可。

小贴士

海带具有一定的药用价值，对防治动脉硬化、高血压、慢性气管炎、慢性肝炎、贫血、水肿等疾病，都有较好的效果。

蚝豉瘦肉汤

制作时间	制作成本	专家点评	适合人群
130分钟	16元	强壮筋骨	男性

原材料

瘦肉300克，蚝豉30克，葱1棵，姜3片，盐4克，鸡精3克。

做 法

①瘦肉洗净，切件，入沸水锅氽去血水；蚝豉洗净，用水稍微浸泡；葱洗净切段。②将瘦肉放入沸水中氽烫一下，捞出备用。③将瘦肉、蚝豉、姜片放入锅中，加入清水，小火炖2小时，调入盐和鸡精即可食用。

小贴士

蚝豉鲜美可口、香气独特，含有丰富的蛋白质、多种氨基酸等营养物质。但因为它营养丰富，所以很容易变质，一旦沾了生水，就容易发霉。所以，最好用陶瓷器皿密封保存，这样保存时间最长，香气也不会散发掉。

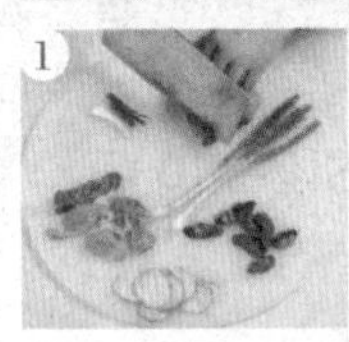

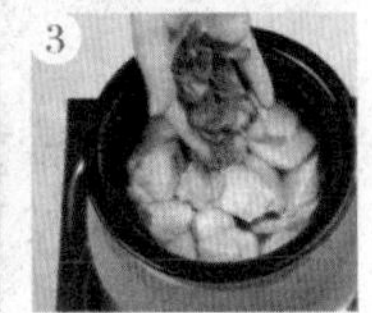

鸡骨草瘦肉汤

制作时间	制作成本	专家点评	适合人群
150分钟	15元	强身健体	男性

原材料

瘦肉500克，生姜20克，鸡骨草10克，盐4克，鸡精3克。

做 法

❶瘦肉洗净，切块；鸡骨草洗净，切段，绑成节，浸泡；生姜洗净，切片。❷瘦肉汆一下水，去除血污和腥味。❸锅中注水，烧沸，放入瘦肉、鸡骨草、生姜以小火慢炖，2.5小时后加入盐和鸡精调味即可。

小贴士

猪肉含有丰富的B族维生素，可以使身体更有力气。猪肉还能提供人体必需的脂肪酸。猪肉性味甘，可滋阴润燥，可提供血红素（有机铁）和促进铁吸收的半胱氨酸，能改善缺铁性贫血。

金银花煲瘦肉

制作时间	制作成本	专家点评	适合人群
130分钟	20元	强身健体	女性

原材料

瘦肉300克，姜3片，盐5克，鸡精4克，金银花、干贝、山药各适量。

做 法

❶瘦肉洗净，切件；金银花、干贝洗净；山药洗净，去皮，切件。❷将瘦肉放入沸水过水，取出洗净。❸将瘦肉、金银花、干贝、山药、姜片放入锅中，加入清水用小火炖2小时，放入盐和鸡精即可。

小贴士

金银花泡茶喝更好。但是需要注意的是，当茶汤稍凉适口时，宜小口喝入，在口中稍事停留，以口吸气、鼻呼气相配合的动作使茶汤在舌面上往返流动一两次，充分与味蕾接触，品尝茶味和汤中香气后再咽下。

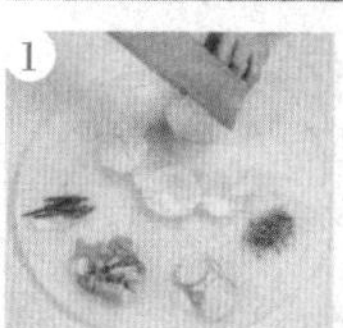
1

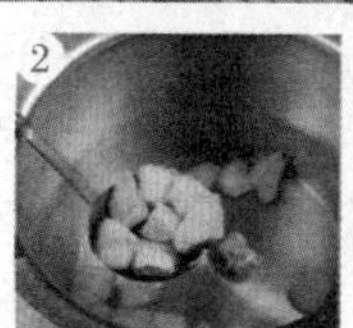
2

3

玉米须瘦肉汤

制作时间	制作成本	专家点评	适合人群
135分钟	18元	强身健体	儿童

原材料

瘦肉400克，盐6克，玉米须、扁豆、蜜枣、白蘑菇各适量。

做 法

①瘦肉洗净，切块；玉米须、扁豆洗净，浸泡；白蘑菇洗净，切段。②瘦肉汆去血污，捞出洗净。③锅中注水，烧开，放入瘦肉、扁豆、蜜枣、白蘑菇，用小火慢炖，2个小时后放入玉米须稍炖，加入盐调味即可。

小贴士

玉米须味甘、淡，性平；归肾、肝、胆经。具有利尿消肿、平利肝胆的功效，主治水肿、小便淋沥、黄疸胆囊炎、胆结石、高血压病、糖尿病。

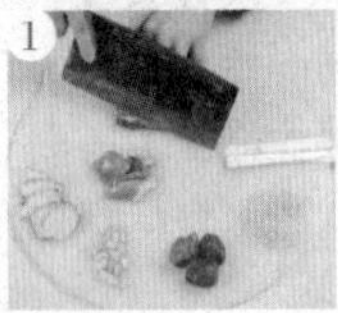

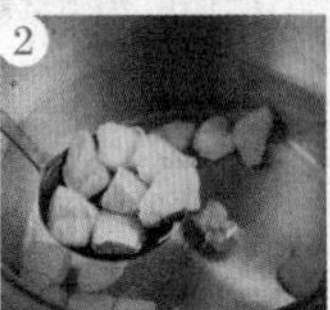

冬瓜瘦肉汤

制作时间	制作成本	专家点评	适合人群
220分钟	14元	强身健体	男性

原材料

冬瓜100克，盐6克，瘦肉200克，薏米、生姜各适量。

做 法

①冬瓜洗净，切片；瘦肉洗净，切件；薏米洗净，浸泡；生姜洗净，切片。②瘦肉放入沸水中汆去血水后捞出。③将冬瓜、瘦肉、薏米、生姜放入锅中，加入适量清水，炖煮1.5个小时后放入盐调味即可。

小贴士

冬瓜的减肥功效很好。冬瓜不含脂肪，并且含钠量极低，有利尿排湿的功效。冬瓜减肥的科学根据是：冬瓜性寒，瓜肉及瓤有利尿、清热、化痰、解渴等功效。

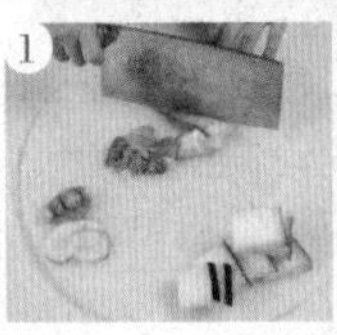

茯苓芝麻菊花瘦肉汤

制作时间	制作成本	专家点评	适合人群
130分钟	14元	强身健体	女性

原材料

猪瘦肉400克，茯苓20克，菊花、白芝麻各少许，盐5克，鸡精2克。

做 法

①瘦肉洗净，切件，汆去血水；茯苓洗净，切片；菊花、白芝麻洗净。②将瘦肉放入煮锅中汆水，捞出备用。③将瘦肉、茯苓、菊花放入炖锅中，加入清水，炖2小时，调入盐和鸡精，撒上白芝麻关火，加盖闷一下即可。

小贴士

菊花是国际上著名的十大有毒观赏花卉之一，不适当地服用可能会引起拉肚子、呕吐等症状，而菊花作为植物，本身的叶子等也有一定的毒性，直接服用其生的叶梗或接触皮肤后可能会引起瘙痒、肿痛、喉痛等症状。

1

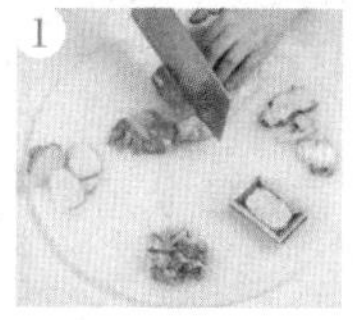
2

3

三豆冬瓜瘦肉汤

制作时间	制作成本	专家点评	适合人群
110分钟	16元	滋补强身	男性

原材料

瘦肉300克，盐、鸡精各5克，冬瓜100克，眉豆、红豆、黄豆、姜片各少许。

做 法

①瘦肉洗净，切块；冬瓜洗净，切片；眉豆、红豆、黄豆洗净，浸泡。②瘦肉汆去血污，捞出洗净。③锅中注水，烧沸，放入瘦肉、冬瓜、眉豆、红豆、黄豆、姜慢炖，加入盐和鸡精，待眉豆等熟软后起锅即可。

小贴士

冬瓜做成饮品，味道也别有一番风味。利用冬瓜皮、果肉及瓤、子进行饮料生产，从而大大提高冬瓜的利用率。利用新鲜冬瓜汁和绿茶浸提液混配而成的冬瓜茶，具有独特的风味、较高的营养价值，是一种消暑保健佳品。

1

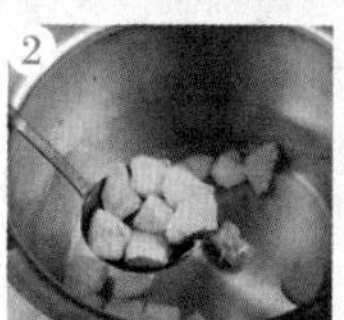
2

3

海底椰参贝瘦肉汤

制作时间	制作成本	专家点评	适合人群
250分钟	40元	强身健体	男性

原材料

海底椰 150 克，西洋参、川贝母各 10 克，瘦肉 400 克，蜜枣 2 颗，盐 5 克。

做 法

① 海底椰、西洋参、川贝母洗净。② 猪瘦肉洗净，切块，飞水；蜜枣洗净。③ 将用料放入煲内，注入沸水 700 克，加盖，煲 4 小时，加盐调味即可。

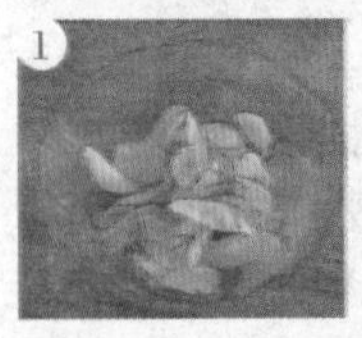

小贴士

椰肉味甘，性平，具有补益脾胃、杀虫消疳的功效；椰汁味甘，性温，有生津、利水等功能。现代医学研究表明，椰肉中含有蛋白质、碳水化合物；椰油中含有糖分等；椰汁含有的营养成分更多，包括糖、葡萄糖、铁等微量元素及矿物质。

佛手瓜白芍瘦肉汤

制作时间	制作成本	专家点评	适合人群
135分钟	16元	增强免疫力	女性

原材料

鲜佛手瓜 200 克，白芍 20 克，猪瘦肉 400 克，红枣 5 颗，盐 3 克。

做 法

① 佛手瓜洗净，切片，焯水。② 白芍、红枣洗净；瘦猪肉洗净，切片，飞水。③ 将清水 800 克放入瓦煲内，煮沸后加入以上用料，大火开滚后，改用小火煲 2 小时，加盐调味。

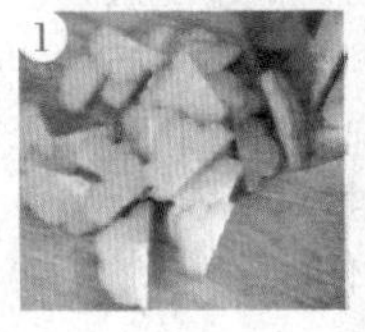

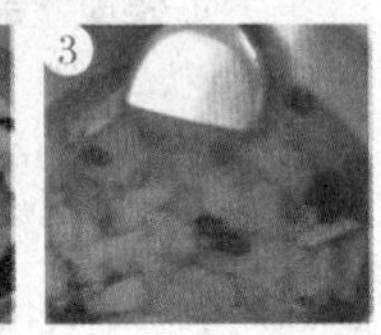

小贴士

佛手瓜营养全面丰富，常食对增强人体抵抗疾病的能力有益。经常吃佛手瓜可利尿排钠，有扩张血管、降压之功能。据医学研究报道，锌对儿童智力发展影响较大，缺锌儿童智力低下，儿童常食含锌较多的佛手瓜，可以提高智力。

苦瓜菊花瘦肉汤

制作时间	制作成本	专家点评	适合人群
100分钟	13元	强身健体	老年人

原材料

瘦肉 400 克，苦瓜 200 克，菊花 20 克，盐、鸡精各 5 克，姜 4 片

做　法

①瘦肉洗净，切块；苦瓜洗净，去子去瓤，切块；菊花洗净，用水浸泡。②将瘦肉放入沸水中氽一下，捞出洗净。③锅中注水，烧沸，放入瘦肉、苦瓜、菊花、姜慢炖，1.5 小时后，加入盐和鸡精调味，出锅装入炖盅即可。

小贴士

菊花品种繁多，药菊的头状花序皆可入药，味甘苦，微寒，散风，清热解毒。按头状花序干燥后形状大小、舌状花的长度，可把药菊分成 4 大类，即白花菊、滁菊花、贡菊花和杭菊花四类。

1

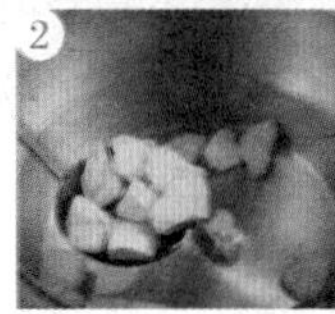
2

3

膨鱼鳃炖瘦肉

制作时间	制作成本	专家点评	适合人群
180分钟	25元	强身健体	男性

原材料

瘦肉300克，膨鱼鳃200克，鸡爪50克，党参、红枣、枸杞各15克，盐6克，鸡精4克。

做　法

①瘦肉洗净，切件，氽水；膨鱼鳃、鸡爪、党参洗净；红枣、枸杞洗净，浸泡。②将瘦肉、膨鱼鳃、鸡爪、党参、红枣、枸杞放入锅中，加入清水以慢火炖。③至汤色变浓后，调入盐、鸡精调味即可。

小贴士

红枣具有健脾、益气、和中功效，脾虚、久泻、体弱的人，以及肝炎、贫血、血小板减少等病人食用红枣均有益处。现代医学研究发现，红枣营养丰富，含有蛋白质、脂肪、粗纤维、糖类、有机酸、黏液质和钙、磷、铁等。

马齿苋杏仁瘦肉汤

制作时间	制作成本	专家点评	适合人群
130分钟	10元	补中益气	男性

【原材料】

马齿苋 50 克，杏仁 100 克，猪瘦肉 150 克，盐适量。

【做　法】

①马齿苋摘取嫩枝洗净；猪瘦肉洗净，切块；杏仁洗净。②将所有材料一起放入锅内，加适量清水。③大火煮沸后，改小火煲 2 小时，加盐调味即可。

苦瓜败酱草瘦肉汤

制作时间	制作成本	专家点评	适合人群
100分钟	16元	强身健体	男性

【原材料】

瘦肉 400 克，苦瓜 200 克，败酱草 100 克，盐、鸡精各 5 克。

【做　法】

①瘦肉洗净，切块，汆去血水；苦瓜洗净，去瓤，切片；败酱草洗净，切段。②锅中注水，烧沸，放入瘦肉、苦瓜慢炖。③ 1 小时后放入败酱草再炖 30 分钟，加入盐和鸡精调味即可。

生地木棉花瘦肉汤

制作时间	制作成本	专家点评	适合人群
100分钟	15元	强身健体	孕产妇

【原材料】

瘦肉 300 克，生地、木棉花各少许，盐 6 克。

【做　法】

①瘦肉洗净，切件，汆水；生地洗净，切片；木棉花洗净。②锅置火上，加水烧沸，放入瘦肉、生地慢炖 1 小时。③放入木棉花再炖半个小时，调入盐即可食用。

胡萝卜猪腱汤

制作时间	制作成本	专家点评	适合人群
135分钟	11元	强身健体	男性

原材料

猪腱100克，红枣1颗，胡萝卜150克，盐、鸡精各适量。

做 法

①猪腱洗净，斩成件；红枣洗净，切成薄片；胡萝卜洗净，切块。②锅入水烧开，入猪腱汆尽血水，捞起洗净。③将猪腱、红枣、胡萝卜放入炖盅内，加水后用大火烧沸，改小火煲2小时，调入盐和鸡精即可。

马齿苋瘦肉汤

制作时间	制作成本	专家点评	适合人群
120分钟	15元	强身健体	女性

原材料

瘦肉200克，马齿苋根100克，绿豆50克，盐、鸡精各5克。

做 法

①瘦肉洗净，切件，入沸水汆水；马齿苋根洗净，切段；绿豆洗净，用水浸泡。②将瘦肉、马齿苋根、绿豆放入锅中，加入适量清水慢炖1.8小时。③调入盐和鸡精即可。

节瓜花生猪腱汤

制作时间	制作成本	专家点评	适合人群
105分钟	8元	强身健体	男性

原材料

猪腱80克，节瓜100克，花生米少许，盐2克。

做 法

①猪腱洗净，剁块；节瓜去皮洗净，切厚片；花生米洗净。②锅入水烧开，滚尽猪腱上的血渍，捞起洗净。③将猪腱、节瓜、花生米放入炖盅，注入清水，大火烧开后改小火炖煮1.5小时，加盐调味即可。

南瓜猪展汤

制作时间	制作成本	专家点评	适合人群
125分钟	8元	强身健体	男性

原材料

南瓜100克，猪展180克，姜、红枣、盐、高汤、鸡精各适量。

做 法

①南瓜洗净，去皮切成方块；猪展洗净切成块；红枣洗净；姜洗净去皮切片。②锅中注水烧开后加入猪展，氽去血水后捞出。③另起砂煲，将南瓜、猪展、姜片、红枣放入煲内，注入高汤，小火煲煮1.5小时后调入盐、鸡精调味即可。

茅根马蹄猪展汤

制作时间	制作成本	专家点评	适合人群
130分钟	12元	强身健体	男性

原材料

茅根15克，马蹄10个，猪展300克，姜3克，盐2克。

做 法

①茅根洗净，切成小段；马蹄洗净去皮；猪展洗净，切块；姜洗净去皮，切片。②将洗净的食材一同放入砂煲内，注入适量清水，大火煲沸后改小火煲2小时。③加盐调味即可。

白萝卜猪展汤

制作时间	制作成本	专家点评	适合人群
135分钟	7元	强身健体	女性

原材料

白萝卜80克，猪展130克，盐2克，香菜、姜各适量。

做 法

①白萝卜洗净去皮，切块；猪展洗净切成小块；香菜洗净；姜洗净去皮切片。②锅中注水烧开，猪展氽水。③将白萝卜、猪展、姜片放入砂锅，加清水大火煮沸后改小火炖煮2小时，加盐调味，用香菜叶子点缀即可。

五指毛桃根煲猪蹄

制作时间	制作成本	专家点评	适合人群
190分钟	17元	强身健体	男性

原材料

五指毛桃根 20 克，猪蹄 200 克，盐 3 克。

做　法

①五指毛桃根洗净，切段；猪蹄洗净，斩成块。②砂煲烧水，待水沸时，下猪蹄滚尽血水，倒出洗净。③将砂煲注入清水，大火烧开，放入五指毛桃根、猪蹄，改小火煲炖 3 小时，加盐调味即可。

薏米猪蹄汤

制作时间	制作成本	专家点评	适合人群
130分钟	50元	健体丰肌	女性

原材料

薏米 200 克，猪蹄 2 只，红枣 5 克，葱段、姜、盐、料酒、胡椒粉各适量。

做　法

①将薏米去杂质后洗净，红枣泡发。②猪蹄刮净毛，洗净，斩件，下沸水锅内汆水，捞出沥水。③将薏米、猪蹄、红枣、葱段、姜块、料酒放入锅中，注入清水，烧沸后改用小火炖至猪蹄熟烂，拣出葱、姜，加入胡椒粉和盐即可。

黑木耳猪蹄汤

制作时间	制作成本	专家点评	适合人群
130分钟	20元	强身健体	男性

原材料

猪蹄 350 克，黑木耳 10 克，红枣 2 颗，盐 3 克，姜片 4 克。

做　法

①猪蹄洗净，斩件；黑木耳泡发后洗净，撕成小朵；红枣洗净。②锅注水烧开，下猪蹄煮尽血水，捞出洗净。③砂煲注水烧开，下入姜片、红枣、猪蹄、黑木耳，大火烧开后改用小火煲煮 2 小时，加盐调味即可。

粉葛豆芽猪蹄汤

制作时间	制作成本	专家点评	适合人群
135分钟	15元	强身健体	男性

原材料

猪蹄150克，粉葛、豆芽各100克，盐3克，姜片少许。

做　法

❶猪蹄洗净，斩块；粉葛洗净，切块；豆芽洗净，沥水备用。❷锅入水烧开，下入猪蹄汆透，捞出洗净。❸将姜片、猪蹄放入瓦煲内，注入适量清水，大火烧开，下入粉葛，改为小火煲2小时，再放入豆芽焖熟，加盐调味即可。

火麻仁猪蹄汤

制作时间	制作成本	专家点评	适合人群
185分钟	15元	强身健体	男性

原材料

猪蹄150克，火麻仁10克，盐3克。

做　法

❶猪蹄洗净，剁开成块；火麻仁洗净。❷锅入水烧开，入猪蹄汆至透，捞出洗净。❸砂煲注水，放入猪蹄、火麻仁，用猛火煲沸，改小火煲3小时，加盐调味即可。

芦荟猪蹄汤

制作时间	制作成本	专家点评	适合人群
130分钟	17元	强身健体	男性

原材料

猪蹄200克，芦荟20克，盐、鸡精各适量。

做　法

❶猪蹄洗净，斩成大块；芦荟刮去皮，洗净切薄片。❷锅入水烧开，下猪蹄煮尽血水，捞起洗净。❸将水注入瓦煲内，大火烧开，下入猪蹄、芦荟以小火炖煮2小时，加盐和鸡精调味即可。

南瓜红枣煲猪排

制作时间	制作成本	专家点评	适合人群
165分钟	15元	强身健体	男性

原材料

猪排骨200克，南瓜100克，红枣4颗，盐3克。

做　法

①猪排骨洗净，斩件；南瓜去瓤，切块；红枣去蒂，洗净。②砂锅入水烧开，下猪排骨煲尽血渍，倒出洗净。③将红枣、南瓜、猪排骨放入砂锅，注入清水，用大火煲沸，改小火煲2.5小时，加盐调味即可。

海蜇马蹄排骨汤

制作时间	制作成本	专家点评	适合人群
70分钟	11元	强身健体	男性

原材料

海蜇50克，马蹄100克，排骨150克，盐、鸡精、姜各适量。

做　法

①马蹄削皮，切半；海蜇洗净，切丝状；排骨洗净，剁开成段；姜去皮，洗净切细。②锅入水烧沸，下排骨滚尽血水，捞出洗净。③砂煲注水，放入姜、排骨，用大火烧开，放入海蜇、马蹄，改为小火煲煮1小时，加盐、鸡精即可。

红枣冬菇排骨汤

制作时间	制作成本	专家点评	适合人群
135分钟	12元	强身健体	女性

原材料

排骨150克，红枣3颗，盐3克，冬菇适量。

做　法

①排骨洗净，斩件；红枣去核，洗净泡发；冬菇洗净，泡发10分钟。②锅注水烧开，下入排骨汆透，捞起洗净。③炖盅注水，将红枣、冬菇、排骨放入，用大火煲沸，改小火煲2小时，加盐调味即可。

西红柿红薯排骨汤

制作时间	制作成本	专家点评	适合人群
120分钟	11元	强身健体	男性

|原材料|

西红柿150克，红薯200克，排骨100克，盐适量。

|做　法|

①红薯去皮，洗净切大块；西红柿洗净，切大瓣。②排骨洗净，斩段，飞水。③将排骨放入瓦煲，注水烧开，下入红薯，用小火煲1.5小时，再放入西红柿煮15分钟，加盐调味即可。

萝卜橄榄猪骨汤

制作时间	制作成本	专家点评	适合人群
6小时	22元	强健筋骨	女性

|原材料|

青皮萝卜250克，胡萝卜200克，橄榄100克，猪骨500克，蜜枣3颗，盐5克。

|做　法|

①青皮萝卜和胡萝卜切成块状，洗净。②橄榄洗净，备用。③猪骨用盐腌4小时，洗净；蜜枣洗净。锅中放水，加入所有材料大火烧开，转小火熬煮2小时，加盐调味即可。

排骨苦瓜煲陈皮

制作时间	制作成本	专家点评	适合人群
100分钟	12元	补气固表	女性

|原材料|

苦瓜200克，排骨175克，陈皮5克，葱、姜各2克，盐6克，胡椒粉5克。

|做　法|

①将苦瓜洗净，去子切块；排骨洗净，斩块汆水，陈皮洗净备用。②煲锅上火倒入水，调入葱、姜，下入排骨、苦瓜、陈皮煲至熟，调入胡椒粉和盐即可。

青豆党参排骨汤

制作时间	制作成本	专家点评	适合人群
85分钟	10元	强身健体	男性

原材料

青豆50克，党参25克，排骨100克，盐适量。

做 法

①青豆浸泡洗净；党参润透后洗净切段。②排骨洗净，斩块，汆烫后捞起备用。③将上述材料放入煲内，加水以小火煮约1个小时，再加盐调味即可。

黄瓜扁豆排骨汤

制作时间	制作成本	专家点评	适合人群
200分钟	30元	祛寒保暖	女性

原材料

黄瓜400克，扁豆30克，麦冬20克，排骨600克，蜜枣2颗，盐5克。

做 法

①黄瓜去瓤，洗净，切长条。②扁豆、麦冬洗净；蜜枣洗净。③排骨斩件，洗净，汆水。④将清水2000克放入瓦煲内，煮沸后加入以上用料，大火煮沸后改用小火煲3小时，加盐调味即可。

香菇排骨汤

制作时间	制作成本	专家点评	适合人群
130分钟	18元	强身健体	男性

原材料

排骨300克，香菇50克，红枣、当归须适量，盐3克，鸡精5克。

做 法

①排骨洗净，斩块；香菇泡发，洗净切小块；红枣、当归须洗净。②热锅注水烧开，下排骨滚尽血渍，捞出洗净。③将排骨、红枣、当归须放入瓦煲，注入水，大火烧开后放入香菇，改为小火煲煮2小时，加盐调味即可。

板栗排骨汤

制作时间	制作成本	专家点评	适合人群
70分钟	30元	滋补强身	男性

原材料

排骨500克，胡萝卜1根，板栗250克，盐1小匙。

做　法

❶将板栗剥去壳后放入沸水中煮熟，备用。❷排骨洗净放入沸水中汆烫，捞出备用。❸胡萝卜削去皮、冲净，切成块。❹将所有材料放入锅中，加水至盖过材料，大火煮开后再改用小火煮约30分钟。❺煮好后加入盐调味即可。

猪骨黄豆芽汤

制作时间	制作成本	专家点评	适合人群
140分钟	15元	强身健体	男性

原材料

猪骨200克，黄豆芽50克，盐3克。

做　法

❶猪骨洗净，斩块；黄豆芽洗净。❷锅入水烧开，放入猪骨，去除表面血渍后，捞出洗净。❸将猪骨放入瓦煲内，注入清水，以大火烧开，再用小火炖煮2小时，放入黄豆芽煮片刻，加盐调味即可。

玉竹三味排骨

制作时间	制作成本	专家点评	适合人群
110分钟	17元	强身健体	女性

原材料

玉竹20克，排骨250克，白芷、枸杞各15克，盐适量。

做　法

❶排骨洗净，斩件，下水汆烫，去除血污和腥味，再用温水冲洗，沥干，备用。❷将药材洗净，枸杞泡发，备用。❸将排骨和所有药材一起熬煮，直至药汁入味、汤色润泽，转小火，入盐。❹也可视个人口味加入红枣，滋味会更香甜。

猪骨黄豆丹参汤

制作时间	制作成本	专家点评	适合人群
85分钟	53元	养胃生津	男性

原材料

猪骨1200克，黄豆250克，丹参50克，桂皮9克，盐6克，味精4克，料酒适量。

做　法

❶将猪骨洗净，捣碎；黄豆去杂洗净。❷丹参、桂皮用干净纱布包好，备用。❸砂锅内加适量水，放入猪骨、黄豆、药袋，以大火烧沸，改用小火煮约1小时，拣出药袋，调入盐、味精、料酒即可。

土豆西红柿脊骨汤

制作时间	制作成本	专家点评	适合人群
100分钟	12元	补中养气	男性

原材料

土豆、西红柿各1个，脊骨150克，盐3克，红枣适量。

做　法

❶土豆去皮，洗净切大块；西红柿洗净，切小瓣；脊骨洗净，斩件；红枣洗净。❷将脊骨煲尽血水，倒出洗净。❸将脊骨、土豆、红枣放入砂煲中，注入水，以大火烧开，放入西红柿，改小火煲煮1小时，加盐调味即可。

粉葛薏米脊骨汤

制作时间	制作成本	专家点评	适合人群
135分钟	14元	强身健体	男性

原材料

脊骨150克，盐2克，粉葛、薏米各适量。

做　法

❶脊骨洗净，斩块；粉葛洗净，切块；薏米洗净，浸水15分钟。❷净锅入水烧开，下脊骨滚尽血水，捞出洗净。❸将脊骨、粉葛、薏米放入瓦煲，注入清水，大火烧开后改小火煲炖2小时，加盐调味即可。

夏枯草脊骨汤

制作时间	制作成本	专家点评	适合人群
135分钟	15元	强身健体	男性

原材料

脊骨200克，盐3克，鸡精4克，夏枯草、菊花各适量。

做　法

❶夏枯草洗净略修；菊花洗净。❷脊骨洗净，斩块，用刀背稍打裂，飞水。❸将脊骨、菊花放入炖盅内，注入适量清水，以大火煲沸，下入夏枯草，改为小火煲煮2小时，加盐、鸡精调味即可。

节瓜菜干煲脊骨

制作时间	制作成本	专家点评	适合人群
75分钟	13元	强身健体	男性

原材料

脊骨150克，白菜干30克，节瓜100克，盐3克。

做　法

❶脊骨洗净，斩段，用刀背稍打裂；白菜干洗净泡发；节瓜去皮，洗净切块。❷锅入水烧开，放入脊骨煮尽血渍，捞出洗净。❸将脊骨放入砂煲中，注入清水，以大火烧开，放入白菜干、节瓜，改小火煲煮1小时，加盐调味即可。

春砂仁花生猪扇骨汤

制作时间	制作成本	专家点评	适合人群
130分钟	10元	强身健体	男性

原材料

盐3克，猪扇骨、花生、春砂仁各适量。

做　法

❶花生、春砂仁均洗净，入水稍泡；猪扇骨洗净，斩块。❷锅注水烧沸，下猪扇骨，滚尽猪骨上的血水，捞起洗净。❸将猪扇骨、花生、春砂仁放入瓦煲内，注入清水，以大火烧沸，改小火煲2小时，加盐调味即可。

胡萝卜红薯猪骨汤

制作时间	制作成本	专家点评	适合人群
130分钟	12元	强身健体	男性

原材料

猪骨 100 克，胡萝卜、红薯各 150 克，盐适量。

做 法

❶ 猪骨洗净，斩开成块；胡萝卜洗净，切块；红薯去皮，洗净切块。❷ 锅入水烧开，下猪骨氽烫至表面无血水，捞出洗净。❸ 将猪骨、胡萝卜、红薯放入炖盅，注入清水，以大火烧开，改小火煲 2 小时，加盐调味即可。

南瓜猪骨汤

制作时间	制作成本	专家点评	适合人群
160分钟	8元	强身健体	男性

原材料

猪骨、南瓜各 100 克，盐 3 克。

做 法

❶ 南瓜去瓤，去皮，洗净切块；猪骨洗净，斩开成块。❷ 净锅入水烧沸，下猪骨氽透，取出洗净。❸ 将南瓜、猪骨放入瓦煲，注入水，大火烧沸，改小火炖煮 2.5 小时，加盐调味即可。

白萝卜青榄猪肺汤

制作时间	制作成本	专家点评	适合人群
100分钟	12元	强身健体	男性

原材料

猪肺 200 克，白萝卜 150 克，青榄 1 个，盐 3 克。

做 法

❶ 猪肺洗净，切块；白萝卜洗净，切块；青榄洗净。❷ 锅注水烧开，下猪肺滚尽血渍，捞出洗净。❸ 将猪肺、白萝卜、青榄放入瓦煲内，注入清水，大火烧开，再用小火煲煮 1.5 小时，加盐调味即可。

党参豆芽骶骨汤

制作时间	制作成本	专家点评	适合人群
125分钟	15元	强壮筋骨	儿童

原材料

党参15克，黄豆芽200克，猪尾骶骨1副，西红柿1个，盐2小匙。

做　法

①猪尾骶骨切段，汆烫捞起，再冲洗。②黄豆芽、党参冲洗干净；西红柿洗净，切块。③将猪尾骶骨、黄豆芽、西红柿和党参放入锅中，加水1400克，以大火煮开，转用小火炖1.5小时，加盐调味即可。

苋菜梗扁豆煲猪尾

制作时间	制作成本	专家点评	适合人群
110分钟	9元	强身健体	男性

原材料

猪尾150克，盐3克，鸡精2克，苋菜梗、扁豆各适量。

做　法

①猪尾洗净，剁成小段；苋菜梗洗净，切段；扁豆洗净泡水。②锅入水烧开，将猪尾汆透后捞起洗净。③瓦煲注水烧开，将全部材料放入，改小火炖煮1.5小时，放入盐、鸡精调味即可。

白背叶根猪尾汤

制作时间	制作成本	专家点评	适合人群
195分钟	9元	强身健体	男性

原材料

猪尾100克，盐、鸡精各2克，白背叶根、红枣各适量。

做　法

①猪尾洗净，斩件；白背叶根洗净，切段；红枣洗净，切成片。②净锅入水烧开，放入猪尾滚尽血水，捞起洗净。③将猪尾、白背叶根、红枣放入炖盅，注水后用大火烧开，改小火炖煮3小时，加盐、鸡精调味即可。

槐花猪肠汤

制作时间	制作成本	专家点评	适合人群
100分钟	8元	强身健体	男性

原材料

猪肠100克，槐花、蜜枣各20克，盐、生姜各适量。

做 法

①猪肠洗净，切段后加盐抓洗，用清水冲净；槐花、蜜枣均洗净，泡发；生姜去皮，洗净切片。②将猪肠、槐花、蜜枣、生姜放入瓦煲内，将泡发槐花的水倒入，再倒入适量清水，以大火烧开，再改用小火炖煮1.5小时。③加盐即可。

生地绿豆猪大肠汤

制作时间	制作成本	专家点评	适合人群
135分钟	11元	强身健体	男性

原材料

猪大肠100克，绿豆50克，生地、陈皮、生姜各3克，盐适量。

做 法

①猪大肠切段后洗净；绿豆洗净，入水浸泡10分钟；生地、陈皮、生姜均洗净。②锅入水烧开，入猪大肠煮透，捞出。③将猪大肠、生地、绿豆、陈皮、生姜放入炖盅，加清水，以大火烧开，改用小火煲2小时，加盐调味即可。

胡萝卜玉米煲猪胰

制作时间	制作成本	专家点评	适合人群
130分钟	8元	强壮筋骨	儿童

原材料

胡萝卜50克，玉米30克，鸡骨草5克，猪胰120克，盐1克，鸡精适量。

做 法

①猪胰刮洗干净；胡萝卜洗净去皮，切滚刀块；玉米洗净切块；鸡骨草泡洗干净；姜洗净，切片。②锅内注水，烧开后放入猪胰汆水去腥。③瓦煲装清水烧开，放入所有食材煲2小时，入盐、鸡精调味食用。

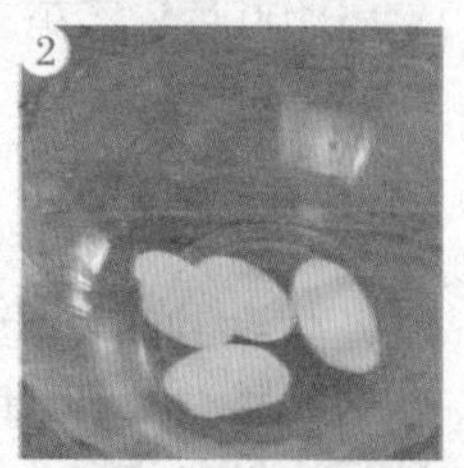

玉米山药猪胰汤

制作时间	制作成本	专家点评	适合人群
140分钟	14元	强壮筋骨	儿童

原材料

猪胰1条，鲜玉米1条，淮山15克，盐5克。

做　法

❶猪胰洗净，去脂膜，切件；鲜玉米洗净，斩成2～3段。❷山药洗净，入水浸泡20分钟。❸把全部用料放入煲内，加适量清水，以大火煮沸后转小火煲2小时，调入盐即可食用。

山药枸杞猪胰汤

制作时间	制作成本	专家点评	适合人群
135分钟	12元	滋补强身	女性

原材料

猪胰250克，山药120克，玉米粒45克，枸杞2克，盐6克。

做　法

❶将猪胰洗净，切丁焯水；山药去皮，洗净切丁；玉米粒洗净；枸杞洗净备用。❷净锅上火倒入水，下入猪胰、山药、玉米粒、枸杞煲至熟，加盐调味即可。

鸡骨草夏枯草煲猪胰

制作时间	制作成本	专家点评	适合人群
135分钟	10元	强身健体	男性

|原材料|

鸡骨草30克，夏枯草20克，猪胰1条，盐1克，姜适量。

|做　法|

❶猪胰刮洗干净；鸡骨草、夏枯草泡洗干净；姜洗净，去皮切片。❷净锅注水烧开，放入猪胰，滚去表面血渍，倒出用水洗净。❸瓦煲装水，烧开后加入鸡骨草、夏枯草、猪胰、姜片，煲2小时后调入盐，盛出即可食用。

独脚金猪胰汤

制作时间	制作成本	专家点评	适合人群
135分钟	13元	补中益气	女性

|原材料|

独脚金10克，猪胰1条（约重150克），猪瘦肉100克，蜜枣3颗，盐4克。

|做　法|

❶独脚金、蜜枣洗净；猪胰洗净，切块。❷猪胰入开水中汆烫后捞出，切大片。❸将清水800克放入瓦煲内，水沸后加入全部原材料，大火煲开后改用小火煲2小时，加盐调味即可。

旱莲猪肝汤

制作时间	制作成本	专家点评	适合人群
80分钟	10元	滋补强身	男性

|原材料|

旱莲草5克，猪肝300克，葱1根，盐1小匙。

|做　法|

❶旱莲草洗净入锅，加4碗水以大火煮开，转小火续煮10分钟；猪肝洗净，切片。❷取旱莲草汤汁，转中火待汤一沸，放入肝片，待汤开即加盐调味熄火；葱洗净，切段，撒在汤面即成。

南瓜猪肝汤

制作时间	制作成本	专家点评	适合人群
110分钟	8元	祛寒保暖	老年人

|原材料|

南瓜200克，猪肝120克，盐4克，葱花5克。

|做　法|

①将南瓜去皮、子，洗净切片；猪肝洗净切片，煮熟备用。②净锅上火倒入水，下入猪肝、南瓜煲至熟，调入盐拌匀，撒上葱花即可。

老鸭猪肚汤

制作时间	制作成本	专家点评	适合人群
300分钟	40元	补气固表	男性

|原材料|

猪肚300克，姜片15克，老鸭1只，盐8克，味精2克，鸡精1克，胡椒粉5克，高汤适量。

|做　法|

①老鸭去毛、内脏，斩件，入沸水中氽熟，捞出备用。②猪肚洗净，入沸水中氽烫，捞出切条状备用。③锅中入高汤，放入老鸭、猪肚、姜片煨4小时，调入盐、味精、鸡精、胡椒粉调匀即可。

酸菜腐竹猪肚汤

制作时间	制作成本	专家点评	适合人群
160分钟	9元	强壮筋骨	男性

|原材料|

酸菜、腐竹各100克，白果30克，猪肚500克，姜3片，盐5克。

|做　法|

①酸菜洗净切条；腐竹洗净切段；白果去硬壳、红皮及心，洗净。②猪肚翻转，用花生油、淀粉搓擦，切片，飞水。③将适量清水放入瓦煲，煮沸加入姜片、猪肚，大火煲沸改小火煲2小时，加剩余食材再煲半小时，加盐调味。

猪肚煲米豆

制作时间	制作成本	专家点评	适合人群
100分钟	10元	祛寒保暖	老年人

原材料

米豆50克，猪肚150克，盐5克，味精2克，姜片，酱油适量。

做　法

①猪肚洗净，切成条状。②米豆放入清水中泡30分钟至膨胀。③锅中加油烧热，下入姜片和肚条稍炒，注入适量清水，再下入米豆煲至开花，调入盐、酱油、味精即可。

咸酸菜滚猪红汤

制作时间	制作成本	专家点评	适合人群
30分钟	9元	强身健体	女性

原材料

猪肚140克，咸酸菜30克，猪红80克，姜、盐、生粉、白糖、蛋清、生抽、胡椒粉各适量。

做　法

①猪肚以生粉洗净切片，加盐、生粉和蛋清腌渍片刻；酸菜洗净；猪红切片；姜洗净切丝。②锅内放油，加入姜丝炒香后加清水烧开，加入咸酸菜、猪红、猪肚滚熟。③调入盐、白糖、生抽、胡椒粉即可。

香菇煲猪肚汤

制作时间	制作成本	专家点评	适合人群
165分钟	12元	强身健体	男性

原材料

猪肚180克，香菇30克，红枣8颗，盐2克，枸杞、姜各适量。

做　法

①猪肚洗净，翻转去脏杂，以生粉反复搓擦后用清水冲净；香菇泡发洗净；红枣、枸杞洗净，略泡。②煲内注清水烧沸，加入所有食材，大火煮沸后改小火煲2.5小时。③加盐调味即可。

猪肚黄芪枸杞汤

制作时间	制作成本	专家点评	适合人群
135分钟	15元	强身健体	男性

原材料

猪肚200克，黄芪、枸杞各5克，生地10克，盐1克，鸡精、姜片各适量。

做　法

①猪肚用盐、生粉洗净，切块；生地、黄芪、枸杞洗净。②锅中注水烧开，放入猪肚，氽至收缩后取出，用冷水浸洗。③将所有食材放入砂煲内，注入适量清水，大火煮开转小火煲2小时，调味即可。

鲜车前草猪肚汤

制作时间	制作成本	专家点评	适合人群
165分钟	11元	强身健体	男性

原材料

鲜车前草30克，猪肚130克，薏米、赤小豆各20克，蜜枣1颗，盐适量。

做　法

①鲜车前草、薏米、赤小豆洗净；猪肚翻转，用盐、生粉反复搓擦，用清水冲净。②锅中注水烧沸，加入猪肚氽至收缩，捞出切片。③将砂煲内注入清水，煮滚后加入所有食材，以小火煲2.5小时，加盐调味即可。

胡椒猪肚汤

制作时间	制作成本	专家点评	适合人群
140分钟	18元	强身健体	男性

原材料

猪肚1个，蜜枣5颗，胡椒15克，盐适量。

做　法

①猪肚加盐、生粉搓洗，用清水漂洗干净。②将洗净的猪肚入沸水中氽烫，刮去白膜后捞出，将胡椒放入猪肚中，以线缝合。③将猪肚放入砂煲中，加入蜜枣，再加入适量清水，大火煮沸后改小火煲2小时，猪肚拆去线，加盐调味，取汤和猪肚食用。

白果煲猪肚

制作时间	制作成本	专家点评	适合人群
70分钟	12元	滋补强身	男性

原材料

猪肚300克，白果30克，葱15克，姜10克，高汤600克，盐20克，料酒10克，生粉30克。

做　法

①猪肚用盐和生粉抓洗干净，重复2～3次后冲洗干净切条；葱洗净后切段；姜去皮洗净后切片。②将猪肚和白果放入锅中，加入适量水煮20分钟，捞出沥干水分。③将所有材料一同放入瓦罐内，加入高汤及料酒，小火烧煮至肚条软烂，加入盐调味即可。

天麻炖鸡汤

制作时间	制作成本	专家点评	适合人群
135分钟	13元	强身健体	女性

原材料

鸡肉300克，天麻、生姜各15克，盐5克，枸杞少许。

做　法

①鸡肉洗净，氽水；天麻洗净，切片；生姜洗净，切片；枸杞洗净，浸泡。②将鸡肉、天麻、生姜、枸杞放入炖盅，隔水慢炖2小时。③加入盐调味，出锅即可食用。

冬瓜鲜鸡汤

制作时间	制作成本	专家点评	适合人群
140分钟	18元	强身健体	女性

原材料

鸡肉200克，冬瓜100克，红枣、枸杞各15克，盐5克。

做　法

①鸡肉洗净，氽水；冬瓜洗净，切块；红枣、枸杞洗净，浸泡。②将鸡肉、冬瓜、红枣、枸杞放入锅中，加适量清水以小火慢炖。③2小时后关火，加入盐即可食用。

鸡肉白果汤

制作时间	制作成本	专家点评	适合人群
160分钟	19元	强身健体	女性

原材料

鸡肉400克，白果20克，生姜、枸杞各15克，盐5克，鸡精3克。

做　法

①鸡肉洗净，氽水，切块；白果洗净；生姜洗净，切片；枸杞洗净，浸泡。②锅中注水烧沸，放入鸡肉、枸杞、白果、生姜慢炖2.5小时。③待白果酥软后，加入盐和鸡精调味，出锅装入炖盅即可。

田七薤白鸡肉汤

制作时间	制作成本	专家点评	适合人群
130分钟	17元	强身健体	男性

原材料

鸡肉350克，枸杞20克，盐5克，田七、薤白各少许。

做　法

①鸡洗净，斩件，汆水；田七洗净，切片；薤白洗净，切碎；枸杞洗净，浸泡。②将鸡肉、田七、薤白、枸杞放入锅中，加适量清水，用小火慢煲。③2小时后加入盐即可食用。

黄芪桂圆淮山鸡肉汤

制作时间	制作成本	专家点评	适合人群
130分钟	16元	强身健体	男性

原材料

鸡肉400克，枸杞15克，盐5克，黄芪、桂圆、淮山各适量。

做　法

①鸡洗净，斩件，汆水；黄芪洗净，切开；桂圆洗净，去壳去核；淮山洗净；枸杞洗净，浸泡。②将鸡肉、黄芪、桂圆、淮山、枸杞放入锅中，加适量清水慢炖2小时。③加入盐即可食用。

白果莲子糯米乌鸡汤

制作时间	制作成本	专家点评	适合人群
135分钟	24元	强身健体	女性

原材料

乌鸡1只，白果25克，莲子、糯米各50克，胡椒粉5克，盐8克。

做　法

①乌鸡洗净斩件。②白果、莲子洗净；糯米用水浸泡，洗净。③将上述材料放入炖盅炖2小时，放入盐、胡椒粉调味即可。

归芪板栗鸡汤

制作时间	制作成本	专家点评	适合人群
90分钟	22元	祛寒保暖	老年人

原材料

当归10克，黄芪15克，板栗200克，乌鸡400克，盐2小匙。

做 法

❶板栗放入沸水中约煮5分钟，捞起剥膜、冲净。❷鸡肉剁块，放入沸水中汆烫，捞起冲净。❸将鸡肉、板栗、当归、黄芪盛入煲内，加水盖过材料，以大火煮开，转小火炖煮30分钟，再加盐调味即可。

鲜菇鸡汤

制作时间	制作成本	专家点评	适合人群
70分钟	12元	祛寒保暖	老年人

原材料

香菇20克，鸡腿170克，盐适量。

做 法

❶香菇洗净。❷鸡腿洗净，剁成适当大小，再放入滚水中汆烫。❸将水、香菇放入锅中，开中火，待滚后再将鸡腿放入最后以盐调味即可。

鲍鱼鸡肉汤

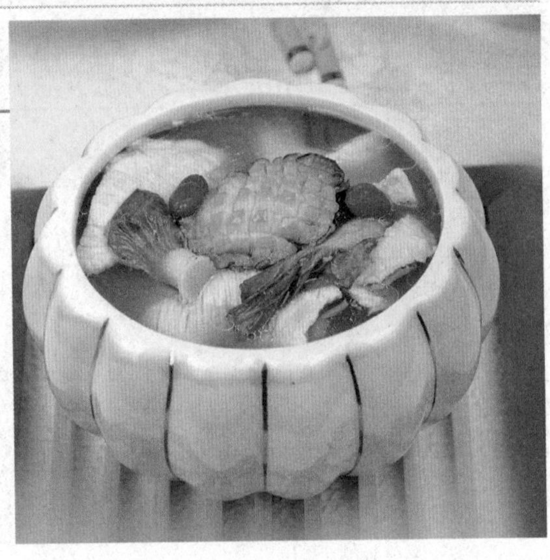

制作时间	制作成本	专家点评	适合人群
100分钟	40元	补气固表	女性

原材料

活鲍鱼2只，鸡胸肉100克，油菜10克，盐3克，葱油5克，枸杞、高汤适量。

做 法

❶将活鲍鱼刷洗净，切花刀；鸡胸肉洗净切片；油菜、枸杞洗净备用。❷汤锅上火倒入高汤，调入盐，下入鸡肉烧开煮7分钟，再下入鲍鱼、油菜、枸杞煮至熟，淋入葱油即可。

清炖鸡汤

制作时间	制作成本	专家点评	适合人群
100分钟	18元	强壮筋骨	男性

原材料

鸡肉350克，白蘑菇80克，枸杞10克，葱2根，姜1块，盐8克，胡椒粉、料酒、香油各5克，味精3克。

做 法

①将鸡肉洗净后剁成大块；白蘑菇去蒂洗净；葱洗净切段；姜洗净切片备用。②锅中注水煮沸，下入鸡块汆烫后捞出，沥干水分。③锅中烧水，放入香油、姜片煮沸后下入鸡块、白蘑菇，调入胡椒粉、料酒炖煮约40分钟，再放入枸杞煮20分钟，放入盐和味精，撒入葱段即可。

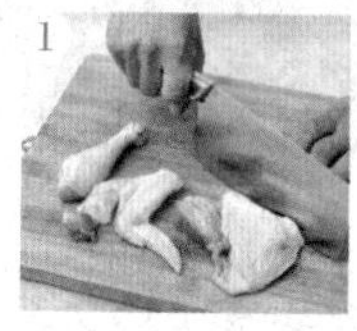

小贴士

鸡肉性温，多食容易生热动风，不宜过食。外感发热、热毒未清或内热亢盛者忌食。

参片鸡汤

制作时间	制作成本	专家点评	适合人群
95分钟	70元	强身健体	女性

原材料

人参片25克，红枣8颗，鸡半只，盐1小匙。

做 法

①鸡洗净剁块；参片、红枣洗净。②鸡块放入沸水中汆烫，捞起冲净。③鸡肉、参片，红枣一起盛入锅中，加7碗水以大火煮开，转小火慢炖60分钟，加盐调味即成。

小贴士

食用鸡腿时需要指出的是：①担心肥胖的人，只要把鸡腿的皮剥掉再食用，即可减少热量的摄取。②为了便于摄取铁分，可以加入醋等具有酸味的物质，如果是油炸时，一定要加入柠檬汁，或把肉撕碎后淋上醋食用。③在烧煮之前，应将整只鸡腿用叉子插洞，比较容易熟透，也比较容易使味道渗透。

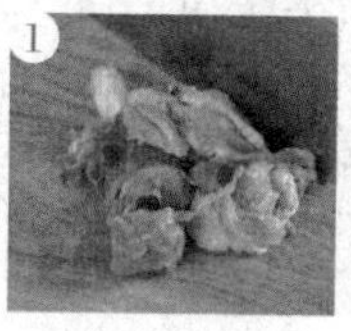

马蹄冬菇鸡爪汤

制作时间	制作成本	专家点评	适合人群
135分钟	16元	强身健体	男性

原材料

鸡爪300克，马蹄100克，冬菇50克，枸杞20克，盐5克，鸡精4克。

做 法

❶鸡爪洗净；马蹄洗净，去皮，切块；冬菇、枸杞洗净，浸泡。❷锅中注水烧沸，放入鸡爪过水，取出洗净。❸将鸡爪、马蹄、冬菇、枸杞放入锅中，加入清水慢火炖2小时，调入盐、鸡精即可。

山药麦芽鸡肫汤

制作时间	制作成本	专家点评	适合人群
70分钟	11元	强身健体	儿童

原材料

鸡肫200克，山药、麦芽、蜜枣各20克，盐4克，鸡精3克。

做 法

❶鸡肫洗净，切块，汆水；山药洗净，去皮，切片；麦芽洗净，浸泡。❷锅中放入鸡肫、山药、麦芽、蜜枣，加入清水，加盖以小火慢炖。❸1小时后揭盖，调入盐和鸡精稍煮，出锅即可。

大白菜老鸭汤

制作时间	制作成本	专家点评	适合人群
150分钟	18元	强身健体	男性

原材料

老鸭肉350克，大白菜150克，生姜、枸杞各15克，盐、鸡精各5克。

做 法

❶老鸭洗净，切件，汆水；大白菜洗净，切段；生姜洗净，切片；枸杞洗净，浸泡。❷锅中注水，烧沸后放入老鸭肉、生姜、枸杞以小火炖1.5小时。❸放入大白菜，大火炖30分钟后调入盐、鸡精即可食用。

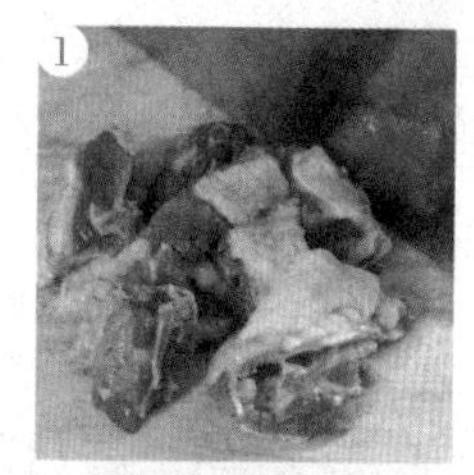

虫草炖雄鸭

制作时间	制作成本	专家点评	适合人群
135分钟	50元	补气固表	男性

原材料

雄鸭1只，冬虫夏草、姜片，葱花、胡椒粉、食盐、陈皮末、味精各适量。

做 法

① 先将冬虫夏草清除灰屑，用温水洗净；鸭洗净斩成块。② 再将鸭块放入沸水中焯去血水，然后捞出。③ 将鸭块与虫草先用大火煮开，再用小火炖软，加入姜片、葱花、陈皮末、胡椒粉、盐、味精调味，拌匀即可。

霸王花烧鸭头汤

制作时间	制作成本	专家点评	适合人群
95分钟	17元	强壮筋骨	儿童

原材料

霸王花200克，烧鸭头2只，盐5克。

做 法

① 将每朵霸王花切成4片，洗净，入沸水汆烫后再用清水洗去黏液。② 将清水1000克放入瓦煲内，煮沸后加入烧鸭头，煮开30分钟后，加入霸王花煲20分钟，加盐调味即可。

青萝卜陈皮鸭汤

制作时间	制作成本	专家点评	适合人群
135分钟	14元	强身健体	男性

原材料

鸭肉200克，白萝卜100克，盐、鸡精各3克，生姜、陈皮各少许。

做　法

①鸭肉洗净，放入沸水锅中汆去血水，捞出切件。②白萝卜洗净，去皮，切块；生姜洗净，切片；陈皮洗净，切片。③将鸭肉、白萝卜、生姜、陈皮放入锅中，加入清水以小火炖2小时，调入盐、鸡精即可。

土茯苓绿豆老鸭汤

制作时间	制作成本	专家点评	适合人群
200分钟	19元	清热祛暑	男性

原材料

土茯苓50克，绿豆200克，陈皮3克，老鸭500克，盐少许。

做　法

①先将老鸭洗净，斩件，备用。②土茯苓、绿豆和陈皮用清水浸透，洗干净，备用。③瓦煲内加入适量清水，先用大火烧开，然后放入土茯苓、绿豆、陈皮和老鸭，待水再开，改用小火继续煲3小时左右，以少许盐调味即可。

冬菇马蹄老鸭汤

制作时间	制作成本	专家点评	适合人群
135分钟	19元	祛寒保暖	老年人

原材料

鸭肉300克，马蹄100克，冬菇50克，枸杞10克，盐5克，鸡精4克。

做　法

❶鸭肉洗净，切件，汆水；马蹄洗净，去皮，切块；冬菇、枸杞洗净，浸泡。❷将鸭肉、马蹄、冬菇、枸杞放入炖盅，加入开水。❸隔水炖煮至熟，调入盐、鸡精即可。

柴胡枸杞羊肉汤

制作时间	制作成本	专家点评	适合人群
135分钟	18元	养胃生津	女性

原材料

柴胡15克，枸杞10克，羊肉片200克，油菜200克，盐5克。

做　法

❶柴胡冲净，放进煮锅中加4碗水熬高汤，熬到约剩3碗，去渣留汁。❷油菜洗净。❸枸杞放入高汤中煮软，羊肉片入锅，并加入油菜。❹待肉片熟，加盐调味即可食用。

山药白术羊肚汤

制作时间	制作成本	专家点评	适合人群
130分钟	23元	强身健体	女性

原材料

羊肚250克，红枣、枸杞各15克，山药、白术各10克，盐、鸡精各5克。

做　法

❶羊肚洗净，切块，汆水；山药洗净，去皮，切片；白术洗净，切段；红枣、枸杞洗净，浸泡。❷锅中烧水，放入羊肚、山药、白术、红枣、枸杞，加盖。❸炖2小时后调入盐和鸡精即可。

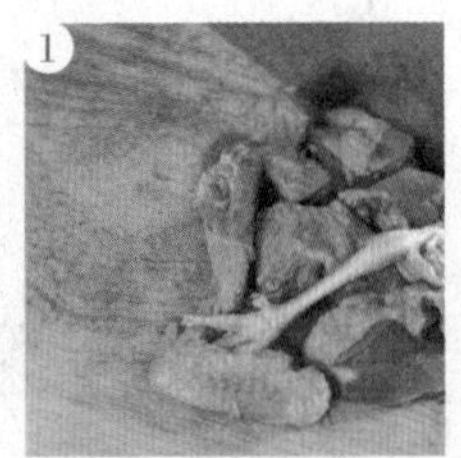

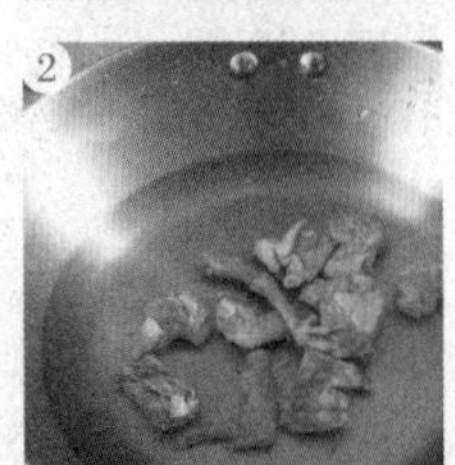

银杏炖鹧鸪

制作时间	制作成本	专家点评	适合人群
50分钟	19元	增强免疫力	男性

原材料

银杏、生姜各10克，鹧鸪1只，盐、鸡精各5克，味精、胡椒粉各3克。

做　法

①鹧鸪洗净，斩小块；生姜洗净切片。②净锅上火，鹧鸪入沸水中汆烫。③锅中加油烧热，下入姜片爆香，加入适量清水，放入鹧鸪、银杏煲30分钟后加入调味料即可。

玉竹沙参炖鹌鹑

制作时间	制作成本	专家点评	适合人群
135分钟	24元	补气固表	女性

原材料

鹌鹑1只，猪瘦肉50克，玉竹8克，沙参、百合各6克，姜片，绍酒、盐、味精各适量。

做　法

①玉竹、百合、沙参用温水浸透，洗净。②鹌鹑洗干净，去其头、爪、内脏，斩件；猪瘦肉洗净，切成块。③将鹌鹑、瘦肉、玉竹、沙参、百合、姜片、绍酒置于煲内，加入1碗半沸水，先用大火炖30分钟，后用小火炖1小时，用盐、味精调味即可。

菟丝子煲鹌鹑蛋

制作时间	制作成本	专家点评	适合人群
135分钟	24元	滋补强身	女性

原材料

菟丝子9克，红枣、枸杞各12克，鹌鹑蛋（熟）400克，黄酒1杯，盐适量。

做　法

①菟丝子洗净，装入小布袋中，绑紧口；红枣及枸杞均洗净。②红枣、枸杞及装有菟丝子的小布袋放入锅内，加入3杯水。③再加入鹌鹑蛋，最后加入黄酒煮开，改小火继续煮约60分钟，加入盐调味即可。

人参鹌鹑蛋

制作时间	制作成本	专家点评	适合人群
60分钟	54元	滋补强身	女性

原材料

鹌鹑蛋、黄精、人参、盐、白糖、高汤料酒、味精、水淀粉、酱油、姜末、油汤醋各适量。

做　法

①将人参煨软，取汁，将黄精煎2遍，取浓缩液与人参汁调匀。②鹌鹑蛋煮熟去壳，一半与黄精、盐、味精腌渍15分钟，一半用油炸成金黄色。③把高汤、白糖、酱油、味精兑成汁与鹌鹑蛋一起下锅烧沸即可。

虫草炖乳鸽

制作时间	制作成本	专家点评	适合人群
85分钟	50元	补中益气	男性

原材料

乳鸽1只，生姜、五花肉各20克，盐5克，味精3克，鸡精2克，冬虫夏草、蜜枣、红枣各适量。

做　法

①五花肉洗净，切成条；乳鸽洗净；冬虫夏草、蜜枣、红枣泡发；生姜去皮，切片。②将所有原材料装入炖盅内。③加入适量清水，以中火炖1小时，最后调入调味料即可。

西洋参煲乳鸽

制作时间	制作成本	专家点评	适合人群
135分钟	40元	滋补强身	女性

原材料

乳鸽450克，西洋参10克，菜心6克，盐6克。

做　法

①将乳鸽杀洗净，斩块汆水；西洋参洗净，菜心洗净备用。②净锅上火倒入水，下入乳鸽、西洋参煲至熟，下入菜心，调入盐调味即可。

鱼头萝卜汤

制作时间	制作成本	专家点评	适合人群
120分钟	19元	强身健体	儿童

原材料

鱼头1个，胡萝卜150克，葱段、姜片各15克，盐少许。

做　法

① 鱼头洗净，剖成两半，过油煎香；胡萝卜去皮洗净，切片。② 锅置火上，倒入适量清水，放入葱段、姜片，待水沸后加入鱼头、胡萝卜。③ 用大火再次烧开，转小火慢炖1～2小时，加入盐调味即可。

砂仁陈皮鲫鱼汤

制作时间	制作成本	专家点评	适合人群
135分钟	11元	强身健体	男性

原材料

鲫鱼300克，陈皮5克，砂仁4克，姜片，葱段、盐、鸡精各适量。

做　法

①鲫鱼去腮、鳞、肠杂，洗净；砂仁打碎；陈皮浸泡去瓤。②锅内注油烧热，将鲫鱼稍煎至两面金黄。③瓦煲装入清水，放入陈皮、姜片，滚后加入鲫鱼，小火煲2小时后加入砂仁稍煮，调入盐、葱段、鸡精调味即可。

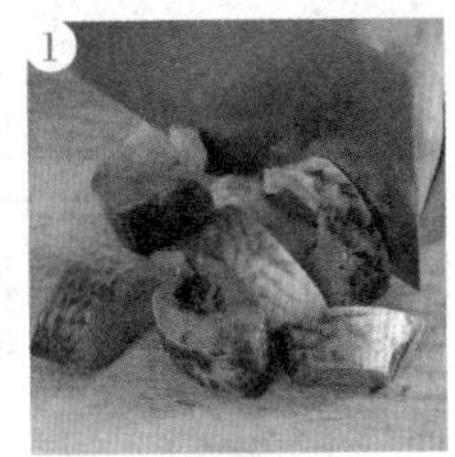

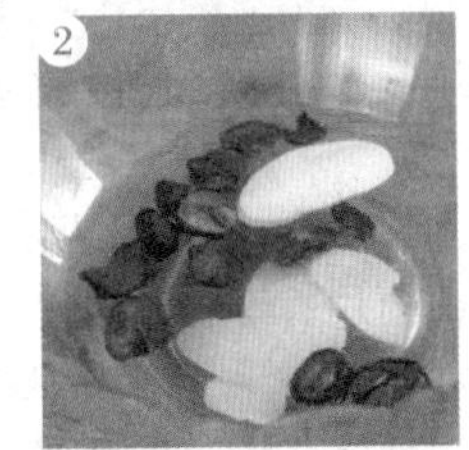

山楂山药鲫鱼汤

制作时间	制作成本	专家点评	适合人群
135分钟	18元	健体丰肌	男性

原材料

鲫鱼1条，山楂、山药各30克，盐、味精、姜片各适量。

做　法

① 将鲫鱼去鳞、鳃及肠脏，洗净切块。② 起油锅，用姜爆香，下鱼块稍煎，取出备用；山楂、山药洗净。③ 把全部材料一起放入锅内，加适量清水，大火煮沸，小火煮1～2小时，加盐和味精调味即可。

黄芪山药鲫鱼汤

制作时间	制作成本	专家点评	适合人群
55分钟	19元	祛寒保暖	男性

原材料

鲫鱼1条，米酒10克，黄芪、山药各15克，姜、葱、盐各适量。

做　法

① 将鲫鱼去除鳞、内脏，洗净备用；姜洗净，切片；葱洗净，切丝。② 将黄芪、山药放入锅中，加水煮沸，然后再转为小火熬煮大约15分钟，再转中火，放入姜和鲫鱼煮8～10分钟。③ 鱼熟后加入盐、米酒，并撒上葱丝即可。

天麻红枣炖鱼头

制作时间	制作成本	专家点评	适合人群
120分钟	23元	强身健体	儿童

原材料

鱼头1个，枸杞、天麻、红枣、山药片、玉竹、陈皮、沙参、盐各适量。

做　法

① 鱼头洗净，对半剖开后煎香；天麻、红枣、山药片、玉竹、陈皮、沙参均洗净浮尘；枸杞泡发洗净。② 煲内倒入适量清水，放入所有原材料，用大火煮沸，再改小火慢慢炖至汤汁呈乳白色。③ 起锅前，加入盐调味即可。

豆蔻陈皮鲫鱼羹

制作时间	制作成本	专家点评	适合人群
85分钟	18元	强身健体	男性

原材料

鲫鱼1条，葱段15克，豆蔻、陈皮、盐各适量。

做　法

①鲫鱼宰杀洗净，斩成两段后下入热油锅煎香；豆蔻、陈皮均洗净浮尘。②锅置火上，倒入适量清水，放入鲫鱼，待水烧开后加入豆蔻、陈皮煲至汤汁呈乳白色。③加入葱段继续熬煮20分钟，调入盐即可。

芥菜咸鱼头汤

制作时间	制作成本	专家点评	适合人群
80分钟	17元	强身健体	男性

原材料

芥菜150克，咸鱼头1个，蜜枣2颗，山药、盐各适量。

做　法

① 芥菜洗净，掰成菜瓣；咸鱼头洗净，剖成两半；蜜枣洗净浮尘；山药去皮，切厚片。② 锅中掺水烧沸，下入咸鱼头、芥菜、山药煲至熟。③ 撇去浮沫，加入蜜枣继续炖30分钟，出锅前调入盐即可。

下篇
赶走身体不适的调养汤

第一章 常见小病食疗好汤膳

感冒

感冒是一种自愈性疾病，总体上分为普通感冒和流行性感冒。普通感冒，中医称“伤风”，是由多种病毒引起的一种呼吸道常见病，虽多发于初冬，但任何季节，如春天、夏天也可发生，不同季节感冒的致病病毒并非完全一样。流行性感冒是由流感病毒引起的急性呼吸道传染病。从中医角度来讲，感冒通常分为风寒感冒、风热感冒、暑湿感冒。

典型症状

风寒感冒为恶寒重，鼻痒喷嚏，鼻塞声重，咳嗽，痰白或者清稀，流清涕等。

风热感冒为微恶风寒，发热重，有汗，鼻塞，流浊涕，痰稠或黄，咽喉肿等。

暑湿感冒为身热不扬，头身困重，头痛如裹，胸闷纳呆，汗出不解等。

家庭防治

在大口茶杯中，装入开水一杯，面部俯于其上，对着袅袅上升的热蒸气，深呼吸，直到杯中水变凉为止，每日数次。此法治疗感冒，特别是初发感冒效果较好。

民间小偏方

【用法用量】蜂蜜每日早晚2次冲服。

【功效】可有效地防治感冒及其他病毒性疾病。

民间小偏方

【用法用量】将30克金银花、10克山楂洗净放入锅内，加水适量，大火烧沸，3分钟后取药液1次，再加水煎熬1次，将2次药液合并，放入蜂蜜拌匀。

【功效】辛凉解表、清热解毒。

·推荐药材食材·

【板蓝根】

◎清热解毒、凉血利咽，主治温毒发斑、高热头痛、大头瘟疫、流行性感冒等。

【桑叶】

◎疏散风热、清肺润燥、清肝明目，主治风热感冒、肺热燥咳、目赤昏花等。

【连翘】

◎清热解毒、消肿散结，主治痈疽、瘰疬、乳痈、丹毒、风热感冒等。

桑叶茅根瘦肉汤

原材料

桑叶 15 克，茅根 15 克，泡发黄豆 100 克，猪瘦肉 500 克。

调　料

生姜 3 片，盐适量。

做　法

①将桑叶、茅根、生姜片洗净；黄豆先浸泡片刻，再洗净；瘦肉洗净，切块。②锅内烧水，水开后放入瘦肉飞水，再捞出洗净。③将全部材料一起放入煲内，大火烧沸，再用小火煲约 40 分钟，加盐调味即可。

养生功效 桑叶散风热而泄肺热，对外感风热、头痛、咳嗽有一定作用，常与菊花、薄荷、前胡、桔梗等配合应用。茅根有清热解毒、益肺生津的作用，与桑叶合而为汤，泄热之力益强。此汤可辅助治疗风热感冒，症见发热加重、头痛、咽喉红肿干涩疼痛。

板蓝根炖猪腱汤

原材料

板蓝根 8 克，猪腱 100 克，蜜枣 2 颗。

调　料

盐、米酒各适量。

做　法

①将猪腱肉清洗干净，切成大片，备用。②将板蓝根片除去杂质，用清水略为冲洗一下备用。③将猪腱与板蓝根一起放入炖盅内，用猛火隔水蒸 3 小时，至肉将熟时加入调味料调匀即可，将汤保温至需饮用时随服。

养生功效 板蓝根性凉、寒，味苦，适用于风热感冒、流行性感冒，而风寒感冒、体虚感冒等不宜使用。《江苏验方草药选编》有记载："板蓝根一两，羌活五钱。煎汤，一日二次分服，连服二至三日。"此汤对风热感冒有较好的食疗作用，退热之力较强。

生姜芥菜汤

|原材料|

芥菜 500 克，生姜 20 克。

|调　料|

盐 3 克，花生油 10 毫升。

|做　法|

①芥菜择去黄叶，洗净后切成段。②生姜洗净后切成厚片，用刀背拍碎。③锅中加适量清水，放入生姜片，武火煮开后加入芥菜煮至熟，加盐、花生油调味即可。

养生功效 生姜性微温，味辛，归肺、脾、胃经。其常用作解表药，主要为发散风寒，多用于治疗感冒轻症，煎汤，乘热服用，往往能得汗而解，也可作为预防感冒的常备药物。芥菜能抗感染和预防疾病的发生。两者合而为汤，适用于风寒感冒。

生姜红枣汤

|原材料|

生姜 15 克，红枣 5 颗。

|调　料|

冰糖适量。

|做　法|

①生姜洗净，切片；红枣剖开，去核，洗净。②生姜、红枣放入锅中，加 600 毫升水以大火煮开，转小火续煮 20 分钟。③加入冰糖，煮沸即可。

养生功效 生姜性微温，味辛，能散寒、暖胃、止呕；红枣性平，味甘，能益气和中、滋脾生津。姜枣合用，可以升腾脾胃之气津，而益营助胃，在治疗轻度风寒感冒的同时顾护脾胃，对由风寒感冒引起的脾胃不适、呕吐等症有很好的食疗作用。

发热

体温高出正常标准0.5℃，或有身热不适的感觉，都属于发热。发热原因分为外感、内伤两类。外感发热，因感受六淫之邪及疫疠之气所致；内伤发热，多由饮食劳倦或七情变化，导致阴阳失调、气血虚衰所致。

典型症状

外感发热：发热，头痛，怕冷，无汗，鼻塞，流涕，苔薄白，指纹鲜红，为风寒；发热，微汗出，口干，咽痛，鼻流黄涕，苔薄黄，指纹红紫，为风热。

阴虚发热：午后发热，手足心热，形瘦，盗汗，食欲减退，脉细数，舌红苔剥，指纹淡紫。

肺胃实热：高热，面红，气促，不思饮食，便秘烦躁，渴而引饮，舌红苔燥，指纹深紫。

家庭防治

如果高烧让你无法耐受，可以采用冷敷的方法帮助降低体温。在额头、手腕、小腿上各放一块湿冷毛巾，其他部位应以衣物盖住。当冷敷布达到体温时，应换一次，反复直到烧退为止。也可将冰块包在布袋里，放在额头上。

民间小偏方

【用法用量】梨汁、荸荠汁、鲜苇根汁、麦冬汁、藕汁，五汁和匀凉服，也可炖温服。

【功效】能缓解发热症状。

民间小偏方

【用法用量】西瓜瓤挤汁饮用。

【功效】可缓解发热。

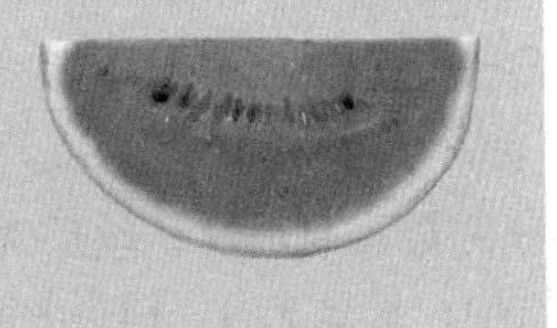

• 推荐药材食材 •

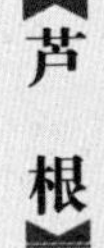

◎清热、生津、除烦、止呕，主治热病烦渴、胃热呕吐、噎膈、反胃、肺痿、肺痈。

【荷叶】

◎清热解暑、升发清阳、散瘀止血，主治暑湿烦渴、风热不退、头痛眩晕、脾虚腹胀。

◎具有清热解毒、除湿利尿、消暑解渴的功效，多喝绿豆汤有利于清热、排毒、消肿。

绿豆荷叶牛蛙汤

原材料

绿豆100克，荷叶150克，牛蛙500克。

调　料

盐5克。

做　法

①绿豆洗净，浸泡1小时。②荷叶洗净，切成条丝状。③牛蛙去头、皮及内脏，洗净。④将1300毫升清水放入瓦煲内，煮沸后加入以上材料，武火煲沸后，改用文火煲1小时，加盐调味即可。

养生功效 绿豆，《本草汇言》说其能“清暑热，静烦热，润燥热，解毒热”；《会约医镜》说其能“清火清痰”；《本草经疏》言：“绿豆，甘寒能除热下气解毒。”荷叶亦有清热之效。两者合用，对发热、暑热烦躁等症有食疗作用。

西瓜皮荷叶海蜇汤

原材料

浸发海蜇、西瓜皮各250克，鲜丝瓜500克，鲜扁豆100克，荷叶1张。

调　料

食盐少许。

做　法

①海蜇、西瓜皮、丝瓜洗净，切块。②荷叶洗净；扁豆洗净，择去老筋。③将适量清水放入锅中，煮沸，放入海蜇、西瓜皮、扁豆、荷叶、丝瓜，大火煮沸后改中火煮约30分钟，至材料熟烂后加盐调味即可。

养生功效 西瓜皮性凉，味甘，能清热除烦。西瓜最外面的绿皮寒性大于西瓜白色果皮。因此，西瓜绿皮清热作用最强，白皮次之，红瓤最弱。海蜇有清热解毒、化痰软坚、降压消肿之功。海蜇、西瓜皮、丝瓜三者合而为汤，有退热、解毒、除烦之效。

芦根车前汤

原材料

猪瘦肉500克，芦根20克，桃仁20克，车前草15克。

调　料

盐、生姜片各适量。

做　法

①将中药材洗净；猪瘦肉洗净，切块。②锅内烧水，水开后放入瘦肉飞水，再捞出洗净。③将各种药材及生姜片、瘦肉放入煲内，加入适量开水，大火烧开后，改用小火煲1小时，汤成后去药渣，用调料调味即可。

养生功效 芦根性寒，味甘，归肺、胃经，既能清透肺胃气分实热，又能生津止渴、除烦，故可用于治热病伤津。若伴有烦热口渴者，常配麦冬、车前草、天花粉等做汤剂服用。此汤有很好的退热作用，而且还可缓解因发热引起的烦渴等症。

土茯苓绿豆老鸭汤

原材料

土茯苓30克，绿豆50克，老鸭1只。

调　料

盐4克，生姜片10克。

做　法

①土茯苓用水洗净，浸泡；绿豆加水浸泡。②老鸭宰杀，去尽毛及内脏，斩块。③将所有材料和生姜片一起放入瓦煲内，加适量清水，武火煮沸后改用文火煲3小时，加盐调味即可。

养生功效 绿豆清热解毒，能调节异常胆液质，缓解烧焦的胆液质，清热退烧，消炎止痢，消除各种干热性偏盛的症状。《注医典》说其能“清热止痛，消炎退肿，止泻止痢”。此汤对于外感发热有较好的缓解作用。

咳嗽

咳嗽是人体的一种保护性呼吸反射动作。咳嗽的产生，是由于异物、刺激性气体、呼吸道内分泌物等刺激呼吸道黏膜里的感受器时，冲动通过传入神经纤维传到延髓咳嗽中枢，引起咳嗽。

典型症状

风寒咳嗽：咳嗽，咽痒，咳痰清稀，鼻塞流清涕等。

风热咳嗽：咳嗽，痰黄黏稠，鼻流浊涕，咽红口干等。

痰湿咳嗽：咳嗽痰多，痰液清稀，早晚咳重，常伴有食欲不振、口水较多等症。

痰热咳嗽：咳嗽，吐黄痰，伴口渴、唇红、尿黄、便干等症。

气虚咳嗽：咳嗽日久不愈，咳声无力，痰液清稀，面白多汗等。

阴虚咳嗽：干咳少痰，咳久不愈，常伴形体消瘦、口干咽燥、手足心热等症。

家庭防治

风热咳嗽，并伴有咽痛、扁桃体发炎的患者可以采用脚底按摩的方法。先上下来回地搓脚心，每只脚搓 30 下，然后每个脚趾都上下按摩 20 ~ 40 下，可很快缓解咳嗽症状。

民间小偏方

【用法用量】咳嗽痰多时，可研磨藕根，用纱布绞汁后加适量蜂蜜饮用，每次 1 杯，连续 3 天。

【功效】能有效清痰，缓解咳嗽。

民间小偏方

【用法用量】姜切成小丁，用纱布包好，在微波炉里转几秒钟加热，用其擦整个背部，如果可以接受，擦喉部效果会更好。冷后再转热，再擦，反复两三次。每天早中晚擦三次。

【功效】治疗小儿咳嗽效果奇佳。

· 推荐药材食材 ·

【川贝母】

◎清热润肺、化痰止咳，主治肺热燥咳、干咳少痰、阴虚劳嗽、咳痰带血。

【杏仁】

◎功专降气，气降则痰消嗽止。主治外感咳嗽、喘满、伤燥咳嗽。

【罗汉果】

◎止咳清热、清肺润肠，主治百日咳、痰火咳嗽、血燥便秘。

川贝蜜梨猪肺汤

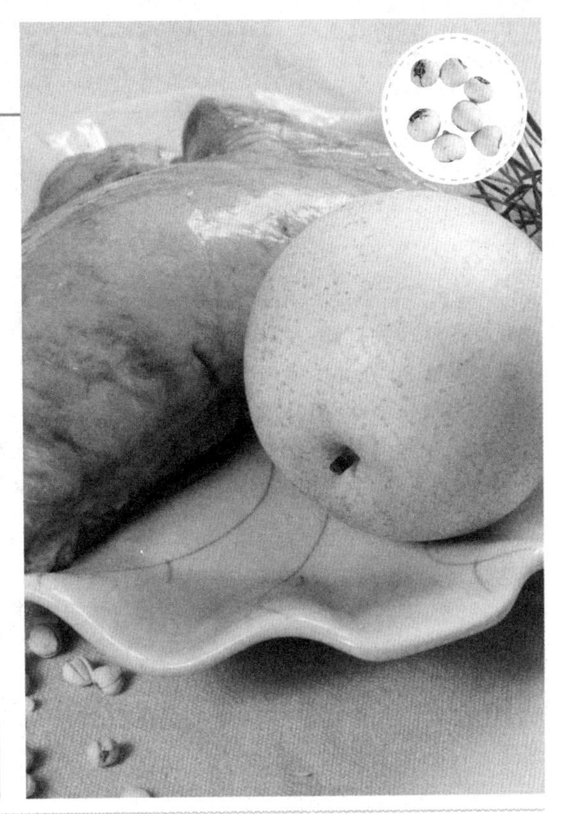

原材料

猪肺半个，川贝母15克，蜜梨4个。

调　料

盐适量。

做　法

①猪肺切厚片，泡水中用手挤洗干净，放入开水中煮5分钟，捞起过水，沥干。②蜜梨洗净，连皮切4块，去核；川贝母洗净备用。③把全部材料放入开水锅内，武火煮沸后，转文火煲2~3小时，用盐调味。

养生功效 梨性寒凉，含水量多，食后满口清凉，既有营养，又解热症，可止咳生津、清心润喉、降火解暑，为夏秋热病之清凉果品。川贝性凉，味苦、甘，归肺经，有清热化痰、润肺散结之功。此汤主要适用于风热咳嗽，症见咳嗽痰多黄稠，苔黄舌红，脉浮数。

百合蜜枣猪肺汤

原材料

猪肺半个，百合20克，杏仁25克，蜜枣5颗。

调　料

盐适量。

做　法

①将猪肺用水洗净，切成小块，挤除泡沫，洗净滤干；将百合、杏仁洗净。②猪肺、百合、杏仁、蜜枣同放砂煲里，加水适量；用文火煲3小时，用盐调味后食用。

养生功效 杏仁中含有苦杏仁苷，苦杏仁苷在体内能被肠道微生物酶或杏仁本身所含的苦杏仁酶水解，产生微量的氢氰酸与苯甲醛，对呼吸中枢有抑制作用，起到镇咳、平喘作用。猪肺因其性平，老幼皆宜。此汤可用于治疗肺虚咳嗽、久咳咯血等症。

罗汉果龙利叶瘦肉汤

原材料

罗汉果1个，龙利叶15克，猪瘦肉500克。

调　料

盐5克。

做　法

①罗汉果洗净，打碎，待用。②龙利叶洗净，用清水浸泡30分钟；猪瘦肉洗净，切块，汆水。③将清水2000毫升放入瓦煲内，煮沸后加入以上用料，武火煲沸后改用文火煲3小时，加盐调味即可。

养生功效 龙利叶分鲜货和干品两种，药用疗效相近，有治咳嗽、失音、喉痛之用。不过鲜货的药性较弱，所以食用时分量要加倍。龙利叶再配以能清热润肺的罗汉果，润肺止咳之力甚佳。此汤对于痰火咳嗽有很好的辅助治疗效果。

茅根猪肺汤

原材料

鲜白茅根50克，雪梨3个，百合30克，猪肺800克。

调　料

盐3克。

做　法

①鲜茅根洗净；雪梨去心，切成块，洗净；百合洗净，浸泡1小时。②猪肺洗至血水消失、猪肺变白，切成块状，飞水；锅烧热，干爆猪肺5分钟。③将清水放入瓦煲，煮沸后加入以上用料，武火煲沸后改用文火煲3小时，调味即可。

养生功效 雪梨能润肺止咳，百合有清热润肺之功，而白茅根则可清热凉血。三者可共奏清热止咳之功，再配以有补虚止咳之效的猪肺，其效更佳。此汤能清热润肺、化痰止咳、凉血、助消化，用于秋季身体燥热、流鼻血、咳嗽等。

银耳杏仁百合汤

原材料

猪肉500克，银耳50克，杏仁15克，百合20克，蜜枣6颗。

调　料

盐适量。

做　法

①瘦猪肉洗净，切件；银耳、百合洗净。②所有材料一起放入炖盅内，加清水适量，文火隔水蒸3小时，加盐调味即可。

养生功效 银耳有滋阴润肺、生津止渴的功效，可以辅助治疗秋冬时节的燥咳。百合性平，味甘，微苦，有润肺止咳、清心安神、补虚强身的功效，可辅助治疗体虚肺弱引起的肺结核、咳嗽等症状。加杏仁同煮，适用于秋令燥咳、体弱久咳等症。

杏仁煲牛蛙

原材料

哈密瓜200克，牛蛙、猪瘦肉各100克，杏仁30克。

调　料

盐适量。

做　法

①杏仁洗净去衣；哈密瓜去瓤、核，洗净切件。②牛蛙洗净、去头、去爪尖、去皮、去内脏，斩件；猪瘦肉用水洗净，切块。③锅内加适量水，猛火煲滚，放入杏仁、牛蛙和猪瘦肉，待水再滚，用中火煲1小时，再放入哈密瓜，煲30分钟，以盐调味即可。

养生功效 杏仁有止咳润燥之功效，许多古代医书中都有记载。《本草求真》说杏仁“既有发散风寒之能，复有下气除喘之力，缘辛则散邪，苦则下气，润则通秘，温则宣滞行痰，杏仁气味俱备……”此汤中以杏仁为要药，可治疗咳嗽、便秘等症。

头痛

头痛是指额、顶、颞及枕部的疼痛。头痛是一种常见的症状，在许多疾病进展过程中都可以出现，大多无特异性，但有些头痛症状却是严重疾病的信号。头痛的种类有昏痛、隐痛、胀痛、跳痛、刺痛或头痛如裂。中医认为，本病也称“头风”，多因外邪侵袭，或内伤诸疾，导致气血逆乱，瘀阻脑络，脑失所养所致。

典型症状

头痛通常是指局限于头颅上半部，包括眉弓、耳轮上缘和枕外隆突连线以上部位的疼痛。

家庭防治

脚心中央凹陷处是肾经涌泉穴，手掌心凹陷处是心包经劳宫穴，如果经常搓脚心手心，可以有效缓解头痛。

民间小偏方 壹

【用法用量】取当归30克、好米酒1000克，将当归洗净，与米酒一同煎煮，煮至600毫升即成，装瓶备用。

【功效】活血养血。用于血虚夹瘀所致的头痛，其痛如细筋牵引或针刺，痛连眼角。

民间小偏方 贰

【用法用量】丝瓜藤、苦瓜藤各50克，炒枯碾末，每次用开水送服10～12克。

【功效】可减轻头痛症状。

推荐药材食材

【川芎】

◎上行头目、祛风止痛，治诸风上攻、头目昏重、偏正头痛。

【白芷】

◎其气芳香，能通九窍，主治感冒头痛、眉棱骨痛、目睛疼痛。

【天麻】

◎主治头风、头痛、头晕虚旋、癫痫强痉、四肢挛急、语言不顺。

川芎当归羊肉汤

原材料

川芎15克，当归10克，羊肉300克。

调　料

生姜片5克，八角、陈皮、胡椒、\盐各适量。

做　法

①川芎、当归洗净；羊肉洗净，切块。②锅内加水烧开，放入羊肉焯去表面血迹，捞出洗净。③川芎、当归、羊肉、生姜片、八角、陈皮、胡椒一起放入瓦煲内，加适量清水，猛火煮开后改用文火煲2小时，加盐调味即可。

养生功效 羊肉能暖中补虚、补中益气，当归在补血的同时又能和血，羊肉、当归相配，既能补气，又能补血。再加上川芎，则可治因气虚、血虚或气血双虚引起的头痛。此汤适用于因气血两虚引起的头痛。

川芎炖鸭汤

原材料

川芎 10 克，薏米 20 克，鸭子半只。

调　料

料酒 20 毫升、生姜片 5 克，盐适量。

做　法

①将川芎、薏米洗净；鸭子宰杀，去内脏，洗净，斩块。②锅内烧水，水开后放入鸭肉块滚去血污，再捞出洗净。③将鸭肉、药材、生姜片一起放入炖盅内，加入适量开水，大火炖开后，改用小火炖 1 小时，用盐调味即可。

养生功效 《医学传心录·治病主要诀》称“头痛必须用川芎，不愈各加引经药。”川芎，辛可散邪，温能通行，“气善走窜”，为血中气药，走而不守。此汤重用川芎，善治风寒湿邪阻络、气血失和、瘀血阻滞引起的各种痛症，尤以治头痛为至要。

川芎白芷鱼头汤

原材料

川芎3~9克，白芷6~9克，鱼头600克。

调　料

食盐适量。

做　法

①将鱼头洗干净；川芎、白芷用水稍浸泡，洗净备用。②将鱼头与川芎、白芷一起放入砂锅内，加适量清水，炖至鱼头熟烂，加盐调味即可饮汤吃鱼头。

养生功效 鱼头性温，味甘，善补头窍。川芎可祛风邪、止头痛，并有活血之功；白芷辛散祛风，芳香通窍，亦为祛风邪、止头痛之药，与川芎合用，可补虚、祛风、止痛。此汤既补血虚，又祛头风，有镇静止痛、祛风活血之效，可治男女血虚头痛。

白芷鲤鱼汤

原材料

白芷20克，鲤鱼500克。

调　料

盐5克，味精3克，胡椒粉2克。

做　法

①白芷洗净。②鲤鱼宰杀，去鳞、鳃、内脏，洗净，沥干水。③将全部材料放入砂锅内，加适量清水，大火煮沸后转中火煮至鱼熟，加盐、味精、胡椒粉调味即可食用。

养生功效 《朱氏集验医方》中的白芷散，仅有白芷、乌头两味中药，而以白芷为重，能治头痛及目睛痛。《百一选方》中的都梁丸仅有香白芷一味药，能治诸风眩晕。此汤善治风寒感冒、头痛、鼻炎、牙痛等症。

鼻炎

鼻炎是鼻黏膜或黏膜下组织因为病毒感染、病菌感染、刺激物刺激等，导致鼻黏膜或黏膜下组织受损，引起的急性或慢性炎症。鼻炎大多是由着凉感冒引起的，要加强锻炼，增强抵抗力，如晨跑、游泳、冷水浴、冷水洗脸等都可增强体质，提高人体对寒冷的耐受力。避免过度疲劳、睡眠不足、受凉、吸烟、饮酒等，因为这些因素能使人体抵抗力下降，造成鼻黏膜调节功能变差，病毒乘虚而入而导致发病。

典型症状

鼻塞，多涕，嗅觉下降，头沉，头痛，头昏，食欲不振，易疲劳。

家庭防治

用手指在鼻部两侧自上而下反复揉捏鼻部5分钟，然后轻轻点按迎香（在鼻翼旁的鼻唇沟凹陷处）和上迎香（鼻唇沟上端尽头）各1分钟。每天用手指推压迎香穴36～100下。

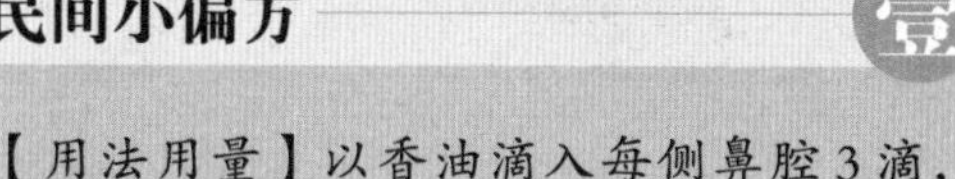

民间小偏方

【用法用量】以香油滴入每侧鼻腔3滴，每日滴3次。

【功效】清热润燥、消肿化瘀。治疗各种鼻炎。

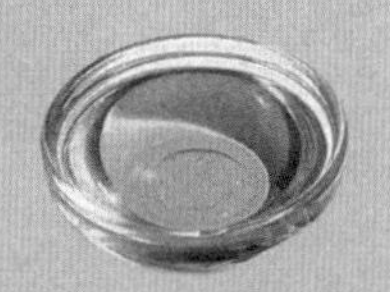

民间小偏方

【用法用量】老干丝瓜2条，烧灰研末保存。每次服15克，每日早晨用开水送服。

【功效】化瘀、解毒。主治鼻窦炎、副鼻窦炎流臭鼻涕。

推荐药材食材

【辛夷】

◎散风寒、通鼻窍，主治风寒头痛、鼻塞、鼻渊、鼻流浊涕。

【苍耳子】

◎散风除湿、通鼻窍，主治风寒头痛、鼻渊流涕、风疹瘙痒、湿痹拘挛。

【大蒜】

◎其气熏烈，能通五脏、达诸窍。其性热善散，可通鼻窍。

辛夷排骨冬瓜汤

原材料

排骨200克，冬瓜300克，辛夷少许。

调　料

生姜、盐各适量。

做　法

①排骨洗净斩件，以滚水煮过，备用。②冬瓜去子，洗净后切块状；生姜洗净，切片；辛夷洗净。③排骨、生姜、辛夷同时下锅，加清水，以大火烧开后转小火炖约1小时，加入冬瓜块，继续炖至冬瓜块变透明，加盐调味即可。

养生功效 鼻炎与中医的“鼻渊”类似。辛夷，性温，味辛微苦，为治鼻炎的要药。《本草新编》说：“辛夷，通窍而上走于脑舍，（治）鼻塞鼻渊之症。”《别录》说其能“温中解肌，利九窍，通鼻塞、涕出”。此汤用于治鼻炎，收效甚好，但用量不宜过大。

大蒜牛蛙汤

原材料

牛蛙2只，干贝5克，大蒜头80克。

调　料

生姜片5克，米酒20毫升，盐10克，油适量。

做　法

①牛蛙宰杀洗净，汆烫，捞起备用。②大蒜头去皮，用刀背稍拍一下。③锅上火，加油烧热，将大蒜头放入锅里炸至呈金黄色，待蒜味散出盛起备用。④另取锅加热水，放入干贝、牛蛙、姜、蒜头、酒，中火炖2小时，起锅前加盐调味。

养生功效 大蒜性温，味辛辣，归脾、胃、肺经，具有辛散行气、暖脾胃的功效。用大蒜治鼻炎，是取大蒜辛辣之性、发散行气之功，来宣肺祛邪通窍。大蒜有消炎、杀菌、止泻等作用。此汤对病毒或细菌感染导致的鼻炎有一定食疗功效。

慢性咽炎

慢性咽炎是指慢性感染所引起的弥漫性咽部病变，多见于成年人，儿童也可出现。患者全身症状均不明显，以局部症状为主。各型慢性咽炎症状大致相似且多种多样，如咽部不适感、异物感、咽部分泌物不易咳出、咽部痒感、烧灼感、干燥感或刺激感，还可有微痛感。由于咽后壁通常因咽部慢性炎症造成较黏稠分泌物黏附，以及由于鼻、鼻窦、鼻咽部病变造成夜间张口呼吸，常在晨起时出现刺激性咳嗽及恶心。

典型症状

咽部不适、发干、有异物感或轻度疼痛、干咳、恶心，咽部充血呈暗红色。

家庭防治

静坐，两手轻放于两大腿，两眼微闭，舌抵上腭，安神入静，自然呼吸，意守咽部，口中蓄津，待津液满口，缓缓下咽，如此 15 ~ 20 分钟，然后慢慢睁开两眼，以一手拇指与其余四指轻轻揉喉部，自然呼吸，意守手下，津液满口后，缓缓下咽，如此按揉 5 ~ 7 分钟。每日练 2 ~ 3 次，每次 15 ~ 30 分钟。可以有效缓解咽喉炎。

民间小偏方 壹

【用法用量】取橄榄 2 枚，绿茶 1 克。将橄榄连核切成两半，与绿茶同放入杯中，冲入开水，加盖闷 5 分钟后饮用。

【功效】适用于慢性咽炎患者、咽部异物感者。

民间小偏方 贰

【用法用量】取 1 个罗汉果洗净切碎，用沸水冲泡 10 分钟后，不拘时饮服。每日 1 ~ 2 次，每次 1 个。

【功效】清肺化痰、止渴润喉。主治慢性咽喉炎、喉痛失音或咳嗽口干等。

• 推荐药材食材 •

【麦冬】

◎治心肺虚热、咽喉肿痛、烦渴，对急、慢性咽喉疾病有一定缓解作用。

【胖大海】

◎清热润肺、利咽解毒。治干咳无痰、咽喉疼痛、声音嘶哑、慢性咽炎。

【白菜】

◎清热除烦、利尿通便、养胃生津，主治肺胃有热、心烦口渴、小便不利、咽部不适。

莲子百合麦冬汤

原材料

莲子200克，百合20克，麦冬15克。

调　料

冰糖80克。

做　法

①莲子和麦冬洗净，沥干，盛入锅中，加适量水以大火煮开，转小火继续煮20分钟。②百合洗净，用清水泡软，加入汤中，继续煮5分钟左右后熄火。③加冰糖调味即可。

养生功效 百合性平，味甘、微苦，能养阴清热、润肺止咳、宁心安神，对阴虚咳嗽、热病后余热未清等症有食疗作用。再加以清心泻火的莲子、滋阴清热的麦冬，极利咽喉。此汤对慢性咽炎引起的咽部疼痛、干燥、心烦口渴、声音沙哑等疗效甚佳。

玄参麦冬瘦肉汤

原材料

玄参25克，麦冬25克，猪瘦肉500克，蜜枣5颗。

调　料

盐5克。

做　法

①玄参、麦冬洗净，浸泡1小时。②猪瘦肉洗净，切块，汆水；蜜枣洗净。③将清水1800毫升放入瓦煲内，煮沸后加入以上用料，武火煲滚后改用文火煲3小时，加盐调味即可。

养生功效 急性咽炎发病时咽部疼痛较重，伴随声音嘶哑、咳嗽等症状；慢性咽炎咽部疼痛症状较轻，但病情时间较长。慢性咽炎患者进行咽部检查时，可发现局部充血水肿，淋巴滤泡增多，用玄参麦冬瘦肉汤进行辅助治疗，常可收到良效。

党参麦冬瘦肉汤

原材料

猪瘦肉500克，党参60克，生地30克，麦冬30克，红枣10颗。

调　料

盐适量。

做　法

❶党参、生地、麦冬、红枣分别洗净。❷猪瘦肉洗净，切块。❸把全部材料放入锅内，加水适量，武水煮沸后，转文火煲2小时，加盐调味即可。

养生功效 慢性咽炎治疗方法重在滋养肺肾，清利咽喉。党参有补中益气、滋养肺肾之效，而生地清热生津之力较强，再配以养阴润肺的麦冬，使此汤有滋阴清热、凉血利咽之功，同时能辅助治疗因阴虚热结的咽喉肿痛、阴虚血燥的痈疮肿痛等。

解毒猪肺汤

原材料

胖大海10克，猪肺200克。

调　料

盐5克，姜、葱各5克，绍酒适量。

做　法

❶将猪肺洗净，切方块；胖大海用洁净布擦干净；姜切片；葱切段。❷锅内烧水，水开后放入猪肺滚去血水，再捞出洗净。❸将胖大海、猪肺、姜片、葱一起放入炖盅内，加入适量开水，在大火上烧沸后改用小火炖1小时，调味即可。

养生功效 常用胖大海泡茶饮服或炖汤喝，对于慢性咽炎有较好的防治作用。这是因为胖大海性质寒凉，作用于肺经，长于清利咽喉，并能清泻肺热，故非常适用于治疗慢性咽炎引起的咽喉肿痛。此汤除了清利咽喉外，还有利咽开音之效。

扁桃体炎

扁桃体炎是扁桃体的炎症。通常所说的扁桃体指腭扁桃体，位于人的口腔深处两侧的咽峡侧壁，在腭舌弓和腭咽弓之间的扁桃体窝内，俗称扁桃腺，此物在童年时发达，成年后逐渐萎缩。

典型症状

全身症状：起病急、寒战、高热可达39～40℃，一般持续3～5天，尤其是幼儿可因高热而抽搐、呕吐、昏睡或食欲不振等。

局部症状：咽痛是最明显的症状，吞咽或咳嗽时加重，剧烈者可放射至耳部，此乃神经反射所致，幼儿常因不能吞咽而哭闹不安。儿童扁桃体肿大时会妨碍其睡眠，夜间常惊醒不安。

家庭防治

家长可通过按摩手法帮助孩子缓解病症：清肺经300次，清天河水200次；以拇指从腕关节桡侧缘向虎口直推，反复操作100次；患儿仰卧，家长以拇指、食指的指腹分别置于咽喉部两则，由上向下轻轻推擦，反复操作200次。

民间小偏方 壹

【用法用量】取橄榄12枚，明矾15克，将橄榄洗净，用小刀将橄榄割数条纵纹，明矾研末揉入割纹内，含口中咀嚼，食果肉，并咽下唾液，每天吃5～6个。

【功效】可治疗扁桃体炎。

民间小偏方 贰

【用法用量】新鲜生丝瓜3条。将丝瓜切成片，放入碗中捣烂，取汁内服，每日服用1～2剂。

【功效】可有效缓解扁桃体炎。

推荐药材食材

【金银花】

◎其性寒味甘，气味芳香，既可清透疏表，又能解血分热毒。

【菊花】

◎苦辛宣络，能理血中热毒。可治扁桃体炎证属风热外侵者。

【板蓝根】

◎清热、解毒、凉血。可防治急慢性肝炎、流行性腮腺炎、扁桃体炎。

枸杞菊花煲排骨

|原材料|

排骨500克，枸杞10克，干菊花5克。

|调　料|

姜1小块，盐适量。

|做　法|

①将洗净的排骨切成约3厘米的块备用。②将枸杞、菊花用冷水洗净。③瓦煲内放约2000毫升水烧开，加入排骨、姜及枸杞，大火煮开后改用中火煮约30分钟，菊花在汤快煲好前放入，加适量盐调味即可。

养生功效 菊花有疏散风热、平肝明目、清热解毒的功效。野菊花味甚苦，清热解毒之力强于普通菊花。现代药理实验表明，菊花提取物能影响毛细血管的通透性，增加毛细血管抵抗力，从而具有抗炎作用。民间常用此汤作为防治扁桃体炎的食疗方。

银花水鸭汤

|原材料|

金银花9克，生地、熟地各6克，水鸭半只（约300克），猪瘦肉250克。

|调　料|

生姜片6克，盐、花生油各适量。

|做　法|

①所有中药材洗净，稍浸泡；鸭洗净，斩件；猪瘦肉洗净，不用切。②将以上材料与生姜片一起放入瓦煲内，加清水3000毫升。③用武火煲沸后改用文火煲2.5小时，调入适量的食盐和花生油即可。

养生功效 急性扁桃体炎多因气候骤变、寒热失调、肺卫不固，致风热邪毒乘虚从口鼻而入侵喉核，或因外感风热失治，邪毒乘热内传肺胃，上灼喉核，发为本病。金银花清热解毒作用颇强，生地清热凉血之效甚佳。此汤对于热毒引起的扁桃体炎收效甚良。

牙周炎

牙周炎是侵犯牙龈和牙周组织的慢性炎症，是一种破坏性疾病，其主要特征为牙周袋的形成及袋壁的炎症，牙槽骨吸收和牙齿逐渐松动，它是导致成年人牙齿丧失的主要原因。本病多因菌斑、牙石、食物嵌塞、不良修复体、咬创伤等引起，牙龈发炎肿胀，同时使菌斑堆积加重，并由龈上向龈下扩延。由于龈下微生态环境的特点，龈下菌斑中滋生着大量毒力较大的牙周致病菌，如牙龈类杆菌、中间类杆菌、螺旋体等，使牙龈的炎症加重并扩延，导致牙周袋形成和牙槽骨吸收，造成牙周炎。

典型症状

牙龈出血、口臭、溢脓，严重者有牙齿松动、咬合无力和持续性钝痛。

家庭防治

每天早晨做叩齿锻炼，空口咬合（上、下牙轻轻叩击）数十次至数百次，2～3分钟，可先叩磨牙，下颌前伸叩门牙，两侧向叩尖牙。可使牙龈及周围组织的血循环增强，有利于牙周组织的代谢功能。

民间小偏方

【用法用量】米醋30克，加冷开水60克，频频含漱。

【功效】可缓解牙周炎症。

民间小偏方

【用法用量】先用热姜水清洗牙石，然后用热姜水代茶饮用，每日1～2次。

【功效】一般6次左右可消除牙周炎症。

推荐药材食材

【田七】

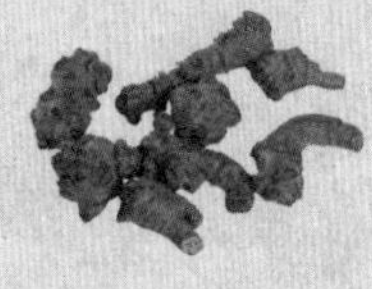

◎止血止痛、消肿。可用于牙周炎引起的牙龈出血、肿胀。

【绞股蓝】

◎清热解毒、止咳祛痰。主治慢性支气管炎、牙周炎、肾炎、胃肠炎。

【豆腐】

◎归脾、胃、大肠经。可益气宽中、生津润燥、清热解毒。

田七炖鸡

原材料

田七12克，香菇30克，鸡肉500克，红枣5颗。

调　料

姜片，大蒜各少许，盐6克。

做　法

①将田七打碎，洗净；香菇用温水泡发，洗净。②把鸡肉洗净，斩块；红枣洗净，去核。③将所有原材料放入瓦煲中，加姜片、大蒜，注入适量水，慢火炖之，待鸡肉烂熟，加盐调味即可。

养生功效 田七始载于《本草纲目》，李时珍曰：“彼人言其叶左三右四，故名三七……说近之，金不换，贵重之称也。”其性温，味甘、微苦，归肝、胃、大肠经。此汤对牙周炎、牙龈出血、口腔溃疡等均有一定疗效。

田七生地猪肚汤

原材料

田七15克，生地50克，猪肚500克，蜜枣3颗。

调　料

盐3克，生粉、花生油各适量。

做　法

①田七打碎，洗净，浸泡2小时；生地洗净，浸泡1小时。②猪肚反转，用生粉和花生油反复搓擦，洗净，汆水；蜜枣洗净。③瓦煲内加水，煮沸后加入以上材料，武火煲沸后改用文火煲3小时，加盐调味即可。

养生功效 《本草纲目》记载，田七能“止血，散血，定痛”。其可治疗牙周炎引起的牙龈出血。生地具有清热凉血的功效，与田七合用，可共奏清火定痛、止血凉血之功。此汤可用于风火牙痛、胃热牙龈肿痛等症。

西红柿皮蛋汤

|原材料|

西红柿、皮蛋各2个，菠菜150克，高汤250毫升。

|调　料|

生姜5克，盐、清油各适量。

|做　法|

❶西红柿洗净，撕去外皮后切成片。❷生姜切成末；皮蛋洗净，剥去蛋壳，对剖，切片；菠菜洗净，切段备用。❸锅加油烧至六成热时放入皮蛋炸酥，加高汤淹过皮蛋，放入生姜末，煮至汤色泛白，加入菠菜、西红柿片和盐，待煮开即可熄火盛出。

养生功效 西红柿有清热消炎的作用。将西红柿洗净当水果吃，连吃半月，即可治愈牙龈出血。中医认为皮蛋性凉，可治眼疼、牙疼、牙龈出血、耳鸣眩晕等疾病。西红柿皮蛋汤，民间常用此治疗虚火牙痛、牙周炎等症，取其能下火、清热的功效。

豆腐鱼头汤

|原材料|

鱼头450克，豆腐250克，香菜30克。

|调　料|

生姜片3克，盐、油各适量。

|做　法|

❶豆腐用盐水浸泡1小时，沥干水；锅烧热放油，将豆腐煎至两面呈金黄色。❷香菜洗净；鱼头去鳃，剖开，用盐腌2小时，洗净；锅烧热下花生油，用生姜片炝锅，将鱼头煎至两面呈金黄色。❸加入沸水1000毫升，武火煮沸后加入煎好的豆腐，煲30分钟，放入盐、香菜即可。

养生功效 豆腐营养丰富，素有“植物肉”之美称，可补中益气、清热润燥、生津止渴、清洁肠胃，适于热性体质伴口臭口渴、牙龈肿胀、肠胃不清者食用。豆腐鱼头汤有清热润燥、生津止渴、补中益气的功效，对牙周炎、口腔溃疡有一定的缓解作用。

口腔溃疡

口腔溃疡，又称为“口疮”，是发生在口腔黏膜上的浅表性溃疡，大小可从米粒至黄豆大小，成圆形或卵圆形，溃疡面为凹形，周围充血，可因刺激性食物引发疼痛，一般一至两个星期可以自愈。口腔溃疡成周期性反复发生，医学上称“复发性口腔溃疡”。可一年发病数次，也可以一个月发病几次，甚至新旧病变交替出现。口腔溃疡诱因可能是局部创伤、精神紧张、食物、药物、激素水平改变及维生素或微量元素缺乏。

典型症状

好发于口腔黏膜角化差的部位，溃疡呈圆形或椭圆形，大小、数目不等，边缘整齐，周围有红晕，感觉疼痛。

家庭防治

口腔溃疡发病时多伴有便秘、口臭等现象，因此应注意排便通畅。要多吃新鲜水果和蔬菜，还要多饮水，至少每天要饮 1000 毫升水，这样可以清理肠胃，防治便秘，有利于口腔溃疡的恢复。

民间小偏方

【用法用量】吴茱萸捣碎，过筛，取细末加适量好醋调成糊状，涂在纱布上，敷于双脚涌泉穴，24 小时后取下。

【功效】可一般敷药 1 次即有效，可治愈口腔溃疡。

民间小偏方

【用法用量】将少许白糖涂于溃疡面，每天 2 ~ 3 次。

【功效】可缓解口腔溃疡引起的疼痛。

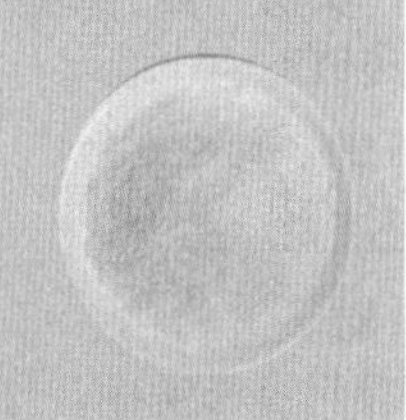

·推荐药材食材·

【灯芯草】

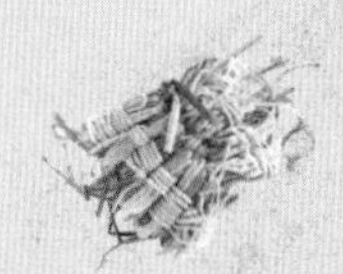

◎其性微寒，味甘、淡，可清心降火，治小儿惊热、口腔溃疡、泌尿系统炎症、疮疡。

【鱼腥草】

◎清热解毒，主治热毒痈肿、溃疡脓毒等。

【板栗】

◎养胃健脾、补肾强筋、活血止血。主治反胃、泄泻、腰脚软弱、口疮。

灯芯草苦瓜汤

原材料

苦瓜300克，灯芯草5克。

调　料

盐适量。

做　法

①苦瓜去瓤、子，洗净后切成块状。②灯芯草洗净，备用。③将苦瓜块与灯芯草一起放进砂锅内，用适量清水煎煮20分钟，加盐调味便可。

养生功效 灯芯草，《本草纲目》说其能“降心火，止血，通气，散肿，止渴”。苦瓜，《滇南本草》说其能“治丹火毒气，疗恶疮结毒”。此汤因有这两种寒凉之物，可奏清火解毒之效，对于口腔溃疡有很好的防治作用。

鱼腥草脊骨汤

原材料

川贝母15克，鱼腥草30克，猪脊骨750克，蜜枣5颗。

调　料

盐5克。

做　法

①川贝母洗净，打碎；鱼腥草洗净，浸泡30分钟。②蜜枣洗净；猪脊骨斩块，洗净汆水。③将清水2000毫升放入瓦煲内，煮沸后加入以上用料，武火煲滚后改用文火煲3小时，加盐调味即可。

养生功效 中医认为口腔溃疡多是外感燥、火两邪所致，鱼腥草有清热解毒、消肿排脓之效，配以生津润燥之川贝，可愈口疮之疾。此汤适用于口腔溃疡伴有口臭、口唇干裂、烦躁、发热等症者，并且对于肺痈咳嗽也有较好的食疗功效。

板栗煲鸡汤

原材料

板栗150克，核桃仁80克，红枣5颗，鸡1只。

调 料

盐4克。

做 法

①板栗去毛皮，浸泡；核桃仁洗净，加水浸泡；红枣去核，洗净。②鸡宰杀，去尽毛及内脏，斩块，放入沸水中汆去血水。③将所有材料放入瓦煲内，加2000毫升清水，武火煮沸后改用文火煲2小时，加盐调味即可。

养生功效 适量食用板栗，可防治口腔溃疡。这是因为板栗里含有核黄素以及丰富的B族维生素，有利于口腔溃疡愈合。此外，板栗具有益气健脾、厚补胃肠的作用，尤其适合天气干燥的霜降节气后食用。此汤对于口腔溃疡有一定的防治作用。

板栗毛豆淡菜汤

原材料

淡菜30克，板栗100克，茯苓15克，薏米20克，毛豆米15克，山药20克。

调 料

盐、味精、油各适量。

做 法

①淡菜洗净，沥干水分；薏米洗净，泡在水中备用；板栗去壳、膜，洗净；茯苓、山药洗净。②锅里放少许油烧热，下淡菜略炒一下。③炖锅里加1500毫升水，煮沸，下板栗、茯苓、薏米、毛豆米、淡菜、山药，转小火慢煮40分钟，加盐、味精调味即可。

养生功效 中医认为口腔溃疡多是由于湿热蕴郁、循经上逆或火热上炎，发于口唇所致，热必伤阴。板栗毛豆淡菜汤一方面能养阴生津，另一方面能益气托疮，促进口腔溃疡愈合。而且板栗、毛豆都富含B族维生素，有利于增强人体免疫力。

胃炎

胃炎是指由各种因素引起胃黏膜发生炎症性改变，在饮食不规律、作息不规律的人群尤为高发。根据病程分急性和慢性两种，慢性比较常见。胃炎包括急性胃炎（急性化脓性胃炎、急性糜烂性胃炎、急性单纯性胃炎、急性腐蚀性胃炎）、慢性胃炎（慢性浅表性胃炎、萎缩性胃炎、慢性糜烂性胃炎）、手术后反流性胃炎、胆汁返流性胃炎、电冰箱胃炎、巨大肥厚性胃炎等。

典型症状

急性胃炎表现为上腹不适、疼痛、厌食、恶心、呕吐和黑便。慢性胃炎病程迁延，大多无明显症状和体征，一般仅见饭后饱胀、泛酸、嗳气、无规律性腹痛等消化不良症状。

家庭防治

用手掌或掌根鱼际部在剑突与脐连线之中点（中脘穴）部位做环形按摩，节律中等，轻重适度。每次 10 ~ 15 分钟，每日 1 ~ 2 次。能促进胃肠蠕动和排空，使胃肠分泌腺功能增强，消化能力提高，并有解痉止痛作用。

民间小偏方

【用法用量】甘蔗汁、葡萄酒各一盅合服，早晚各服用 1 次。

【功效】治疗慢性胃炎。

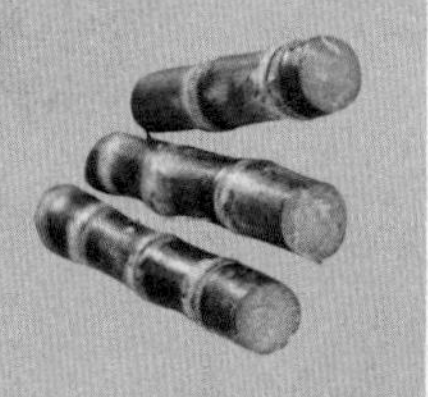

民间小偏方

【用法用量】生姜 200 克，醋 250 毫升，密封浸泡，空腹服 10 毫升。

【功效】主治慢性胃炎。

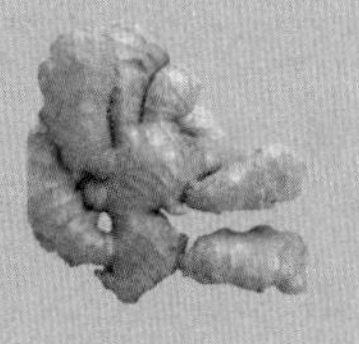

· 推荐药材食材 ·

【陈皮】

◎理气健脾、燥湿化痰。主治胸脘胀满、食少吐泻、咳嗽痰多。

【丁香】

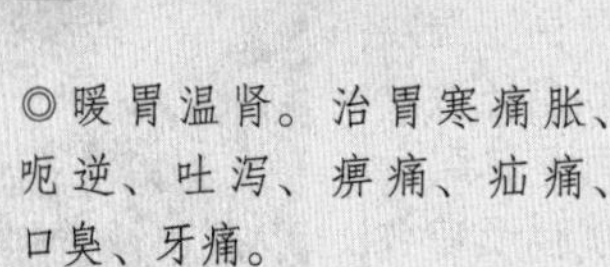

◎暖胃温肾。治胃寒痛胀、呃逆、吐泻、痹痛、疝痛、口臭、牙痛。

【白豆蔻】

◎治脾胃气不和、脾虚湿盛，可用于胃炎等肠胃疾病的辅助治疗。

无花果陈皮猪肉汤

原材料

猪腱肉750克，陈皮5克，无花果20克，杏仁10克。

调　料

盐、姜各适量。

做　法

❶猪腱肉洗净，切成块。❷姜洗净，切片。❸将陈皮、无花果、杏仁洗净，与猪腱肉一起放入炖盅内，加适量清水，隔水以中火蒸约2小时，调味供用。

养生功效 无花果提取物具有广谱的抗菌消炎性，能够很好地抑制对人体有害的细菌、病毒及真菌，再加上其中富含的愈疮木酚成分，能够有效治疗急慢性肠炎、胃炎等消化道疾病，并对消化道内壁有很好的修复作用。此汤对于浅表性胃炎有较好的防治作用。

陈皮鱼片豆腐汤

原材料

三文鱼300克，陈皮10克，盒装豆腐1块。

调　料

盐5克。

做　法

❶陈皮刮去部分内面白瓤（不全部刮净），洗净，切细丝。❷三文鱼洗净去皮，切片；豆腐切块。❸锅中加1000毫升水煮开，下豆腐、鱼片，转小火煮约2分钟，待鱼肉熟透，加盐调味，撒上陈皮丝即可。

养生功效 胃炎患者平时需要做好胃部的养护，可在煲汤时放一些陈皮，就可以起到很好的保养效果。中医认为，陈皮性温，味辛、苦，具有温胃散寒、理气健脾、燥湿化痰的功效。此汤适用于胃炎症见胃部胀满、消化不良、食欲不振等症状的人食用。

消化不良

消化不良是一种临床症候群，是由胃动力障碍所引起的疾病，也包括胃蠕动不好的胃轻瘫和食道反流病。消化不良主要分为功能性消化不良和器质性消化不良。功能性消化不良属中医的“脘痞”“胃痛”“嘈杂”等范畴，其病在胃，涉及肝脾等脏器，宜辨证施治，予以健脾和胃、疏肝理气、消食导滞等法治疗。

典型症状

断断续续地有上腹部不适或疼痛、饱胀、胃灼热（反酸）、嗳气等。常因胸闷、早饱感、腹胀等不适而不愿进食或尽量少进食，夜里也不易安睡。

家庭防治

用左手扶住患者的手，右手用拇指蘸姜水，先推脾土（在拇指根部经大鱼际处到腕部横纹处），然后向上推三关（在前臂桡侧，从腕关节处到曲池穴），每次推的次数以皮肤发红为度，大约需推 200 次以上。两手交替进行。

民间小偏方

【用法用量】取粳米 100 克，砂仁 5 克。粳米泡软，砂仁研末，先用粳米煮成粥，放入砂仁，再稍煮即可。

【功效】具有暖脾胃、通滞气、散热止呕之效，适用于胃痛、胀满、呕吐等症。

民间小偏方

【用法用量】鸡内金若干，晒干，捣碎，研末过筛。饭前 1 小时服 3 克，每日 2 次。

【功效】可缓解消化不良。

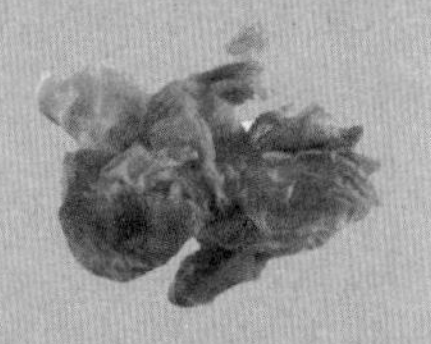

· 推荐药材食材 ·

【橘皮】

◎能健脾开胃，适用于脾胃虚弱、饮食减少、消化不良、大便泄泻等症。

【麦芽】

◎归脾、胃经，有宽中下气之效，能止呕吐、消宿食。

【莱菔子】

◎消食除胀、降气化痰。用于饮食停滞、脘腹胀痛、大便秘结、积滞泻痢等症。

山药麦芽牛肚汤

原材料

山药30克，麦芽30克，马蹄60克，牛肚600克，蜜枣3颗。

调　料

盐5克，花生油、生粉各适量。

做　法

①山药、麦芽洗净，浸泡1小时；马蹄去皮洗净；蜜枣洗净。②牛肚用开水稍烫，撕去胃内薄黏膜，用花生油、生粉反复搓擦，洗净后汆水，备用。③瓦煲内加水煮沸后加入以上材料，煲沸后再煲3小时，加盐调味即可。

养生功效　《医学衷中参西录》说："大麦芽，能入脾胃，消化一切饮食积聚，为补助脾胃之辅佐品。"《药性论》说麦芽能"消化宿食，破冷气，去心腹胀满"。此汤有消食开胃之功，可作为消化不良的常用食疗方。

黄芪牛肉汤

原材料

牛肉600克，黄豆芽200克，胡萝卜100克，黄芪15克。

调　料

盐5克。

做　法

①牛肉洗净，切块，汆烫后捞起；胡萝卜削皮，切块；黄豆芽掐去根须，冲净；黄芪洗净。②炖锅中加适量水，将所有原材料放入锅中，煮沸后转小火炖50分钟，加盐调味即可。

养生功效　功能性消化不良的根本病机在于脾虚，所以在治疗中要健脾补虚。黄芪能补气健脾，可通过补益脾胃来防治功能性消化不良。牛肉有补中益气、滋养脾胃的功效，与黄芪同用，健脾之功甚佳。此汤有养胃益气之功，为消化不良者的调理佳品。

便秘

便秘，从现代医学角度来看，它不是一种具体的疾病，而是多种疾病的一个症状。便秘在程度上有轻有重，在时间上可以是暂时的，也可以是长久的。中医认为，便秘主要由燥热内结、气机郁滞、津液不足和脾肾虚寒所引起。

便秘主要是指排便次数减少、粪便量减少、粪便干结、排便费力等。

典型症状

便秘是指排便不顺利的状态，包括粪便干燥排出不畅和粪便不干亦难排出两种情况。一般每周排便少于 2 ～ 3 次（所进食物的残渣在 48 小时内未能排出）即可称为便秘。

家庭防治

仰卧于床上，用右手或双手叠加按于腹部，按顺时针做环形而有节律的抚摸，力量适度，动作流畅，按 3 ～ 5 分钟，即可有效缓解便秘症状。

民间小偏方

【用法用量】大黄 6 克，麻油 20 毫升。先将大黄研末，与麻油合匀，以温开水冲服。每日 1 剂。

【功效】可顺气行滞。

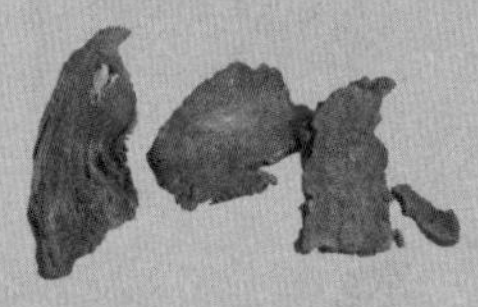

民间小偏方

【用法用量】何首乌、核桃仁、黑芝麻各 60 克，共为细末，每次服 10 克，每日 3 次。

【功效】可温通开秘。

• 推荐药材食材 •

【无花果】

◎健胃清肠、消肿解毒。适用于肠炎、痢疾、便秘、痔疮等症。

【火麻仁】

◎润燥、滑肠、通淋、活血。治肠燥便秘、消渴、热淋、风痹、痢疾。

【柏子仁】

◎含脂肪油、挥发油、皂苷等物质，适用于长期便秘或老年性便秘。

无花果苹果猪腿肉汤

原材料

无花果 30 克，苹果 1 个，猪腿肉 650 克。

调　料

生姜 3 片，盐适量。

做　法

①无花果洗净，稍浸泡。②苹果切块，去心留皮。③猪腿肉洗净，整块不用切。④生姜放进瓦煲内，加入沸水 2500 毫升，武火煲沸后加入所有材料煲沸，改为文火煲约 2 小时，调入适量食盐便可。

养生功效 无花果含有苹果酸、柠檬酸、脂肪酶、蛋白酶、水解酶等，有助人体对食物的消化，促进食欲，又因其含有多种脂类，故具有润肠通便的效果。此汤有补脾益胃、养心润肺、润肠通便的功效，还能增强人体免疫力。

百合无花果生鱼汤

原材料

百合 30 克，无花果 30 克，马蹄 60 克，生鱼 500 克。

调　料

盐 5 克，姜片 5 克，花生油 10 毫升。

做　法

①百合、无花果洗净，浸泡；马蹄去皮洗净。②生鱼去鳞、鳃、内脏，洗净；锅烧热，下花生油、姜片，将生鱼两面煎至金黄色。③将清水放入瓦煲内，煮沸后加入以上用料，武火煲沸后改用文火煲 3 小时，加盐调味即可。

养生功效 马蹄性寒，味甘，对实热、阴虚或气滞所引起的便秘效果甚佳，而气虚、血虚及阳虚所引起的便秘则不适用。百合有清热润肺的功效，而肺与大肠互为表里，故能清大肠之热。此汤适合因实热引起的便秘，且有润肺养颜之效。

花旗参无花果生鱼汤

|原材料|

花旗参5克，无花果30克，生鱼1条。

|调　料|

盐适量。

|做　法|

①先将生鱼剖洗干净，去净鱼鳞，冲洗干净，再抹干鱼身，用油起锅，放下生鱼，将鱼身煎至微黄色。②将花旗参和无花果分别用清水洗干净。③花旗参切片；无花果切开边，连同生鱼放入炖盅中，用小火炖 4 小时左右，加少许盐调味即可。

养生功效 花旗参属于凉药，宜补气养阴。如果身体有热证，比如口干烦躁、热性便秘等，使用西洋参类补品可以达到调养的目的。无花果富含膳食纤维，能促进排便。《本草纲目》说其能“开胃，止泻痢”。此汤有清热润肠之功，对于便秘收效较好。

熟地柏子仁猪蹄汤

|原材料|

熟地30克，何首乌30克，柏子仁20克，猪蹄500克。

|调　料|

盐5克，生姜片6克。

|做　法|

①熟地、何首乌洗净，浸泡；柏子仁洗净，拍烂。②猪蹄斩件，洗净，入沸水中氽水；锅烧热，下生姜片，将猪蹄爆炒 5 分钟。③将清水 1200 毫升放入瓦煲内，煮沸后加入以上用料，煲开后改用文火煲 3 小时，加盐调味即可。

养生功效 何首乌有润肠通便、保肝益肾之效。《太平圣惠方》有用何首乌加蜂蜜治疗习惯性便秘的记载。柏子仁含有14%的脂肪油（多为不饱和脂肪酸组成）和少量挥发油，通便之效较佳。此汤适用于老年性便秘和习惯性便秘。

火麻仁煲瘦肉汤

原材料

火麻仁60克，猪瘦肉400克。

调　料

食盐适量、生姜片6克。

做　法

①火麻仁洗净，稍微浸泡。②猪瘦肉洗净，整块不用切。③火麻仁、猪瘦肉与生姜片一起放进砂锅内，加清水2000毫升，武火煲沸后改文火煲约2小时，调入适量食盐便可食用。

养生功效 火麻仁又称麻仁、麻子，性平，味甘，归脾、胃、大肠经，有润肠通便、润燥杀虫之效。《药品化义》说："麻仁，能润肠，体润能去燥，专利大肠气结便闭。"《本草经疏》说："麻子，性最滑利。"此汤适合肠燥便秘患者食用。

柏子猪心汤

原材料

柏子仁15克，猪心300克。

调　料

盐、面粉各适量。

做　法

①柏子仁洗净。②猪心剖开，放在清水中浸泡10分钟，捞出后取少许面粉撒在上面，用手反复揉搓，边揉边加面粉，最后用清水洗净，切小块，飞水。③将全部材料放入炖盅内，加清水至淹过材料，隔水炖2小时，加盐调味即可食用。

养生功效 柏子仁质润多脂，有养血、润肠、通便之功，年老、体弱、久病及产后血少津亏的肠燥便秘多用到此药，常配郁李仁、松子仁、杏仁等润肠通便药以增强作用。对津枯肠燥所致的大便下血，可单用柏子仁润肠止血。此汤适合虚性便秘患者食用。

腹泻

腹泻是一种常见症状，是指排便次数明显超过平时，粪质稀薄，水分增加，或含未消化的食物或脓血、黏液。腹泻常伴有排便急迫感、肛门不适、失禁等症状。腹泻分急性和慢性两类。急性腹泻发病急剧，病程在2～3周内。慢性腹泻指病程在两个月以上或间歇期在2～4周内的复发性腹泻。

典型症状

大便次数明显增多，便变稀，形态、颜色、气味改变，含有脓血、黏液、不消化的食物、脂肪，或变为黄色稀水、绿色稀糊，气味酸臭。大便时有腹痛、下坠、里急后重、肛门灼痛等症状。

家庭防治

成人轻度腹泻，可控制饮食，禁食牛奶、肥腻或渣多的食物，给予清淡、易消化的半流质食物。而小儿轻度腹泻，可继续母乳喂养。若非母乳喂养，年龄在 6 个月以内的，用等量的米汤或水稀释牛奶或其他代乳品喂养 2 天，以后恢复正常饮食。患儿年龄在 6 个月以上的，给其已经习惯的平常饮食，选用粥、面条或烂饭，加些蔬菜、鱼或肉末等。

民间小偏方 壹

【用法用量】取乌梅 20 克洗净入锅，加水适量，煎煮至汁浓时，去渣取汁，加入淘净的粳米 100 克煮粥，至米烂熟时，加入冰糖稍煮，每日 2 次，趁热服食。

【功效】能泻肝补脾、涩肠止泻。

民间小偏方 贰

【用法用量】藿香、马齿苋、苏叶、苍术各 12 克，洗净，加水 1500 毫升，煎汁。将煎好的药汁平均分为 3 碗，早、中、晚各服用 1 碗。

【功效】健胃、补脾、温肾。

· 推荐药材食材 ·

【五味子】

◎敛气生津、固涩收敛，对于腹泻不止有很好的食疗作用。

【五倍子】

◎敛肺、止汗、涩肠、固精、止血、解毒。主治肺虚久咳、自汗盗汗、久痢久泻。

【糯米】

◎补中益气、健脾养胃、止虚汗，对食欲不佳、腹胀腹泻有一定缓解作用。

党参五味鸡汤

原材料

党参10克，益智仁10克，五味子10克，枸杞15克，鸡翅200克，竹荪5克，鲜香菇20克。

调　料

盐5克。

做　法

①将党参、益智仁、五味子、枸杞洗净，用棉布袋包起；竹荪、香菇洗净；鸡翅洗净，剁小块，用热水汆烫，捞起后沥干水分。②材料放入瓦煲中，武火炖煮至鸡肉熟烂，放入竹荪和香菇，煮约3分钟，挑除药材包即可。

养生功效 五味子能治泻痢，对于腹痛腹泻有奇效。《世医得效方》有用益智仁治疗腹泻的记载："治腹胀忽泻……益智子仁二两。浓煎饮之。"而党参有补中益气之效，可治腹泻症属久病脾虚。此汤除了治疗腹泻之外，还有宁神安心的作用。

人参糯米鸡腿汤

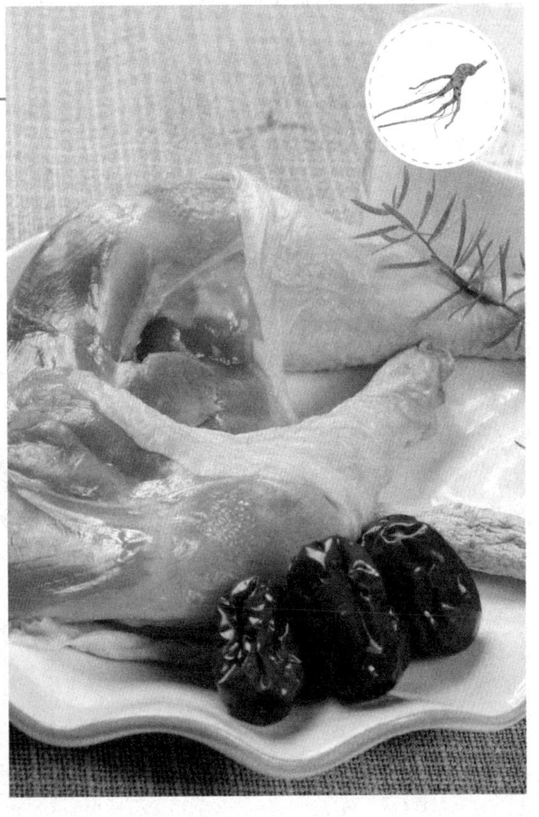

原材料

人参25克，红枣3颗，糯米200克，鸡腿250克。

调　料

盐5克。

做　法

①鸡腿剁块，人参切片，红枣、糯米洗净。②鸡块入沸水中汆烫，捞起用清水洗净。③鸡肉、参片、红枣、糯米一起放入汤锅中，加适量水，用大火煮开后转小火慢炖30分钟，加盐调味即成。

养生功效 糯米含有蛋白质、脂肪、糖类、钙、磷、铁、维生素等，营养丰富，为温补强壮之食品。《本草纲目》说其能"暖脾胃，止虚寒泄痢，缩小便，收自汗，发痘疮"。此汤对因脾虚、脾寒引起的腹泻等症有良好食疗作用。

痤疮

痤疮，俗称青春痘、粉刺、暗疮，是皮肤科常见病、多发病。痤疮常自青春期开始发生，好发于面、胸、肩胛等皮脂腺发达部位。表现为黑头粉刺、炎性丘疹、继发性脓疱或结节、囊肿等。多为肺气不宣，兼感风寒、风热、风湿，以致毛窍闭塞，郁久化火致经络不通，痰凝血瘀，生成痤疮。

典型症状

黑头粉刺，白头粉刺，毛孔粗大，红肿。

家庭防治

皮肤油腻的人，晨起和睡前交替使用中性偏碱香皂和仅适合油性皮肤使用的洗面奶洗脸，并用双手指腹顺皮纹方向轻轻按摩 3 ~ 5 分钟，以增强香皂和洗面奶的去污力，然后用温水或温热水洗干净，彻底清除当天皮肤上的灰尘、油垢。若遇面部尘埃、油脂较多，应及时用温水冲洗。一般洗脸次数以每日 2 ~ 3 次为宜。

民间小偏方

【用法用量】蕺菜 20 克，洗净，加水煎成浓汤，口服，每日数次。同时，将蕺菜叶捣烂，取其汁，涂抹于患处，每日 4 次。

【功效】活血、通络，治痤疮。

民间小偏方

【用法用量】将丹参研成细粉，装瓶。每次 3 克，每日 3 次内服。一般服药 2 周后痤疮开始好转，6 ~ 8 周痤疮数减少。以后可逐渐减量，巩固疗效后，可停药。

【功效】活血化瘀，治疗痤疮。

推荐药材食材

【薏米】

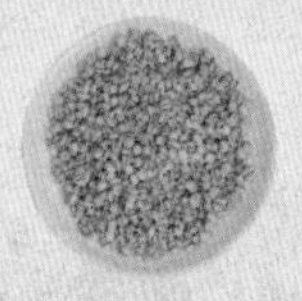

◎归脾、肺、肾经，有渗湿利水、健脾止泻、舒筋、清热排脓之功效。

【枇杷叶】

◎归肺、胃经，煎汁洗脓疮、溃疡、痤疮有良效，亦可内服。

【苦瓜】

◎归心、肺、脾、胃经，有清热解毒、除邪热、润泽肌肤的功效。

薏米猪蹄汤

原材料

薏米200克，猪蹄500克，红枣5颗。

调　料

盐5克，料酒、胡椒粉、葱段、生姜片各适量。

做　法

①薏米去杂质，洗净；红枣去核后泡发。②猪蹄去净毛，洗净，斩块，下沸水锅中汆水，捞出用清水洗净。③将以上材料和葱段、姜片放入煲中，加适量清水，烧沸后改用小火炖至猪蹄熟烂，拣出葱、生姜，加入盐、料酒、胡椒粉调味即可。

养生功效 薏米含有一定的维生素E，常食可以保持人体皮肤光泽细腻，消除粉刺、色斑，改善肤色。中医认为薏米有健脾利湿、清热排脓的功效，而猪蹄含有丰富的胶原蛋白质，可防治皮肤干瘪起皱、增强皮肤弹性。两者合而为汤，可有效改善青春痘肌肤。

薏米甜汤

原材料

薏米200克。

调　料

冰糖适量。

做　法

①薏米泡发后择去杂质洗净。②薏米放锅中加水，大火烧开后，改用慢火煮至薏米透心，捞起放小碗中，另用锅煮沸冰糖水，冲入碗中即成。

养生功效 薏米为禾本科植物薏苡的干燥成熟种仁。其主要成分为蛋白质、维生素B_1、维生素B_2，有使皮肤光滑、减少皱纹、消除色素斑点的功效。此外，薏米还能促进体内血液和水分的新陈代谢。此汤长期食用，能防治褐斑、雀斑、痤疮等，并能滋润肌肤。

枇杷叶炖猪骨

原材料

猪瘦肉200克，凤爪4只，猪骨1块，川贝12克，枇杷叶适量，红枣1颗，桂圆肉10克。

调　料

盐10克，味精5克，糖3克，鸡精3克。

做　法

❶猪瘦肉洗净，切块；猪骨洗净，斩段；凤爪剁去趾甲。❷锅中加水烧开，下入瘦肉、凤爪、猪骨汆熟，捞出洗净。❸将所有原材料放入炖盅内，加入盐、味精、糖、鸡精和适量水，入蒸锅隔水炖2小时即可。

养生功效 川贝清热润肺，而肺主皮毛，故有润肤美肌之效。凤爪，富含谷氨酸、胶原蛋白和钙质，不仅能软化血管，更能使肌肤富有弹性、水润光滑。桂圆肉能益心脾、补气血，具有良好的滋养补益作用。此汤对于痤疮、脸色暗黄等有较好的改善作用。

苦瓜鸡骨汤

原材料

苦瓜200克，鸡胸骨500克，黄芪10克，枇杷叶8克。

调　料

盐适量。

做　法

❶鸡胸骨入沸水中汆烫，捞起冲洗净。❷苦瓜洗净，对半切开，去子和白色薄膜，切块。❸黄芪、枇杷叶洗净备用。❹汤煲里加水800毫升，放入鸡胸骨，大火煲开后转小火煲2小时，再将黄芪、枇杷叶、苦瓜放入汤煲中，煮30分钟，加盐调味即可。

养生功效 苦瓜有清热燥湿、明目解毒等功效。内服能清热、消炎、健脾；外用涂搽、湿敷又有促进肌肤新生、加速伤口愈合、抗菌等功效。适量食用此汤，有助于消除痤疮和嫩白肌肤。

中暑

中暑是指在高温和热辐射的长时间作用下，机体体温调节障碍，水、电解质代谢紊乱及神经系统功能损害的症状的总称。颅脑疾患的病人，老弱及产妇耐热能力差者，尤易发生中暑。中暑是一种威胁生命的急诊病，若不给予迅速有力的治疗，可导致永久性脑损害或肾脏衰竭，引起抽搐和死亡。

典型症状

在高温环境中生活和劳动时出现体温升高、肌肉痉挛和晕厥。

家庭防治

中医认为五脏之系皆附于背（即后背正中线及中线两侧），凡邪气上行则逆，下则顺。通过向下刮痧，使邪气下降，经络中的气机得到通畅而正常运行，所以刮痧能让中暑得以痊愈。

民间小偏方 

【用法用量】绿豆60克，鲜丝瓜花8朵，洗净，用清水1碗，先煮绿豆至熟，捞出豆，再加入丝瓜花煮沸，温服汤汁。

【功效】清热、解暑，治因夏季酷热引起的中暑。

民间小偏方 

【用法用量】锅内加水三碗煮白扁豆50克，水沸后下白米50克小火煎煮，待扁豆已黏软，放入30克冰糖及洗净的鲜荷叶1张，再煮20分钟。

【功效】消暑解热、和胃厚肠。

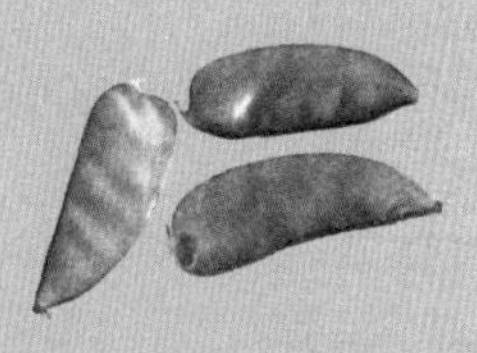

• 推荐药材食材 •

【冬瓜】

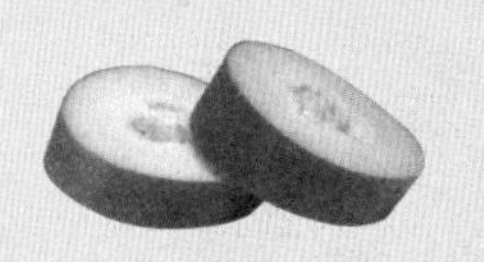

◎有利水、降火、消痰、清热、解毒之功效，可治暑热烦闷。

【西瓜】

◎味道甘甜多汁，清爽解渴，是盛夏的佳果，既能祛暑热烦渴，又能利尿。

【绿豆】

◎甘凉可口，能防暑消热、消肿明目，是夏令饮食中的上品。

西瓜皮丝瓜海蜇汤

原材料

浸发海蜇头250克，西瓜皮250克，鲜丝瓜500克，鲜扁豆100克。

调　料

盐适量。

做　法

①海蜇头、西瓜皮、扁豆、丝瓜均切块。②锅中放适量清水，放入海蜇头、西瓜皮、扁豆武火煮沸，改文火炖1小时，然后放入丝瓜，煮沸片刻，调味即可。

养生功效 西瓜皮是清热解暑、生津止渴的良药。丝瓜所含的皂苷类物质、丝瓜苦味质、黏液质、木聚糖和干扰素等物质具有一定的特殊作用。丝瓜可供药用，有清凉、利尿、活血、通经、解毒之效。此汤适用于暑热伤肺，症见身热口渴、干咳无痰或便秘者。

双瓜脊骨汤

原材料

西瓜500克，冬瓜500克，猪脊骨600克。

调　料

盐5克。

做　法

①将冬瓜、西瓜洗净，切成大块状。②猪脊骨斩件，洗净，汆水。③将清水2000毫升放入瓦煲内，煮沸后加入以上材料，武火煲沸后改用文火煲3小时，加盐调味即可。

养生功效 西瓜果肉有清热解暑、解烦渴、利小便、解酒毒等功效，用来防治一切热症、暑热烦渴。《本经逢原》记载："西瓜，能引心包之热，从小肠、膀胱下泻。能解太阳、阳明中暍及热病大渴，故有天生'白虎汤'之称。"此汤有较好的消暑清热作用。

鱼头冬瓜汤

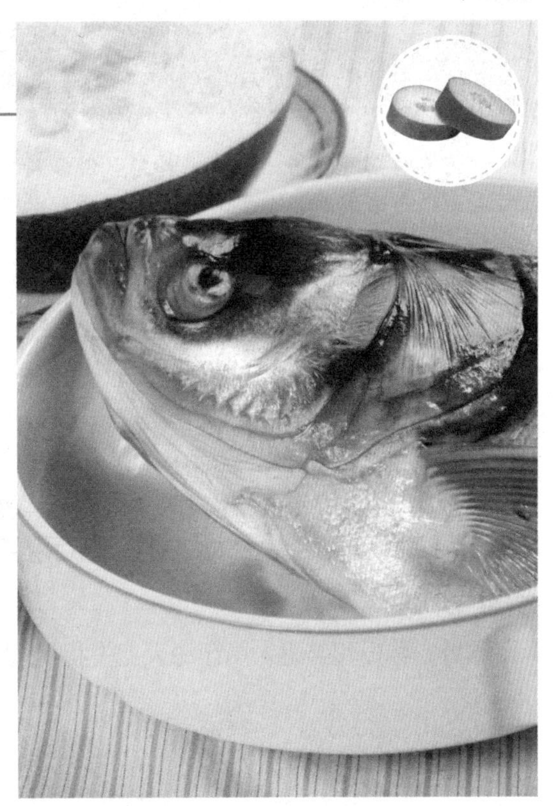

原材料

鱼头450克，冬瓜600克。

调　料

盐5克，生姜片3克。

做　法

①鱼头去鳃，洗净，斩件。②冬瓜去皮、瓤，切成块状。③将清水1200毫升放入瓦煲内，煮沸后放入鱼头、生姜片，煮沸10分钟后再放入冬瓜，煮沸30分钟，加少许盐调味即可。

养生功效 中暑时，喝热的冬瓜汤汁，可使身体内部向外散发水分和热量。此外，冬瓜含有丰富的维生素C，有很好的利尿作用。鱼头有消除疲劳、增进食欲的功效。此汤有清热利尿、开胃消暑的作用，可作为夏季的食疗汤品。

绿豆百合汤

原材料

绿豆200克，干百合100克。

调　料

冰糖20克。

做　法

①绿豆淘洗干净，除去杂质，加清水熬煮或放入电锅蒸煮。②干百合泡发洗净。③待绿豆煮至七分熟时放入百合，用大火煮沸后改用中小火熬煮至绿豆绽开，百合瓣也熟透，加冰糖，续沸10秒后熄火，盖上盖子再闷一会即可食用。

养生功效 绿豆性凉，味甘，有清热解毒之功。夏天在高温环境工作的人出汗多，水液损失很大，体内的电解质平衡遭到破坏，用绿豆煮汤来补充是最理想的方法，能够清暑益气、止渴利尿。此汤甘凉清润，能清余热、除烦解渴。

痔疮

医学所指痔疮包括内痔、外痔、混合痔三类，是肛门直肠底部及肛门黏膜的静脉丛发生曲张而形成的一个或多个柔软静脉团的一种慢性疾病。治疗痔疮的中药大都具清热解毒、凉血止痛、疏风润燥的功效，但须根据症状选择。大便干燥、出血者需润肠通便、活血止血；出血较多者可配合止血药物，如三七粉、云南白药等。口苦、大便秘结者可适当地清热泻火。

典型症状

便时出血，血色鲜红，便时出现。出血量一般不大，但有时也可较大量出血。便后出血自行停止。便秘粪便干硬、饮酒及进食刺激性食物等是出血的诱因。痔疮发展到一定程度即能脱出肛门外，痔块由小变大，由可以自行恢复变为须用手推回肛门内。

家庭防治

司机、孕妇和坐班人员在每天上午和下午各做 10 次提肛动作，可以有效预防痔疮。

民间小偏方

【用法用量】木耳 10 克，贝母 15 克，苦参 15 克，洗净，水煎，每日 2 次分服。

【功效】治内痔，便时无痛性出血。

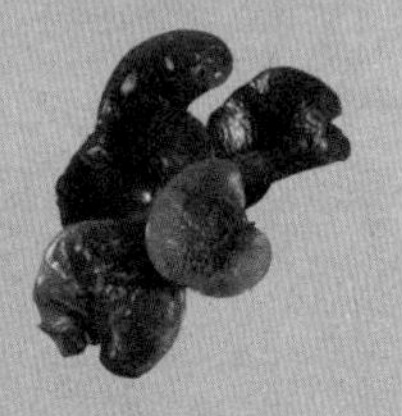

民间小偏方

【用法用量】槐花 15 克，地榆 15 克，苦参 15 克，赤芍 10 克，洗净，水煎，每日 2 次分服。

【功效】治内痔引起的便时无痛性出血，肛门灼热。

• 推荐药材食材 •

【槐花】

◎凉血止血、清肝泻火。主治便血、痔血、血痢、崩漏、吐血、衄血、肝热目赤。

【猪肠】

◎清热、祛风、止血。主治肠风便血、血痢、痔漏、脱肛等。

【蛤蜊】

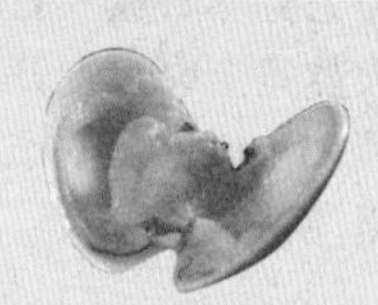

◎滋阴、利水、化痰软坚。主治消渴、水肿、痰积、瘿瘤、崩漏、痔疮等。

木耳猪肠汤

原材料

无花果 50 克，黑木耳 20 克，马蹄 100 克，猪肠 400 克，猪瘦肉 150 克，蜜枣 3 颗。

调　料

盐 5 克，花生油适量、生粉 5 克。

做　法

①无花果、黑木耳洗净，浸泡 1 小时；马蹄去皮，洗净；猪肠翻转，冲洗干净，切段氽水。②猪瘦肉洗净，切块，入沸水中氽烫。③瓦煲放水煮沸，加入以上用料，武火煲沸后改用文火煲 3 小时，加盐调味即可。

养生功效 木耳除了众所周知的养血驻颜功效之外，它还能防治因气虚或血热所致腹泻、崩漏、尿血、痔疮、脱肛、便血等病症。猪肠性平，味甘，常用来“固大肠”，作为治疗久泻脱肛、便血、痔疮的辅助品。此汤可用以辅助治疗内痔。

薏米猪肠汤

原材料

薏米 20 克，猪小肠 120 克。

调　料

米酒 5 毫升、姜粉、盐各适量。

做　法

①薏米洗净，用热水泡 1 小时；猪小肠洗净，放入开水中氽烫至熟，切小段。②将猪小肠、薏米放入锅中，加适量水煮沸，放入米酒，转中火续煮 30 分钟。③加盐、姜粉调味即可。

养生功效 中医认为，久病会耗伤脾气，而脾为气血升华之源，是人体气血的统领。脾气受伤，则会使气血亏损。气虚不能摄血，导致痔疮脱垂，出血加剧。而猪肠除了有“固肠”之用，也有健脾之功。此汤可通过健益脾胃、统摄气血来治疗痔疮脱垂下血。

酸菜粉丝猪肠汤

原材料

酸菜60克，竹荪50克，粉丝30克，猪肠400克。

调　料

姜丝5克，糖3克，盐5克。

做　法

①酸菜浸泡1小时，洗净，切成条状；竹荪折成约两个指节长短的条状，泡发洗净。②粉丝泡发洗净；猪肠洗净，切段。③瓦煲内清水煮沸后放入酸菜、竹荪、姜丝，武火煲滚后改用文火煲30分钟，加入粉丝和猪肠，熟后加盐、糖调味即可。

养生功效 酸菜最大限度地保留了原有蔬菜的营养成分，富含维生素C、氨基酸、膳食纤维等营养物质，由于酸菜采用的是乳酸菌优势菌群的储存方法，所以含有大量的乳酸菌，有保持胃肠道正常生理功能之功效。此汤既可防治痔疮之疾，又能补益脾胃。

生地槐花脊骨汤

原材料

生地50克，槐花20克，猪脊骨500克，蜜枣4颗。

调　料

盐5克。

做　法

①生地、槐花洗净，浸泡1小时。②猪脊骨斩件，汆水，洗净；蜜枣洗净。③将2000毫升清水放入瓦煲内，煮沸后加入以上材料，武火煲沸后，改用文火煲3小时，加盐调味。

养生功效 生地黄有清热凉血、益阴生津之功效。槐花清热解毒、凉血止血，可防治痔疮下血。猪脊含多种营养成分，可补充痔疮患者缺乏的铁元素，同时能育阴清热，是痔疮患者的理想膳食。此汤清热益阴、凉血止血，适合痔疮证属热伤肠络者。

槐花猪肠汤

原材料

猪肠 500 克，猪瘦肉 250 克，槐花 90 克，蜜枣 2 颗。

调　料

盐适量。

做　法

①猪肠洗净；槐花洗净，装进大肠内，扎紧大肠两头；猪瘦肉洗净，切块。②把装有槐花的猪肠与猪瘦肉、蜜枣一起放入锅内，加适量清水，武火煮沸后改文火煲 2~3 小时，加盐调味即可。

养生功效 此汤的做法，源自于《奇效良方》中的猪脏丸，其将槐花炒研为末，纳入肠中，用米醋煮烂，作丸服，有补血、益气、健胃、润肺、调胃之功能，对老人、儿童、产妇滋补皆有益效。此汤适用于痔疮便血作痛、多食易饥、肛门重坠者。

蛤蜊冬瓜汤

原材料

蛤蜊300克，冬瓜500克。

调　料

生姜3片，葱5克，盐8克，生油适量。

做　法

①蛤蜊置清水浸泡 3~4 小时，使其吐尽泥沙；葱洗净，切花；冬瓜洗净，去皮，切薄块。②在瓦煲内加入清水 1250 毫升和姜，武火煲沸后加入冬瓜煮约 10 分钟，再放下蛤蜊煮约 5 分钟至蛤蜊熟，调入适量盐和生油、葱花便可。

养生功效 蛤蜊肉质鲜美无比，被称为“天下第一鲜”，而且它的营养也比较全面，它含有蛋白质、脂肪、碳水化合物、铁、钙、磷、碘、维生素、氨基酸和牛磺酸等多种成分，低热能、高蛋白、少脂肪，能防治多种疾病。此汤适用于老年人之痔疮及水肿。

银耳海参猪肠汤

原材料

猪肠500克，银耳30克，海参250克。

调　料

盐适量。

做　法

❶银耳用清水浸开，洗净；海参泡开洗净，切丝；猪肠洗净，切小段。❷把全部材料放入锅内，加清水，武火煮沸后改文火煲1~2小时，加盐调味即可。

养生功效 银耳性平无毒，既有补脾开胃的功效，又有益气清肠的作用。海参具有提高记忆力、延缓性腺衰老，防止动脉硬化以及抗肿瘤等作用。猪肠作为治疗久泻脱肛、便血、痔疮的辅助品，三者合用，对于治疗痔疮有明显疗效。

海带蛤蜊排骨汤

原材料

泡发海带结200克，蛤蜊300克，排骨250克，胡萝卜半根。

调　料

姜1块，盐5克。

做　法

❶蛤蜊泡在淡盐水中，待其吐沙后，洗净，沥干；胡萝卜削皮，洗净，切块；姜洗净，切片。❷排骨去血水，捞出冲净；海带结洗净。❸将排骨、姜、胡萝卜、蛤蜊、海带结一起放入炖盅内，加适量清水，上笼蒸2小时，加盐调味即可。

养生功效 海带中褐藻酸钠盐对出血症有止血作用，蛤蜊具有滋阴润燥、利尿消肿、软坚散结作用，《本草经疏》中记载"蛤蜊其性滋润而助津液，故能润五脏、止消渴……"，因而有润肠通便的功效，二者合用，对缓解痔疮有一定疗效。

第二章 现代病食疗好汤膳

抑郁症

抑郁症是一种心境障碍，其病因多种多样，是遗传、生物、心理和社会等因素相互作用共同造成的结果。

抑郁症患者常常情绪低落、悲观，缺乏自信，缺乏主动性，承受着极大的精神和躯体痛苦。抑郁症属中医“郁证”范畴，主要是由情志所伤、肝气郁结，引起五脏气机不和，肝、脾、心三脏受累以及阴阳气血失调所致。

典型症状

思维迟缓、寡言少语、睡眠障碍，常个人独处，运动受抑制，不爱活动，长期悲观厌世，重症患者容易产生自杀念头和行为。

家庭防治

早晚练习观息法，平躺在床上或盘腿而坐，轻轻闭上双眼，利用腹部的扩张和收缩带动隔膜的上升和下降，带动肺泡呼吸空气。起初每次持续 20 分钟，之后可延长到 40 分钟至 1 个小时。

民间小偏方

【用法用量】取绿萼梅 3 克，粳米 30 ~ 60 克。将粳米淘净，加水煮成稀粥，加入洗净的绿萼梅，稍煮片刻，盛出食用。

【功效】疏肝解郁、理气和中，主治精神抑郁、头昏脑涨、疲倦乏力等。

民间小偏方

【用法用量】取当归、白术、茯苓、甘草、白芍、柴胡各 6 克，栀子、牡丹皮各 3 克，洗净以水煎服，每天 1 剂。

【功效】补血养血、健脾燥湿、宁心安神，有清肝泻火、顺气解郁的作用。

• 推荐药材食材 •

【百合】

◎宁心安神、清火润肺，用于阴虚久咳、虚烦惊悸、失眠多梦、精神恍惚。

【柏子仁】

◎滋养心肝、益胆气，治烦热、长期失眠、心慌心悸。

【麦冬】

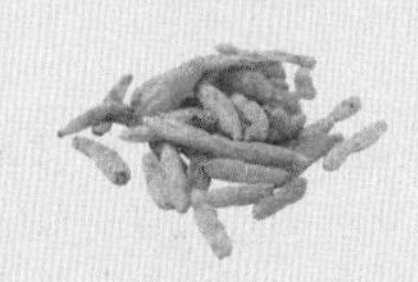

◎清心润肺、益胃生津、清心除烦，主治肺燥干咳、肠燥便秘、心烦失眠。

茯苓鸡腿汤

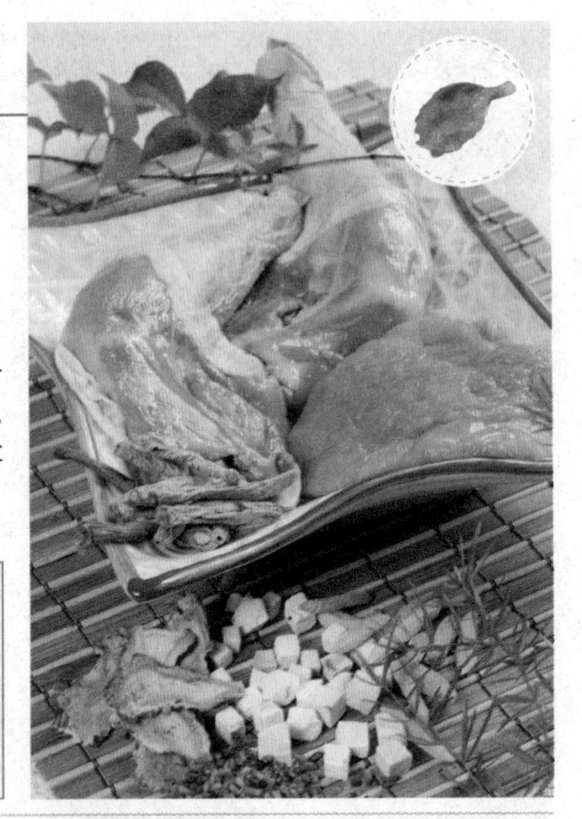

原材料

鸡腿300克，猪瘦肉100克，党参、茯苓、麦冬各10克，当归、柏子仁各5克。

调　料

生姜片、盐各适量。

做　法

①将鸡腿、猪瘦肉洗净，斩块；各类药材洗净。②将鸡腿、猪瘦肉汆水，捞出洗净。③将所有原材料放入炖盅内，加适量清水，大火煲滚后用文火炖2小时，调味即可。

养生功效 柏子仁性平，味甘，归心、肾、大肠经。《本草纲目》记载："（柏子仁）安魂定魄，益智宁神……柏子仁性平而不寒不燥，味甘而补，辛而能润，其气清香，能透心肾，益脾胃。"此汤特别适合虚烦不眠、抑郁心烦者食用。

扁豆排骨汤

原材料

扁豆30克，麦冬20克，排骨600克，蜜枣3颗。

调　料

盐5克。

做　法

①扁豆、麦冬洗净；蜜枣洗净。②排骨洗净，斩件，汆水。③将清水2000毫升放入瓦煲内，煮沸后加入以上材料，武火煲沸后改用文火煲3小时，加盐调味即可。

养生功效 麦冬性微寒，味甘、微苦，归心、肺、胃经，滋阴润燥作用较好，适用于有阴虚内热、干咳津亏之象的病症。麦冬用于清养肺、滋阴清心。此汤因添加了麦冬，清心除烦功效较好，对抑郁症有缓解作用。

慢性疲劳综合征

慢性疲劳综合征是一种应激性疾病，是典型的亚健康病症之一。脑力劳动者是慢性疲劳的易发人群。

脑力劳动者用脑强度过大，还承受巨大的工作和生活压力，如果这些压力得不到及时的发泄、缓解，精神上长时间处于紧绷状态，很容易患上慢性疲劳综合征。中医认为慢性疲劳综合征多因元气耗伤之虚证与心理不畅所致，涉及五脏六腑，尤其与脾、肝、肾有密切关系。

典型症状

四肢无力、关节酸痛、食欲减退、消化不良、失眠、注意力不集中、心律失常、思维能力下降和性欲减退等，严重时会导致长期精神抑郁，身体极度虚弱。

家庭防治

适量进行一些简单的运动，或者到户外呼吸新鲜空气，放松自己。办公休息间隙要多走动，按摩眼部、颈部和腰部等易疲劳部位，这些对减轻或消除身心疲惫大有裨益。

民间小偏方 壹

【用法用量】取银杏叶5克，洗净放入杯中加开水冲泡，待银杏叶泡开后饮用，新鲜银杏叶更佳。

【功效】扩张心脑血管，改善心脑血管供氧量，消除疲劳，抗衰老。

民间小偏方 贰

【用法用量】取生山楂10克，生薏米100克，洗净放入锅中，加水适量，煮成粥食用。

【功效】健脾消食，促进新陈代谢，有效缓解疲劳。

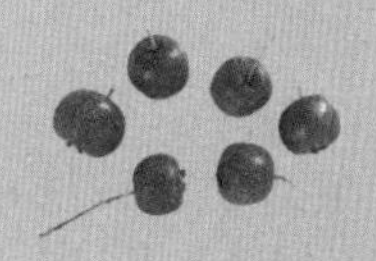

· 推荐药材食材 ·

【西洋参】

◎补气养阴、清热生津、泻火除烦，有对抗疲劳、增强机体免疫功能。

【党参】

◎补中益气、健脾益肺，对神经系统有兴奋作用，能增强机体抵抗力。

【冬虫夏草】

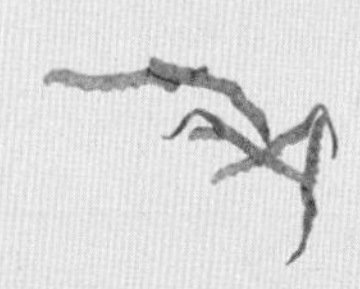

◎阴阳双补、起萎固精、益阴补肺，具有滋补、免疫调节等功效。

参须蜜梨乌鸡汤

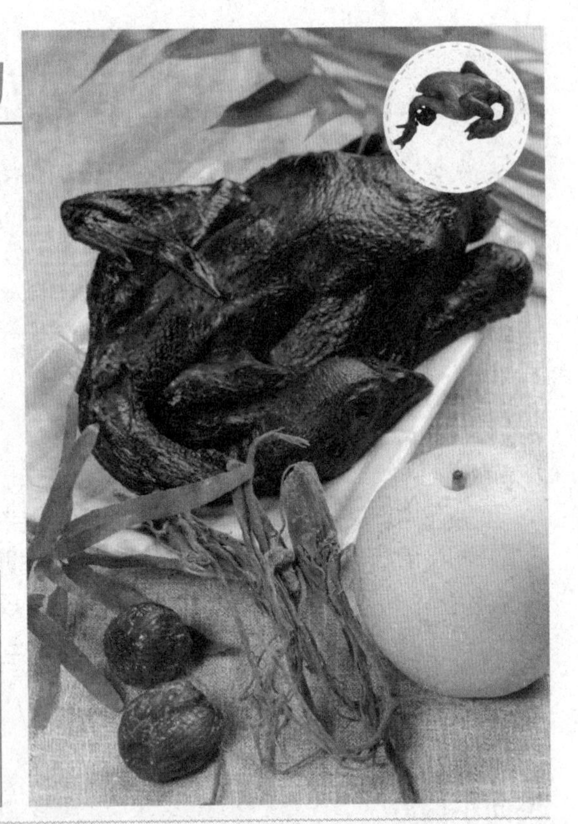

原材料

花旗参须10克，蜜梨300克，乌鸡400克，蜜枣2颗。

调　料

盐3克。

做　法

❶花旗参须洗净；蜜梨洗净，去心，切成4块。❷乌鸡斩件，洗净；蜜枣洗净。❸将1600毫升清水放入瓦煲内，煮沸后加入以上材料。❹武火煲开后，改用文火煲2小时，加盐调味即可。

养生功效 西洋参性凉，味甘、微苦，归心、肺、肾经。西洋参中的皂苷可以有效增强中枢神经，达到静心凝神、消除疲劳等作用，可适用于失眠、烦躁、记忆力衰退及阿尔茨海默病等。加乌鸡能增强功效，让此汤对慢性疲劳的治疗效果更好。

党参牛蛙汤

原材料

牛蛙600克，猪瘦肉160克，党参40克。

调　料

盐适量。

做　法

❶牛蛙切块，洗净；党参、猪瘦肉洗净。❷瓦煲置火上，加清水烧沸，下牛蛙、猪瘦肉和党参，旺火烧沸后改中火煲约2小时，用盐调味即可。

养生功效 党参性平，味甘、微酸，归脾、肺经，有减缓疲劳的作用，其所含的营养素可提高中枢神经系统的兴奋性，提高机体活动能力，故而能减轻其疲乏感。党参对中气不足的体虚倦怠有很好的疗效，因此此汤能缓解慢性疲劳综合征。

失眠多梦

失眠多梦是指睡眠质量差，从睡眠中醒来后自觉乱梦纷纭，并常伴有头昏神疲的一种脑科常见病症。

失眠多梦的病因主要包括环境的改变、身体疾病、情绪变化、不良习惯以及药物作用等。中医认为，失眠多梦的根源是机体内在变化，常见的如气血不足、情志损伤、阴血亏虚、劳欲过度等。长期失眠多梦会引起免疫力下降，导致肥胖症、神经衰弱和抑郁症，严重的则会出现精神分裂。

典型症状

无法入睡，无法保持睡眠状态，早醒、醒后很难再入睡，频频从噩梦中惊醒，常伴有焦虑不安、全身不适、无精打采、反应迟缓、头痛、记忆力不集中等症状。

家庭防治

睡眠不好的人应选择软硬、高度适中，回弹性好，且外形符合人体整体正常曲线的枕头，这样的枕头有助于改善睡眠质量，防止失眠多梦的产生。

民间小偏方

【用法用量】将芦荟叶洗净去刺后捣烂取汁，睡前用开水服两小匙芦荟汁，每天坚持服用。

【功效】芦荟镇肝风、清心热、解心烦，此法适用于头痛和失眠症。

民间小偏方

【用法用量】取桂圆肉、酸枣仁各10克，芡实15克，洗净煮汤，睡前饮用。

【功效】补益心脾、养血安神、宁心养肝，适用于失眠健忘、惊悸不安。

• 推荐药材食材 •

【五味子】

◎益气生津、补肾养心、收敛固涩，适宜盗汗、心悸、多梦、失眠者服用。

【远志】

◎安神益智、祛痰开窍，主治失眠多梦、健忘惊悸、神志恍惚、咳痰不爽。

【龙骨】

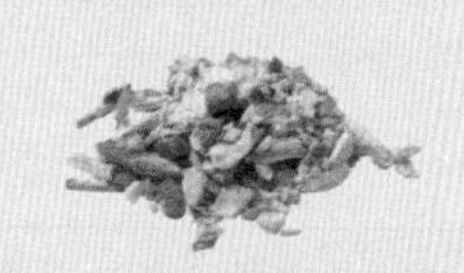

◎重镇安神、平肝潜阳、敛汗固精，主治心悸怔忡、失眠健忘、头晕目眩。

远志茯神炖猪心

原材料

远志8克，茯神20克，猪心200克，猪瘦肉100克。

调　料

生姜片、盐各适量。

做　法

①中药材洗净；猪瘦肉、猪心分别洗净，切块。②锅内烧水，水开后放入猪心、瘦肉滚去血污，捞出洗净。③将远志、茯神、猪心、瘦肉片、生姜片放入炖盅内，加适量开水，大火烧沸后改小火慢炖1小时，加盐调味即可。

养生功效 远志性微温，味苦、辛，归心、肾、肺经，善宣泄通达，既能开心气而宁心安神，又能通肾气而强志不忘，为交通心肾、安定神志之佳品。主治心肾不交之心神不宁、失眠等症，常与茯神、龙齿、朱砂等同用。本汤中远志茯神同煮，效果更好。

山药乌鸡汤

原材料

五味子8克，山药30克，乌鸡500克。

调　料

生姜片、盐各适量。

做　法

①五味子、山药洗净。②乌鸡洗净，切块，入沸水中氽去血水，捞出洗净。③将乌鸡、五味子、山药、生姜片一起放入瓦煲内，加适量清水，大火烧沸后改用小火慢煲1小时，加盐调味即可。

养生功效 五味子性温，味酸、甘，归肺、心、肾经。五味子具有很好的安神作用，常用五味子煲汤饮用，可治疗失眠，本汤加乌鸡同煮，效果更显著。坚持饮用泡开的五味子水，也能很好地缓解失眠症状。

健忘症

健忘症，是大脑在短时间内丧失记忆的一种状态，它属于短暂记忆障碍。健忘症可分为器质性健忘和功能性健忘两类。

器质性健忘是由脑肿瘤、脑外伤等脑部疾患，或者全身性疾病导致大脑皮层记忆神经受损，由此造成记忆力减退甚至丧失的健忘症。持续的压力和紧张使大脑疲劳过度，导致记忆在大脑皮层印刻不深，出现遇事善忘现象；随着年龄的增长，大脑机能逐渐退化，记忆力逐渐下降，这两类健忘都属于功能性健忘症。

典型症状

善忘失眠，多梦易醒，常伴有心悸心慌、精神萎靡、头晕眼花、腰膝酸软、四肢无力等症状。

家庭防治

双手搓热后交叉揉搓脚心，使脚心发热，或者用手指指腹按脚心向脚趾的方向，按摩脚掌 100 ~ 200 次。这样能补脑益肾、益智安神、活血通络，可以防治健忘、失眠等病症。

民间小偏方 壹

【用法用量】取芝麻适量，洗净将其捣烂，加入少量白糖冲开水服用，早晚各一次，7 天为 1 个疗程，坚持 5 ~ 6 个疗程。

【功效】补肝肾、益精血，用于肝肾虚损、精血不足，可强健身体、抵抗衰老。

民间小偏方 贰

【用法用量】用南瓜做菜食，每天一次，疗程不限。

【功效】补中益气，强肾健脾，清心醒脑。

推荐药材食材

【山药】

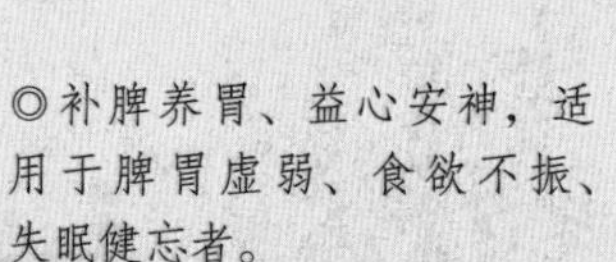

◎补脾养胃、益心安神，适用于脾胃虚弱、食欲不振、失眠健忘者。

【核桃仁】

◎补肾温肺、健脑防老，有补虚强体、增强脑功能的作用。

【桂圆】

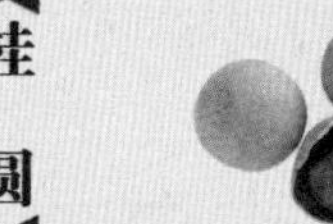

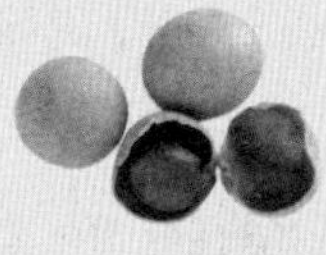

◎养血安神、补心长智，主治贫血、心悸、失眠、健忘、神经衰弱。

党参山药猪肉汤

原材料

猪腱肉500克，党参30克，山药30克，莲子60克，红枣8克。

调 料

盐适量。

做 法

①将山药、莲子（去心）洗净后，用清水浸泡30分钟。②党参、红枣（去核）洗净；猪腱肉洗净，切块。③把全部材料放入锅内，加清水适量，武火煮沸后转文火煲2~3小时，加盐调味即可。

养生功效 山药富含18种氨基酸和10余种微量元素及其他矿物质，有健脾胃、补肺肾、固肾益精等作用，可适用于脾胃虚弱、食欲不振、失眠健忘等症。李时珍《本草纲目》中有“健脾补益、滋精固肾、治诸百病、疗五劳七伤”之说。山药煮汤食用，加党参同煮，既可宁心安神，还能缓解失眠健忘。

核桃熟地猪肠汤

原材料

猪肠500克，核桃仁120克，熟地60克，红枣4颗。

调 料

盐适量。

做 法

①核桃仁用开水烫，去衣；熟地洗净；红枣（去核）洗净。②猪肠洗净，氽烫，切小段。③把全部材料放入蒸锅内，加适量清水，文火隔水蒸3小时，调味即可。

养生功效 中国医学认为核桃性温，味甘，无毒，有健胃、补血、润肺、养神等功效。《神农本草经》将核桃列为久服轻身益气、延年益寿的上品。现代研究也表明，核桃中的磷脂，对脑神经有良好保健作用。核桃煮汤常食，更可有效地缓解健忘症。

食欲不振

食欲不振是指由于过度疲劳、情绪紧张、不良习惯和药物刺激等因素引起的一种对食物缺乏需求的状态。除上述原因之外，各种身体疾病也会引起食欲不振。

在下丘脑，有两个调节摄食的中枢，一个是饱足中枢，另一个是嗜食中枢，这两个中枢功能发挥正常就能调节、控制摄食。中医认为身体虚弱是产生食欲不振的根本原因，如胃阴不足、脾阳不振，或中气下陷、肾亏火衰、气滞血瘀等。

典型症状

除食欲减退之外，常伴有头晕眼花、疲倦乏力、腹痛腹泻和营养不良等症状，严重者可能会出现厌食症。

家庭防治

用拇指指腹掐揉合谷穴，力量由轻渐重，每次掐揉 30 秒至 1 分钟，重复操作 30 ~ 50 次。此法适用于各种人群，合谷穴位于手虎口间，略偏食指的凹陷处。

民间小偏方

【用法用量】将 30 克青梅洗净，和 100 克黄酒放入瓷碗中，置蒸锅中蒸炖 2 分钟，去渣后饮用。

【功效】醒胃、杀虫、止痛，用于食欲不振、蛔虫性腹痛以及慢性消化不良性泄泻。

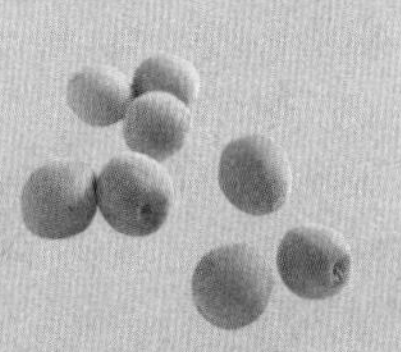

民间小偏方

【用法用量】取绿豆、粳米洗净放入锅中，加适量水，小火慢慢熬煮成粥，每天早晚做正餐食用。

【功效】和脾胃、祛内热，适合脾胃不和、食欲不振、消化力弱者。

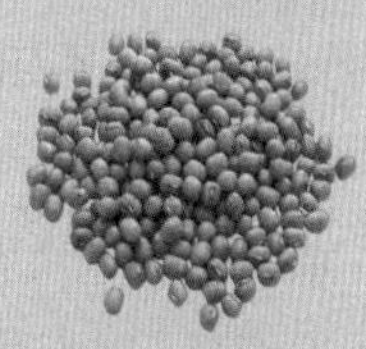

• 推荐药材食材 •

【山楂】

◎和胃消食、行气散瘀、活血化痰，能开胃消食，促进食欲。

【白术】

◎健脾益气、燥湿利水，对脾虚少食、腹胀泄泻有良好的治疗效果。

【蘑菇】

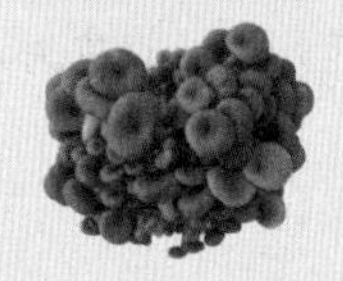

◎益气开胃、润燥化痰，能提高机体免疫力。

党参白术山药鲫鱼汤

原材料

鲫鱼1条，党参15克，白术15克，山药30克。

调　料

盐适量。

做　法

①鲫鱼剖净，去内脏，洗净；党参、白术、山药分别洗净，放入锅内，加水煎取药汤，去渣，煎两次，两汤合并。②把鲫鱼放入砂锅内，再放入药汤，武火煮沸后，改用文火煲至鱼肉熟，加盐调味即可。

养生功效 白术性温，味苦、甘，归脾、胃经，可用于脾胃气虚、运化无力、食少便溏等症。白术有补气健脾之效，治疗脾气虚弱、食少神疲，常配伍人参或者党参同用，以益气健脾。本汤中，多味药材同煮，对治疗食欲不振效果更明显。

鸡肉香菇汤

原材料

鸡肉200克，香菇100克。

调　料

葱、生姜、盐各适量。

做　法

①香菇洗净，切片，焯水后捞出待用；鸡肉洗净，切丁；生姜洗净，切片；葱切花。②将鸡肉丁、生姜片入锅中煮开后，倒入香菇同煮，煮开后加盐、葱花调味。

养生功效 香菇性微寒，味甘，入肝、胃经，有益气开胃的作用，特别适合久病虚羸及老人、小儿体弱者食用。本汤中，取香菇补脾益气，加鸡肉以增强补益之力，对于脾虚气弱、食欲不振、身体倦怠者有特别疗效。

视力减退

视力减退是一种常见的眼部疾患，生活、工作中如果用眼不当、用眼过度，就很容易导致视力减退。随着年龄的增长，人体各器官会出现退行性变，即所谓的“老化”，这其中就包括眼睛老化，表现为近视、远视、散光、视物模糊等。中医认为，视力减退多是禀赋不足、肝肾不足、气血虚弱致使目失所养而引起。药膳汤治疗视力减退关键在于滋补肝肾、益气养血。

典型症状

看书、看报时感觉字迹重影、浮动不稳，视物短暂模糊不清，常伴有眼睛干涩、发痒、胀痛以及身体容易疲倦，且头痛眩晕、食欲不振等症状。

家庭防治

洗净双手，眼睛微微闭上，眼球呈下视状态。以上眶缘为支撑，用手掌的下端，轻轻地按压眼球角膜上缘上端，由外向内侧按揉眼球。此法可缓解视疲劳，预防近视，延缓眼部衰老。

民间小偏方 

【用法用量】鲜枸杞叶50克，猪心一具，花生油适量。将花生油烧热后，加入洗净切片的猪心与枸杞叶，炒熟，再加入食盐调味即可食用。

【功效】补肝益精，养心安神，清热明目。

民间小偏方 

【用法用量】取黄秋葵（羊角豆）15～30克，冰糖30克，开水炖服。

【功效】补肾，保护视网膜，预防白内障，用于肝火旺引起的视物不清。

• 推荐药材食材 •

【枸杞】

◎养肝滋肾、滋阴壮阳，治疗肾虚精亏、头晕目眩、视物模糊。

【决明子】

◎清热平肝、降脂降压、明目益睛，适于眼睛疲劳人群。

【猪肝】

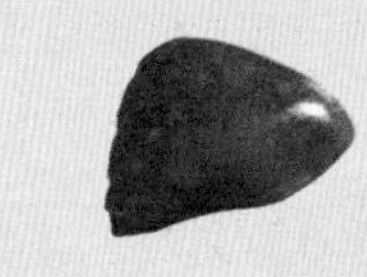

◎补肝、明目、养血，适宜肝血不足所致的视物模糊、眼干燥症。

熟地枸杞炖甲鱼

原材料

甲鱼1只(约250克)、熟地15克，枸杞30克。

调　料

盐适量。

做　法

①熟地洗净，切小片；枸杞洗净；甲鱼用沸水烫，让其排尽尿，去肠脏、头、爪，洗净，斩件。②把全部材料放入炖盅内，加开水适量，炖盅加盖，用文火隔开水炖2小时，调味即可。

养生功效 枸杞是一味良药，中医很早就有“枸杞养生”的说法。《本草纲目》记载：“枸杞，补肾生精，养肝……明目安神，令人长寿。” 熟地性温，可以补虚，能增加枸杞药性，与甲鱼同煮汤，明目养血效果更好。

决明五味炖乌鸡

原材料

决明子12克，五味子10克，乌鸡1只。

调　料

姜5克，葱10克，盐5克。

做　法

①决明子、五味子洗净；乌鸡宰杀后去毛、内脏及爪；姜拍松；葱捆成把。②把盐抹在鸡身上，将姜、葱、决明子、五味子放入鸡腹内，再将鸡入炖锅内，加清水1500毫升。③把炖锅置武火上烧沸，再用文火蒸煮1小时即成。

养生功效 决明子以其有明目之功而名之，性微寒，味苦、甘、咸，入肝、肾、大肠经，不但可润肠通便、降脂明目，还可治疗便秘及高血脂、高血压。现代“电视族”“电脑族”等易引起眼睛疲劳的人群不妨常喝本汤。

用脑过度

用脑过度，是指由于长时间、高强度用脑引起的头昏眼花、听力下降、四肢乏力、记忆力下降和思维迟钝等一系列症候群，也称为过度用脑综合征。

大脑是人体的司令部，调节全身的生理活动，可谓功能强大。但大脑也非常脆弱，用脑过度会造成生理功能失衡和心理功能失衡，如损害思维能力，诱发神经衰弱、失眠等病症。如果长期用脑过度，容易导致肾虚，甚至脑死亡。

用脑过度后果严重，为此必须合理、科学用脑，不要长时间工作，避免经常加班熬夜，保持正常睡眠。

典型症状

头昏脑涨、精神萎靡、耳鸣目眩、思维迟钝、腰膝酸软，常伴有头痛、恶心、呕吐、失眠等症状。

家庭防治

用手指按揉背部肾俞穴，至按揉部位出现酸胀感，且腰部微微发热即可，能解除乏力、疲劳等不适。肾俞穴位于腰部第二腰椎棘突下，左右二指宽处。

民间小偏方

【用法用量】淡水鱼头250克，洗净劈开，核桃肉25克及黄豆50克洗净，加调料炖汤一次吃完，一日一次。

【功效】补精添髓，健脑养脑，通神益智。

民间小偏方

【用法用量】取干荔枝5枚，粳米50克洗净，煮成粥食用，每日2次。

【功效】通神、益智、健气，能有效恢复脑力。

推荐药材食材

◎大补元气、安神益智，适用于劳伤虚损、气短神疲等症。

◎补肾壮阳、温脾止泄，适合长期从事脑力劳动者和体质虚弱者。

◎补肝肾、益精血，有增强免疫力、延缓衰老的作用。

人参莲子汤

原材料

人参 10 克，莲子 100 克。

调　料

冰糖 30 克。

做　法

①将人参洗净；莲子去心洗净。②将人参、莲子一起放在碗内，加清水适量泡发。③再加入冰糖，将碗置蒸锅内，隔水蒸炖 1 小时。

养生功效 医书《神农本草经》认为，人参有“补五脏、安精神、定魂魄、止惊悸、除邪气、明目、开心、益智”的功效，“久服轻身延年”。现代医学研究表明，人参内含有一种叫人参皂苷的化学物质，它对调节人的中枢神经系统、抗疲劳等有明显功效，也可舒缓脑部神经。用脑过度人群可常喝此汤。

益智仁炖牛肉汤

原材料

益智仁 30 克，肉苁蓉 20 克，枸杞 30 克，牛肉 500 克。

调　料

姜片 5 克，大蒜 30 克，鱼露 5 克，味精 3 克，胡椒粉 5 克，食用油适量。

做　法

①益智仁、枸杞、肉苁蓉洗净。②牛肉洗净，切块，用热油稍炒，盛出。③全部用料连同姜片、大蒜一起放入砂锅内，加适量清水，武火煮沸后改文火煲 3 小时，加鱼露、味精、胡椒粉调味即可。

养生功效 《本草求实》记载：“益智，气味辛热，功专燥脾温胃，及敛脾肾气逆，藏纳归源，故又号为补心补命之剂。”益智仁与牛肉同煮，具有醒脑开窍、平衡大脑神经功能、改善脑部气血循环、增强大脑神经反射的功能，尤其适宜用脑过度的人群食用。

焦虑症

焦虑是常见的一种不愉快的、痛苦的情绪状态，并伴有躯体方面不舒服体验。当焦虑持续的时间过长而变成病理性焦虑时，即被称为焦虑症。

焦虑症的产生与遗传因素、不良事件、应激因素和躯体疾病等有密切关系，这些因素会导致机体神经—内分泌系统出现紊乱，神经递质失衡，最终引发焦虑症。焦虑症属中医“郁证”范畴，多是七情过度、情志不舒、气机郁滞造成脏腑功能失调，以及机体的营养平衡失调所致。

典型症状

心烦意乱、提心吊胆、缺乏安全感，严重时坐卧不宁、忧虑恐惧，常伴有食欲不振、失眠多梦、四肢发冷、心慌气短等症状。

家庭防治

在织物上滴 1 ~ 2 滴薰衣草油，然后轻轻地吸入，也可以涂一滴在太阳穴处，可以有效地防治焦虑症。

民间小偏方

【用法用量】取龙眼 10 克洗净，配冰糖适量，炖服，或将龙眼泡茶、煮粥、泡酒服用。

【功效】镇静、宁心、安神，抑制焦虑症状。

民间小偏方

【用法用量】水发银耳 200 克，莲子 30 克，薏米 10 克，冰糖适量。银耳洗净择成小朵，同洗净的莲子、薏米加水煮 45 分钟，加入冰糖调味。

【功效】清热解渴、养胃健脾、祛湿补血、滋阴顺气。

推荐药材食材

◎滋阴生津、润肺止咳、清心除烦，主治虚痨咳嗽、津伤口渴、心烦失眠。

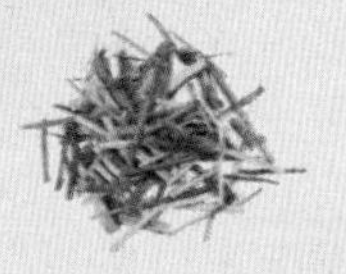

◎疏肝解郁、透表泄热、升举阳气，主治肝郁气滞、脾胃湿热、胸胁胀痛。

◎补中益气、养血安神、健脾益胃，治疗心烦失眠、疲倦无力、精神不安。

杞枣鸡蛋汤

|原材料|

枸杞 30 克，红枣 9 颗，鸡蛋 2 个。

|调　料|

冰糖适量。

|做　法|

①枸杞用温水洗净，沥干后备用；红枣洗净，去核。②将枸杞、红枣一起放于炖盅中，加适量清水烧开。③加入鸡蛋煮至熟，出锅前加盐调味即可食用。

养生功效 红枣具有补虚益气、养血安神、健脾和胃等功效，是脾胃虚弱、气血不足、倦怠无力、失眠等患者良好的保健营养品，常喝鸡蛋枸杞汤，对焦虑症、失眠的患者都有好处。而且常吃红枣还有美容养颜的功效。

麦冬瘦肉汤

|原材料|

莲子 30 克，百合（干品）5 克，麦冬 12 克，猪瘦肉 200 克。

|调　料|

生姜片、盐各适量。

|做　法|

①百合、莲子、麦冬洗净。②猪瘦肉洗净，切块，氽去血水洗净。③将原材料放入瓦煲内，加清水，放入生姜片，以大火煲滚后改文火煮约 2 小时，加盐调味即可。

养生功效 麦冬是清心润肺之药，主要用于阴虚肺燥、咳嗽痰黏、热伤胃阴、大便干结、心经有热、心烦不眠、舌红少津等症。麦冬味甘气平，能益肺金；性寒味苦，能降心火，养肾髓，专治劳损虚热。常喝此汤，可以缓解焦虑症。

神经衰弱

神经衰弱是由于大脑神经活动长期处于紧张状态，导致大脑神经功能失调而造成的精神和身体活动能力减弱的疾病。

超负荷的体力或脑力劳动引起大脑皮层兴奋和抑制功能紊乱，是引起神经衰弱症的主要原因，因而脑力劳动者多为神经衰弱的高发人群。感染、营养不良、内分泌失调、颅脑创伤、躯体疾病以及长期的心理冲突和精神创伤等也都会诱发神经衰弱。

神经衰弱属中医“郁证”“心悸”“不寐”或“多寐”范畴，多因情绪紧张、暴受惊骇或素体虚弱、心虚胆怯引起心神不安所致。

典型症状

精神易兴奋、易疲劳、过度敏感、睡眠障碍、情绪不稳定、多疑焦虑，常伴有头昏、眼花、心悸、心慌、消化不良等症状。

家庭防治

安排有规律的生活、学习和工作，提倡科学用脑，防止大脑过度疲劳；坚持适当的体育锻炼，如打球、游戏、体操等，培养开朗乐观的精神。

民间小偏方 

【用法用量】何首乌15～30克，或加络石藤、合欢皮各15克，洗净以水煎服，每天1剂，晚上服。

【功效】补肝肾、养脑安神，适用于神经衰弱。

民间小偏方 

【用法用量】菊花、炒决明子若干，洗净代茶泡服。

【功效】明目、止眩、止痛，适用于神经衰弱。

推荐药材食材

【莲子】

◎健脾补胃、养心安神，主治心烦失眠、脾虚久泻、神志不清。

【酸枣仁】

◎宁心安神，主治阴血不足、心悸怔忡、失眠健忘、体虚多汗。

【天麻】

◎平肝潜阳、祛风通络，可用于治疗神经衰弱和神经衰弱综合征。

莲子猪心汤

|原材料|

猪心1个（约400克）、莲子60克。

|调　料|

盐适量。

|做　法|

❶猪心洗净，切片，汆水，捞出沥干；莲子（去心）洗净。❷把全部材料放入锅内，加清水适量，武火煮沸后，文火煲2小时（或以莲子煲烂为度），加盐调味即可。

养生功效 莲子性平，味甘，入脾、肾、心经，能清心醒脾、补脾止泻、养心安神。猪心能补心，治疗心悸、心跳、怔忡，且自古即有“以脏补脏”“以心补心”的说法。莲子加猪心同煮，安神效果更好，对神经衰弱症有明显疗效。

双仁菠菜猪肝汤

|原材料|

猪肝200克，菠菜200克，酸枣仁10克，柏子仁10克。

|调　料|

盐5克。

|做　法|

❶酸枣仁、柏子仁装在棉布袋扎紧；猪肝洗净切片，汆烫；菠菜去头洗净。❷将布袋入锅加1000毫升清水，熬至约剩750毫升。❸猪肝入沸水中汆烫后捞出，和菠菜一起加入高汤中，待水一开即熄火，加盐调味即成。

养生功效 酸枣仁，实酸平，仁则兼甘。专补肝胆，亦复醒脾。熟则芳香，香气入脾，故能归脾。能补胆气，故可温胆。母子之气相通，故亦主虚烦、烦心不得眠。柏子仁亦有宁心安神的作用，二者同煮饮用，对神经衰弱症有缓解作用。

头晕耳鸣

头晕和耳鸣是很常见的症状，由多种疾病引起，如脑部病变、耳源性疾病、心脑血管病、颈椎病、精神性病等。除疾病之外，过度疲劳、睡眠不足、情绪过于紧张等因素也容易导致头晕耳鸣的发生。

头晕耳鸣不仅会影响患者的生活与工作，也会给患者带来精神上和生理上的巨大痛苦。患上头晕耳鸣症时，要及时前往医院做详细的检查，尽快找出病因，并积极地配合治疗。

典型症状

头昏、头痛、恶心呕吐、耳内有嗡嗡声，常伴有耳痛、失眠、听力下降、厌食等症状。

家庭防治

定息静坐，咬紧牙关，以两指捏鼻孔，怒睁双目，使气窜入耳窍，至感觉轰轰有声为止。每日数次，连做 2 ~ 3 天。

民间小偏方 壹

【用法用量】取大米50克，篱栏(中药)25克，带壳鸡蛋1个，洗净煮成稀粥，去篱栏渣和蛋壳，每日分两次食用药粥和鸡蛋。

【功效】治疗头晕头痛，辅助降低血压。

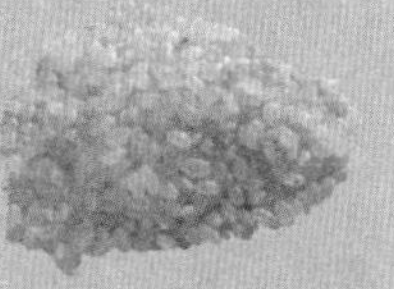

民间小偏方 贰

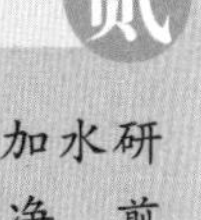

【用法用量】酸枣仁30克洗净，加水研碎，取汁100毫升；生地30克洗净，煎汁100毫升。大米100克洗净煮粥，粥熟后加酸枣仁汁、生地汁，每天服用1次。

【功效】滋阴清热、益气健中，治疗阴虚内热、虚火上扰型头晕耳鸣等。

• 推荐药材食材 •

【夏枯草】

◎清肝火、散郁结，主治头痛、头晕、烦热耳鸣。

【生地黄】

◎滋阴清热、凉血补血，用于阴虚火旺、头晕目眩、化脓性中耳炎。

【鳝鱼】

◎补肝肾、益气血、强筋骨，头晕耳鸣、筋骨无力者可长期食用。

生地煲龙骨

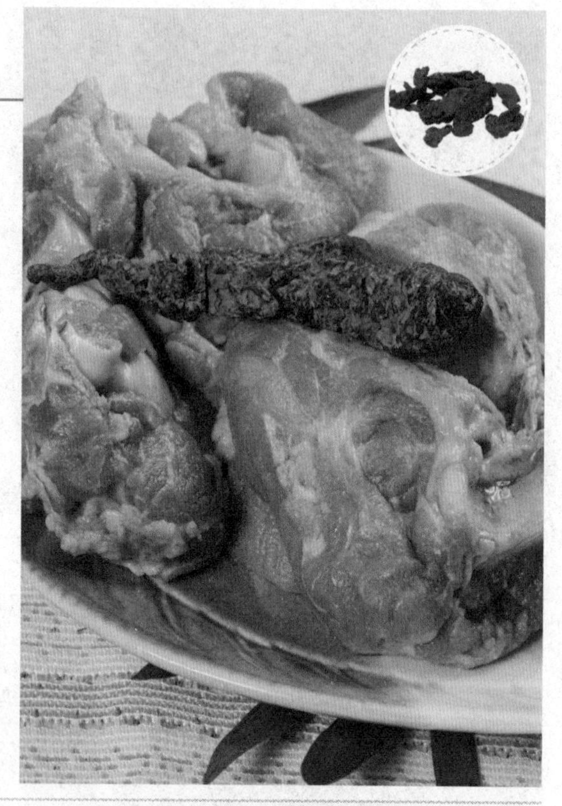

原材料

龙骨（即猪脊骨）500克，生地20克。

调　料

姜10片，盐5克，味精3克。

做　法

❶龙骨洗净，斩成小段；生地洗净。❷锅中加水烧沸，下入龙骨段，焯去血水后捞出沥水。❸取一炖盅，放入龙骨、生地、生姜和适量清水，隔水炖45分钟，调入盐、味精即可。

养生功效 生地黄质润多液能养阴，味甘性寒能生津，有养阴润燥生津作用，用于温热病后期、邪热伤津者。另外，该品有滋阴清热作用，常用于治疗阴虚火旺的口干口渴、头晕目眩。龙骨汤中加入生地，对于现代白领工作压力大引起的头晕耳鸣症有治疗作用。

夏枯草豆汤

原材料

黑豆50克，夏枯草30克。

调　料

白糖3克。

做　法

❶夏枯草除去杂质，洗净，控干水分。❷黑豆除去杂质，洗净，用水浸泡30分钟。❸将夏枯草、黑豆倒入锅内，加适量水，用小火煮约1小时，捞除夏枯草，加白糖，继续煮至黑豆酥烂、豆汁约剩下1小碗时即可饮用。

养生功效 夏枯草常用于肝火上炎、目赤肿痛、目珠疼痛、头痛、晕眩等症。夏枯草能清泄肝火，为治肝火上炎所致的目赤、头痛、头晕的要药，常与菊花、石决明等同用。另外，若肝虚目珠疼痛，至夜尤剧，可与当归、白芍等配合使用。

板栗脊骨汤

原材料

菊花20克，夏枯草20克，猪脊骨600克，蜜枣3颗，板栗100克。

调　料

盐5克。

做　法

①菊花、夏枯草洗净，浸泡1小时；板栗去壳、皮毛洗净。②猪脊骨斩块，洗净，焯水；蜜枣洗净备用。③将清水1600毫升放入瓦煲内，煮沸后加入以上用料，武火煲沸后改用文火煲2小时，加盐调味即可。

养生功效 夏枯草配伍菊花，清肝火、平肝阳；菊花清热凉肝，本汤中，二者合用，有清肝、凉肝、平肝之功。用于治疗肝火上炎、肝经风热引起的目赤肿痛，或肝阳上亢导致的头痛、眩晕，是治疗疲劳引起的头晕耳鸣的良药。

黄芪红枣鳝鱼汤

原材料

鳝鱼500克，黄芪75克，红枣10克。

调　料

盐5克，味精3克，姜片10克，料酒10毫升。

做　法

①鳝鱼宰杀，洗净切段，汆水；黄芪、红枣均洗净；起锅爆香姜片，加少许料酒，放入鳝鱼，炒片刻取出。②黄芪、红枣、鳝鱼入瓦煲内，加适量水，大火煮沸后改小火煲1小时，加盐、味精调味即可。

养生功效 鳝鱼肉性温味甘，有补中益血、治虚损之功效，民间用以入药，可治疗虚劳咳嗽、湿热身痒、痔瘘、肠风痔漏、耳聋、头晕耳鸣等症。红枣安神、补气血，黄芪补中益气，能增强此汤的药性，让疗效更明显。

空调病

长时间在空调环境下工作学习，容易引起人体机能衰退，产生一系列相关症状，这类现象就称之为“空调病”或“空调综合征”。

由室外进入空调房，因环境发生改变，大脑指令皮肤外周血管收缩，致使邪气留于体内，加之空调房的空气干燥，人体散失更多的水分，就会出现一系列不适症状。空调病属中医暑湿证，是由肌体调摄失宜，风寒湿邪乘虚而入，致卫阳被郁、中焦气机不畅、运化失司、外寒而内失所致。

典型症状

发热、头痛、流涕、周身酸痛、鼻塞不通、胃肠不适，常伴有眼睛干涩、皮肤干燥、食欲不振、耳鸣、乏力、记忆力减退、肢体麻木等症状。

家庭防治

合理设置空调温度，注意多喝水，以补充身体水分。利用休息时间走出空调房，呼吸室外新鲜空气，以减少头痛、疲劳等症状的发生。

民间小偏方 壹

【用法用量】取香菜、生姜各10克。香菜洗净切碎，生姜洗净切片。将生姜放入锅中，加水适量，煮沸2分钟，加入香菜及调味料。

【功效】将风寒邪气透达于表，可治疗胃寒、恶心。

民间小偏方 贰

【用法用量】取老姜一块，洗净拍破放入锅中，放适量葱白，加水煎煮开，离火后再放红糖，趁热饮用。

【功效】发汗解表，温胃止呕、解毒，治疗腹痛、吐泻、伤风感冒、腰肩疼痛等空调综合征。

· 推荐药材食材 ·

【桑叶】
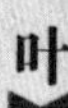

◎疏散风热、清肺润燥，用于风热感冒、肺热燥咳、头晕头痛。

【川贝母】

◎清热化痰、散结解毒，主治上呼吸道感染、咽喉肿痛、支气管炎。

【香菜】

◎醒脾和中、祛风解毒、利尿通便，主治胃寒痛、消化不良、食欲不振、伤风感冒。

香菜豆腐鱼头汤

原材料

鱼头450克，豆腐250克，香菜30克。

调　料

生姜2片，盐、油各适量。

做　法

①豆腐用盐水浸泡1小时，沥干水；锅烧热放油，将豆腐煎至两面呈金黄色。②香菜洗净；鱼头去鳃，剖开，用盐腌2小时，洗净；锅烧热下花生油，用姜片炝锅，将鱼头煎至两面呈金黄色。③加入适量清水，大火煮沸后加入煎好的豆腐煲30分钟，放入香菜，加盐调味。

养生功效 香菜性温，味辛，归肺、脾经；具有发汗透疹、消食下气、醒脾和中的功效，加豆腐、鱼头同煮食用，暖中和胃，对于风寒湿邪入侵人体引起的病患有良好的疗效，还可预防风寒性感冒。

海底椰参贝瘦肉汤

原材料

海底椰150克（干品15克），太子参10克，川贝母10克，猪瘦肉400克，蜜枣3颗。

调　料

盐5克。

做　法

①海底椰洗净；太子参洗净，切片。②川贝母洗净，打碎；猪瘦肉洗净，飞水；蜜枣洗净。③将所有用料放入炖盅内，加开水700毫升，加盖，隔水炖4小时，加盐调味即可。

养生功效 空调病多因湿邪引起，与感冒病因相同，而川贝主要功能为润肺止咳、清热化痰，因此可防治和缓解病症，对空调房内空气干燥引起的肺部不适也有很好的治疗作用，上班族可常饮此汤，预防空调病。

电脑眼病

长期使用电脑工作的人员，经常用眼过度，受到电脑微波的影响，如果不注意保护眼睛，就会容易患上电脑眼病。

操作电脑时，要注意使屏幕中心和胸部在同一水平线上，距眼睛40～50厘米，室内光线明暗也要保持适宜。每隔1个小时要休息10～15分钟，可以做眼保健操，或者站在窗边远眺前方。平时要多吃富含维生素A的食物。做好眼睛保健措施，才能避免电脑引发的眼病。

典型症状

眼睛疲劳、红肿、发痒、疼痛、干涩、有灼热感、畏光、视力模糊或有重影，常伴有头晕、头痛、颈肩疼痛、腰痛、关节痛等症状。

家庭防治

眨眼次数的减少会导致泪液分泌减少，使眼睛非常容易受到屏幕所散发出的各种射线的刺激。经常眨眼，或者滴几滴润滑的滴眼液，可以防止眼睛干涩、发痒、灼热、畏光等现象。

民间小偏方

【用法用量】常喝绿茶、乌龙茶或铁观音，茶叶胡萝卜素在体内可转化为维生素A，维生素A对眼睛大有益处。

【功效】减少电脑辐射，预防干眼症。

民间小偏方

【用法用量】取银耳、枸杞各20克，茉莉花10克，将各味洗净，水煎汤饮，每日一剂，连服数日。

【功效】主治肝肾两虚引起的近视。

推荐药材食材

【车前子】

◎清热利尿、明目、祛痰，主治暑湿泻痢、目赤肿痛、感冒。

【女贞子】

◎补益肝肾、清虚热、明目，主治头昏目眩、眼睛视物昏暗。

【银耳】

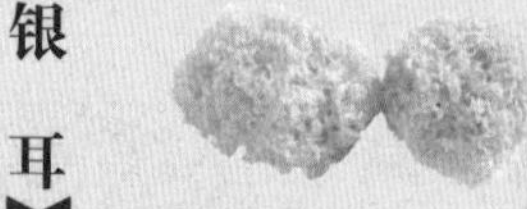

◎补肾强精、益气安神、强心健脑，适用于阴虚火旺、免疫力低下者。

五子下水汤

原材料

鸡心、鸡肝、鸡胗各300克，蒺藜子、覆盆子、车前子、菟丝子、女贞子各10克。

调　料

生姜5克，蒜苗1棵，盐5克。

做　法

①将鸡内脏洗净，均切成片；生姜洗净，切丝；蒜苗洗净，切丝。②将所有药材放入棉布袋内，扎好，放入锅中，加适量水煲20分钟。③捞起棉布袋，转中火，加入鸡内脏、生姜丝、蒜苗丝煮开，加盐调味即可。

养生功效 车前子行肝疏肾、畅郁和阳，同和肝药用，治目赤目昏；蒺藜子是眼科常用药，女贞子也有明目功效，多种合一，疗效显著，对于电脑眼的防治和治愈都有明显功效，眼部易疲劳者也可常饮用此汤。

熟地水鸭汤

原材料

枸杞30克，熟地100克，女贞子50克，水鸭1只(约1000克)。

调　料

姜、米酒、胡椒粉、味精、盐各适量。

做　法

①水鸭去毛及内脏，洗净切小块；所有中药材洗净；姜洗净，切片。②锅里加水烧开，放入米酒，倒入鸭块汆去血水，捞出洗净。将鸭块、药材、姜片一同放入炖锅中，加适量清水，大火煲开后转小火熬煮至鸭肉熟烂，加盐、味精、胡椒粉调味。

养生功效 女贞子为清补之品，具有滋补肝肾、明目乌发的功能。主要用于眩晕耳鸣、腰膝酸软、须发早白、目暗不明等。女贞子的特点在于药性较平和，作用缓慢，久服始能见效。因此可常喝此汤，而不用担心产生副作用。

腰酸背痛

腰酸背痛，指的是由疲劳或疾病引起的脊椎骨和关节及其周围软组织等病损的一种症状，是一种很常见的病症。

腰酸背痛的病因有很多，如身姿不良、长时间劳作、腰椎体骨质疏松、腰部创伤未愈、肾与输尿管感染发炎和腰椎间盘突出等。患有腰酸背痛要及时找出发病原因，积极配合医生和物理治疗师进行病症的治疗。

典型症状

腰背、腰骶和骶髂部多出现隐痛、钝痛、刺痛、局部压痛或伴放射痛，劳累时腰部酸痛或胀痛，常伴有活动不利、俯仰不便、不能持重、步行困难、肢倦乏力等症状。

家庭防治

经常用温水泡澡，并搭配温泉粉、浴油或香精，或者多做收缩腹肌、伸展腰肌运动，以及散步、倒步行等，都可以减缓腰痛的痛苦。

民间小偏方

【用法用量】取杜仲、破故纸、小茴香各1克，鲜猪腰子1对。猪腰子洗净切片，与洗净的上三味药一起加适量水共煮，至腰片煮得发黑即可盛装食用。

【功效】补肝肾，强筋骨，散寒止痛。

民间小偏方

【用法用量】取桑寄生、猪骨头各50克，杜仲15克。猪骨头洗净剁成块，滚烫后捞起。将所有材料洗净盛入煮锅中，倒入适量清水后用大火烧开，再转小火炖至熟烂，加盐调味即可食用。

【功效】治疗腰酸背痛、下肢乏力无法久站。

推荐药材食材

【桑寄生】

◎益肝肾、强筋骨、祛风湿，主治腰膝酸痛、风湿痹痛。

【红花】

◎活血通经、散瘀止痛，可治疗肩痛、臂痛、腰痛、腿痛。

【猪肾】

◎补肾、强腰、益气，主治肾虚腰痛、久泄不止。

杜仲猪腰汤

原材料

杜仲20克，猪腰1个。

调 料

盐适量。

做 法

①将猪腰子剥去薄膜，剖开，剔去筋，切成片，用清水漂洗一遍，捞起沥干备用；杜仲洗净。②将杜仲与猪腰一起放入瓦煲内，加入适量清水，煲至熟烂。③食用前加盐调味即可。

养生功效 猪腰即猪肾，性平，味咸，无毒，入肾经，可主治肾虚所致的腰酸痛。杜仲具有补肝肾、强筋骨、清除体内垃圾、加强人体细胞物质代谢、防止肌肉骨骼老化的作用，两者同用，对肾虚所致的腰酸背痛疗效明显。

丹参乌鸡汤

原材料

丹参15克，红枣10颗，红花2.5克，核桃仁5克，乌鸡1只（约500克）。

调 料

盐8克。

做 法

①红花、桃仁洗净，装入布袋内扎紧。②乌鸡宰杀，洗净，剁块，放入沸水中汆烫后捞出；红枣、丹参洗净。③将所有材料放入炖盅内，加2000毫升水上蒸笼，蒸至鸡肉熟烂，取出棉布袋，加盐调味即成。

养生功效 红花活血行气、祛瘀通络、通痹止痛，主治气血痹阻经络所致的肩痛、臂痛、腰痛、腿痛或周身疼痛；乌鸡是滋补上品，可提高生理机能、延缓衰老、强筋健骨。乌鸡汤中加红花，可助于气血流通，缓解久坐引起的腰酸背痛。

内分泌失调

正常情况下人体各种激素保持平衡状态，当受到生理、营养、情绪和环境等因素的影响，某种或某些激素分泌过多或过少时就会造成内分泌失调。

中医认为，内分泌失调主要由外邪入侵人体、瘀血滞留体内、脉络受阻等引起气血瘀滞，造成阴虚所致，应根据实、虚、阴、阳、气、血等进行不同的调理，以消除体内瘀积，令气血通畅，使精血滋养全身。

典型症状

男性：精力不集中，记忆力减退，疲劳，脱发，焦虑，性欲减退，不育。

女性：肌肤恶化，脾气急躁，乳房胀痛，乳腺增生，肥胖，不孕，体毛过多，早衰。

家庭防治

从四肢末梢向心脏方向按捏，以改善淋巴液和血液循环，促进肌肉新陈代谢，加速体内废物、毒素排出，这样能有效地调节内分泌，使其恢复至正常水平。

民间小偏方 壹

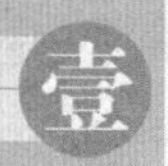

【用法用量】取药用玫瑰花5朵，红茶茶包1包，牛奶500毫升，蜂蜜少许。用清水洗净玫瑰花后煮3分钟，再放入茶包煮2分钟，最后加入牛奶煮沸即可。待温热时加入蜂蜜拌匀服用。

【功效】调和脏腑，行气活血，化瘀，促进气血运行。

民间小偏方 贰

【用法用量】取珍珠母30克，百合15克。珍珠母洗净，用清水煎，取汁弃药渣。用药汁加洗净的百合煎饮。每日1次。

【功效】平肝潜阳、安神定惊、美容养颜，适于心神不安、失眠多梦、黄褐斑患者燥热较甚者。

· 推荐药材食材 ·

【刺五加】

◎补肝肾、祛风湿、活血脉，主治风寒湿痹、腰膝疼痛、体虚羸弱。

【益母草】

◎活血调经、清热解毒，主治月经不调、瘀血腹痛、小便不利。

【薏米】

◎健脾祛湿、舒筋除痹，主治脾虚腹泻、肌肉酸重、关节疼痛、水肿、白带。

黄芪薏米乌龟汤

原材料

乌龟1只（约250克）、黄芪30克，薏米15克，杜仲10克。

调　料

生姜2片，盐适量。

做　法

①将黄芪洗净；薏米洗净，晾干水后略炒；杜仲洗净；乌龟用开水烫死，去龟壳、肠脏，洗净，斩件。②把全部材料一起放入锅内，加清水适量，武火煮沸后，文火煮1~2小时，放盐调味即可。

养生功效 薏米是常用的中药，又是常吃的食物，性微寒，味甘淡，有利水消肿、健脾祛湿、舒筋除痹、清热排脓等功效，为常用的利水渗湿药，能调节内分泌，药力较缓，煲成汤后，可长期食用，且有美白养颜的功效。

益母草煲鸡蛋汤

原材料

益母草20克，鸡蛋3个。

调　料

生姜、盐、食用油各适量。

做　法

①将益母草洗净；生姜洗净，拍破。②炒锅里放适量食用油，打入鸡蛋煎至两面微黄，捞出，沥干油。③将煎好的鸡蛋和益母草、生姜一起放入瓦煲内，加适量清水，猛火煮开，再改中火煮15分钟，捞去药渣，调味即可。

养生功效 用益母草治疗内分泌失调症，对女性而言，效果更明显。因为益母草主治月经不调，有养经活血的功效，气血顺则经期顺，从而达到平衡身体内分泌系统，有效防治内分泌失调的症状的目的。常喝此汤，对内分泌失调有很好的缓解作用。

上火

上火是中医术语，现代医学上没有“上火”这一定义，所谓上火就是指人体阴阳失衡而引起的内热症。

按中医理论，“火”可以分为“实火”和“虚火”两大类。实火，是指邪火炽盛引起的实热证，多由外感风、寒、暑、湿、燥、火所致，而精神过度刺激、脏腑功能活动失调也会引起。虚火，是指阴虚而导致阳气相对亢盛，机体内热进而化为虚火。实火和虚火有各自不同的表现，应根据具体情况而定，可服用滋阴、清热、解毒、消肿的药物，以实现去火的目的。

典型症状

实火：烦躁、头痛、高热、口唇干裂、面红目赤、腹胀痛、小便黄、大便秘结、鼻出血。阴虚火旺：全身潮热、夜晚盗汗、形体消瘦、口燥咽干、五心烦热、躁动不安。气虚火旺：全身燥热、畏寒怕风、身倦无力、喜热怕冷、气短懒言。

家庭防治

保持良好的心态，避免情绪波动过大，防止中暑、着凉，不要过多食用葱、姜、蒜、辣椒等辛辣之品。凉茶饮品有明显的预防上火的作用，可以之代替其他饮料或佐餐。

民间小偏方

【用法用量】取莲子30克，栀子15克（用纱布包扎），洗净，加冰糖适量水煎，吃莲子喝汤。

【功效】去心火。

民间小偏方

【用法用量】取川贝母10克洗净捣碎成末，梨2个，削皮切块，加冰糖适量，清水适量炖服。

【功效】适用于去肝火。

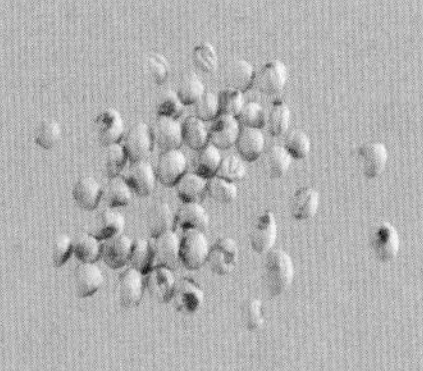

• 推荐药材食材 •

【大黄】

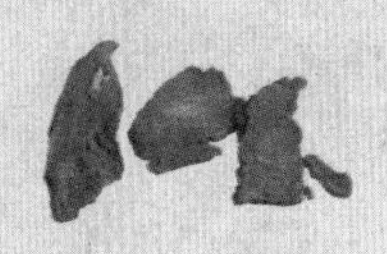

◎清湿热、泻火、凉血，主治实热便秘、湿热泻痢、热毒痈疡等。

【玉竹】

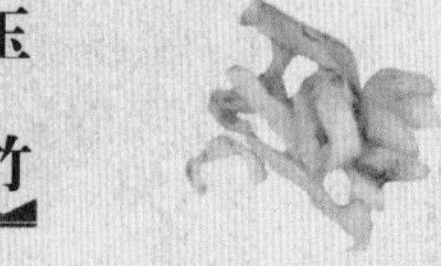

◎滋阴润肺、养胃生津，主治阴液耗伤、内热消渴、阴虚外感。

【苦瓜】

◎清热、解毒、健胃，用于治疗发热、中暑、目赤疼痛、恶疮。

苦瓜海带瘦肉汤

原材料

苦瓜 500 克，海带 100 克，猪瘦肉 250 克。

调　料

食盐、味精各适量。

做　法

①苦瓜切开两瓣，挖去瓤，切小块。②海带浸泡约 1 小时，洗净，打成结。③猪瘦肉洗净，切小块。④所有材料放进砂锅中，加适量清水，煲至猪瘦肉烂熟，加盐、味精调味即可食用。

养生功效 苦瓜性寒，味苦，归心、肺、脾、胃经，具有清热降火、解毒、健胃的功效。苦瓜中的苦瓜苷和苦味素能增进食欲、健脾开胃；所含的生物碱类物质奎宁，有利尿活血、消炎退热、清心明目的功效。煲汤时，加点苦瓜同煮，可败火。

沙参玉竹兔肉汤

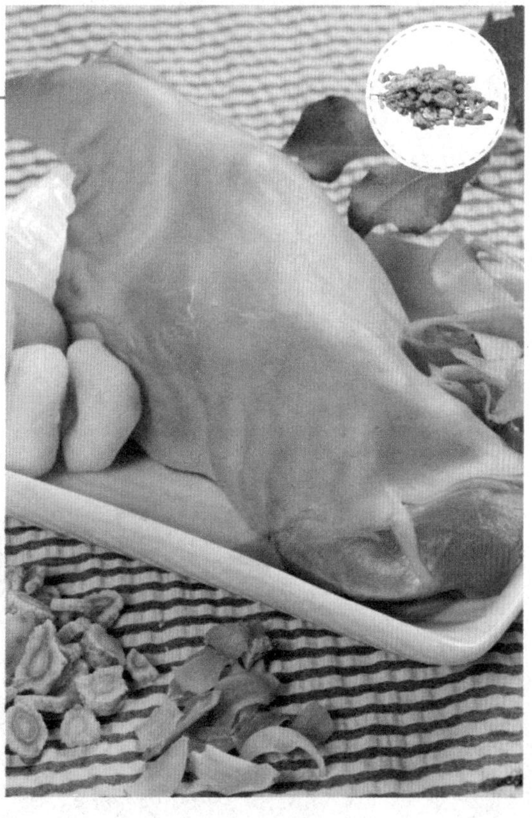

原材料

沙参30克，玉竹30克，百合30克，马蹄100克，兔肉 600 克。

调　料

盐5克。

做　法

①沙参、玉竹、百合分别洗净，浸泡 1 小时。②马蹄去皮，洗净；兔肉斩件，洗净，飞水。③将清水 2000 毫升放入瓦煲内，煮沸后加入以上材料，武火煲滚后，改用文火煲 3 小时，加盐调味。

养生功效 玉竹性平，味甘，归肺、胃经，略能清心热，还可用于热伤心阴之烦热多汗、惊悸等症，宜与麦冬、酸枣仁等清热养阴安神之品配伍，对于缓解上火症状也有一定疗效。本汤中，沙参玉竹同煮，败火效果更明显。

高血脂

脂肪代谢或运转异常使血浆一种或多种脂质高于正常称为高血脂。高血脂是一种全身性疾病，指血中总胆固醇和（或）甘油三酯过高。脂质不溶或微溶于水，必须与蛋白质结合以脂蛋白形式存在，因此，高血脂通常也称为高脂蛋白血症。

血浆总胆固醇大于等于6.2毫摩尔/升或（和）血浆甘油三酯大于等于2.3毫摩尔/升，即可诊断为高血脂。高血脂的主要危害是导致动脉粥样硬化，进而导致众多的相关疾病，其中最常见的一种致命性疾病就是冠心病。此外，高血脂也是促成高血压、糖耐量异常、糖尿病的一个重要危险因素。

典型症状

一般表现为头晕、神疲乏力、失眠健忘、肢体麻木、胸闷、心悸等。轻度高血脂通常没有任何不舒服的感觉，但没有症状不等于血脂不高，所以定期检查血脂至关重要。

家庭防治

做菜少放油，尽量以蒸、煮、凉拌为主；少吃煎炸食品；限制甜食的摄入；常待在空气负离子多的地方，如山上、海边。

民间小偏方 壹

【用法用量】绿茶、荷叶各10克，洗净以沸水冲泡，代茶频饮。

【功效】清热舒心，对高血脂伴头昏眼花、心慌、烦躁失眠者有较好的疗效。

民间小偏方 贰

【用法用量】将适量生山楂、莲子洗净研成细末，口服，每次15克，每日3次，1个月为1个疗程。

【功效】健胃泻火、降压降脂。

· 推荐药材食材 ·

【田七】

◎所含的三七总皂苷及其他活性成分对心血管系统具有广泛的药理活性。

【绿茶】

◎提神清心、去腻减肥，对心脑血管病有一定的药理功效。

【洋葱】

◎能抑制高脂肪饮食引起的血脂升高，可防治动脉硬化症。

绿茶山药豆腐丸汤

原材料

绿茶 10 克，山药 20 克，豆腐 100 克，红薯粉末适量。

调　料

盐 5 克，油适量。

做　法

❶豆腐以纱布包紧，挤去水分，绿茶、山药洗净磨成泥，放入豆腐中以同一方向拌稠。❷取一小撮豆腐泥揉成圆球，表面沾红薯粉末，用热油炸至呈金黄色，捞起。❸锅里加水煮开，放入豆腐丸子，中火煮开后转小火续煮 5 分钟，调味即成。

养生功效 绿茶有助消化和降低脂肪的重要功效，这是因为茶叶中的咖啡因能提高胃液的分泌量，可以帮助消化，增强分解脂肪的能力。此汤清润可口，有清热生津、消脂降压之功效，对高血脂有防治作用。

洋葱香芹汤

原材料

胡萝卜 200 克，洋葱 50 克，香芹 100 克，香菜 50 克。

调　料

盐、味精、胡椒粉、香油各适量。

做　法

❶将胡萝卜、洋葱、香芹、香菜洗净，放入锅内加水煮熟。❷将煮熟的各蔬菜切成细丝，再放入锅内，加入适量鲜汤煮沸，再加盐、味精、胡椒粉，淋上香油即成。

养生功效 洋葱是唯一含前列腺素A的植物，是天然的血液稀释剂。此外，洋葱还有对抗人体内儿茶酚胺等升压物质，促进钠盐的排泄，从而使血压下降的作用。经常食用此汤，对高血压、高血脂和心脑血管病人都有保健作用。

高血压

高血压是指在静息状态下动脉收缩压和（或）舒张压增高的疾病。收缩压大于等于140毫米汞柱和（或）舒张压大于等于90毫米汞柱，即可诊断为高血压。它是一种以动脉压升高为特征，可伴有心脏、血管、脑和肾脏等器官功能性或器质性改变的全身性疾病。它有原发性高血压和继发性高血压之分。高血压发病的原因很多，可分为遗传和环境两大方面。其他可能引起高血压的因素有以下几种：体重、避孕药、睡眠呼吸暂停低通气综合征、年龄、饮食等。另外，血液中缺乏负离子也是导致高血压的重要原因。若血液中的负离子含量不足，就会导致病变老化的红细胞细胞膜电位不能被修复，从而导致高血压的发生。

典型症状

常伴有头疼、眩晕、耳鸣、失眠、心悸气短、肢体麻木等症。

家庭防治

把水烧开，放入两三小勺小苏打，待至水温合适时，放下脚开始洗，然后按摩双足心，促进血液循环，每次 20 分钟左右。

民间小偏方

【用法用量】生花生米（带红衣）半碗洗净，用陈醋缓缓倒入至碗满，浸泡 7 天。每日早晚各吃 10 粒。血压下降后可隔数日服用 1 次。

【功效】清热、活血，对保护血管壁、阻止血栓形成有较好的作用。

民间小偏方

【用法用量】菊花、槐花、绿茶各 3 克，洗净以沸水沏之。待水变浓后，频频饮用，平时可常饮。

【功效】清热、散风，可治因高血压引起的头晕、头痛。

推荐药材食材

◎祛风湿、解毒，用于风湿痹痛、高血压等症的辅助治疗。

【西瓜皮】

◎解渴利尿，对高血压、心脏及肾脏性水肿患者均有保健功效。

【芹菜】

◎对预防高血压、动脉硬化等都十分有益，并有辅助治疗作用。

竹笋西瓜皮鲤鱼汤

原材料

鲤鱼1条（约750克）、竹笋500克，西瓜皮50克，红枣20克。

调　料

生姜，盐各适量。

做　法

❶竹笋洗净，切片；鲤鱼洗净斩件；西瓜皮洗净；生姜洗净切片；红枣洗净去核。❷热锅下油，入姜片炝锅，下鲤鱼块，炸至两面金黄，捞出沥油；瓦煲内加适量清水烧开，放入其他材料，大火煮沸后改小火煲2小时，加盐即可。

养生功效 西瓜皮性凉，味甘，有消炎降压、减少胆固醇沉积、软化及扩张血管、促进新陈代谢的作用。高血压患者可以将其作为降压解暑的饮品，直接将西瓜皮煮水服用或煮汤喝都可收到不错的效果。此汤适用于慢性肾炎、高血脂病症者食用。

红枣芹菜汤

原材料

红枣10颗，香芹400克。

调　料

盐适量。

做　法

❶红枣洗净，去核。❷香芹去根、叶，留茎，洗净，然后切长段。❸净锅上火，将红枣、香芹放入锅中，加适量水煮20分钟，待汤沸时加盐调味即成。

养生功效 芹菜性微寒，味甘苦，有水芹、旱芹两种，功能相近，药用以旱芹为佳。芹菜具有降血压、降血脂、防治动脉粥样硬化的作用。临床对于原发性、妊娠性及更年期高血压均有一定疗效。此汤适宜作为高血压患者的常用食疗方。

低血压

低血压指由于血压降低引起的一系列症状，如头晕和晕厥等。由于生理或病理原因造成血压收缩压低于100毫米汞柱，即会形成低血压。低血压可以分为急性低血压和慢性低血压。平时我们讨论的低血压大多为慢性低血压。慢性低血压是指血压持续低于正常范围的状态，其中多数与患者体质、年龄或遗传等因素有关，临床称之为体质性低血压；部分患者的低血压发生与体位变化（尤其是直立位）有关，称为体位性低血压；而与神经、内分泌、心血管等系统疾病有关的低血压称之为继发性低血压。

典型症状

低血压可表现为各种虚弱征候，中医多称之为“眩晕”“虚损”等。低血压发作时的症状一般为头晕、乏力、出虚汗等。

家庭防治

晚上睡觉将头部垫高，常淋浴以加速血液循环，以冷水、温水交替洗脚均可减轻低血压症状。

民间小偏方

【用法用量】甘草15克，肉桂30克，洗净用布袋包住，水煎当茶饮。

【功效】通血脉、暖脾胃，用于辅助治低血压引起的食欲不振、面色无华、乏力等症。

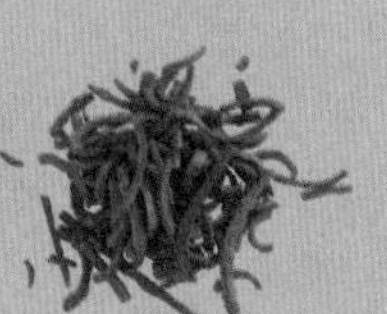

民间小偏方

【用法用量】五味子、淫羊藿各30克，黄芪、当归、川芎各20克，白酒适量，药材洗净，以水煎服。每日1剂，于早、晚饭前服用。

【功效】温肾、补益气血，可有效缓解因低血压引起的头晕、乏力等。

推荐药材食材

【灵芝】

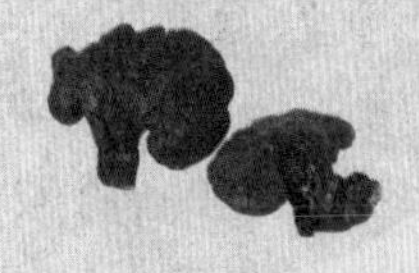

◎增强人体免疫力，在调节血压、保肝护肝等方面有较好的疗效。

【黄精】

◎补气养阴、健脾、益肾，用于辅助治疗脾胃虚弱、精血不足症。

【肉桂】

◎能暖脾胃、除积冷、通血脉。

灵芝山药鸡腿汤

原材料

香菇10克，鸡腿500克，灵芝3片，杜仲5克，山药10克，红枣6颗，丹参10克。

调　料

盐适量。

做　法

❶香菇泡发洗净；灵芝洗净，切丝，与其余药材一起装入棉布袋，扎紧袋口。❷鸡腿斩块，入沸水中汆烫后，捞起。❸炖锅中加适量清水烧开，将所有材料放入锅中煮沸，转小火炖约1小时，加盐调味即可。

养生功效 灵芝中多种营养成分对调节心脑血管有着良好疗效的成分。灵芝不但能使血压高的下降，也能使血压低的升高。这是由灵芝中多样的有效成分发挥综合作用所产生的神奇疗效。此汤对于血虚、贫血、低血压等有较好辅助治疗效果。

黄精山楂脊骨汤

原材料

黄精50克，山楂20克，猪脊骨500克。

调　料

盐5克。

做　法

❶将黄精、山楂洗净，浸泡1小时。❷猪脊骨斩件，洗净，汆水。❸将清水2000毫升放入瓦煲内，煮沸后加入以上汤料，武火煲开后改用文火煲3小时，加盐调味即可。

养生功效 黄精性平，味甘，有抗缺氧、抗疲劳、抗衰老作用，能增强免疫功能，增强新陈代谢，有降血糖和强心作用。它对于原发性低血压有较好的治疗效果。黄精既补阴又益气，使心血得养，脉运畅达。此汤对于高血糖也有一定防治作用。

贫血

“贫血”是指人体外周血中红细胞容积减少，低于正常范围下限的一种常见的临床症状。中国科学院肾病检测研究所血液病学家认为，在中国海平面地区，成年男性Hb（血红蛋白）小于120克/升,成年女性Hb小于110克/升，孕妇Hb小于100克/升就存在贫血症状。贫血的原因包括：①造血的原料不足；②血红蛋白合成障碍，如叶酸、维生素B_{12}缺乏导致的巨幼红细胞性贫血；③血细胞形态改变；④各种原因导致的造血干细胞损伤；⑤频繁或者过量出血、失血而导致的贫血；⑥其他原因。

典型症状

体力活动后感到心悸、气促，这是贫血最常见的症状；经常感觉头晕、头痛、耳鸣、眼花、眼前出现黑点或“冒金星”；精神不振、倦怠嗜睡、注意力不易集中；食欲不振，经常感觉腹胀、便秘；头发无光泽，细而脆，容易脱发。

家庭防治

贫血的治疗一般以食疗为主，平时饮食营养要合理，食物必须多样化，不应偏食，忌食辛辣、生冷不易消化的食物，可配合滋补食材以补养身体。

民间小偏方

壹

【用法用量】土大黄30克，丹参15克，鸡内金10克，洗净以水煎服，每日1剂，连服15剂为一个疗程。

【功效】本方对于血小板减少、再生障碍性贫血恢复期均有较好的疗效。

民间小偏方

贰

【用法用量】阿胶15克，红参10克，红枣8枚，药材洗净，加水250毫升，炖40分钟，加红糖适量，睡前一小时服用，两天一剂。

【功效】滋阴补血，用于贫血之萎黄、眩晕、心悸等症，为补血之佳品。

推荐药材食材

【黑豆】

◎补血养颜、乌发、养心安神，多食可使人脸色红润，气血充足。

【红枣】

◎增加血中含氧量，滋养全身细胞，是一种药效缓和的滋补上品。

【桂圆肉】

◎补益心脾、养血安神，用于气血不足、心悸怔忡、血虚萎黄等症。

黑豆排骨汤

原材料

黑豆 10 克，猪排 100 克。

调　料

葱花、姜丝、盐各适量。

做　法

①将猪排洗净，斩块，汆水；黑豆泡发，洗净。②将适量水放入锅中，开中火，待水开后放入黑豆、猪排、姜丝熬煮。③待食材煮软至熟后，加入盐调味并撒上葱花即可。

养生功效 黑豆多糖具有显著的清除人体自由基的作用，尤其是对超氧阴离子自由基的清除作用非常强大。此外，黑豆中的多糖成分还可以促进骨髓组织的生长，具有刺激造血功能再生的作用。此汤适宜平素体虚、贫血、疲倦乏力者食用。

黑豆红枣猪尾汤

原材料

黑豆 50 克，红枣 6 颗，猪尾 500 克。

调　料

盐适量。

做　法

①黑豆洗净，用清水浸泡 1 小时，沥干水。②红枣浸软，去核，洗净；猪尾去毛，洗净，切段。③将全部材料放入砂锅内，加适量清水，武火煮沸后转文火煲 4 小时，加盐调味即可食用。

养生功效 《本草纲目》载："黑豆入肾功多……"其紧小者为雄豆，入药尤佳，单独煲汤即具补肾养血之功。黑豆与补气养血的红枣以及补益骨髓的猪尾一起炖汤，可奏补血之功，尤其适宜贫血患者食用。

燕窝红枣鸡丝汤

原材料

燕窝6克，红枣5颗，鸡胸肉150克。

调　料

盐3克。

做　法

①燕窝浸泡，剔除燕毛及杂质。②红枣去核，切丝；鸡胸肉洗净，切丝。③将所有原材料放入炖内，加清水500毫升，加盖，隔水炖3小时，加盐调味即可。

养生功效 红枣富含钙和铁，它们对防治骨质疏松、贫血有重要作用。常食红枣可治疗身体虚弱、神经衰弱、脾胃不和、消化不良、劳伤咳嗽、贫血消瘦，其养肝防癌和补血养颜功效尤为突出。此汤适宜贫血症见眩晕、面色无华、烦躁失眠者食用。

红枣银耳鹌鹑汤

原材料

红枣10颗，银耳20克，鹌鹑2只，蜜枣3颗。

调　料

盐5克。

做　法

①红枣去核，洗净；银耳浸泡，去除蒂部硬结，撕成小朵，洗净。②蜜枣洗净；鹌鹑去毛及内脏，洗净，斩件。③将清水1200毫升放入瓦煲内，煮沸后加入以上用料，武火煲滚后改用文火煲2小时，加盐调味即可。

养生功效 红枣具有补虚益气、养血安神、健脾和胃等功效，食疗药膳中加入红枣，能补养身体、滋润气血。红枣与滋补生津、润肺养胃的银耳以及补中益气的鹌鹑一起炖汤，可以通过补养脾胃来达到滋补气血的功效。

桂圆猪髓乌龟汤

原材料

桂圆50克，带髓猪脊骨500克，乌龟500克。

调　料

盐适量。

做　法

①桂圆去壳、去核，洗净；带髓猪脊骨洗净，剁碎；乌龟去壳洗净，切块。②所有材料一起放入炖锅内，加适量水，大火烧开后转小火熬至猪骨、乌龟熟，加盐调味即可食用。

养生功效 桂圆，性温，味甜，为补血药。《滇南本草》载其“养血安神，长智敛汗，开胃益脾”。猪髓，《随息居饮食谱》说它能“补髓养阴”。二者合而为汤，能补髓养血、滋润五脏。此汤可作为辅助治疗贫血的常用汤膳。

桂圆老鸽汤

原材料

新鲜桂圆8颗，老鸽1只，陈皮10克。

调　料

盐少许。

做　法

①老鸽杀洗干净，去毛、内脏，斩成大块，飞水5分钟。桂圆去壳，去核，取肉；陈皮浸透，洗干净。②瓦煲内加入清水，用猛火煲至水开，放入老鸽和陈皮，改用中火继续煲2小时，再放入桂圆肉。③稍滚，加少许盐调味即可饮用。

养生功效 桂圆肉含丰富的葡萄糖、蔗糖及蛋白质等，含铁量也较高，在提高热能、补充营养的同时，又能促进血红蛋白再生以补血。此汤有益气补血的功效，适宜病后体弱、脾胃虚弱、气血不足者食用。

冠心病

“冠心病”是冠状动脉性心脏病的简称。由于脂质代谢不正常，血液中的脂质沉着在原本光滑的动脉内膜上，在动脉内膜一些类似粥样的脂类物质堆积而成白色斑块，称为动脉粥样硬化病变。冠状动脉粥样硬化是冠心病的主要病因。其实质是心肌缺血，所以也称为缺血性心脏病。本病发生的危险因素有：年龄、性别、家族史、血脂异常、高血压、尿糖病、吸烟、超重、肥胖、痛风、缺乏运动等。

典型症状

最常见的为心绞痛型，表现为胸骨后有压榨感、闷胀感，伴随明显的焦虑，持续 3 ~ 5 分钟。疼痛发作时，可伴有虚脱、出汗、呼吸短促、忧虑、心悸、恶心或头晕症状。

家庭防治

谨慎安排进度适宜的运动锻炼有助于促进侧支循环的发展，提高体力活动的耐受量，进而改善症状。

民间小偏方

【用法用量】香蕉 50 克，蜂蜜少许，香蕉去皮研碎，加入等量的茶水中，加蜂蜜调匀当茶饮。

【功效】有营养心肌、防止动脉血管粥样硬化的功效，对冠心病有很好的作用。

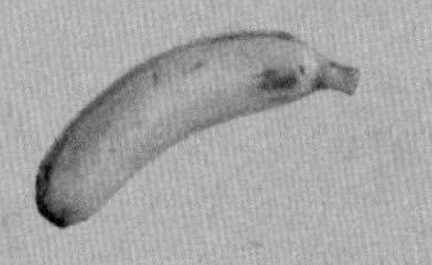

民间小偏方

【用法用量】用瓜蒌 12 克，薤白 9 克，洗净以煎水，每日分三次服用。

【功效】能放松动脉紧张度，减少心脏负荷，从而改善冠状动脉的供血。

· 推荐药材食材 ·

【薤白】

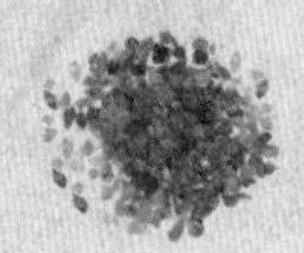

◎理气宽胸、通阳散结，对于胸痹心痛彻背有不错的疗效。

【银杏叶】

◎敛肺、平喘，用于肺虚咳喘、冠心病、高血脂等症的辅助治疗。

【海带】

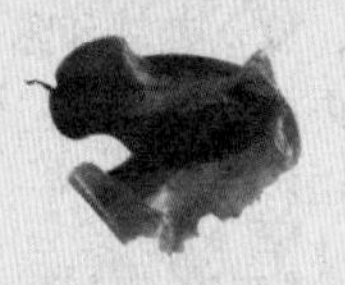

◎散结消炎、祛脂降压，常吃能够预防心血管疾病。

海带排骨汤

原材料

冬瓜200克，水发海带100克，猪排骨400克。

调　料

姜、葱、料酒、盐各适量。

做　法

①排骨汆水；水发海带洗净；冬瓜去皮，切条。②锅内放入足够的水，放入洗净的排骨、姜片、葱段、料酒，用武火烧开后改用文火煲1个小时。③放入冬瓜和少许盐，续煲30分钟后放入海带，20分钟后放盐调味即可。

养生功效 海带富含大量不饱和脂肪酸，能清除附着在血管壁上的胆固醇；海带中丰富的钙质，可降低人体对胆固醇的吸收，降低血压；海带富含钾离子，能保护心肌细胞。此汤对防治动脉硬化、高血压、冠心病等症都有一定疗效。

南瓜薤白牛蛙汤

原材料

牛蛙250克，南瓜500克，大蒜60克，薤白适量。

调　料

葱15克，盐适量。

做　法

①牛蛙去内脏，剥皮，切块；大蒜去衣，洗净；南瓜洗净，切块。②把牛蛙、南瓜、大蒜、薤白放入开水锅内，武火煮沸后，文火煲半小时，下葱加盐调味即可。

养生功效 薤白有宽胸理气止痛之效，南瓜有补中益气、消炎止痛的作用。牛蛙可以促进人体气血旺盛，精力充沛，滋阴壮阳，有养心安神、补气之功效。此汤适用于胸痹之病，症见喘息咳唾，胸背痛，短气，寸口脉沉而迟。

糖尿病

糖尿病是由遗传因素、免疫功能紊乱、微生物感染及其毒素、自由基毒素、精神因素等等各种致病因子作用于机体导致胰岛功能减退、胰岛素抵抗等而引发的糖、蛋白质、脂肪、水和电解质等一系列代谢紊乱综合征。

糖尿病分1型糖尿病、2型糖尿病及其他特殊类型的糖尿病。1型糖尿病是一种自体免疫疾病。2型糖尿病是成人发病型糖尿病，多在35～40岁之后发病，占糖尿病患者90%以上。患者体内产生胰岛素的能力并非完全丧失，而是一种相对缺乏的状态。

典型症状

临床上以高血糖为主要特点，典型病例可出现多尿、多饮、多食、消瘦等表现，即“三多一少”症状。

家庭防治

注意进食规律，一日至少进食三餐，而且要定时、定量，两餐之间要间隔4～5小时；应选少油、少盐、少糖的清淡食品，菜肴烹调多用蒸、煮、凉拌、涮、炖等方法。

民间小偏方

【用法用量】山药25克，黄连10克，洗净以水煎服。

【功效】清热祛湿、补益脾肾，用于辅助治疗糖尿病之口渴、尿多、善饥。

民间小偏方

【用法用量】桃树胶20克，玉米须30～60克，两味洗净，加水共煎，每日饮两次。

【功效】平肝清热、利尿祛湿，能有效防治糖尿病并发症。

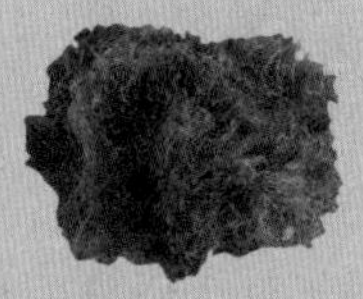

推荐药材食材

【葛根】

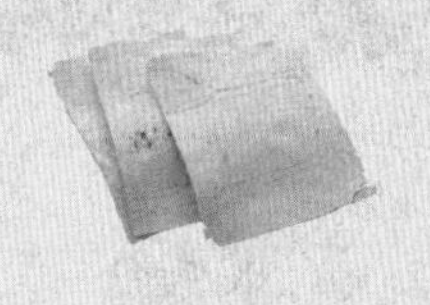

◎解肌退热、生津、透疹、升阳止泻，用于消渴、热痢、泄泻。

【天花粉】

◎清热生津，用于热病烦渴、肺热燥咳、内热消渴、疮疡肿毒。

【冬瓜】

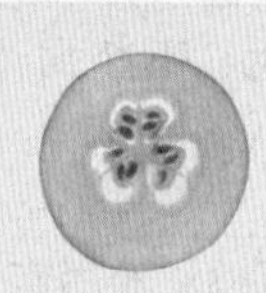

◎清热、养胃生津，可治水肿、胀满、咳喘、暑热烦闷、消渴等。

冬瓜鱼尾汤

原材料

冬瓜 250 克，草鱼尾 250 克。

调　料

姜 2 片，盐、油各适量。

做　法

①将草鱼尾去鳞洗净，下油、盐、姜片烧热锅，将鱼尾煎至两面黄色。②冬瓜洗净，切成小块，与草鱼尾一起放入砂煲里，加清水适量，用旺火煮沸后改用文火煲 2 小时。③加盐调味供食用。

养生功效 糖尿病，相当于中医之消渴。冬瓜如《本草再新》谓之“清心火，泻脾火，利湿去风，消肿止渴，解暑化热”。陶弘景亦言：“（其）解毒，消渴，止烦闷，（可）直捣绞汁服之。”此汤适宜肝阳上亢之高血压患者食用。

鲫鱼冬瓜汤

原材料

鲫鱼 300 克，连皮冬瓜 150 克。

调　料

黄酒、盐、葱段、生姜片，植物油各适量。

做　法

①鲫鱼去内脏、鳃，洗净；冬瓜去皮洗净，切片。②起油锅，烧热后先下葱段、生姜片，待爆出香味时放入鲫鱼煎黄后，加黄酒，煎至酒香溢出时加适量冷水，烧沸。③将鱼汤盛入砂锅内，加冬瓜片，小火慢煨约 1 小时，见鱼汤发白，肉熟瓜烂，加盐调味即可。

养生功效 冬瓜中的膳食纤维含量很高，每100克中含膳食纤维约0.9克。现代医学研究表明膳食纤维含量高的食物对改善血糖水平效果好，人的血糖指数与食物中食物纤维的含量成负相关。此汤对于糖尿病有较好的防治作用。

粉葛脊骨汤

原材料

粉葛500克，绿豆50克，猪脊骨600克，蜜枣3颗。

调　料

盐5克。

做　法

❶粉葛去皮，洗净，切成块状。❷绿豆、蜜枣洗净；猪脊骨斩件，焯水。将清水2000毫升放入瓦煲内，煮沸后加入以上用料，武火煲滚后改用文火煲3小时，加盐调味即可。

养生功效 葛根能生津止渴，可用于热病口渴或消渴等症的食疗。《本草经疏》有言：“葛根，解散阳明温病热邪之要药也，故主消渴。”葛根有降低血糖作用，并能扩张心脑血管。此汤既能降血糖，又有补养作用，可长期食用。

粉葛银鱼汤

原材料

银鱼干200克，粉葛500克，乌梅7颗。

调　料

盐适量、生姜片8克。

做　法

❶粉葛去皮，切块；乌梅洗净，去核备用。❷银鱼干泡发洗净，沥干水。❸把粉葛、银鱼、生姜、乌梅一齐放入锅内，加适量清水，武火煮沸后改用文火煮2小时，汤成后调味即成。

养生功效 葛根含异黄酮成分葛根素、葛根素木糖苷、大豆黄酮、大豆黄酮苷及β-谷甾醇、花生酸，又含多量淀粉。葛根水提取物能使血糖下降。银鱼营养丰富，且脂肪含量低，滋补作用较好。此汤适宜体质虚弱、高脂血症、糖尿病患者。

尿失禁

尿失禁，是由于膀胱括约肌损伤或神经功能障碍而丧失排尿自控能力，使尿液不自主地流出的疾病。尿失禁按照症状可分为充溢性尿失禁、无阻力性尿失禁、反射性尿失禁、急迫性尿失禁及压力性尿失禁五类。尿失禁的病因可分为下列几项：①先天性疾患，如尿道上裂。②创伤，如妇女生产时的创伤，骨盆骨折等。③手术，男性前列腺手术、尿道狭窄修补术等。④各种原因引起的神经源性膀胱。其中，前列腺病变是男性尿失禁最常见的原因。尿失禁可以发生在任何年龄及性别，尤其是女性及老年人居多。

典型症状

尿液不自主地流出，不受意识控制。

家庭防治

揉按中极、关元、足三里、三阴交等穴位，可提升盆底肌的张力，从而改善膀胱功能。

民间小偏方 壹

【用法用量】将新鲜猪膀胱洗净，不加盐煮熟，每天吃三次，每次吃15～30克。连续食用10天至半个月，此症便可明显好转。

【功效】以形补形，缩小便。

民间小偏方 贰

【用法用量】益智仁（打碎）25克，桑螵蛸15克，洗净，加水200毫升煎30分钟，取汁100毫升；二煎加水300毫升，取汁150毫升；将两次的药汁混合，每天服2次。

【功效】主治肾气虚弱、下元虚冷。

• 推荐药材食材 •

【桑螵蛸】

◎桑螵蛸乃“肝肾命门药也，功专收涩”，可治遗精白浊、尿失禁等。

【龙骨】

◎味涩而主收敛，对尿数、遗尿或尿失禁皆有较好的食疗效果。

【牡蛎】

◎牡蛎为固敛收涩之剂，能益精收涩、止小便。

猴头菇煲猪脊骨

原材料

猴头菇 100 克，猪脊骨 300 克。

调　料

盐 5 克，味精 2 克，胡椒粉 3 克，料酒 10 毫升、生姜片 5 克。

做　法

①猪脊骨洗净，斩块；猴头菇洗净，切片。②锅中注水烧开，放入猪脊骨焯烫，捞出沥干水分。③将猴头菇、猪脊骨、生姜片、料酒放入汤煲中，加适量水煲 1 小时，调入调味料即可。

养生功效 尿失禁，以阴阳论之，为阳不能固其阴。猴头菇性平，味甘，有利五脏、助消化、滋补身体等功效。因此本汤可滋养五脏、镇惊止便。有湿热、实邪者忌服。

牡蛎瘦肉汤

原材料

牡蛎肉 200 克，猪瘦肉 200 克。

调　料

盐、姜片、绍酒各适量。

做　法

①将牡蛎肉洗净放入清水中煮开，放几片姜及绍酒。②将洗净的猪肉切成小块，放入牡蛎汤中用小火煲 3 小时左右，调味后可以食用。

养生功效 牡蛎为固涩药、养阴药，通过不同配伍可治疗自汗盗汗、遗精滑精、尿频、遗尿、尿失禁等滑脱之症。牡蛎含有钙、锌等多种微量元素，对调整人体内环境的平衡有一定帮助。此汤对于夜卧不宁、尿频、尿失禁等有一定缓解作用。

尿痛

尿痛是指病人排尿时尿道或伴耻骨上区、会阴部位疼痛的疾病。病理性尿痛的病因很多，但主要是膀胱及尿道疾病。常见病因有：①膀胱尿道受刺激：最常见为炎症性刺激。非炎症性刺激，如结石、肿瘤、膀胱或尿道内异物、膀胱瘘和妊娠压迫等刺激。②膀胱容量减少：如膀胱占位性病变，或膀胱壁炎症浸润、硬化、挛缩所致膀胱容量减少。③膀胱神经功能调节失常：见于精神紧张和癔症，可伴有尿急，但无尿痛。

典型症状

①排尿开始时尿痛明显，病变多在尿道，常见于急性尿道炎。②排尿终末时疼痛，病变多在膀胱，常见于急性膀胱炎。③排尿末疼痛明显，病变多在尿道或邻近器官。④排尿突然中断伴疼痛或尿潴留，见于膀胱、尿道结石或尿路异物。⑤排尿不畅伴胀痛，多为前列腺增生。⑥排尿刺痛或烧灼痛，多见于急性炎症刺激。

家庭防治

在家时，如遇排尿疼痛，可通过大量饮水来缓解疼痛；如经常有尿痛的情况，则需要到医院查明原因。

民间小偏方 

【用法用量】鲜金钱草150克洗净，绞取浓汁服用，每日2次。

【功效】清热利尿，消肿解毒，适应于前列腺炎、急慢性肾盂肾炎、急慢性尿道炎等引起的小便短数、灼热刺痛。

民间小偏方 

【用法用量】石韦、萹蓄各6克，鱼腥草9克，山楂12克，药材洗净加水煎，去渣取汁，每日分2次服用。

【功效】清热通淋、利尿，可治因泌尿系感染、结石等引起的排尿困难、疼痛。

推荐药材食材

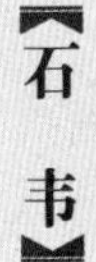

【石韦】

◎利尿通淋、清热止血，主治热淋、血淋、小便不通、淋漓涩痛等。

【萹蓄】

◎苦降下行，通利膀胱，能杀虫、除湿、止痒，主要用于淋痛及湿疹。

【猪腰】

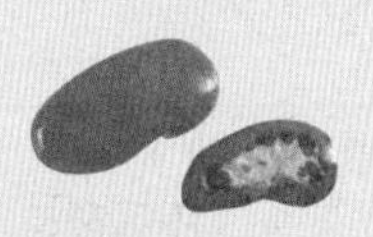

◎补肾益阳、利水，主治肾虚耳聋、遗精盗汗、腰痛、身面水肿。

油菜猪腰汤

原材料

猪腰2个，油菜50克。

调　料

盐6克，生姜片5克。

做　法

①猪腰剖成两半，剔去白筋，先在外面切斜纹花，再切成片；油菜洗净切段。猪腰浸在清水中，洗去血水，放入沸水中氽烫，捞出。②锅中加适量水，放入生姜片以大火煮开，转小火煮10分钟。再转中火，待汤一开，放入腰花片、油菜，水开后加盐调味即可。

养生功效 猪腰性平，味咸，归肝、肾经。《别录》说它能"和理肾气，通利膀胱"。油菜性温，味辛，入肝、肺、脾经，能通郁结之气，利大小便。其茎、叶可以消肿解毒，治痈肿丹毒、尿痛、劳伤吐血。此汤对尿痛有较好的辅助治疗效果。

豆芽猪腰汤

原材料

猪腰300克，黄豆芽250克，党参60克。

调　料

盐、料酒、花生油各适量。

做　法

①猪腰洗净，剖开切去白脂膜，切片，用料酒、花生油、盐拌匀，腌10分钟。②黄豆芽洗净，去根；党参洗净。③把党参放入瓦煲内，加适量清水，武火煮沸后加黄豆芽，文火煲15分钟，再加入猪腰煲15分钟，加盐调味即可。

养生功效 猪肾可"补肾虚劳损诸病"。黄豆芽具有清热解毒作用。当泌尿系感染者出现小便赤热、尿频、尿痛等症状，用黄豆芽或绿豆芽都有一定的缓解作用。二者煮汤，一则清热解毒，一则补虚，对尿痛、尿数、尿急等症都有一定的疗效。

尿频

正常成人白天排尿4～6次，夜间0～2次，次数明显增多称尿频。尿频的原因较多，包括神经精神因素、病后体虚、寄生虫病等。病理性尿频常见有以下几种情况：①多尿性尿频：排尿次数增多而每次尿量不少，全日总尿量增多。见于糖尿病、尿崩症和急性肾功能衰竭的多尿期。②炎症性尿频：尿频而每次尿量少，多伴有尿急和尿痛，见于膀胱炎、尿道炎、前列腺炎和尿道旁腺炎等。③神经性尿频：尿频而每次尿量少，不伴尿急、尿痛，见于中枢及周围神经病变，如癔症。④膀胱容量减少性尿频：表现为持续性尿频，每次尿量少，见于膀胱占位性病变、妊娠子宫增大或卵巢囊肿等。⑤尿道口周围病变：尿道口息肉、处女膜伞和尿道旁腺囊肿等刺激尿道口引起尿频。中医认为小便频数主要是体质虚弱、肾气不固、膀胱约束无能、其化不宣所致。

典型症状

白天排尿次数多于 6 次或夜间排尿次数多于 2 次。

家庭防治

控制饮食结构，避免酸性物质摄入过量而加剧酸性体质；避免熬夜；远离烟酒。

民间小偏方 

【用法用量】党参、黄芪各20克，生大黄、车前草、茯苓、山药、泽泻、川黄连、白术各10克，生甘草8克，将上药洗净，以水煎，分2～3次口服，每日一剂，5剂为一疗程。

【功效】对于尿频有较好的疗效。

民间小偏方 

【用法用量】蒲公英、半枝莲各20克，茯苓、怀山药、木通、泽泻、五味子各12克，甘草10克，将上药洗净，用水煎3次后合并药液，分早晚2次口服。

【功效】利水泻火，可治炎症性尿频。

推荐药材食材

◎秘精固气、缩尿、敛脾肾，可治肾虚遗尿、尿频、遗精、白浊。

【芡实】

◎味涩固肾，故能闭气，常吃芡实对尿频症有助益，尤适合老年人。

【金樱子】

◎生者酸涩，熟者甘涩，固精缩尿之效强，能涩精气，治尿频尿数。

益智仁炖牛肉汤

|原材料|

益智仁30克，牛肉500克。

|调　料|

生姜片、盐各适量。

|做　法|

①益智仁洗净。②牛肉洗净，切块，入沸水中汆去血水，捞出洗净。③将益智仁、牛肉、生姜片一起放入炖盅内，加适量开水，隔水炖3小时，加盐调味即可。

养生功效 《本草经疏》记载："益智子仁，以其敛摄，故治遗精虚漏，及小便余沥，此皆肾气不固之证也。"《本草拾遗》说它能"治遗精虚漏，小便余沥……利三焦，调诸气"，书中也有记载用益智仁治疗夜尿频多的方法。

芡实鲫鱼汤

|原材料|

芡实15克，山药15克，鲫鱼1条（约250克）。

|调　料|

盐5克，油各适量。

|做　法|

①鲫鱼去鳞、鳃及内脏，洗净，放少许食盐稍腌片刻。②锅加热放油，将鱼煎至两面呈金黄色，再与芡实、山药同入砂锅中。③砂锅内加适量清水，武火煲开后改用文火煲1小时，加食盐调味即可。

养生功效 芡实含有丰富的碳水化合物，它不但能健脾益胃，还能补肾缩尿。《本草从新》说它能"补脾固肾，助气涩精。治梦遗滑精，解暑热酒毒，疗带浊泄泻，小便不禁"。常食此汤，对老年人尿频有较好的食疗功效。

慢性肾炎

慢性肾小球肾炎，简称慢性肾炎，是一种链球菌感染的变态反应性疾病。慢性肾炎发病少数为急性肾炎迁延不愈所致，绝大多数起病即为慢性。慢性肾炎临床主要表现有水肿、高血压、蛋白尿和血尿等症状，由于病理改变各种各样，症状表现不一样。严重者可能出现尿毒症。其以男性患者居多，病程持续1年以上，发病年龄大多在20～40岁。

典型症状

肺肾气虚：①面浮肢肿，面色萎黄。②少气无力。③易感冒。④腰脊酸痛等。

脾肾阳虚：①水肿明显，面色苍白。②畏寒肢冷。③脉沉细或沉迟无力等。

肝肾阴虚：①眼睛干涩或视物模糊。②头晕、耳鸣。③五心烦热，口干咽燥等。

气阴两虚：①面色无华。②少气乏力或易感冒。③午后低热或手足心热等。

家庭防治

避免阴雨天外出、汗出当风、涉水冒雨、穿潮湿衣服；给予优质低蛋白、低磷、高维生素饮食。

民间小偏方 壹

【用法用量】猪苓、茯苓、白术、泽泻、桂枝、桑皮、陈皮、大腹皮各10～15克，小儿酌减，洗净以水煎服，每日1剂。

【功效】化气利水、健脾祛湿、理气消肿，对于急、慢性肾炎均有辅助疗效。

民间小偏方 贰

【用法用量】白花蛇舌草、白茅根、旱莲草、车前草各9～15克，将上药洗净以水煎，分2次口服，每日1剂。1周为1疗程。

【功效】清热解毒，利尿除湿，补益肝肾。

推荐药材食材

【冬瓜仁】

◎润肺、消痈、利水，可用于辅助治疗肾脏炎、小便不利、水肿。

【败酱草】

◎为常用的清热解毒药，其性微寒，味辛、苦，有清热解毒之功。

【马蹄】

◎对于高血压、慢性肾炎患者，尿路感染患者均有一定功效。

冬瓜排骨汤

原材料

排骨200克，冬瓜300克。

调　料

生姜，盐各适量。

做　法

①排骨洗净斩件，以滚水煮过，备用。②冬瓜去子，洗净后切块状。③生姜洗净，切片或拍松。④排骨、生姜同时下锅，加清水，以大火烧开后转小火炖约1小时，加入冬瓜块，继续炖至冬瓜块变透明，调味即可。

养生功效 慢性肾炎，中医认为本病属水肿病范畴，应以健脾助阳为治疗原则。《山东中药》中记载冬瓜能“治肾脏炎”。《食经》说其能“利水道，去淡水”。冬瓜排骨汤，味甘而淡，能利尿消肿，对慢性肾炎低蛋白血症水肿有较好的食疗作用。

茅根马蹄瘦肉汤

原材料

白茅根100克，马蹄100克，胡萝卜150克，猪瘦肉200克。

调　料

食盐适量、生姜片5克。

做　法

①马蹄、胡萝卜洗净，去皮，切块。②白茅根洗净，浸泡；猪瘦肉洗净，切片。③将所有材料与生姜片一起放入砂锅内，加清水2000毫升，武火煲沸后改文火煲约2小时，调入适量食盐便可。

养生功效 茅根能除伏热、利小便。马蹄具有很好的医疗保健效果，其苗、秧、根、果实均可入药。用新鲜马蹄配茅根榨汁同饮，是清热、生津止渴的理想饮料。两者煮汤也可以收到同样的效果。民间常用此汤辅助治疗急性肾炎、慢性肾炎、尿路感染等。

脂肪肝

脂肪肝，是指由于各种原因引起的肝细胞内脂肪堆积过多的病变，是公认的隐蔽性肝硬化的常见原因。脂肪肝其临床表现轻者无症状，重者病情凶猛。一般而言脂肪肝属可逆性疾病，早期诊断并及时治疗常可恢复正常。脂肪肝多发于以下几种人：肥胖者、过量饮酒者、高脂饮食者、少动者、慢性肝病患者及中老年内分泌患者。肥胖、过量饮酒、糖尿病是脂肪肝的三大主要病因。

典型症状

脂肪肝的临床表现多样，病人多无自觉症状。轻度脂肪肝患者有的仅有疲乏感，中重度脂肪肝患者有类似慢性肝炎的表现，可有食欲不振、疲倦乏力、腹胀、嗳气、恶心、呕吐、体重减轻、肝区或右上腹胀满隐痛等感觉。

家庭防治

适量进行以锻炼全身体力和耐力为目标的全身性低强度的动态运动，即有氧运动，如慢跑、中快速步行（115 ~ 125 步 / 分钟）、骑自行车、上下楼梯、打羽毛球、做广播体操等。

民间小偏方  壹

【用法用量】丹参 100 克，陈皮 30 克，洗净加水煎，去渣取浓汁加蜂蜜 80 克收膏。每次食用 20 克，每日 2 次。

【功效】活血化瘀、行气祛痰，适用于气滞血瘀型脂肪肝。

民间小偏方  贰

【用法用量】佛手、香橼各 6 克，洗净加水煎，去渣取汁加白糖调匀，每日分 2 次服用。

【功效】疏肝解郁、理气化痰，适用于肝郁气滞型脂肪肝。

• 推荐药材食材 •

【何首乌】

◎具有降血脂及抗动脉硬化的功效，对脂肪肝有一定防治效果。

【佛手】

◎疏肝理气、和胃止痛，用于肝胃气滞、胸胁胀痛、胃脘痞满的治疗。

【菠菜】

◎止渴润肠、滋阴平肝，对于高血压、脂肪肝、糖尿病等有辅助疗效。

菠菜银耳汤

原材料

菠菜 150 克，泡发银耳 20 克。

调　料

香葱 15 克，味精，盐、香油各适量。

做　法

❶将菠菜洗净，切段，用开水汆一下；银耳浸泡至发软，摘成小朵；香葱去根须洗净，切成细末。❷锅内放入银耳，倒入适量清水，用大火煮沸后再加菠菜煮沸，加入盐、味精、香葱末，淋上香油即成。

养生功效 甲硫氨基酸含量丰富的食物，可促进体内磷脂合成，协助肝细胞内脂肪的转变。菠菜性凉，味甘，入肝、胃、大肠、小肠经，能养血止血、平肝润燥。《本草求真》说它“能解热毒、酒毒”。此汤对于酒精性脂肪肝很有益处。

胡萝卜佛手瓜煲马蹄

原材料

胡萝卜 150 克，马蹄 200 克，佛手瓜 150 克。

调　料

盐少许。

做　法

❶胡萝卜去皮，洗净后切成段；马蹄去皮，洗净。❷佛手瓜去皮，洗净后切成块。❸将所有材料放入瓦煲内，加适量清水煲 2 小时，加盐调味即可。

养生功效 佛手性温，味辛、苦，入肝、胃、脾、肺经。《本草再新》说其能“治气舒肝”。胡萝卜有益肝之功，马蹄有清热祛痰、益气生津之效。此汤能疏肝理气、清热散结，适合于脂肪肝之肝胃不和、肝气郁结、痰瘀阻络型患者食用。

胃溃疡

胃溃疡，是位于贲门至幽门之间的慢性溃疡，为消化系统常见疾病，是消化性溃疡的一种。消化性溃疡指胃肠黏膜被胃消化液自身消化而造成的超过黏膜肌层的组织损伤，可发生于消化道的任何部位，其中以胃及十二指肠最为常见，即胃溃疡和十二指肠溃疡，其病因、临床症状及治疗方法基本相似，明确诊断主要靠胃镜检查。胃溃疡是消化性溃疡中最常见的一种，主要是指胃黏膜被胃消化液自身消化而造成的超过黏膜肌层的组织损伤。胃溃疡是一种多因素疾病，病因复杂，迄今不完全清楚，为综合因素——遗传因素、化学因素、生活因素、精神因素、感染因素等所致。

典型症状

最典型的表现为餐后痛（灼烧样痛），常伴恶心、呕吐、反酸、呕吐等，严重时可有黑便与呕血。

家庭防治

注意休息，避免过度焦虑与劳累，尤其要注意饮食规律。

民间小偏方 
壹

【用法用量】鸡蛋壳2份，乌贼骨1份，洗净，微火烘干研细，过细粉筛，装瓶备用。每次服1匙，每日服2次，以温开水送服。

【功效】收敛止血，对溃疡病有制酸、止血、止痛等作用。

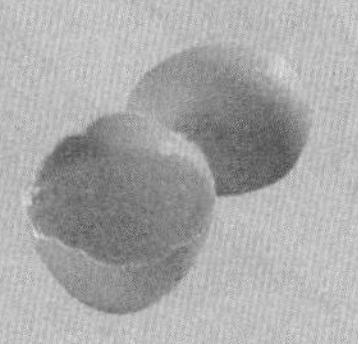

民间小偏方 
贰

【用法用量】鲜土豆500克，洗净后捣烂，滤出土豆汁。将土豆汁放在锅中以大火烧开，然后用文火熬至黏稠如蜜状，置于土罐中，放凉后装入瓶中备食。每次1汤匙，1日2次，空腹服用。

【功效】暖胃，保护胃黏膜。

推荐药材食材

【海螵蛸】

◎收敛止血、涩精止带、制酸、敛疮，用于治疗胃痛吞酸、溃疡病等。

【白及】

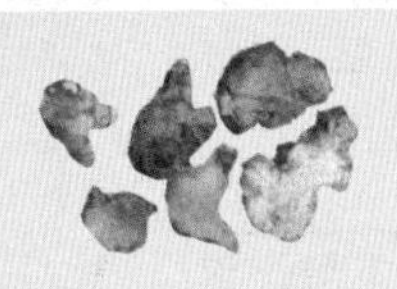

◎收敛止血、消肿生肌，用于治疗咯血吐血、外伤出血、溃疡病出血等。

【木瓜】

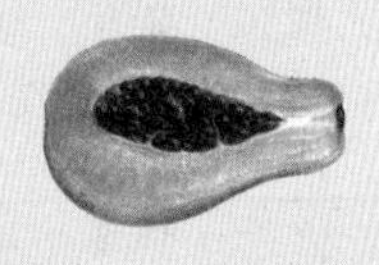

◎平肝舒筋、和胃化湿，用于湿痹拘挛、消化性溃疡等的辅助治疗。

木瓜鱼尾汤

原材料

木瓜500克，草鱼尾200克，猪瘦肉100克。

调　料

盐5克，油适量。

做　法

①木瓜洗净，削皮，切块；瘦肉洗净，切块备用。②草鱼尾洗净，去鳞，入油锅中煎至两面呈金黄色。③将所有材料放入瓦煲内，加3000毫升清水，武火煮沸后改用文火煲2.5小时，加盐调味即可。

养生功效 木瓜中含有的酶，不仅能帮助分解肉类蛋白质，对防治胃溃疡、肠胃炎、消化不良等也有很好的食疗功效。木瓜果肉中的木瓜碱，具有缓解痉挛、疼痛的作用，可以缓解因胃溃疡引起的疼痛。此汤对胃溃疡有较好的防治作用。

木瓜猪骨花生汤

原材料

木瓜100克，红皮花生仁100克，猪骨250克，红枣4颗，凤爪100克。

调　料

生姜片8克，盐适量。

做　法

①凤爪洗净，去趾甲；猪骨洗净斩件，汆水；花生洗净，过水去皮；红枣去核，洗净；木瓜去皮，洗净，切块。②瓦煲内加适量水，烧开后加入凤爪、猪骨、红枣、花生、木瓜，大火煮10分钟，改小火煮3小时，加盐调味。

养生功效 猪骨性温，味甘、咸，入脾、胃经，有补脾气、润肠胃、生津液的功效。花生中的维生素K有止血作用。花生红衣的止血作用比花生更高出50倍，对多种出血性疾病都有良好的止血功效。此汤对胃溃疡、十二指肠溃疡出血有一定食疗作用。

胃痛

胃痛是临床上常见的一个症状，多见急慢性胃炎、胃及十二指肠溃疡病、胃神经官能症，也见于胃黏膜脱垂、胃下垂、胰腺炎、胆囊炎及胆石症等病。凡由于脾胃受损、气血不调所引起胃脘部疼痛的病症，都可叫胃痛，又称胃脘痛。其病因有三，或由肝气犯胃，或由脾胃虚弱，或由饮食不节而引起。胃在人体的胸骨剑突的下方，肚脐的上部，略偏左。如果将肚子划分为四个区域来看，左侧偏中上的部分这一区域的疼痛，最有可能是胃痛。不过，也有可能是食道、十二指肠、胆、肝等疾病引起，所以还需要以疼痛的时间、伴随症状等作为判断准则。

典型症状

实证：上腹胃脘部暴痛，痛势较剧，痛处拒按，饥时痛减，食后痛增。

虚证：上腹胃脘部疼痛隐隐，痛处喜按，空腹痛甚，食后痛减。兼见呕吐清水。

家庭防治

按摩两脚大脚趾下的第一骨节部位处的凹陷位置，左右脚的按摩方向稍微有些差别，左脚应从外往内按摩，右脚则从内往外按摩。

民间小偏方 壹

【用法用量】取30克郁金，洗净研为细末，放入瓶中密封。用时取药末6克，以冷开水调成糊状，涂于患者肚脐，以纱布覆盖后固定。每天换药1次。

【功效】适用于肝气犯胃型胃痛、胃脘胀闷等。

民间小偏方 贰

【用法用量】茶叶50克，生姜20克，洗净以水煎服。每日2次，2天一疗程。

【功效】温中散寒、理气止痛，用于胃脘隐隐作痛、喜按之胃寒痛患者。

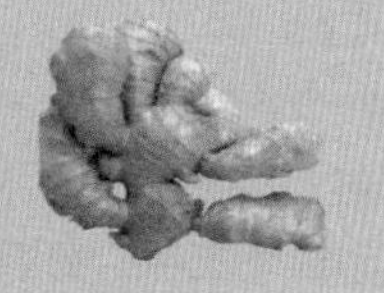

推荐药材食材

【鸡骨草】

◎清热解毒、舒肝止痛，用于治疗胃脘胀痛、肝炎、乳腺炎。

【生姜】

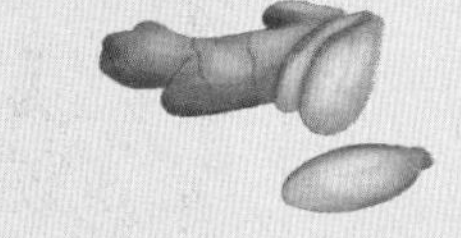

◎温中散寒、通汗止呕，治风寒感冒、胃寒、胃痛、呕吐、吞酸。

【小米】

◎有健脾和胃、补益虚损、除热、解毒之食疗功效，能缓解胃痛。

葱姜紫菜汤

原材料

紫菜20克，葱花少许、姜丝少许。

调　料

盐、味精各适量，香油2.5毫升。

做　法

①将水放入锅中，开大火待水沸。②将紫菜放入，烧开后转小火，加入姜丝，并以适量调味料调味。③再撒入葱花后即可关火，最后淋上香油即可。

养生功效 葱花散寒通阳，可辅助治疗因腹部受寒引起的腹痛、腹泻。生姜，归肺、脾、胃经，《珍珠囊》说它能“益脾胃，散风寒”。生姜能解热抗炎、镇静镇痛，但其过于辛辣，最好跟其他食材、药材合用。此汤对胃寒疼痛有较好的缓解作用。

鸡骨草煲肉

原材料

鸡骨草15克，蜜枣6颗，陈皮3片，猪瘦肉300克。

调　料

盐适量。

做　法

①将鸡骨草洗净，浸泡片刻；瘦肉洗净，切块；蜜枣洗净；陈皮浸泡，刮去白瓤，洗净。②烧开水，放入猪瘦肉飞水，再捞出洗净。③将鸡骨草、蜜枣、陈皮、猪瘦肉及生姜片放入煲内，加入适量开水，大火烧开后，改用小火煲5小时，用盐调味即可。

养生功效 鸡骨草有清热利湿、散瘀止痛的作用。《常用中草药手册》说它“治急慢性肝炎、肝硬化腹水、胃痛、小便刺痛、蛇咬伤”。蜜枣有补益脾胃、滋养阴血之效，而陈皮有理气健脾之功。将三者合而煲肉，能健脾胃、止痛，适合胃痛实证。

慢性支气管炎

慢性支气管炎是气管、支气管黏膜及其周围组织的慢性非特异性炎症。临床上以咳嗽、咳痰或伴有气喘等反复发作为主要症状，每年持续3个月，连续2年以上。早期症状轻微，多于冬季发作，春夏缓解。晚期因炎症加重症状可常年存在。其病理学特点为支气管腺体增生和黏膜分泌增多。病情呈缓慢进行性进展，常并发阻塞性肺气肿，严重者常发生肺动脉高压，甚至肺源性心脏病。

当机体抵抗力减弱时，气道在不同程度敏感性（易感性）的基础上，有一种或多种外因的存在，长期反复作用，可发展成为慢性支气管炎。如长期吸烟损害呼吸道黏膜，加上微生物的反复感染，可发生慢性支气管炎。本病流行与吸烟、地区和环境卫生等有密切关系。

典型症状

晨间咳嗽，咳白色黏液或浆液泡沫性痰，偶可带血，喘息或气急。

家庭防治

戒烟，注意保暖，加强锻炼，预防感冒。

民间小偏方 

【用法用量】百合9克，梨1个，洗净，加白糖9克，混合蒸1小时，冷后顿服。

【功效】清热润肺，对于慢性支气管炎的系列伴随症状有较好的缓解作用。

民间小偏方 

【用法用量】冬虫夏草适量洗净，水煎代茶饮。

【功效】补肺益肾，止血化痰，连续服用1个月大部分患者的症状均有一定程度的改善。

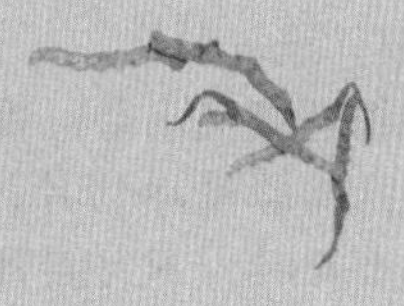

推荐药材食材

【矮地茶】

◎化痰止咳、利湿，用于治疗咳嗽、慢性支气管炎、湿热黄疸。

【百部】

◎治肺热、上气、咳嗽，主清润益肺，用于治疗百日咳、支气管炎、皮炎。

【雪梨】

◎具有辅助治风热的功效，并有润肺、凉心、消痰、降火、解毒之功。

香梨煲老鸭

原材料

老鸭300克，香梨1个，银耳20克。

调　料

盐5克，味精3克，鸡精2克，生姜10克。

做　法

①鸭斩段洗净；香梨去皮切块；银耳泡发后撕小朵；生姜去皮切片。②锅中加水烧沸后，下入鸭块稍焯去血水，捞出。③将鸭块、香梨块、银耳、姜片一同装入碗内，加入适量清水，煲40分钟后调入调味料即可。

养生功效 《本草经疏》记载："梨，能润肺消痰，降火除热……"慢性支气管炎患者经常食用梨子，其咳嗽症状可暂愈或减轻。老鸭有清热养阴之效，与梨合而为汤，滋阴润肺之力愈强，适用于慢性支气管炎症见干咳无痰或少痰、咽干口燥等。

香梨煲鸭肾

原材料

银耳35克，香梨1个，鸭肾30克，枸杞5克。

调　料

姜片，清汤，盐、白糖、胡椒粉各适量。

做　法

①银耳撕成小朵；香梨去子、去皮后切成厚片；鸭肾洗净切片；枸杞泡透；锅内加水，待水开时，下入鸭肾片，用小火煮透，倒出待用。②瓦煲内加入各种材料和胡椒粉，注入清汤，大火煲50分钟，调入盐、白糖再煲15分钟。

养生功效 《日华子本草》说梨能"消风，疗咳嗽、气喘热狂"。梨无论是生吃还是炖汤，对慢性支气管炎皆有较好的食疗功效，它不仅能止咳化痰，而且还能补充维生素与矿物质。此汤适用于老年慢性支气管炎肺阴不足型之干咳少痰症。

肥胖症

肥胖症是一组常见的、古老的代谢症群。当人体进食热量多于消耗热量时，多余热量会以脂肪形式储存于体内，其量超过正常生理需要量，达一定值时遂演变为肥胖症。正常男性成人脂肪组织重量占体重的15%～18%，女性占20%～25%。随着年龄增长，体脂所占比例相应增加。因体脂增加使体重超过标准体重20%的称为肥胖症。如无明显病因可寻者称单纯性肥胖症，具有明确病因者称为继发性肥胖症。（身高-100）×90%=标准体重（千克）。当体重超过标准体重的10%时，称为超重；超出标准体重的20%，称为轻度肥胖；超出标准体重的30%时，称为中度肥胖；当超过50%时称为重度肥胖。

典型症状

胖的人因体重增加，身体各器官的负重都增加，可引起腰痛、关节痛、消化不良、气喘；身体肥胖的人往往怕热、多汗、皮肤皱褶处易发生皮炎、擦伤。

家庭防治

需要限制油炸类、糖食糕点、啤酒等食物的摄入，使每日总热量低于消耗量，多进行体力劳动和体育锻炼。

民间小偏方 

【用法用量】枸杞 30 克，洗净以水煎代茶饮，早晚各饮 1 次。

【功效】平肝养目、润肺，对因肥胖引起的腰痛、乏力等症有很好的疗效，同时也有一定的瘦身作用。

民间小偏方 

【用法用量】鲜荷叶 30 克，洗净切碎，加水煎水代茶饮，连服 60 天为一疗程。

【功效】清热，祛痰湿，能辅助治疗肥胖症。

推荐药材食材

【郁李仁】

◎郁李仁体润滑降，具有缓泻之功，善导大肠燥秘，有清肠作用。

【西红柿】

◎具有清热止渴、排毒瘦身、养阴凉血的作用，归肝、胃、肺经。

【薏米】

◎能促进体内血液和水分的新陈代谢，有利尿、消肿、减肥的作用。

紫菜西红柿鸡蛋汤

|原材料|

西红柿200克，紫菜15克，鸡蛋2个。

|调　料|

盐5克，花生油适量。

|做　法|

①西红柿洗净，去蒂，切成片状；紫菜浸泡15分钟，洗净。②鸡蛋去壳，搅成蛋液备用。③将清水800毫升放入瓦煲内，煮沸后加入花生油、西红柿、紫菜，煲滚10分钟，倒入蛋液，略搅拌，加盐调味即成。

养生功效 西红柿中的茄红素可以降低人体热量的摄入，减少脂肪积聚。西红柿的水分很高，有很强的饱腹作用。而且这些水分又可以促进排泄，减少毒素和脂肪的积聚。此汤有清热解毒、凉血平肝的功效，为减肥瘦身、美容润肺的常用食疗汤膳。

小白菜西红柿清汤

|原材料|

小白菜200克，西红柿100克。

|调　料|

盐少许、植物油5毫升。

|做　法|

①小白菜洗净，切成适当大小；西红柿洗净，切成块。②锅中加水1000毫升，开中火待水沸后，将处理好的小白菜、西红柿放入，续沸后再以盐、植物油调味即可。

养生功效 小白菜中含有大量粗纤维，可促进大肠蠕动，增加大肠内毒素的排出，通过排毒达到瘦身的目的。西红柿内的苹果酸和柠檬酸等有机酸，有帮助消化、调整胃肠功能的作用，并有消脂的功效。此汤清润可口，有清热、消暑、减肥的功效。

骨关节炎

骨关节炎，指的是由关节的先天性异常、关节畸形、年龄增长和其他各种原因引起的关节软骨非炎症性退行性病变及关节边缘骨赘形成。生理老化、体重超重、炎症、创伤、营养不良及遗传因素等会引起关节软骨纤维化、皲裂、溃疡、脱失，继而导致骨关节炎。本病多发于老年人，病发部位多见于手指、脚趾、跟骨、膝、髋、颈椎等关节部位。骨关节炎属中医“痹症”范畴，主要是由肝肾渐亏、血不养筋、髓失所养或因劳损致气血不和、经脉凝滞、筋骨失养所致。

典型症状

关节疼痛且活动加剧，肿胀，活动受限，活动关节时有摩擦声或咔嚓声，病情发展严重者可有肌肉萎缩及关节畸形。

家庭防治

在手掌上滴适量的正骨水，涂抹于患处皮肤，然后揉搓按摩至产生温热感，再将热水袋放在患处热敷。每天 2 ~ 3 次，每次热敷 10 ~ 30 分钟，有活血祛风、通络止痛的功效。

民间小偏方

【用法用量】雄乌鸡1只，三七6克，黄芪10克，药材洗净，共纳入收拾干净的鸡腹内，加入黄酒10毫升，隔水小火炖至鸡肉熟即可食用。

【功效】温阳、益气、定痛，适宜阳气不足引起的膝关节炎。

民间小偏方

【用法用量】取猪肾1对、人参6克、核桃肉10克、粳米200克。猪肾洗净切片，将人参、核桃肉、粳米洗净，加适量水共煮成粥食用。每日1剂。

【功效】祛风除湿，补益肾气。

• 推荐药材食材 •

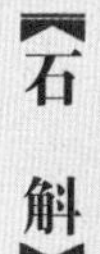

【石斛】

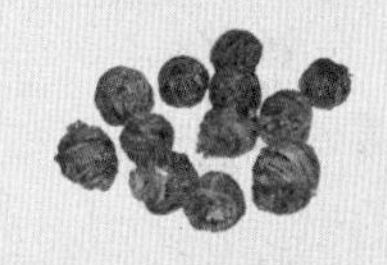

◎益胃生津、滋阴清热，可用于治疗肾阴虚亏、热病伤津、虚劳消瘦。

【独活】

◎祛风胜湿、散寒止痛，主治风寒湿痹、腰膝疼痛。

【猪肾】

◎健肾补腰、和肾理气，主治虚腰痛、遗精盗汗、产后虚羸。

石斛玉竹甲鱼汤

原材料

石斛6克，玉竹30克，甲鱼500克，蜜枣3颗。

调　料

盐5克。

做　法

①玉竹、石斛洗净，浸泡1小时；蜜枣洗净；甲鱼放入加水的煲内，加热至水沸鱼死，去肠脏，褪去四肢表皮，洗净，斩件，氽水。②将2000毫升清水放入煲内，煮沸后加入以上材料，武火煲开后，改用文火煲3小时，加盐调味。

养生功效 石斛含石斛碱等生物碱、黏液质、淀粉等，有解热镇痛作用。甲鱼具有滋阴凉血、补益调中、补肾健骨、散结消痞等作用，可防治身虚体弱、肝脾肿大、骨关节炎等症。此汤有利于骨骼、软骨和结缔组织的修补与重建，对于骨关节炎疗效较好。

人参腰片汤

原材料

人参片10克，猪腰2个，芥菜100克。

调　料

盐5克。

做　法

①猪腰平剖为两半，剔去内面白筋，切成薄片；芥菜洗净，切段。②煲中加4碗水，放入人参片以大火煮开，转小火续煮10分钟熬成高汤。③再转中火，待汤烧开，放入腰片、芥菜，待水一开，加盐调味即可。

养生功效 人参大补元气，补脾益肺，可提高人体免疫力，对于骨组织修复有促进作用。猪腰性平，味甘咸，入肾经，有补肾、强腰、益气的作用。此汤有祛风除湿、补益肾气之效，适用于膝关节炎，症属肾气不足者。此汤补益效果甚强，年幼者不宜食用。

风湿性关节炎

风湿性关节炎，指的是由A组乙型溶血性链球菌感染所引起的一种常见的急性或慢性结缔组织炎症。

风湿性关节炎是风湿热的主要表现之一，西医对其病因病理至今尚未明确，认为与遗传因素、自身免疫反应有关。风湿性关节炎发病急，多以急性发热及关节疼痛起病，可累及膝、踝、肩、肘、腕等大关节。风湿性关节炎属中医“痹证”范畴，多因人体正气不足、卫气不固、关节受风寒湿热等外邪侵袭，致使经脉闭阻、气血运行不畅所致。

典型症状

发病部位游走不定，发病处关节红、肿、热、痛，且不能活动，关节局部炎症明显，肌肉亦会出现疼痛，急性期患者还会出现发热、咽痛、心慌等症状。

家庭防治

急性期应将关节置于休息体位，减少运动。关节疼痛有所减轻后，可根据具体的关节进行相应的关节操或周围按摩。

民间小偏方 

【用法用量】取桂枝、白芍、知母、熟地、红花、皂角刺、狗脊、防风各10克，生地、地龙、骨碎补各20克，生黄芪、桑寄生各15克，洗净以水煎服，每日1剂。

【功效】治疗类风湿性关节炎。

民间小偏方 

【用法用量】取络石藤、秦艽、伸筋草、路路通各12克，洗净以水煎服。

【功效】治疗慢性风湿性关节炎。

• 推荐药材食材 •

【骨碎补】

◎补肾强骨、续伤止痛，用于肾虚腰痛、风湿痹痛、筋骨折伤。

【桑枝】

◎祛风湿、利关节，主治风寒湿痹、四肢拘挛、关节酸痛麻木。

【忍冬藤】

◎清热、祛风、通络，有抗风湿、消炎止痛、抗变态反应的作用。

骨碎补猪脊骨汤

原材料

骨碎补30克，猪脊骨500克，红枣5颗。

调　料

盐5克。

做　法

①骨碎补洗净，浸泡1小时；红枣洗净，去核。②猪脊骨斩段，洗净，汆水。③将清水2000毫升放入瓦煲内，煮沸后加入以上用料，武火煲沸后改用文火煲3小时，加盐调味即可。

养生功效 骨碎补有补肾强骨、续伤止痛之效，《本草正》说其"疗骨中邪毒，风热疼痛，或外感风湿，以致两足痿弱疼痛"。现代医学研究表明，骨碎补具有促进软骨细胞功能的作用。此汤对于骨折、风湿性关节炎均有较好防治作用。

桑枝煲老母鸡汤

原材料

桑枝60克，老母鸡1只。

调　料

盐少许、生姜3片。

做　法

①桑枝洗净，稍浸片刻；老母鸡宰杀，去毛及内脏，洗净备用。②将原材料与生姜一起放进瓦煲内，加入清水2500毫升，用武火煲沸后改用文火煲约2个小时。③把鸡捞起，拌酱油佐餐用，加盐调味即可。

养生功效 桑枝，以枝条肥嫩、干燥、断面呈黄白色者为佳。能祛风通络、利关节，可单独重用该品（以老桑枝为宜）治疗关节红肿热痛等属热痹的关节病变，亦可配合其他药物同用。此汤可祛风通络，主治风湿痹症，而尤宜于上肢痹痛。

类风湿性关节炎

类风湿性关节炎，是指由细菌、病毒、遗传及性激素等因素引起的慢性全身性自身免疫性疾病。

类风湿性关节炎多见于手、腕、足等小关节，反复发作，呈对称分布。病变关节及其周围组织呈现进行性破坏，滑膜炎持久反复发作，可导致关节内软骨和骨的破坏，关节功能障碍，甚至残废。中医认为，类风湿性关节炎多因正气不足、风湿寒邪内侵，引起经脉闭阻、气血运行不畅所致。

典型症状

关节僵硬，关节红、肿、热、痛、活动障碍，出现关节屈曲及尺侧偏向畸形。累及肾脏，引起角膜炎、类风湿性血管炎、类风湿性心脏病、类风湿性肺病等并发症。

家庭防治

用手指捻腕部及各掌指或指间关节 2 分钟，重点捻患肢，可配合适当的摇肩、肘关节动作。搓上肢 5 ~ 7 次，注意用力要适中。

民间小偏方

【用法用量】取苍术、白术、党参、牛膝各 9 克，附子、苏叶、羌活、独活、陈皮、苏梗、干姜各 6 克，公丁香、桂枝各 4 克，生姜 3 片，红枣 5 枚，洗净以水煎服，1 日 1 剂，1 日 2 次。

【功效】适用于痹症日久不愈。

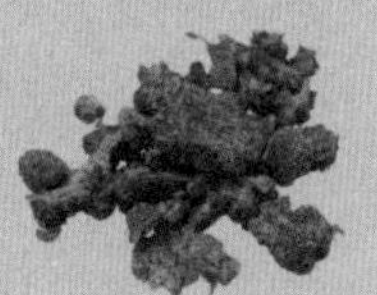

民间小偏方

【用法用量】取忍冬藤、赤小豆各 30 克，连翘、羌活各 15 克，防风、赤芍各 10 克，桂枝、麻黄各 5 克，生甘草、生姜各 3 克，洗净以水煎服，1 日 1 剂，1 日 2 次。

【功效】透表清热、化湿通络。

推荐药材食材

◎祛风通络、凉血消肿，用于治疗风湿热痹、筋脉拘挛、腰膝酸痛。

◎息风通络，治血栓闭塞性脉管炎、类风湿性关节炎、骨关节结核。

◎祛风、利水、散热，可治关节不利、风痹瘫痪、痈肿疮毒等。

黑豆乌鸡汤

原材料

黑豆150克，何首乌100克，乌鸡1只，红枣10颗。

调　料

生姜5克，精盐适量。

做　法

❶乌鸡宰杀，去毛及内脏，洗净；黑豆放入铁锅中干炒至豆衣裂开，再洗净，晾干；何首乌、红枣、生姜分别洗净，红枣去核，生姜刮皮切片。❷瓦煲内加清水适量，煮沸，放入原材料和生姜，改中火继续煲约3小时，加盐调味即可。

养生功效 黑豆含有蛋白质、脂肪、维生素、微量元素等多种营养成分，同时又具有多种生物活性物质，对人体有很好的补益作用。豆乃肾之谷，黑色属水，水走肾，所以黑豆入肾功能多，有滋阴补肾的功效。此汤适用于肝肾阴虚所致的类风湿性关节炎。

蝎子猪肉汤

原材料

土茯苓50克，生地30克，蝎子30克，猪瘦肉200克。

调　料

盐5克。

做　法

❶土茯苓洗净，浸泡30分钟；蝎子洗净。❷生地洗净，浸泡1小时；猪瘦肉洗净，切片，入开水中汆烫。❸将2000毫升清水放入瓦煲内，煮沸后加入全部原材料，武火煲开后改用文火煲3小时，加盐调味即可。

养生功效 据《本草纲目》和《中国药典》载，全蝎具有“熄风镇痉、消炎攻毒、通络止痛”的功能。此汤因加入全蝎，故有通络止痛之效，对风寒湿痹久治不愈、筋脉拘挛，甚至关节变形之顽痹，作用颇佳。全蝎入药或用于食疗方，用量宜小，且不宜久服。

第四章 外科疾病食疗好汤膳

老年斑

老年斑，医学上称之为脂溢性角化，指的是出现在老年人皮肤上的一种良性表皮增生性肿瘤。

实际上，老年斑是人体内脏衰老的预示符号。进入中老年期后，细胞代谢机能减退，体内脂肪容易发生氧化，产生的脂褐质就会在皮肤中积累，最终形成老年斑。脂褐质不仅出现在皮肤上，也会长在机体内部，如血管壁、心脏、脑细胞等处。这些脂褐质会影响正常的细胞代谢，引起整个机体衰老，导致各种疾病。

典型症状

斑褐黑色，常见于面、手、四肢、躯干等裸露部位，大小不等、不规则，呈不对称性分布。

家庭防治

增加体内抗氧化剂，最理想的是维生素E，所以要多吃富含维生素的食物，必要时可遵照医嘱，服用维生素E，以增强机体抗氧化能力。

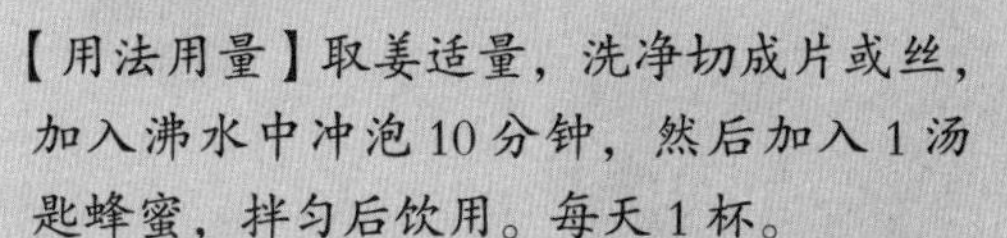

民间小偏方 壹

【用法用量】取姜适量，洗净切成片或丝，加入沸水中冲泡10分钟，然后加入1汤匙蜂蜜，拌匀后饮用。每天1杯。

【功效】姜辣素可对抗脂褐素，坚持服用可有效减淡老年斑。

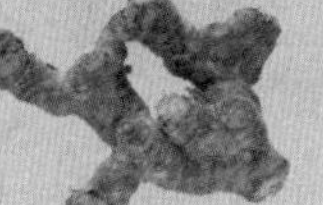

民间小偏方 贰

【用法用量】水发银耳50克，煮熟鹌鹑蛋3枚，加少量黄酒，适量味精、食盐，用小火煨炖，熟烂后食肉喝汤，并配合服用适量维生素A、维生素C和维生素E。

【功效】润肺滋阴、调节血脂，可清除老年斑。

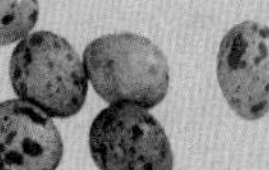

推荐药材食材

【杏仁】

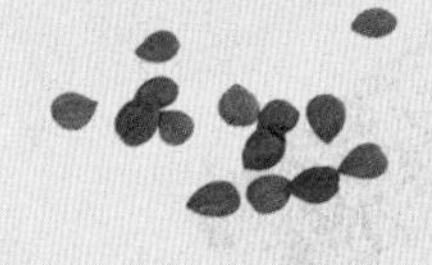

◎润肠通便、止咳平喘，可通过润肠排毒来达到清润肌肤的作用。

【银耳】

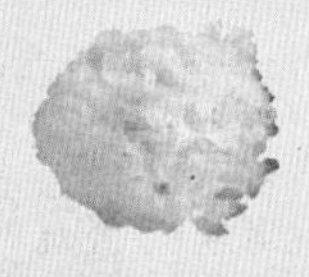

◎润肺生津、滋阴养胃，适用于虚劳咳嗽、津少口渴、面部多斑者。

【洋葱】

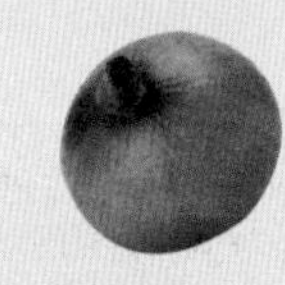

◎健胃润肠、解毒杀虫，用于防治高血压、高血脂、老年斑。

银耳香菇猪胰汤

原材料

猪胰(约300克),瘦猪肉100克,银耳30克,香菇30克。

调　料

花生油、盐各适量。

做　法

①银耳用清水浸开,洗净,摘小朵;香菇用清水泡开,洗净,去蒂;猪胰、瘦猪肉洗净,切片,用花生油、盐稍腌。②把银耳、香菇放入锅内,加清水适量,武火煮沸10~15分钟后,放入猪胰、瘦猪肉,文火煲至肉熟,加盐调味即可。

养生功效 许多中老年人由于脂褐素沉积于皮肤,容易在面部、手背等处形成老年斑,而食用银耳有祛除老年斑的作用。银耳中含有丰富的胶质和多糖,胶质可增加皮肤弹性,多糖能增强巨噬细胞吞噬功能,有助于清除脂褐素沉积。坚持食用此汤可祛斑润肤。

洋葱羊肉汤

原材料

羊肉750克,洋葱60克,肉苁蓉30克。

调　料

生姜4片,盐适量。

做　法

①羊肉洗净,切块,入开水中汆去膻味。②洋葱切成块。③生姜、肉苁蓉洗净,与羊肉、洋葱块一起放入锅内,加清水适量,武火煮沸后转文火煲3小时,调味供用。

养生功效 洋葱富含硫质和维生素等营养成分,能消除体内废物,使体内器官氧化衰老速度减慢。此外,洋葱中还含有较多的维生素E,能阻止不饱和脂肪酸生成脂褐质色素,可明显减缓动脉硬化斑和老年斑的发展。民间常用此汤防治老年斑,疗效显著。

黄褐斑

黄褐斑俗称“肝斑”“妊娠斑”，它是皮肤黑色素增多而不能及时排出，沉积于面部所引起的一种常见皮肤病。

黄褐斑主要发生在颧部、颊部、颏部、鼻和前额等部位，多为对称分布。黄褐斑的产生与内分泌失调有密切的关系，女性激素水平异常、月经不调或肝功能不好都可能出现黄褐斑。此外，慢性病、阳光照射、各种电离辐射以及不良的生活习惯也都会引发或加重本病。

典型症状

面部出现色素沉着斑，呈黄褐色或深褐色斑片，形状不规则，表面光滑，无鳞屑，可融合成大片，患者无自觉症状或全身不适。

家庭防治

选用柠檬制成的洁面和沐浴产品能够使皮肤变得滋润光滑，这是因为柠檬含有一种叫枸橼酸的物质，这种物质可以有效防止皮肤色素沉着，防止黄褐斑的形成。

民间小偏方 壹

【用法用量】取茯苓20克，丝瓜络15克，白菊花10克，僵蚕5克，玫瑰花5朵，红枣5枚，洗净以水煎代茶饮。

【功效】清热，祛风，消滞。

民间小偏方 贰

【用法用量】取猪肾1对，山药100克，粳米200克，薏米50克。猪肾去筋膜、臊腺，洗净，切碎，与去皮切碎的山药及洗净的粳米、薏米、水一起，用小火煮成粥，加调料调味即可。

【功效】补肾益肤，适用于色斑、黑斑皮肤。

·推荐药材食材·

【枸杞】

◎补肝益肾、调节血脂，有增强免疫力、延缓衰老的作用。

【山药】

◎补脾养胃、生津益肺，有益心安神、宁咳定喘、延缓衰老等作用。

【老鸭】

◎性偏凉，能养胃生津，内可滋养五脏之阴，外可润肤焕颜。

黄芪枸杞炖生鱼

原材料

生鱼500克，枸杞5克，红枣5颗，黄芪5克。

调　料

盐5克，味精3克，胡椒粉2克。

做　法

❶生鱼宰杀去内脏洗净，斩段；红枣、枸杞泡发；黄芪洗净。❷锅中加油烧至七成热，下入鱼段稍炸后，捞出沥油。❸再将鱼、枸杞、红枣、黄芪一起装入炖盅中，加适量清水炖30分钟，调入调味料即可。

养生功效 枸杞味甘、性平，具有补肝益肾、润肺美肤之功效。枸杞包含18种氨基酸、钙、磷、铁、多种维生素、烟酸和胡萝卜素等。常吃枸杞可提高皮肤吸收养分的能力，还有一定美白作用。适量食用此汤，能补血养颜，达到去除黄褐斑的效果。

莲子山药鹌鹑汤

原材料

莲子50克，山药50克，鹌鹑1只，猪瘦肉150克。

调　料

盐5克。

做　法

❶莲子去心，洗净，浸泡1小时。❷山药洗净，浸泡1小时；鹌鹑去毛、内脏，洗净，汆水；猪瘦肉洗净，汆水。❸将清水2000毫升放入瓦煲内，煮沸后加入以上材料，武火煲开后改用文火煲3小时，加盐调味即可。

养生功效 李时珍说："山药能润皮毛。"作为高营养食品，山药中含有大量蛋白质、B族维生素、维生素C、维生素E、葡萄糖、粗蛋白、胆汁碱、薯蓣皂等。其中重要的营养成分薯蓣皂，是合成女性激素的先驱物质。此汤对黄褐斑等有独特疗效。

骨折

骨折，是指由外伤、病理等原因造成骨头或骨头的结构部分或完全断裂的一种骨科常见疾病。造成骨折的原因主要有直接暴力、间接暴力和积累性劳损三种。根据骨折的形态，可将骨折分为粉碎性骨折、压缩骨折、星状骨折、凹陷骨折、裂纹骨折。骨折多发于骨质较为脆弱的儿童和老年人，发生骨折后应恰当地处理，调理恢复原来的功能，以免留下后遗症。

典型症状

患处骨质部分断裂或完全断裂，骨折后局部肿胀、疼痛，严重损伤可导致大出血或组织器官损伤，并引起休克、发热、感染。不同部位骨折会有其他相应的临床表现。

家庭防治

在日常学习、工作、身体锻炼过程中均要安全第一，时时注意安全，避免遭受外伤，减少骨折发生。一旦怀疑有骨折，应尽量减少患处的活动，并及时采取急救措施。

民间小偏方 壹

【用法用量】取三七、当归各10克，肉鸽1只，收拾干净，共炖熟烂，汤肉并进，每日1次。

【功效】活血化瘀，行气消散。

民间小偏方 贰

【用法用量】取当归、续断各10克，骨碎补15克，新鲜猪排或牛排骨250克。将药材、食材洗净，全部放入锅中炖煮1小时以上，喝汤食肉。

【功效】滋补身体，促进骨痂生长和伤口愈合。

• 推荐药材食材 •

【接骨木】

◎活血止痛、通经接骨，主治风湿关节痛、跌打损伤、骨折。

【续断】

◎补肝肾、强筋骨，主治损筋折骨、腰背酸痛、肢节痿痹。

【猪脊骨】

◎滋补肾阴、填补精髓，用于肾虚耳鸣、腰膝酸软、烦热、贫血。

生地茯苓脊骨汤

|原材料|

生地50克，茯苓50克，猪脊骨700克，蜜枣5颗。

|调　料|

盐5克。

|做　法|

①生地、茯苓洗净，浸泡1小时。②蜜枣洗净；猪脊骨斩块，洗净，飞水。③将清水2000毫升放入瓦煲内，煮沸后加入以上用料，武火煲沸后改用文火煲3小时，加盐调味即可。

养生功效 猪脊骨，此乃血肉甘润之品，用以填精补阴以生津液，尤适合骨折之人食用。茯苓气微性和，可通过补益脾胃来促进骨折之人身体的恢复。生地清热凉血、养阴生津，对于骨折病人亦有好处。此汤适用于骨折后期及非骨折的体虚型骨伤患者。

续断核桃仁牛尾汤

|原材料|

牛尾1条，续断25克，核桃仁60克。

|调　料|

盐适量。

|做　法|

①将续断、核桃仁洗净。②牛尾去毛，洗净后斩成数段，用沸水氽烫。③把全部材料一起放锅内，加清水适量，武火煮沸后，改文火煮2小时，用盐调味即可。

养生功效 续断，别称川断、龙豆、属折、接骨、南草、接骨草、和尚头，因能“续折接骨”而得名。该品具有辛温破散之性，善能活血祛瘀；其能壮骨强筋，而有续筋接骨、疗伤止痛之能。此汤可治跌打损伤、瘀血肿痛、筋伤骨折。

骨髓炎

骨髓炎，指的是由需氧菌或厌氧菌、分枝杆菌及真菌引起的骨的感染和破坏，多见于椎骨、糖尿病患者足部、儿童供血良好的长骨以及外伤或手术引起的穿透性骨损伤部位。

骨髓炎累及到骨髓、骨膜、骨皮质等在内的整个骨组织，细菌通过血液循环、侵入伤口和蔓延等途径感染骨组织而引起炎症。骨髓炎属中医“附骨疽”或“附骨流毒”范畴，多是内伤七情、饮食劳伤或外邪内侵、跌打损伤、金刃创伤、水火烫伤所致。

典型症状

急性骨髓炎：骨疼痛、发热、消瘦和疲乏，局部红肿热痛。慢性骨髓炎：溃破、流脓、有死骨或空洞形成，严重时会危及患者生命而不得不截肢。

家庭防治

养成良好的卫生习惯，增强身体抵抗力，预防外伤感染，以及疖、疔、疮、痈以及上呼吸道感染等感染性疾病。及时治疗软组织损伤和骨折，防止感染发生。

民间小偏方

【用法用量】取白藤、五香藤、木贼草、虎杖、独定子各等量，将各药洗净，共研成细末，取适量加热水拌凡士林，用纱布裹药包敷患处。

【功效】适用于化脓性骨髓炎。

民间小偏方

【用法用量】取鲜萍全草30克，活泥鳅2条。泥鳅用水养一天一夜，保留体表黏滑物质，洗后再用冷开水浸洗1次。将鲜萍、泥鳅洗净，一起捣烂敷患处，每天1次，两周为一个疗程。

【功效】用于治疗骨髓炎。

推荐药材食材

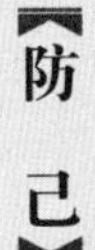

◎祛风止痛、利水消肿，主治湿疹疮毒、风湿痹痛、手足挛痛。

【巴戟天】

◎补肾阳、壮筋骨，主治风寒湿痹、腰膝酸痛。

◎清热解毒，主治热病初起、风热感冒、发热、心烦等。

巴戟海参汤

原材料

巴戟天25克，枸杞20克，海参100克，红枣20颗。

调　料

盐、味精各适量。

做　法

①海参泡发一晚上，洗净，切块。②将巴戟天、枸杞、红枣洗净。③将所有材料一起放入炖锅里，加适量水，隔水炖3小时，加盐、味精调味即可。

养生功效 巴戟天，别称巴戟、巴吉天、戟天、巴戟肉、鸡肠风等，为双子叶植物药茜草科植物巴戟天的根。其有补肾阳、壮筋骨、祛风湿的作用，可治肾虚腰脚无力、痿痹瘫痪、风湿骨痛、神经衰弱、阳痿、遗精等，对于骨髓炎亦有较好的防治作用。

连翘瘦肉汤

原材料

鱼腥草30克，金银花15克，白茅根25克，连翘12克，猪瘦肉100克。

调　料

盐6克，味精少许。

做　法

①鱼腥草、金银花、白茅根、连翘洗净。②将以上材料放锅内加水煎汁，用文火煮30分钟，去渣留汁。③猪瘦肉洗净切片，放入药汤里，用文火煮熟，加盐、味精调味即成。

养生功效 连翘含有连翘酚、香豆精、齐墩果酸、维生素P等，具有清热、解毒、散结排脓等功效。《珍珠囊》说："连翘之用有三：泻心经客热，一也；去上焦诸热，二也；为疮家圣药，三也。"对于慢性化脓性骨髓炎，连翘瘦肉汤有一定的食疗作用。

腰椎间盘突出症

腰椎间盘突出症，指的是由腰椎间盘退行性变、纤维环破裂、髓核突出刺激或压迫神经根、马尾神经所引起的以腰痛为主要表现的一种骨伤科疾病。腰椎逐渐衰老，加之受到压迫、挤压、磨损，导致生理功能发生退行性改变，尤其是下部的椎间盘。在退行性变的基础上，如果长期腰部用力不当、姿势不合理，造成损伤累积，导致椎间盘的纤维环破裂，髓核组织脱出于后方或椎管内，使脊神经根、脊髓等遭受刺激或压迫，从而产生腰部和下肢麻木、疼痛等一系列临床症状。

典型症状

腰痛、腰部活动受限、下肢放射痛、肢体麻木、间歇性跛行、肌肉麻痹、下腹部痛或大腿前侧痛，双下肢的感觉、运动功能障碍及膀胱、直肠功能障碍。

家庭防治

两脚分开与肩宽，脚尖向内，两臂伸直，一手在体侧，一手举过头顶。

如果右手在上，先向左侧后方摆。左手在上则相反。摆的同时腰部也随之扭动，左右各100次。

民间小偏方

【用法用量】取牛膝15克，秦艽、川芎、桃仁、红花、没药、五灵脂、香附、地龙、羌活、当归各10克，甘草6克，洗净以水煎服。

【功效】活血化瘀，疏通经络。

民间小偏方

【用法用量】取茴香15克，猪腰1个。猪腰开边，剔去筋膜洗净，与洗净的茴香共置锅内加水煨熟。趁热用黄酒送服。

【功效】温肾祛寒，主治腰痛。

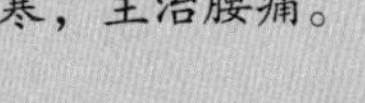

推荐药材食材

【鹌鹑】

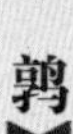

◎益中补气、强筋骨，主治体虚乏力、贫血头晕、气短倦怠。

【透骨草】

◎活血、舒筋、止痛，主治风湿痛、闪挫伤、无名肿毒。

【板栗】

◎补脾健胃、补肾强筋，可预防腰间椎盘突出、骨质疏松。

板栗排骨汤

原材料

板栗250克，排骨500克，胡萝卜100克。

调　料

盐适量。

做　法

①板栗入沸水中用小火煮熟，捞起后剥去膜；排骨入沸水中汆烫，用清水冲洗干净，斩段；胡萝卜削皮，洗净，切大块。②将所有材料放入锅中，加水至盖过材料，以大火煮开，转小火续煮30分钟，加盐调味即可。

养生功效 中医认为，板栗有补肾健脾、强身壮骨、益胃平肝等功效，主治肾虚、腰腿无力，能通肾益气，因此，板栗又有“肾之果”的美名。此汤具有补肾强腰、活血止痛之功效，适用于肾虚型腰椎间盘突出症，症见腰腿部酸软，遇劳更甚，喜温喜按。

桂圆百合炖鹌鹑

原材料

桂圆肉15克，百合30克，鹌鹑2只。

调　料

盐5克。

做　法

①桂圆肉、百合洗净，用水稍浸泡。②鹌鹑宰杀，去净毛及内脏，洗净。③将所有材料放入炖盅内，加适量清水，盖上盅盖，隔水炖3小时，加盐调味即可。

养生功效 鹌鹑能补脾益气、健筋骨、利水除湿，有“天上人参”的美誉。《本草纲目》中说：“（鹌鹑）肉能补五脏，益中续气，实筋骨，耐寒暑，消结热。”此汤可用于腰椎间盘突出症患者或手术后身体虚弱、虚劳羸瘦、气短倦怠者，补益之效甚佳。

肩周炎

肩周炎，指的是由多种原因引起的肩关节周围肌肉、肌腱、滑囊和关节囊等软组织的慢性无菌性炎症。肩部退行性变是本病发生的基础。肩部活动频繁，周围软组织受到各种挤压和摩擦，长时间姿势不良，或者急性挫伤、牵拉伤后因治疗不当，以及颈椎病，心、肺、胆道疾病发生的肩部牵涉痛，均可引发肩周炎。中医认为，肩周炎主要是由年老体虚、风寒湿邪乘虚而入，致经脉痹阻；或外伤筋骨、瘀血内阻、气血不行、经筋作用失常所致。

典型症状

肩部阵发性疼痛、钝痛、割样痛，并向颈项和上肢扩散，气候变化或劳累后疼痛加剧。肩部怕冷，有明显的压痛点，关节活动受限，严重的出现肩周围肌肉痉挛与萎缩。

家庭防治

弯腰垂臂，甩动患臂，以肩为中心，做由里向外或由外向里的画圈运动，用臂的甩动带动肩关节活动。幅度由小到大，反复做 30 ~ 50 次。

民间小偏方 

【用法用量】取当归、生地、熟地、威灵仙、鸡血藤、赤芍、白芍、炙甘草各 10 克，桂枝、蜈蚣、橘络各 6 克，黄芪 15 克，细辛 1 克。药材洗净以水煎服，每日 1 剂，日服 2 次。

【功效】活血养血，舒筋通络。

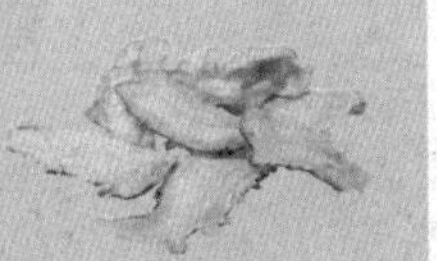

民间小偏方 

【用法用量】取黄芪、葛根各 20 克，山萸肉、伸筋草、桂枝、姜黄各 10 克，当归、防风各 12 克，秦艽 15 克，田七 5 克，甘草 6 克。药材入陶罐煎水，每日 1 剂，分 3 次服用。

【功效】补肾养肝，益气活血。

• 推荐药材食材 •

【威灵仙】

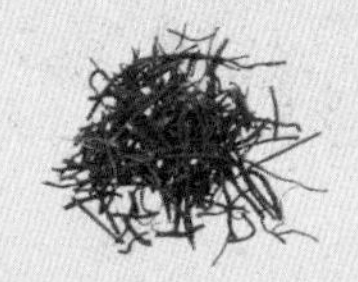

◎祛风除湿、通络止痛，主治风湿痹痛、肢体麻木、屈伸不利。

【黄芪】

◎利水消肿、补气，适用于中气下陷、肩肘不利、虚劳瘦弱、水肿等症状。

【乌蛇】

◎祛风、通络、定惊，用于治疗风湿顽痹、麻木拘挛、抽搐痉挛。

熟地黄芪羊肉汤

原材料

熟地20克，黄芪15克，当归10克，白芍10克，羊肉500克，陈皮5克，红枣5颗。

调　料

生姜片6克，盐适量、油适量。

做　法

①羊肉洗净，切块；中药材洗净。②锅上火下油，油热后放入羊肉炒一下，再捞出滤干油。③将羊肉、生姜片、红枣、陈皮和所有中药材一起放入瓦煲内，加适量清水，大火煲滚后用小火煲3小时，调味即可。

养生功效　肩周炎，中医称漏肩风、冻结肩。黄芪补气益中，熟地补血养阴，羊肉温补气血、散寒补虚，三者合而汤，有益气养血、疏经散寒的功效，可治因外邪乘虚侵袭、闭阻经络、肩部筋脉失于荣养而引起的肩周痹痛。

黄瓜茯苓乌蛇汤

原材料

乌梢蛇250克，黄瓜500克，土茯苓100克，红豆60克，红枣7颗。

调　料

生姜30克，盐适量。

做　法

①乌梢蛇剥皮，去内脏，放入开水锅内煮熟，取肉去骨。②鲜黄瓜洗净，切块；土茯苓、红豆、生姜、红枣（去核）洗净，与蛇肉一起放入炖盅内，加清水适量，武火煮沸后，文火煲3小时，调味供用。

养生功效　乌蛇为游蛇科乌梢蛇属中体形较大的无毒蛇，祛风通络之力较强，临床主要用于风湿性关节炎、类风湿性关节炎、肩周炎、腰腿痛、颈椎病、腰椎间盘突出、腰肌劳损、坐骨神经痛及全身关节痛等。此汤适用于筋脉痹阻引起的各种疼痛症。

颈椎病

颈椎病，指的是由各种因素引起的一种以退行性病理改变为基础的脊椎病患。颈椎病可发于各年龄层次人群，以40岁以上中老年人居多。到了中年阶段，颈椎及椎间盘开始出现退行性改变，在此基础上，进行剧烈活动或不协调运动，或颈部长期处于劳累状态，造成局部肌肉、韧带、关节囊的损伤，加之受到寒冷、潮湿因素的影响，结果就会引发颈椎病。

典型症状

颈背疼痛，颈脖子僵硬，活动受限；上肢无力，手指发麻，下肢乏力，行走困难；头晕，恶心，呕吐甚至心动过速、视物模糊、性功能障碍、四肢瘫痪及吞咽困难。

家庭防治

运动后或天气转凉，要注意对颈肩部的保暖。平时要避免头颈承受过重压力，避免过度疲劳。利用休息时间多做一些颈项锻炼操，以改善局部血液循环，松解粘连和痉挛的软组织，达到防治颈椎病的目的。

民间小偏方

【用法用量】取羌活、当归、伸筋草各15克，海桐、赤芍、白术、川芎各12克，姜黄、桂枝、甘草各10克。药材洗净以水煎服。

【功效】行气活血，舒筋止痛。

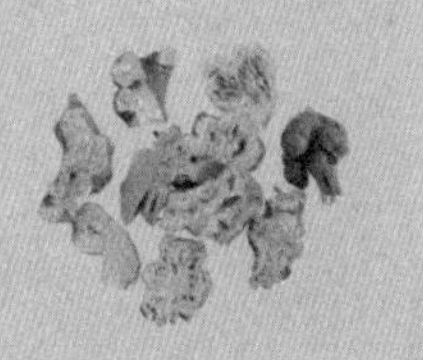

民间小偏方

【用法用量】取独活、防风各15克，川芎12克，蒿本、羌活、蔓荆子、甘草各10克。药材洗净以水煎服。

【功效】祛风除湿，温经活络。

推荐药材食材

◎清热凉血、散瘀止痛，主治症瘕积聚、跌扑损伤、痈肿疮疡。

◎熄风止痉、平肝潜阳、祛风通络，主治风湿痹痛、肢体麻木。

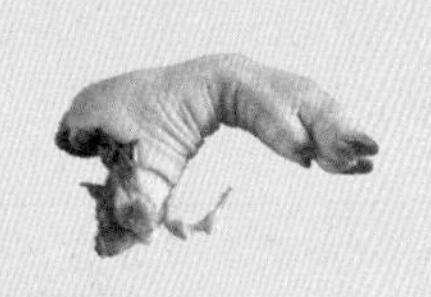

◎补虚弱、填肾精，适用于治疗四肢疲乏、腿部抽筋、麻木。

天麻炖猪脑

原材料

猪脑60克，天麻10克。

调　料

香油、盐各适量。

做　法

①将猪脑用清水浸泡，去尽筋膜和血水，洗净；天麻洗净。②将猪脑和天麻一起放入炖盅内，加适量清水，隔水炖熟。③最后加入香油、盐调味即可服食。

养生功效 本汤膳有滋阴补血、熄风化痰的功效，对肝肾不足、心脾两虚型颈椎病有辅助食疗作用。天麻性平，味甘，入肝经，有熄风止痛、祛风止痹、平肝潜阳功效。此汤对肝风内动、惊痫抽搐、眩晕、头痛及肢麻痉挛抽搐、风湿痹痛有一定食疗作用。

黑豆猪蹄汤

原材料

莲藕750克，黑豆100克，猪蹄300克，当归10克，红枣3颗。

调　料

精盐少许。

做　法

①莲藕洗净切块；猪蹄洗净，斩块后汆水；黑豆干炒至豆衣裂开，再洗净；当归、红枣分别用清水洗净，红枣去核。②瓦煲内加适量清水，先用猛火煲至水开，然后放入全部材料，待水再开时，改用中火继续煲3小时，加入精盐调味即可。

养生功效 黑豆有调中下气的作用，可治疗风湿疼痛。由于颈椎病是椎体增生、骨质退化疏松等引起的，所以颈椎病患者应以富含钙、蛋白质、B族维生素、维生素C和维生素E的饮食为主。而黑豆猪蹄汤富含上述营养物质，对于颈椎病有较好的防治作用。

腰肌劳损

腰肌劳损，是指由急性扭伤失治或慢性积累性损伤引起的腰部肌肉、筋膜与韧带等软组织的一种慢性损伤。

急性腰扭伤后反复腰肌损伤，长期的腰部过度活动、负荷，以及长期处于温度低、湿度大的环境等，都可能导致或加重腰肌劳损。腰肌劳损属中医“腰痛”范畴，主要是由筋络挫伤后筋脉失养、气血不畅或因肾气亏虚或受风寒湿邪所致。

典型症状

腰部酸痛、胀痛、刺痛或灼痛，腰部酸胀无力，有的还伴有沉重感。腰部有压痛点，气温下降时，腰部受凉或劳作运动后疼痛加剧，致使弯腰困难，夜不能寐。

家庭防治

两手半握拳，在腰部两侧凹陷处轻轻叩击，注意用力要均匀，力度以适中为宜，每次叩击 2 分钟。疼痛时，可先弹拨痛点 10 ~ 20 次，然后轻轻揉按 1~2 分钟，以缓解疼痛不适。

民间小偏方 壹

【用法用量】取地龙、苏木、核桃仁、土鳖各 9 克，麻黄、黄柏各 3 克，元胡、制乳没各 10 克，当归、川断、乌药各 12 克，甘草 6 克，药材洗净以水煎服，每日 1 剂，食前服。

【功效】活血通络，调补肝肾。

民间小偏方 贰

【用法用量】取苍术、黄柏各 12 克，薏米 30 克，忍冬藤、草萆薢各 20 克，木瓜、防己、海桐皮、牛膝各 25 克，甘草 6 克，药材洗净以水煎服。

【功效】清热利湿，舒筋通络。

推荐药材食材

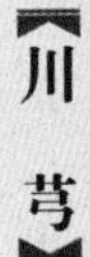

【川芎】

◎川芎上行可达巅顶，下行可达血海，可治头风头痛、腰肌劳损等症。

【海桐皮】

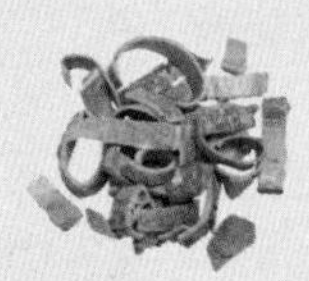

◎祛风湿、通经络，主治风湿痹痛、血脉麻痹疼痛、腰部酸痛。

【牛膝】

◎祛风湿、补肝肾、强腰膝，用于治疗风湿痹痛、腰膝酸软。

鹿茸川芎羊肉汤

原材料

羊肉500克，鹿茸9克，川芎12克，锁阳15克，红枣少许。

调　料

盐、味精各适量。

做　法

①羊肉洗净，切小块。②川芎、锁阳、红枣、鹿茸泡发洗净。③把全部用料一起放入瓦煲内，加适量清水，武火煮沸后转文火煮2小时，加盐、味精调味即可。

养生功效 川芎，血中气药，《药性论》说其能“治腰脚软弱”。此汤有行气活血、舒筋祛瘀、通络止痛之效，可治腰肌劳损症见痛有定处，如锥如刺，俯仰不利。鹿茸有补肾养血、强筋壮骨之效。此汤对于肾阳不足、阴精亏损所致腰肌劳损有较好的作用。

牛膝炖猪蹄

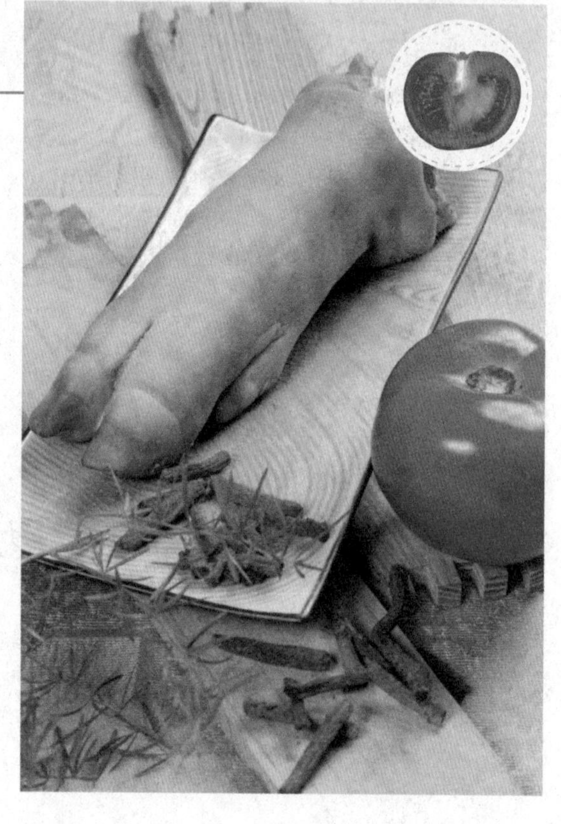

原材料

猪蹄300克，土牛膝15克，西红柿1个。

调　料

盐3克。

做　法

①猪蹄剁成块，放入沸水中汆烫，捞起用清水洗净。②西红柿洗净，在表皮轻划数刀，放入沸水中烫到皮翻开，捞起去皮，切块。③将备好的材料和土牛膝一起放入锅中，加适量水以大火煮开，然后转小火续煮30分钟，加盐调味即可。

养生功效 牛膝具有补益肝肾、强筋壮骨、活血通络的作用，为治疗肾虚腰痛的要药。《滇南本草》说其能“止筋骨疼，强筋舒筋，止腰膝酸麻”。用此汤治腰肌劳损，既取牛膝去恶血之力，又取牛膝补肝肾、猪蹄强筋骨之功。

骨质增生症

骨质增生症，指的是由于构成关节的软骨、椎间盘、韧带等软组织变性、退化，关节边缘形成骨刺，滑膜肥厚等变化，而出现骨破坏，引起继发性的骨质增生，并导致出现相应症状的一种疾病。

骨质增生是骨关节退行性变的一种表现，多见于膝、髋、腰椎、颈椎、肘等关节，多因外伤、劳损或肝肾亏虚、气血不足、风寒湿邪侵入骨络，以致气血瘀滞、运行失畅所致。

典型症状

颈椎骨质增生：颈背疼痛、上肢无力、手指发麻、头晕、瘫痪、四肢麻木等；

腰椎骨质增生：腰椎及腰部软组织酸痛、胀痛、僵硬与疲乏感、弯腰受限；

膝盖骨质增生：膝关节疼痛、僵硬，严重时，关节酸痛胀痛、跛行走、关节红肿。

家庭防治

避免长期剧烈运动，注意保护持重关节。适当进行体育锻炼，改善软骨的新陈代谢，减轻关节软骨的退行性改变。及时治疗关节损伤，避免骨质增生的发生。

民间小偏方

【用法用量】取羌活、炙黄芪各15克，防风、当归、赤白芍、片姜黄各12克，苏木10克，炙甘草、生姜各6克。药材洗净以水煎服，1日1剂。

【功效】益气和营，祛风利湿。

民间小偏方

【用法用量】取杭白芍30～60克，生甘草、木瓜各10克，威灵仙15克。药材以水煎服，1日1剂，1剂分2次服。

【功效】滋补肝肾，祛邪止痛。

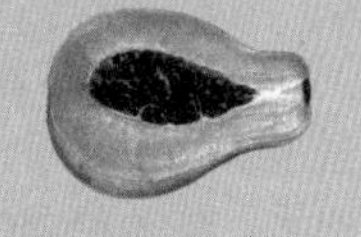

推荐药材食材

◎祛风湿、通经络，主治风湿痹痛、关节肿胀、骨质增生。

【苏木】

◎活血祛瘀、消肿定痛，用于治疗跌打损伤、骨质增生、破伤风、痈肿。

【乳鸽】

◎滋补肝肾、托毒排脓，用于治疗肾虚体弱、体力透支、心神不宁。

洋参炖乳鸽

原材料

乳鸽1只，西洋参40克，山药30克，红枣5颗。

调　料

姜10克，盐8克。

做　法

①西洋参略洗，切片；山药洗净，加清水浸30分钟；红枣洗净；乳鸽去毛和内脏，切块。②把全部用料放入炖盅内，加适量开水，盖好，隔水用文火炖3小时。③加盐调味即可。

养生功效 乳鸽是指出壳到离巢出售或留种前一月龄内的雏鸽。其肉厚而嫩，滋养作用较强，富含粗蛋白质和少量无机盐等营养成分。西洋参有补气养阴、补益肝肾之功效。此汤可治肝肾亏虚所致骨质增生，症见肩颈不舒、头脑胀痛、眩晕、不可转侧者。

苏木煲鸡蛋

原材料

苏木20克，鸡蛋2个。

调　料

冰糖适量。

做　法

①苏木洗净。②将苏木和鸡蛋放入净锅中，加适量水同煮。③鸡蛋熟后去壳，继续煮至剩一碗水，加冰糖调味即可。

养生功效 苏木有活血化瘀、缓解局部组织痉挛的功效。此汤更能改善局部血液循环，从而达到消肿止痛的目的，对于各种原因引起的骨质增生均有较好作用。

胆结石

胆结石，是指在胆管树内（包括胆囊）形成砂石样病理产物或结块，并由此刺激胆囊黏膜而引起胆囊的急慢性炎症。

依据结石发生部位不同，分为胆囊结石、肝内胆管结石、胆总管结石。由于喜静少动、不吃早餐、餐后吃零食、体质肥胖和多次妊娠等原因，女性患胆结石的概率要大于男性，育龄妇女与同龄男性的患病比率超过3：1。胆结石属于中医“胁痛”“黄疸”等范畴，主要是由肝气郁结、肝胆湿热等所致。

典型症状

腹痛、黄疸、发热、右上腹胀闷不适、胆绞痛、出现化脓性肝内胆管炎、肝脓肿、胆道出血等并发症。

家庭防治

日常膳食要保证多样化，少吃生冷、油腻、高蛋白和刺激性食物及烈酒等易助湿生热的食物，以免胆汁瘀积。平时可以多摄入低脂肪饮食，多食新鲜蔬菜、水果，有助于清胆利湿、溶解结石。

民间小偏方 壹

【用法用量】取金钱草30克，太子参、白芍各15克，郁金草12克，柴胡9克，蒲黄、五灵脂各6克，甘草3克。药材以水煎服，每日1剂，分2次服用。

【功效】利胆排石，益脾止痛。

民间小偏方 贰

【用法用量】取虎杖根、银花、金钱草、茵陈各30克，生大黄、郁金、川楝子、白芍各12克，柴胡、枳实、青皮、陈皮、元胡各10克，放入陶罐中煎水。每日1剂，分3次服用。

【功效】疏肝解郁，理气止痛。

推荐药材食材

【玉米须】

◎利尿消肿、平肝利胆，用于治疗尿路结石、胆道结石。

【海金沙】

◎清热解毒、利水通淋，治尿路感染、尿路结石、胆结石、肝炎。

【金钱草】

◎具有清热解毒、利湿退黄之功效，可用于肝胆结石。

玉米须煲肉

原材料

山药30克，鲜扁豆30克，玉米须30克，猪瘦肉500克，蜜枣3颗。

调　料

盐5克。

做　法

①山药洗净，浸泡1小时；鲜扁豆洗净，择去老茎。②玉米须、蜜枣洗净；瘦肉切块，飞水。③将清水2000毫升放入瓦煲内，煮沸后加入以上用料，武火煲滚后改用文火煲3小时，加盐调味即可。

养生功效 中医认为是湿热郁积肝胆，日久凝集成石，治宜清热利湿、疏肝理气为主。玉米须性平，味甘，能促胆汁排泄，降低其黏度，减少其胆色素含量，因而可作为利胆药。此汤适用于无并发症的慢性胆囊炎、胆汁排出障碍、胆道结石等。

粟须炖猪蹄

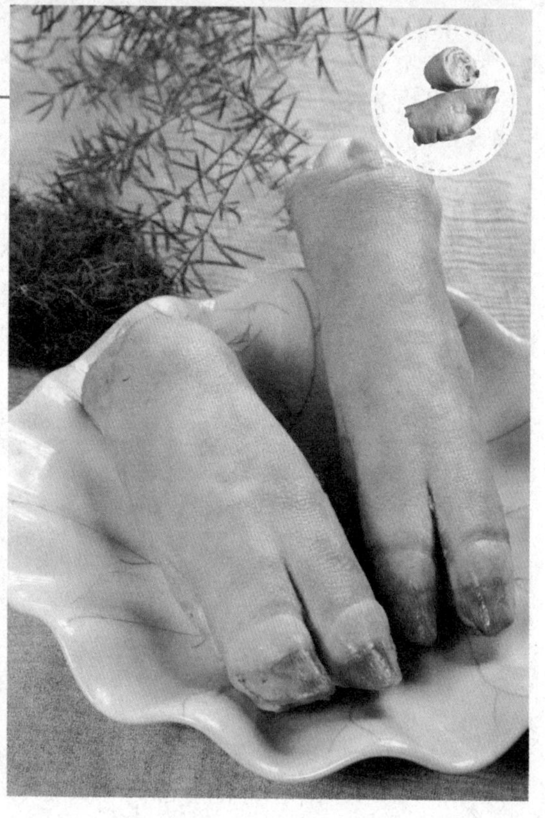

原材料

玉米须（干）15克，猪蹄500克。

调　料

生姜、葱，盐各适量。

做　法

①玉米须洗净，捆成一把；猪蹄洗净斩件；生姜洗净切片；葱洗净，捆把。②锅内烧开水，放猪蹄滚去血污，捞出洗净。③把猪蹄、玉米须、生姜片、葱放入瓦煲内，加适量清水，大火煲滚后改用文火煲1小时，加盐调味即可。

养生功效 玉米须，因其有平肝利胆之功，且药性平和，因而可作为肝胆疾病的常用保健药材。《现代实用中药》说：“（玉米须）为利尿药……为胆囊炎、胆石、肝炎性黄疸等的有效药。”除了辅助治疗胆结石，此汤还可用来防治高血压、糖尿病等。

肾结石

肾结石是指发生于肾盏、肾盂以及输尿管连接部的结石病。在泌尿系统的各个器官中，肾脏通常是结石形成的部位。肾结石是泌尿系统的常见疾病之一，其发病率较高。

肾结石的发病原因有：草酸钙过高，如摄入过多的菠菜、茶叶、咖啡等；嘌呤代谢失常，如摄入过多的动物内脏、海产食品等；脂肪摄取太多，如嗜食肥肉；糖分增高；蛋白质过量等。

典型症状

不少患者没有任何症状，只在体检时发现肾结石。腰部绞痛，疼痛剧烈，呈“刀割样”，下腹部及大腿内侧疼痛。尿血、肾积水，常伴有发热、恶心、呕吐等症状。

家庭防治

养成良好的生活习惯，调整饮食结构，多吃碱性食品，改善酸性体质。适当锻炼身体，增强抗病能力。此外，运动出汗将有助于排出体内多余的酸性物质。

民间小偏方 壹

【用法用量】取车前草50克、金钱草30克，药材洗净装入纱布袋，放入淘米水中浸泡1小时，取药汁放入锅内，加入白砂糖，烧至沸腾停火待凉饮用。1日1次。

【功效】清热止痛、利尿排石。

民间小偏方 贰

【用法用量】取白茅根60克，海金沙15克，药材以水煎服，每日1次。

【功效】利尿排石，适用于泌尿系结石患者。

推荐药材食材

【冬葵子】

◎清热利尿、消肿，多用于尿路感染、肾结石、尿闭、口渴。

【鸡肫】

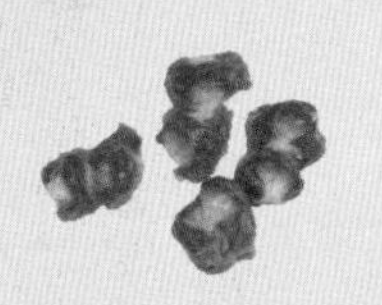

◎化坚、消积、健胃，可治食积胀满、呕吐反胃、遗精、结石。

【黑木耳】

◎对胆结石、肾结石等内源性异物有比较显著的化解功能。

菠菜煲鸡胗汤

|原材料|

鸡胗 200 克，菠菜 150 克，罗汉果 50 克，杏鲍菇 30 克。

|调　料|

姜20克，盐5克，味精和胡椒粉各3克，油适量。

|做　法|

①鸡胗洗净，切成片；菠菜择净切段；杏鲍菇洗净，对切开；姜去皮，切片；罗汉果打碎。②锅上火，加油烧至七成油温，下入鸡胗爆香。③锅中加入高汤，下入所有准备好的材料一起煮 40 分钟，调入调味料即可。

养生功效 鸡胗一般用于肾虚遗精、遗尿，还可以用于通淋化石，常见于胆结石、肾结石的治疗，多与金钱草同用。在对于肾结石的治疗中，鸡胗主要是通过清下焦湿热，来达到消除结石的目的。此汤有通淋化石之效，适合磷酸盐结石患者，然不可久服。

黑木耳红枣瘦肉汤

|原材料|

泡发黑木耳 50 克，红枣 10 颗，猪瘦肉 300 克。

|调　料|

盐适量。

|做　法|

①将黑木耳、红枣（去核）浸开，洗净。②瘦肉洗净，切片。③将黑木耳和红枣置于瓦煲内，加清水适量，文火炖开后调入瘦肉，煲至肉熟，调味即可。

养生功效 对于体内初有细小结石者，坚持每天吃1~2次黑木耳，一般疼痛、呕吐、恶心等症状可在2~4天内缓解，结石能在10天左右消失。因为黑木耳含有一种特殊物质，能促进消化道与泌尿道各种腺体分泌腺液，使结石排出。此汤适用于肾脏泥沙样结石。

肾结核

肾结核，是指由结核杆菌感染侵入肾脏，在肾皮质形成多发性微结核灶，当人体免疫力下降时，就会发展为肾髓质结核，即临床肾结核。

肾结核是泌尿系结核中最先发生的，随后由肾脏蔓延到整个泌尿系统。肾结核是一种慢性传染病，肾结核的致病菌来源于肺结核、骨关节结核、肠结核等其他器官结核。各器官结核杆菌通过血行播散、感染尿路、淋巴播散和直接扩散累及等方式感染肾脏，在机体抵抗力下降、细菌毒力增加或局部因素等情况下，就会发生肾结核病。

典型症状

尿频、尿失禁、尿急、尿痛、膀胱区有灼痛感觉等膀胱刺激征，血尿、脓尿、腰痛以及低热、盗汗、乏力、腹泻、腹痛、食欲减退、消瘦等全身性症状。

家庭防治

接种卡介苗，是预防结核病的根本措施，患有肺结核或其他结核病应及时治疗，防止扩散。肾结核患者要补充高热量及高质量蛋白质，多吃新鲜水果蔬菜，大量补充维生素A、B族维生素、维生素C、维生素D。

民间小偏方 壹

【用法用量】取绿茶1克，十大功劳叶10克，用冷水将十大功劳叶洗净，与绿茶共以开水冲泡大半杯，加盖10分钟后饮用。

【功效】治肾结核。

民间小偏方 贰

【用法用量】取鲜马齿苋1500克，黄酒1250毫升，将鲜马齿苋洗净捣烂，放入黄酒浸3～4天，纱布滤取汁，贮于瓷瓶，每天饭前饮15～20毫升。

【功效】治疗肾结核。

• 推荐药材食材 •

【天冬】

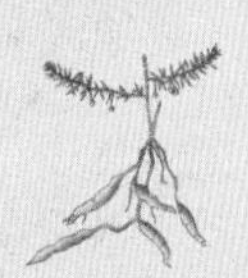

◎养阴清热、润肺滋肾，主治阴虚内热、肺肾阴虚。

【马齿苋】

◎清热利湿、解毒消肿，有利水消肿、清除尘毒、杀菌消炎的作用。

【龟板】

◎滋阴、潜阳、补肾，主治肾阴不足、腰膝酸软、筋骨不健。

二冬生地炖脊骨

原材料

猪脊骨250克，天冬、麦冬各50克，熟地、生地各100克，人参25克。

调　料

盐、味精各适量。

做　法

①天冬、麦冬、熟地、生地、人参洗净。②猪脊骨洗净，斩段，下入沸水中汆去血水，捞出。③将全部用料放入炖盅内，加适量开水，盖好盅盖，隔水用文火炖约3小时，加盐、味精调味即可。

养生功效 肾阴虚是本病的基本病机，肾结核初起，肾体受损，肾阴被耗。天冬、麦冬均有养阴生津之效，可对症而治之；生地泻火利湿，可除因阴虚而内生的邪火。此外，生地还有抑菌、解热的作用。此汤适用于肾结核症属阴虚火旺型。

马齿苋杏仁瘦肉汤

原材料

马齿苋50克，杏仁100克，瘦猪肉150克。

调　料

盐适量。

做　法

①马齿苋洗净；猪瘦肉洗净，切块，飞水；杏仁洗净。②将所有材料一起放入炖锅内，加清水适量。③武火煮沸后改文火煲2小时，加盐调味即可。

养生功效 马齿苋有清热解毒、利水去湿、散血消肿、除尘杀菌、消炎止痛、止血凉血之效。马齿苋的乙醇浸液对大肠杆菌、痢疾杆菌、伤寒杆菌等有显著的抑制作用，有“天然抗生素”的美称。此汤可用于百日咳、肺结核、肾结核及化脓性疾病等。

膀胱结石

膀胱结石，指的是由多种原因导致在膀胱内形成的砂石样病理产物或结块，是泌尿系统常见疾病之一。

膀胱结石主要发生于男性，按病发的原因不同，可将膀胱结石分为原发性膀胱结石和继发性膀胱结石两种。原发性膀胱结石多因营养不良所致，多见于儿童。继发性膀胱结石主要来源于上路或继发于下尿路梗阻、感染、膀胱异物等因素。此外，前列腺增生、肠道膀胱扩大术、代谢性疾病和尿道狭窄等也会导致膀胱结石。

典型症状

尿流突然中断，伴剧烈疼痛，出现尿频、尿急、尿痛、排尿障碍、脓尿、血尿等症状。

家庭防治

预防上尿路结石的发生，避免、消除尿路梗塞和感染，采用药物治疗前列腺增生。平时要注意多喝水，以利于稀释尿液，降低尿内晶体浓度，冲洗尿路，防止结石形成。

民间小偏方 壹

【用法用量】取海金沙、金钱草各15克，车前子、茯苓、陈皮、青皮各10克，木通6克，滑石12克，琥珀末3克。需洗的药材洗净，以水煎服，每天1剂，每天2次。

【功效】适用于各尿路结石。

民间小偏方 贰

【用法用量】取核桃仁、蜂蜜各500克，鸡内金60克。将核桃仁、鸡内金磨成细粉，加入蜂蜜调如膏状，贮瓶备用。逐日早晚各服3汤匙，白开水调服。

【功效】溶石、排石。

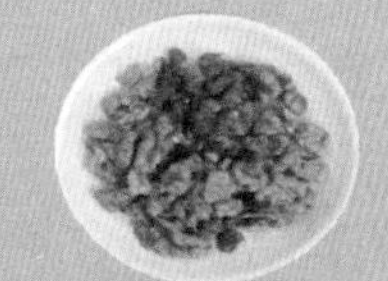

推荐药材食材

【金钱草】

◎清热、利尿、镇咳、消肿、解毒，治膀胱结石、疟疾。

【鱼脑石】

◎化石、通淋、消炎，治石淋、小便不利、中耳炎、鼻炎、脑漏。

【薏米】

◎利水渗湿，可用于治疗小便不利、泌尿系结石等症。

田七脊骨汤

原材料

金钱草30克，田七10克，薏米30克，猪脊骨500克，蜜枣5颗。

调　料

盐5克。

做　法

❶金钱草洗净；薏米洗净；蜜枣洗净；田七切片或打碎，浸泡1小时。❷猪脊骨斩件，洗净，飞水。❸将清水2000毫升放入瓦煲内，煮沸后加入以上用料，武火煲滚后改用文火煲3小时，加盐调味即可。

养生功效 金钱草可引起输尿管蠕动增强，尿量增加，对输尿管结石有挤压和冲击作用，促使输尿管结石排出。金钱草的乙醇不溶物中的多糖成分，对草酸钙的结晶生长有抑制作用。此汤可作为膀胱结石、胆结石、肾结石患者的常用食疗方。

山药薏米虾丸汤

原材料

虾丸500克，薏米、山药、芡实各50克。

调　料

生姜10克，盐3克，味精2克。

做　法

❶薏米、山药、芡实洗净；生姜洗净，切片。❷将上述材料和虾丸一起放入汤煲中，加适量水，大火煲开后改用小火煲30分钟，加盐、味精调味即可。

养生功效 薏米味甘淡，有利尿的作用，可治水肿、脚气、肾脏及膀胱结石。薏米主利水下石，而山药则填补真阴，两者相合，攻邪而不伤正气。有山药之力作原动力，薏米利水之效也会越加良好。此汤对于泌尿系统结石有一定防治作用。

第五章 妇科疾病食疗好汤膳

痛经

痛经是指妇女在经期及其前后，出现小腹或腰部疼痛，甚至痛及腰骶。每随月经周期而发，严重者可伴恶心呕吐、冷汗淋漓、手足厥冷，甚至昏厥，给工作及生活带来影响。目前临床常将其分为原发性和继发性两种，原发性痛经多指生殖器官无明显病变者，故又称功能性痛经，多见于青春期、未婚及已婚未育者。此种痛经在正常分娩后疼痛多可缓解或消失。继发性痛经多因生殖器官有器质性病变所致。

典型症状

主要表现为妇女经期或行经前后，周期性发生下腹部胀痛、冷痛、灼痛、刺痛、隐痛、坠痛、绞痛、痉挛性疼痛、撕裂性疼痛，疼痛延至骶腰背部，甚至涉及大腿及足部，常伴有全身症状。

家庭防治

仰卧在床上，先将两手搓热，然后两手放在腹部偏下位置，先从上到下按摩 60 ~ 100 次，再由左至右按摩 60 ~ 100 次，最后转圈按摩 60 次即可缓解，腹部皮肤红润最好，每日早晚各一次，可以有效改善痛经症状。

民间小偏方

【用法用量】生姜 25 克，红枣 30 克，花椒 100 克。将生姜去皮后洗净切片，红枣洗净去核，与花椒一起装入瓦煲中，加水 1 碗半，用小火煎剩大半碗，去渣留汤。每日 1 剂。

【功效】具有温中止痛的功效。

民间小偏方

【用法用量】红花 200 克，低度酒 1000 毫升，红糖适量。红花洗净，与红糖同装入洁净的纱布袋内，封好袋口，放入酒坛中，加盖密封，浸泡 7 日即可饮用。每日 1 ~ 2 次，每次饮服 20 ~ 30 毫升。

【功效】具有活血通经的功能。

· 推荐药材食材 ·

【玫瑰花】

◎具有理气解郁、和血散瘀的功效，可治月经不调、赤白带下等症。

【艾叶】

◎具有理气血、逐寒湿、温经的功效，可治心腹冷痛、下血、月经不调等症。

【吴茱萸】

◎具有温中止痛、理气燥湿的功效，主治经行腹痛。

枸杞鸡肝汤

原材料

银耳8克，枸杞4克，鸡肝2个，玫瑰花10克。

调　料

盐、米酒各适量，姜2片。

做　法

①银耳泡开，挑去杂质，撕成小片；玫瑰花冲洗干净，去蒂。②鸡肝洗净切薄片，用米酒、姜片腌拌。③锅中加适量清水，加入银耳、枸杞烧开，撇去浮沫，放入腌好的鸡肝煮熟，加盐调味，盛起时撒上玫瑰花即可。

养生功效 玫瑰花既能活血散滞，又能解毒消肿，因而能消除因内分泌功能紊乱而引起的面部暗疮等症，长期服用，美容效果甚佳，能有效地清除自由基，消除色素沉着。与枸杞、鸡肝搭配，活血理气，能有效缓解痛经症状。

玫瑰瘦肉汤

原材料

玫瑰花10克，白菜250克，丝瓜300克，猪瘦肉500克，红枣10克。

调　料

姜片、盐各适量。

做　法

①将玫瑰花洗净；白菜洗净后切段；丝瓜去皮切件；红枣洗净；猪瘦肉洗净后切块。②锅内烧开水，放入瘦肉飞水，再捞出洗净。③将玫瑰花、红枣、生姜、白菜、丝瓜、瘦肉放入煲内，加入适量开水，大火烧开后，改用小火煲1小时，调味即可。

养生功效 玫瑰花对治疗月经病有独特疗效，加瘦肉同食，温中和胃，理气解郁。亦可治妇女月经过多，病情较轻浅者，配益母草，水煎服。日常生活中，直接用玫瑰花制作花茶饮用，也可调理月经病，还能美容养颜。

女性更年期综合征

女性更年期综合征也是“绝经期综合征”，是由雌激素水平下降而引起的一系列症状。更年期妇女，由于卵巢功能减退，垂体功能亢进，分泌过多的促性腺激素，引起自主神经紊乱而引起的一系列症状。宜选用具有补充雌激素作用的中药材和食材，如豆类、奶类、坚果类、女贞子、杜仲、枸杞等。

典型症状

其主要的临床表现为四肢乏力、失眠忧郁、情绪不稳定、心悸胸闷、性交不适、出汗潮热、月经紊乱、体重增加、肌肉疼痛、血压升高、面部出现皱纹等。

家庭防治

取卵巢（也称皮质下）、内分泌、肝、肾上腺、交感、子宫、神门穴，将中药王不留行籽粘贴穴位处。

民间小偏方

【用法用量】取地骨皮10克，当归10克，五味子6克，一起入锅煎汁，滤渣取汁，加入适量白糖搅匀饮用。

【功效】有清血热、敛汗的功效，适合绝经期妇女饮用。

民间小偏方

【用法用量】取灵芝9克、蜜枣8颗一起放入砂锅中，加水烧沸，转小火续煮10分钟，捞起灵芝丢弃，留蜜枣及汁，加入蜂蜜，搅匀即可，吃枣喝汁，每日早、晚各1杯。

【功效】有宁心安神、养血补虚的功效，适合绝经期妇女饮用。

• 推荐药材食材 •

【地骨皮】

◎具有清热凉血的功效，可治虚劳、潮热、盗汗等症。

【灵芝】

◎具有补气安神、止咳平喘的功效，用于眩晕不眠、心悸气短、虚劳咳喘等症。

【黄豆】

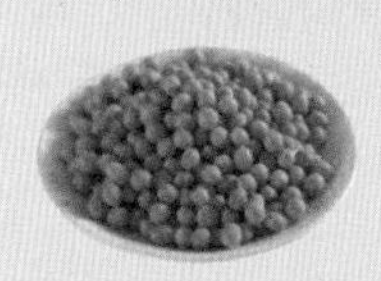

◎具有宽中下气、益气健脾的功效，可主治脾气虚弱、消化不良等症。

党参灵芝瘦肉汤

|原材料|

党参30克，灵芝20克，猪瘦肉500克，蜜枣4颗。

|调　料|

盐5克。

|做　法|

❶党参、灵芝洗净，浸泡。❷猪瘦肉洗净，切块，汆水；蜜枣洗净。❸瓦煲内加适量清水，煮沸后加入以上材料，大火煲开后改用小火煲3小时，加盐调味即可。

养生功效 女性更年期极易心血不足、心神不能，而灵芝有补心血、益心气、安心神的作用，故更年期的女性可以多食。党参性味温和，可补中益气、健脾益肺。二者同食，补脾益气，能舒缓更年期的郁结症状。

灵芝猪心汤

|原材料|

猪心1个，灵芝20克。

|调　料|

姜片适量，盐5克，麻油少许。

|做　法|

❶将猪心剖开，洗净，切片；灵芝去柄，洗净，切碎。❷猪心、灵芝同放于大瓷碗中，加姜片、精盐和清水300毫升，盖好盖。❸隔水蒸至熟烂，下盐、麻油调味即可。

养生功效 灵芝性温，味淡、苦，其多糖成分的免疫调节作用能够促进核酸、蛋白质的合成代谢，促进抗氧化自由基活性及延长体内代谢细胞的分裂时间等，能够有效抵抗衰老，还可以补益肺气、止咳平喘。加猪心同煮，更可缓解女性更年期症状。

黄豆猪骨汤

原材料

水发黄豆90克，蚝豉60克，猪脊骨250克。

调　料

盐适量。

做　法

①将水发黄豆、蚝豉洗净；猪脊骨洗净，斩件。②把全部材料一起放入锅内，加适量清水，武火煲沸后转文火煲2小时至猪骨熟，加盐调味即可。

养生功效：黄豆具有健脾益胃、美容抗癌的功效，其中所含的各种矿物质对缺铁性贫血有益，而且能促进激素分泌和新陈代谢，能补充雌性激素，尤其适合更年期的女性食用，加猪骨同煮，效果更明显。黄豆也可以榨汁做成豆浆，营养功效也不会减少。

海带黄豆汤

原材料

海带50克，黄豆50克。

调　料

盐5克，味精2克，葱15克。

做　法

①海带洗净，切成丝；黄豆用温水泡8小时，捞出；葱择洗净，切花。②锅中加适量水，烧沸，下黄豆煮至熟烂，调入盐。③加海带丝煮至入味，撒上葱花，调入味精即可。

养生功效：黄豆可令人长肌肤、益颜色、填精髓，是适宜虚弱者食用的补益食品，具有益气养血、健脾宽中、健身宁心、下利大肠、润燥消水的功效。海带性味咸寒，具有软坚、散结的功效，二者同食，对女性更年期产生的郁结有很好的消解作用。

闭经

闭经是指从未有过月经或月经周期已建立后又停止的现象。年过18岁尚未来经者称原发闭经，月经已来潮又停止6个月或3个周期者称继发闭经。中医也将闭经称为经闭，多由先天不足、体弱多病、精亏血少或脾虚生化不足，情态失调，气血郁滞不行等引起。

典型症状

肾虚精亏型闭经：月经初潮较迟，经量少，色淡红，渐至经闭 ，眩晕耳鸣，腰膝酸软，口干，手足心热，或潮热汗出，舌淡红少苔，脉弦细或细涩。

气血虚弱型闭经：月经后期，经量少，色淡，渐至经闭，头晕乏力，面色不华，健忘失眠，气短懒言，毛发、肌肤缺少光泽，舌淡，脉虚弱无力。

气滞血瘀型闭经：经期先后不定，渐至或突然经闭，胸胁、乳房、小腹胀痛，心烦易怒，舌暗有瘀点，脉弦涩。

痰湿凝滞型闭经：月经后期，渐至经闭，形体肥胖，脘闷，倦怠，食少，呕恶，带下量多色白，舌苔白腻，脉弦滑。

家庭防治

点揉三阴交穴，左右各按 5 分钟，能引血下行。也可点按血海穴，左右各按 5 分钟，使血行顺畅。

民间小偏方

【用法用量】党参 12 克，茯苓 9 克，白术 9 克，当归 9 克，桂枝 9 克，川芎 9 克，熟地 15 克，鸡血藤 15 克，制附块 6 克，干姜 6 克，炙甘草 6 克。水煎服，每日 1 剂，日服 3 次。

【功效】调补气血，健脾益肾。

民间小偏方

【用法用量】柴胡 9 克，当归 9 克，川芎 9 克，香附 9 克，延胡索 9 克，桃仁 9 克，红花 9 克，赤芍 12 克，生地 12 克，青皮 6 克。水煎服，每日 1 次。

【功效】疏肝解郁，利气调经。

• 推荐药材食材 •

【香附】

◎香附广泛应用于气郁所致的疼痛，尤其是妇科痛症。

【鳖甲】

◎养阴清热、平肝熄风、软坚散结，治阴虚风动、经闭经漏等症。

【白扁豆】

◎健脾化湿、和中消暑，用于治疗脾胃虚弱、白带过多等症。

红枣鳖甲汤

原材料

红枣10颗，鳖甲50克。

调　料

食醋5毫升、白糖适量。

做　法

①将鳖甲洗净，拍碎。②红枣洗净。③所有材料共入锅中，加适量水慢炖1小时，最后加入白糖、食醋稍炖即成。

养生功效 鳖甲有滋养肝阴的作用，含动物胶、角蛋白、碘质、维生素D等，亦可养血安神。尤其适宜脾胃虚弱、中气不足、体倦乏力、贫血萎黄的人食用。加红枣同煮，药借食力，食助药威，对闭经症状有缓解作用。

海带鳖甲猪肉汤

原材料

水发海带120克，鳖甲60克，猪瘦肉200克。

调　料

葱、姜、胡椒粉，盐、味精各适量。

做　法

①把鳖甲尽量弄成小碎块备用；猪瘦肉切成小块，放进沸水中汆一下。②水发海带洗净；姜切成片；葱切成段。③将所有原材料和葱姜倒入盛有热水的砂锅中，用武火煮沸后改小文火，再煮1个半小时，加入胡椒粉、盐、味精，搅拌均匀即可。

养生功效 鳖甲性寒，味咸，有滋肾潜阳、软坚散结的功效，主治骨蒸劳热、疟母、胁下坚硬、腰痛、经闭症瘕等症。闭经的女性，常喝鳖甲汤，能滋阴活血，但脾胃虚寒及食少便溏者不适宜食用鳖甲。

乳腺炎

乳腺炎是指乳腺的急性化脓性感染，是产褥期的常见病，是引起产后发热的原因之一，最常见于哺乳期妇女，尤其是初产妇。

典型症状

在开始时患侧乳房胀满、疼痛，哺乳时尤甚，乳汁分泌不畅，乳房结块或有或无，食欲欠佳，胸闷烦躁等。然后，局部乳房变硬，肿块逐渐增大。常可在 4 ~ 5 日内形成脓肿，可出现乳房搏动性疼痛，局部皮肤红肿、透亮。

家庭防治

可采用按摩的方式治疗。操作前清洗双手、修剪指甲，病人平卧，涂抹润滑油（可用橄榄油），轻拉乳头数次，一手托起乳房，另一手拇指与其余四指分开，五指屈曲，拇指指腹由乳根部顺乳管走向向乳晕方向呈螺旋状推进，另一手食指于对侧乳晕部配合帮助乳汁排出。注意拇指着力点在于向前推进，而不是向下压。两手要轻柔，避免顶触乳房增加病痛。根据病情，每日 1 ~ 3 次，每次 30 分钟，每侧 15 分钟。

民间小偏方

【用法用量】粳米 100 克，蒲公英 50 克，将蒲公英煎水取汁，加粳米煮粥，每日分服。

【功效】对乳腺炎溃破后脓尽余热未清者，有显著功效。

民间小偏方

【用法用量】葱须不限量、枯矾少许，将葱须洗净，切碎放入枯矾同捣为泥，捏成黄豆大小丸，每服 4 丸，每日 2 ~ 3 次，服后微发汗。

【功效】治乳疮，具有消肿散瘀、行气活血的作用。

• 推荐药材食材 •

【白蒺藜】

◎具有平肝解郁、活血祛风的功效，主治胸胁胀痛、乳房胀痛等。

【红豆】

◎具有和血排脓、消肿解毒的功效，可治水肿、痈肿等症。

【丝瓜】

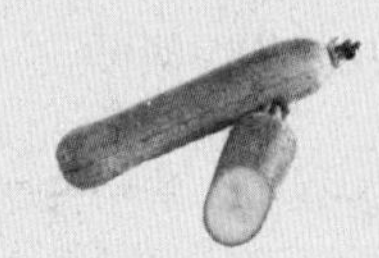

◎具有清热化痰、凉血解毒的功效，主治乳汁不通、痈肿等症。

冬瓜红豆生鱼汤

原材料

冬瓜、生鱼各500克，红豆30克，蜜枣3颗。

调　料

花生油10毫升、姜2片，盐5克。

做　法

①冬瓜连皮洗净，不用去皮、瓤，切成块状；红豆洗净，浸泡1小时；蜜枣洗净。②生鱼去鳞、鳃、内脏；锅烧热下花生油、姜片，将生鱼两面煎至金黄色。③将清水放入瓦煲内，煮沸后加入以上材料，武火煲开后用文火煲3小时，调味即可。

养生功效 红豆，味甘，性平，不仅是美味可口的食品，而且是医家治病的妙药。《神农本草经》说它“主治下水肿，排痈肿脓血”。《药性本草》说 “治热毒、散恶血”。医家通过临床实践，认为它对痈肿有特殊疗效，因此此汤适用于乳腺炎。

红豆茅根瘦肉汤

原材料

红豆30克，白茅根30克，薏米30克，生地30克，猪瘦肉150克，蜜枣3颗。

调　料

盐3克。

做　法

①红豆、薏米、生地洗净，浸泡1小时；白茅根洗净；蜜枣洗净；猪肚反转，用生粉、花生油反复搓擦，去除臊臭味及黏液，洗净，汆水。②将清水放入瓦煲内，煮沸后加入以上材料，武火煲沸后改用文火煲3小时，加盐调味。

养生功效 红豆也叫红小豆，《本草纲目》记载，红小豆“味甘，性平，无毒，下水肿，排痈肿脓血，疗寒热，止泄痢，利小便，治热毒，散恶血，除烦满，健脾胃……”因此红豆被广泛应用于痈肿、乳腺炎症中。此汤对乳腺炎症有良好的治疗作用。

丝瓜瘦肉汤

|原材料|

丝瓜1条、猪瘦肉200克。

|调　料|

盐适量。

|做　法|

①丝瓜洗净，切块；猪瘦肉洗净，切薄片。②瘦肉放入锅内，加适量水，煮开后加丝瓜，煮至丝瓜、肉熟，加盐调味即可。

养生功效 丝瓜味甘，性寒，无毒，能除热利肠，主治痘疮不出、乳汁不下。《本草求真》中记载"凡人风痰湿热，蛊毒血积，留滞经络，发为痈疽疮疡，崩漏肠风，水肿等症者，服之有效，以其通经达络，无处不至。"此汤适合乳腺炎患者食用。

丝瓜香菇鱼尾汤

|原材料|

丝瓜320克，草鱼200克，香菇（干）50克。

|调　料|

生姜片、盐、花生油各适量。

|做　法|

①丝瓜去皮洗净，切片；香菇泡发，洗净；草鱼宰杀，剁下鱼尾洗净，抹干，用盐腌片刻。②烧热锅，下油烧热，爆香姜，放下鱼尾，煎至两面黄色铲起待用。③锅中加入适量水烧滚，放下鱼尾煮约10分钟，下丝瓜、香菇煮熟，下盐调味即成。

养生功效 丝瓜除了能凉血解毒、通利下水、缓解炎症之外，还能保护皮肤、消除斑块。女士多吃丝瓜还对调理月经不顺有帮助。但体虚内寒、腹泻者不宜多食丝瓜。常饮此汤，不仅能缓解乳腺炎，还可美容养颜。

乳腺增生

乳腺增生症是正常乳腺小叶生理性增生与复旧不全，乳腺正常结构出现紊乱，属于病理性增生，它是既非炎症又非肿瘤的一类病。在青春期或青年女性中，经前有乳房胀痛、有时疼痛会波及肩背部，经后乳房疼痛逐渐自行缓解，仅能触到乳腺有些增厚，无明显结节，这些是属于生理性的增生，不需要治疗。

典型症状

最明显的症状是乳房疼痛。乳房疼痛常于月经前数天出现或加重，行经后疼痛明显减轻或消失。疼痛亦可随情绪变化、劳累、天气变化而波动。这种与月经周期及情绪变化有关的疼痛是乳腺增生病临床表现的主要特点。

家庭防治

左手上举或叉腰，用右手检查左乳，以指腹轻压乳房，触摸是否有硬块，由乳头开始做环状顺时针方向检查，触摸时手掌要平伸，四指并拢，用食指、中指、无名指的末端指腹按顺序轻抚乳房的外上、外下、内下、内上区域，最后是乳房中间的乳头及乳晕区。

民间小偏方

【用法用量】将250毫升左右的食用醋倒入铝锅中，取新鲜鸡蛋1～2个打入醋里，加水煮熟，吃蛋饮汤，1次服完。

【功效】可治疗乳腺增生。

民间小偏方

【用法用量】皂刺、陈皮、水八角各15克，木莲藤、白蒺藜花、炮山甲各30克，昆布、海藻各10克，龙衣5克，共研细粉，加水搓为绿豆大小的药丸。每次服5克，每日2次，以黄酒100毫升冲服。

【功效】可治疗乳腺增生。

• 推荐药材食材 •

【荔枝核】

◎性温，味甘、微苦，有行气散结、祛寒止痛的功效。

【西蓝花】

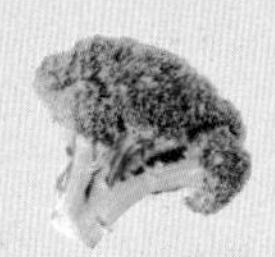

◎补骨髓、润脏腑、清热止痛，主治久病体虚、肢体痿软等症。

【瓜蒌】

◎具有清热涤痰、宽胸散结的作用，用于乳痈、肺痈、肠痈肿痛等症。

腊肉花菜汤

|原材料|

花菜200克，腊肉500克，土豆150克，山楂10克，麦冬8克。

|调　料|

盐8克，黑胡椒粉6克。

|做　法|

①山楂、麦冬放入棉布袋，置入清水锅中煮沸，滤取药汁。花菜洗净，剥成小朵；土豆去皮，洗净，切块；腊肉洗净，切小丁。②花菜和土豆放入锅中，倒入药汁以大火煮沸，转小火续煮15分钟至土豆变软，加入腊肉及调味料，添入适量开水，待再次煮沸后关火即可食用。

养生功效 花菜的维生素C含量极高，不但有利于人的生长发育，更重要的是能提高人体免疫功能，促进肝脏解毒，增强人的体质，增加抗病能力，提高机体免疫功能，更可分解人体内的致癌物质。此汤可缓解乳腺炎症，避免乳腺癌症的发生。

黄芪蔬菜汤

|原材料|

黄芪15克，西蓝花300克，西红柿200克，香菇20克。

|调　料|

盐5克。

|做　法|

①西蓝花切小朵，洗净；西红柿洗净，在外表轻划数刀，入沸水中氽烫至皮翻起，捞出剥去外皮，切块；香菇泡发洗净，切块。②黄芪加1200毫升水煮开，转小火煮10分钟，再加入西红柿和香菇续煮15分钟。③最后加入西蓝花，转大火煮熟，加盐调味即可。

养生功效 西蓝花性凉、味甘，可补肾填精、清热止痛、补脾和胃，还能提高肝脏解毒能力，增强机体免疫能力，预防感冒和坏血病的发生，对乳腺增生病症也有一定的缓解作用，更可预防乳腺癌。加黄芪同煮，疗效更明显。

阴道炎

阴道炎是阴道黏膜及黏膜下结缔组织的炎症。常见的阴道炎有非特异性阴道炎、细菌性阴道炎、滴虫性阴道炎、霉菌性阴道炎、老年性阴道炎。引起阴道炎的因素包括：自然防御能力低下，性生活不洁或月经期不注意卫生，手术感染，盆腔或输卵管邻近器官发生炎症。

典型症状

白带增多且呈黄水样，感染严重时分泌物可转变为脓性并有臭味，偶有点滴出血症状。有阴道灼热下坠感、小腹不适，常出现尿频、尿痛。阴道黏膜发红、轻度水肿、触痛，有散在的点状或大小不等的片状出血斑，有时伴有表浅溃疡。

家庭防治

应加强锻炼，增强体质，合理应用广谱抗生素及激素，提倡淋浴，不要阴道冲洗，不穿紧身内裤，注意经期卫生，保持外阴清洁。

民间小偏方  壹

【用法用量】取油菜叶200克，放进烧沸的水中煮5分钟后捞出，置于碗内，用汤匙压取叶汁，取汁加盐调味饮用，每日2～3次。

【功效】可杀菌解毒、祛瘀消肿，促进血液循环，适用于阴道炎患者。

民间小偏方  贰

【用法用量】取黄柏、苍术、金银花、丹皮各15克，苦参12克，生甘草6克，一同煎水饮用，每日3次，每次150毫升。

【功效】有杀虫抑菌、清热消炎、止痒消肿的作用，适用于滴虫性阴道炎。

• 推荐药材食材 •

【黄柏】

◎具有清热燥湿、泻火解毒的功效。可治赤白带下、疮疡肿毒等症。

【龙胆草】

◎性大寒，味苦、涩，无毒。主治骨间寒热、惊病邪气、定五脏、杀虫毒。

【菠萝】

◎具有补益脾胃、利尿消肿的功效，可治炎症。

冬瓜干笋汤

原材料

冬瓜100克，干竹笋100克，黄柏10克，陈皮10克。

调　料

盐8克，香油5毫升。

做　法

①冬瓜洗净，切片；干竹笋泡发洗净，煮熟切块备用。②全部药材放入棉布袋与600毫升清水置入锅中，以小火煮沸。③加入所有材料混合煮沸，约10分钟后关火，加入调味料，取出棉布袋即可。

养生功效 黄柏性寒、味苦，有很好的抗菌作用。黄柏抗菌的有效成分为小檗碱，抗菌作用甚至优于黄连。黄柏煎剂或浸剂对若干常见的致病性真菌有不同程度的抑菌作用。在体外对阴道滴虫也有较弱的作用。煮汤食用，也可预防阴道炎。

菠萝苦瓜汤

原材料

菠萝150克，苦瓜100克，胡萝卜50克。

调　料

盐少许。

做　法

①所有材料洗净；菠萝切薄片；苦瓜去子，切片；胡萝卜去皮，切片备用。②将水放入锅中，开中火，将苦瓜、胡萝卜、菠萝入锅煮，待水沸后转小火将材料煮熟，加入少许盐调味即可。

养生功效 菠萝可以溶解阻塞于组织中的纤维蛋白和血凝块，改善局部血液循环，消除炎症水肿；苦瓜能降火解毒。常喝菠萝苦瓜汤，能降低身体内火、清热解毒，对于妇科炎症也有一定的缓解作用。

宫颈炎

宫颈炎为常见的妇科疾病，多发生于生育年龄的妇女。老年人也有随阴道炎而发病的。宫颈炎主要表现为白带增多，呈脓性，或有异常出血，如经期出血、性交后出血等。常伴有腰酸及下腹部不适。根据致病微生物的不同，可分为单纯淋病奈瑟菌性宫颈炎、沙眼衣原体性宫颈炎、支原体性宫颈炎、细菌性宫颈炎。宫颈炎的病原体在国内外最常见者为淋菌、沙眼衣原体及生殖支原体，其次为一般细菌，如葡萄状球菌、链球菌、大肠杆菌、滴虫以及真菌等。

典型症状

白带增多是急性宫颈炎最常见的、有时甚至是唯一的症状，常呈脓性。宫颈炎的病理变化可见宫颈红肿，颈管黏膜水肿等。

家庭防治

保持外阴清洁，尽量避免计划外妊娠，少做或不做人工流产。注意流产后及产褥期的卫生，预防感染。

民间小偏方 壹

【用法用量】蒲公英、地丁、蚤休、黄柏各15克，黄连、黄芩、生甘草各10克，冰片0.4克，儿茶1克，研成细末，敷于宫颈患处，隔日1次。

【功效】适用于急性宫颈炎。

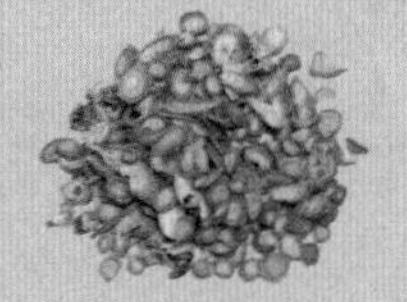
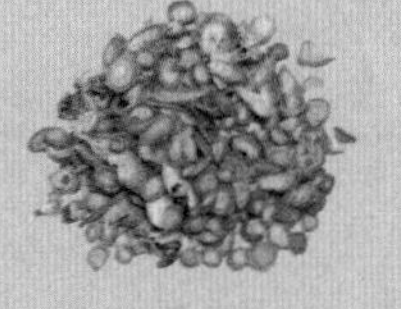

民间小偏方 贰

【用法用量】菊花、苍术、苦参、艾叶、蛇床子各15克，百部、黄柏各10克。浓煎20毫升，进行阴道灌洗，每日1次，10次为1疗程。

【功效】可用于治疗急性宫颈炎。

推荐药材食材

【紫花地丁】

◎具有清热解毒、凉血消肿的功效，主治各种炎症，也可外用。

【黄连】

◎具有清热燥湿、泻火解毒的功效，用于湿热痞满、痈肿疔疮、湿疮等。

【猪血】

◎性平，味咸，主治头风眩晕、中满腹胀、宫颈糜烂等症。

韭菜豆芽猪血汤

原材料

韭菜 60 克，黄豆芽 100 克，猪血 400 克。

调　料

生姜丝 16 克，盐 5 克，花生油适量。

做　法

①韭菜洗净，切成小段；黄豆芽洗净；猪血洗净，切成块状。②瓦煲内加适量清水，烧开后放一点花生油，然后放韭菜、姜丝、豆芽，煮沸 5 分钟后放猪血，慢火煮至猪血熟，调味即可。

养生功效 猪血治疗宫颈炎的效果较明显，如严重者，外用比内服更好。外用的方法为取新鲜猪血加工干燥成粉末后，加入15%白及粉及3%熟石灰混合，敷于局部，每日1次。若是轻症，或只需预防，可适量食用此汤。

洋参猪血汤

原材料

西洋参 15 克，黄豆芽 250 克，猪血 250 克，猪瘦肉 200 克。

调　料

姜 2 片，盐适量。

做　法

①西洋参洗净；猪瘦肉洗净，切大块，入沸水中汆烫，捞出备用。②黄豆芽去根和豆瓣，洗净；猪血洗净，切大片。③将全部材料与姜片放入瓦煲，加适量水，武火煮沸后改文火煲 1 小时，调味即可。

养生功效 猪血含铁量较高且吸收率较高。女性常吃猪血，可有效地补充体内消耗的铁质，防止缺铁性贫血的发生。加入洋参同煮，性味温和，可补血，又可预防带下病症，对于带下炎症有缓解作用。

白带异常

白带是女性的一种生理现象。白带异常是女性内生殖器疾病的信号，应引起重视。白带异常可能仅仅为量的增多，也可能同时还有色、质和气味方面的改变。一般来说，有白带过多或白带过少。

典型症状

白带过多：带下增多，伴有带下的色、质、气味异常，或伴有阴部瘙痒、灼热、疼痛，或兼有尿频、尿痛等局部及全身症状。

白带过少：带下过少，甚至全无，阴道干涩、痒痛，甚至阴部萎缩。或伴有性欲低下、性交疼痛、烘热汗出、月经错后、经量偏少等。

家庭防治

在日常生活中，不要大量使用清洁液清洗阴道，不要长期使用卫生护垫，要勤换内裤，注意个人卫生。

民间小偏方

【用法用量】生鸡蛋1个，从一头敲一小洞，将7粒白胡椒装入蛋内，用纸封好蒸熟，去胡椒吃蛋，每日1个，连吃1星期，忌吃猪血、绿豆。

【功效】主治白带过多、有异味。

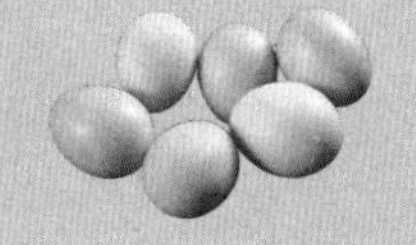

民间小偏方

【用法用量】首乌12克，枸杞12克，菟丝子12克，桑螵蛸12克，赤石脂12克，狗脊12克，熟地24克，藿香6克，砂仁6克，水煎服。

【功效】补养肝肾，利湿固涩，可治白带病。

推荐药材食材

◎清热利尿、渗湿止泻，适用于湿热内郁之水肿。

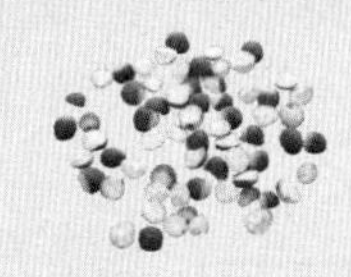

◎具有固肾涩精、补脾止泄的功效，可治遗精、淋浊、带下、大便泄泻等症。

◎具有补肝肾、除风湿、健腰脚、利关节的作用，可治遗精和白带等症。

车前草猪肚汤

|原材料|

车前草150克，薏米30克，红豆30克，猪肚1000克，猪瘦肉250克，蜜枣3颗。

|调　料|

盐5克，生粉10克，花生油适量。

|做　法|

①车前草洗净；薏米、红豆洗净。②猪肚翻转，用花生油、生粉反复搓擦，以去除黏液和异味，洗净，氽水。③将清水1000毫升放入瓦煲内，煮沸后加入以上用料，武火煲沸后改用文火煲2小时，加盐调味即可。

养生功效　车前草性微寒，味甘、淡，是利水渗湿的中药，主治小便不利、淋浊带下，是治疗带下病的常见药材。猪肚性味温和，可补虚损、健脾胃，与车前草同煮用来缓解带下病，能增强药效。

四神猪肚汤

|原材料|

猪肚500克，莲子200克，新鲜山药200克，芡实100克，薏米100克。

|调　料|

盐10克。

|做　法|

①猪肚洗净，氽烫后捞起，洗净切大块。②芡实、薏米淘洗净，以清水浸泡1小时，沥干；山药削皮，洗净，切块；莲子冲净，去心。③将除莲子、山药外的其他材料放入炖锅，加水，用大火煮沸后转小火慢炖约30分钟，再加莲子和山药续炖30分钟，待猪肚熟烂，加盐调味即可。

养生功效　芡实最主要的功效在于补中益气，是滋养强壮性食物，和莲子有些相似，但芡实的收敛固精作用比莲子强，适用于慢性泄泻和小便频数、梦遗滑精、妇女带多腰酸等。因此可用此汤来治疗女性白带异常。

芡实白果老鸭汤

|原材料|

芡实60克，白果90克，老母鸭1只。

|调　料|

黄酒、盐、油各适量。

|做　法|

❶将芡实洗净；白果去壳、皮、心洗净。❷老母鸭宰杀，去毛、内脏，洗净，斩成小块，入沸水中汆水，捞出沥干水。❸起油锅，放入鸭块爆炒3分钟，烹入黄酒，加适量清水，武火煮沸后改文火煲2小时，加入芡实、白果再煮1小时，加盐调味即可。

养生功效 芡实具有益肾固精、补脾止泻、祛湿止带的功能。生品性平，涩而不滞，补脾肾而兼能祛湿，常用于白浊、带下尤宜。炒制后的芡实主要有补脾和固涩作用，因此治带下病时，多用生品。加白果、老鸭煮汤食用，疗效亦显著。

千斤拔狗脊煲猪尾

|原材料|

千斤拔30克，狗脊30克，猪尾500克。

|调　料|

生姜片5克，盐适量。

|做　法|

❶千斤拔、狗脊用清水洗净，浸泡30分钟；猪尾去毛，洗净，斩段。❷锅内烧水，水开后放入猪尾，焯去表面血迹，捞出用清水洗净。❸将全部材料和生姜片一起放入瓦煲内，加适量清水，武火煮沸后改用文火煲约2小时，捞出药渣，调味即可。

养生功效 千斤拔味甘，微温，可补气血。狗脊性温，味苦、甘，有和缓温胃之功，主治白带过多。二者同用，对白带异常症状有明显作用。《本草经疏》中记载："狗脊，苦能燥湿，甘能益血，温能养气，是补而能走之药也。"但狗脊不可与败酱草同用。

习惯性流产

习惯性流产指自然流产连续3次及3次以上。近年常用复发性流产取代习惯性流产，改为2次及2次以上的自然流产，每次流产往往发生在同一妊娠月份，中医称为“滑胎”。

典型症状

习惯性流产的临床表现与一般流产相同，也是经历先兆流产、难免流产、不全或完全流产几个阶段。早期仅可表现为阴道少许出血，或有轻微下腹隐痛，出血时间可持续数天或数周，血量较少。一旦阴道出血增多，腹疼加重，检查宫颈口已有扩张，甚至可见胎囊堵塞颈口时，流产已不可避免。

家庭防治

对于子宫内口松弛所致之妊娠晚期习惯性流产，一般在妊娠 16 ~ 22 周即采取子宫内口缝扎术，维持妊娠至后期甚至足月。

民间小偏方

【用法用量】苎麻根60克，红枣10颗，糯米100克，将苎麻根加水1000毫升，煎至500毫升，然后去渣取汁，在煎汁中加入糯米、红枣，煮成粥。粥熟后即可服用。

【功效】有清热补虚、止血安胎之功效。

民间小偏方

【用法用量】菟丝子60克，粳米100克，白糖适量。将菟丝子捣碎，加水煎煮后去渣取汁，将粳米放入该药汁中煮成粥，粥熟时加入白糖即可食用。

【功效】无论阴虚或阳虚者均可服用，此方被誉为补虚安胎之上品。

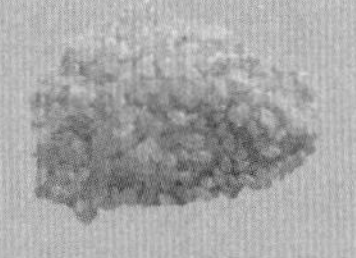

· 推荐药材食材 ·

【巴戟】

◎补肾阳、祛风湿，治小腹冷痛、子宫虚冷、风寒湿痹、腰膝酸痛等症。

【菟丝子】

◎具有补肝肾、益精髓的功效，可治腰膝酸痛、遗精、尿有余沥、目暗。

【熟地】

◎具有补血滋阴功效，可用于血虚萎黄、心悸失眠、月经不调、崩漏等症。

淫羊藿鸡汤

原材料

巴戟15克，淫羊藿15克，红枣4颗，鸡腿500克。

调　料

料酒5毫升，盐5克。

做　法

①鸡腿洗净，剁块，放入沸水中汆烫，捞起用清水冲净。②巴戟、淫羊藿、红枣洗净备用。③将鸡肉、巴戟、淫羊藿、红枣放入瓦煲，加适量水，大火煮开后加入料酒，转小火续炖30分钟，加盐调味即可。

养生功效 巴戟可以补肾阳、益精血、强筋骨、祛风湿，用于治疗肾阳虚弱的阳痿、不孕、月经不调、小腹冷痛等症，也可以治疗肝肾不足的筋骨痿软、腰膝疼痛，或者风湿久痹、步履艰难。因为巴戟天有益精血的作用，因此此汤也可缓解习惯性流产。

复元汤

原材料

山药50克，肉苁蓉20克，菟丝子10克，核桃仁10克，羊肉500克，羊脊骨300克。

调　料

葱段20克，姜片，花椒、料酒、胡椒粉、八角、食盐各适量。

做　法

①羊脊骨剁块，汆水，洗净；羊肉洗净后汆去血水，切成条块；山药、肉苁蓉、菟丝子、核桃仁洗净。②将中药袋、羊脊骨、羊肉、姜片、葱段放入砂锅内，加适量清水，大火煮沸后，加调料调味。

养生功效 菟丝子性微温，味辛、甘，归肝、肾、脾经，气和性缓，能浮能沉，具有补肾益精、养肝明目、健脾固胎的作用，对胎动不安、习惯性流产有独特疗效，有此病症者，可常饮此汤。菟丝子与淫羊藿药性相似，但作用较缓。

妊娠反应

在妊娠早期（停经六周左右）孕妇体内绒毛膜促性腺激素增多，胃酸分泌减少及胃排空时间延长，导致头晕乏力、食欲不振、喜酸食物或厌恶油腻、恶心、晨起呕吐等一系列反应，统称为妊娠反应。

典型症状

轻症：早孕期间经常出现择食、食欲不振、厌油腻、轻度恶心、流涎、呕吐、头晕、倦怠乏力、嗜睡等症。

重症：孕妇出现频繁呕吐、不能进食，导致营养不足、体重下降、极度疲乏、脱水、口唇干裂、皮肤干燥、眼球凹陷、酸碱平衡失调，以及水、电解质代谢紊乱严重。

家庭防治

有妊娠反应者应注意休息，保证充足的睡眠。容易失眠者，可用泡温水澡及喝热牛奶的方式催眠，同时应解除紧张、焦虑的情绪。要补充足够的水分。通过吃香蕉、喝运动饮料等补充体内的电解质。睡觉时发生抽筋者应多摄取一些含钙的食物或补充钙片。便秘者可多吃含纤维素丰富的食物。

民间小偏方

【用法用量】取砂仁、白豆蔻各6克，与粳米150克加水一起熬粥。

【功效】有健脾和胃、调气降逆的功效，适用于妊娠呕吐者。

民间小偏方

【用法用量】取党参30克、粳米150克一同放入炖锅内，注入清水800毫升，先以大火烧沸，转小火继续炖煮35分钟，放入白糖调味即可食用。

【功效】有健脾和胃、止呕吐的功效，适用于妊娠呕吐者。

· 推荐药材食材 ·

【白豆蔻】

◎具有行气暖胃、消食宽中的功效，主治噎膈、吐逆、反胃等。

【扁豆】

◎具有健脾和中、消暑化湿的功效，可治暑湿吐泻、脾虚呕逆、赤白带下等症。

【柠檬】

◎具有化痰止咳、生津、健脾的功效，主治食欲不振、怀孕妇女胃气不和等。

黄瓜扁豆排骨汤

原材料

黄瓜400克，鲜扁豆30克，麦冬20克，排骨600克，蜜枣3颗。

调　料

盐5克。

做　法

①黄瓜洗净，切段；麦冬洗净。②鲜扁豆择去头、尾，老筋洗净；蜜枣洗净；排骨斩块，洗净，汆水。③将清水2000毫升放入瓦煲内，煮沸后加入以上用料，武火煲沸后改用文火煲3小时，加盐调味即可。

养生功效 扁豆味甘，微温，能健脾和中，排骨能增强免疫力，因此女性妊娠期饮用此汤，对胃口不好、呕吐等症有一定的缓解作用，还可增强身体素质。扁豆气清香而不串，性温和而色微黄，与脾性最合。但要注意，食用时要煮至熟透。

柠檬红枣炖鲈鱼

原材料

新鲜鲈鱼500克，红枣8颗，柠檬1个。

调　料

姜片2克，葱，盐、香菜各适量。

做　法

①鲈鱼洗净，去鳞、鳃、内脏，切块；红枣用水泡软，去核；柠檬切片；葱洗净，切段；香菜洗净，切末。②汤锅内倒入1500毫升水，加入红枣、姜片、柠檬片，以大火煲至水开，放入葱段及鲈鱼，改中火继续煲30分钟至鲈鱼熟透，加盐调味，放入香菜即可。

养生功效 两广地区中医著述《粤语》记载："柠檬，宜母子，味极酸，孕妇肝虚嗜之，故曰宜母。"这就是说，怀孕妇女可以放置一些柠檬在床边，早上起来嗅一嗅，有消除晨吐的效应。常喝此汤，不仅有止吐的功效，而且有保健作用。

茯苓扁豆瘦肉汤

原材料

猪瘦肉 200 克，薏米 100 克，鲜扁豆 50 克，土茯苓 20 克。

调　料

生姜片、盐各适量。

做　法

①猪瘦肉洗净，切块；薏米、土茯苓、生姜片洗净；鲜扁豆择去老筋，洗净。②锅中水烧开，放入瘦肉飞水，捞出。③将各药材及生姜片、瘦肉、鲜扁豆一起放入煲内，加入适量开水，大火烧开后，改用小火煲 1 小时，加盐调味即可。

养生功效 扁豆最善和中，故用之以和胎气，胎因和而安，所以也有扁豆能助于安胎之说。扁豆、土茯苓同有和胃作用，加瘦肉的滋补作用，能增强孕妇体质，缓解孕吐症状，更可暖胃，增加胃口。

扁豆莲子鸡腿汤

原材料

鲜扁豆 100 克，莲子 40 克，鸡腿 300 克。

调　料

盐适量。

做　法

①鲜扁豆、莲子洗净备用。②鸡腿剁块，汆烫后捞出，备用。③将所有材料放入炖盅内，加入适量清水，上蒸笼蒸 4 个小时，加入盐调味即可食用。

养生功效 扁豆补脾、中和效果极好，莲子宁心安神，适宜孕妇食用，鸡肉滋阴效果较好，三者一起煲汤，既可为孕妇滋补体质，增强身体免疫力，还可缓解孕吐，特别适合怀孕早期的孕妇食用。

胎动不安

妊娠期出现腰酸腹痛、胎动下坠，或阴道少量流血，称为“胎动不安”，相当于西医的“先兆流产”“先兆早产”。胎动不安是临床常见的妊娠病之一，经过安胎治疗，腰酸、腹痛消失，出血迅速停止，多能继续妊娠。若因胎元有缺陷而致胎动不安，胚胎不能成形，故不宜进行保胎。多由气虚、血虚、肾虚、血热、外伤使冲任不固，不能摄血养胎及其他损动胎元、母体而致。孕妇起居不慎导致跌倒或闪挫、过于辛劳等均可能导致气血紊乱、胎动不安。

典型症状

妊娠期出现腰酸、腹痛、下坠，或伴有少量阴道出血，脉滑，可诊断为胎动不安。

家庭防治

胎动不安、阴道出血者应卧床休息，尽量少起床，忌收腹等增加腹压的动作，严禁房事。

民间小偏方 壹

【用法用量】桑寄生、川续断、菟丝子、杜仲各等份研碎为粉末，加入适量的炼蜜制成平均约6克重的药丸，每次取1颗服用。

【功效】有安胎益血的功效，适合胎动不安患者食用。

民间小偏方 贰

【用法用量】取适量的白扁豆研成细末，每次取4.5克服用，以30克苏梗煎水送服，隔日1次，连服数次。

【功效】可温中安胎、健脾止呕，主治胎动不安、呃逆少食等症。

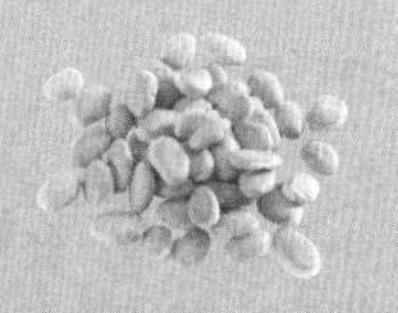

· 推荐药材食材 ·

【桑寄生】

◎具有补肝肾、通经络、益血、安胎的功效，可治胎漏血崩、产后乳汁不下等。

【续断】

◎具有补肝肾、续筋骨、调血脉的功效，用于治疗胎漏崩漏、带下遗精等。

【竹茹】

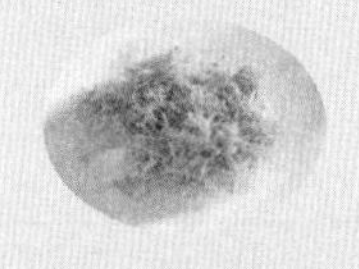

◎具有清热化痰、除烦止呕的功效，用于治疗妊娠恶阻、胎动不安等。

排骨首乌核桃汤

|原材料|

排骨200克，核桃仁100克，何首乌40克，当归15克，熟地15克，桑寄生25克。

|调　料|

盐适量。

|做　法|

①排骨洗净，斩件；何首乌、当归、熟地、桑寄生洗净备用；核桃仁洗净。②排骨入沸水中汆烫，捞出沥干。③锅中加适量水，将所有材料以小火煲3小时，起锅前加盐调味即可。

养生功效 桑寄生有安胎的功效，《药性论》中记载其“能令胎牢固，主怀妊漏血不止”。《本草求真》记载“（桑寄生）故凡内而腰痛、筋骨笃疾、胎堕，外而金疮、肌肤风湿，何一不借此以为主治乎”。与核桃同煮，除安胎功效之外，还可补充胎儿营养。

竹茹鸡蛋汤

|原材料|

桑寄生50克，竹茹10克，红枣8颗，鸡蛋2个。

|调　料|

冰糖适量。

|做　法|

①中药材洗净；红枣去核，洗净备用。②将鸡蛋放入清水中煮熟，去壳备用。③将中药材和红枣放入瓦煲中，加适量水，以文火煲约90分钟，加鸡蛋、冰糖煮至冰糖溶化即可。

养生功效 竹茹性微寒，味甘，治胎动不安，单用有清热安胎之效，或与黄芩、苎麻根等药合用，以增强药力。加桑寄生，安胎功效也不错。还可搭配石斛，用于妇女妊娠恶阻、胃气受胎热上扰而见的恶心呕吐。加鸡蛋同煮，安胎效果更好。

产后缺乳

产后哺乳期内，产妇乳汁甚少或全无，称为产后缺乳。本病有虚实之分。虚者多为气血虚弱、乳汁化源不足所致，一般以乳房柔软而无胀痛为辨证要点。实者则因肝气郁结、气滞血凝或乳汁不行所致，一般以乳房胀硬或痛，或伴身热为辨证要点。

典型症状

产妇在哺乳时乳汁甚少或全无，不足够甚至不能喂养婴儿是缺乳的明显症状。

家庭防治

哺乳妈妈常会在喂奶时感到口渴，这是正常的现象。妈妈在喂奶时要注意补充水分，或是多喝豆浆、杏仁粉茶、果汁、原味蔬菜汤等。水分补充适度即可，这样乳汁的供给才会既充足又富含营养。

民间小偏方 

【用法用量】人参3克，茯苓10克，甘草3克，芍药6克，川芎3克，当归6克，枳壳6克，桔梗4.5克，用水煎服，每日1剂，每日服2次。

【功效】可补气活血、通络下乳。

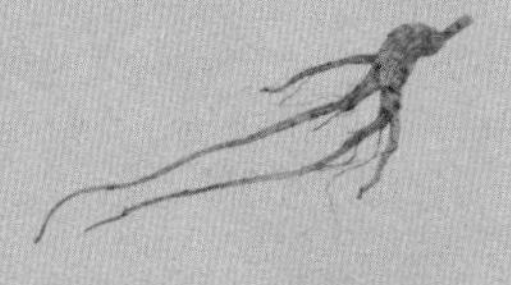

民间小偏方 

【用法用量】取红豆50～100克，洗净，加水700毫升，入锅中，大火煮至豆熟汤成，去豆饮汤。

【功效】适用于产后乳房肿胀、乳脉气血壅滞所致的乳无汁。

· 推荐药材食材 ·

【红衣花生】

◎具有健脾和胃、养血止血、润肺止咳、利尿、下乳的功效。

【猪蹄】

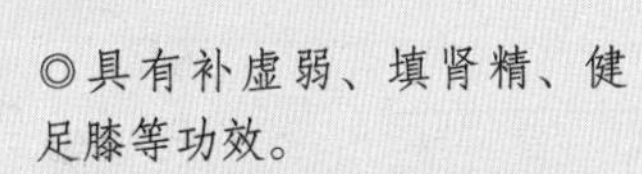

◎具有补虚弱、填肾精、健足膝等功效。

【鲈鱼】

◎具有益脾胃、补肝肾的功效，主治脾虚泻痢、筋骨萎弱、胎动不安、产后缺乳等。

花生蚝仔炖猪蹄

|原材料|

猪蹄 250 克，蚝仔 100 克，带膜花生 200 克。

|调　料|

葱 2 根，盐 5 克，酱油、油各适量。

|做　法|

❶猪蹄洗净，沥干；锅中加入适量油，放入猪蹄以大火炸至金黄色。❷花生放入沸水中氽烫去色，捞出洗净。❸将猪蹄、花生、蚝仔放入炖盅中，加入适量清水，上笼蒸 4 小时，加上所有调味料即可食用。

养生功效 猪蹄性平，味甘、咸，作用较多，如《随息居饮食谱》所载，能“填肾精而健腰脚，滋胃液以滑皮肤，长肌肉可愈漏疡，助血脉能充乳汁，较肉尤补”。但一般多用来催乳，治产后气血不足、乳汁缺乏。常食用此汤，催乳效果较好。

木瓜花生煲猪蹄

|原材料|

猪蹄 500 克，木瓜 700 克，花生仁 50 克，红豆 50 克，章鱼干 50 克，蜜枣 5 颗。

|调　料|

香油 10 毫升，盐 4 克。

|做　法|

❶猪蹄刮净毛，洗干净，对半剖开后切块；木瓜削皮去瓤，切成大块；章鱼干、花生仁、红豆、蜜枣洗净，泡发。❷瓦煲上火，加清水约 3000 毫升，大火烧开后将材料放入瓦煲内；大火烧沸后转用小火煲约 2 小时，调入香油、盐即可。

养生功效 传统医学认为，猪蹄有壮腰补膝和通乳之功，可用于肾虚所致的腰膝酸软和产妇产后缺少乳汁之症。若作为通乳食物，应少放盐、不放味精。猪蹄也是老人、妇女、术后失血过多者的食疗佳品。与木瓜、花生同煮，能让催乳效果更明显。

花生煲凤爪

原材料

凤爪500克，花生仁100克，香菇20克。

调　料

生姜15克，料酒15毫升，盐5克，味精3克。

做　法

①凤爪洗净；花生仁泡水6小时；香菇泡发洗净；生姜去皮洗净，切片。锅中加水烧开，调入料酒，放凤爪汆烫，捞出洗净。②锅中加适量水，放花生仁、香菇、姜片、料酒、凤爪，煮至凤爪软，调入盐、味精即可。

养生功效 花生在我国被认为是“十大长寿食品”之一。中医认为花生能调和脾胃、补血止血、降压降脂。其中“补血止血”主要就是花生外那层红衣的功劳。因此产后妇女在食用时，一定要连带红衣一起烹煮。加凤爪同煮，还有养颜功效。

木瓜花生排骨汤

原材料

木瓜500克，花生仁100克，排骨200克。

调　料

生姜，盐各适量。

做　法

①将木瓜去皮、去子洗净，切粗段；花生仁洗净；排骨洗净，斩段。②锅内烧水，水开后放入排骨，滚去血污，再捞出洗净。③将全部材料一起放入煲内，加入适量清水，煲至花生熟后调味即可。

养生功效 花生中含有丰富的脂肪油和蛋白质，对产后乳汁不足者有养血通乳作用。本汤具有健脾开胃、养血通乳的功效，适用于贫血体衰、产后乳汁不足等病症。经常食之有补益的作用。

红皮花生红枣汤

原材料

红皮花生仁100克，红枣10颗，红豆100克。

调　料

红糖适量。

做　法

❶花生仁、红豆泡发洗净；红枣洗净，去核。❷将花生仁、红豆先下锅中，加适量清水，炖1小时。❸再放入红枣，炖至红豆成豆沙（1小时），吃的时候再加红糖即可。

养生功效 将花生连红衣与红枣配合食用，既可补虚，又能止血，最宜于身体虚弱的出血病人，对妇女产后缺乳症、调养身体也有很好的疗效。在花生的诸多吃法中以炖吃为最佳，不温不火、口感潮润、入口好烂、易于消化的特点，老少皆宜。

木瓜鲈鱼汤

原材料

木瓜450克，鲈鱼500克。

调　料

姜4片，花生油5毫升，盐5克。

做　法

❶木瓜去皮、核，洗净，切成块状；烧热油锅放姜片，将木瓜片爆5分钟。❷鲈鱼去鳞、鳃、内脏，洗净；烧热锅下花生油、姜片，将鲈鱼两面煎至金黄色。❸将清水1800毫升放入瓦煲内，煮沸后加入木瓜和鲈鱼，武火煲开后改用文火煲2小时，加盐调味即可。

养生功效 鲈鱼性平，味甘，可治胎动不安、产后缺乳等症。产前、产后的妇女都适宜吃鲈鱼，既可补身体，又不会导致肥胖，是健身补血、健脾益气和益体安康的佳品，加木瓜同煮，催乳效果也较好。

产后腹痛

产妇在产褥期内，发生与分娩或产褥有关的小腹疼痛，称为产后腹痛。病因为产后气血运行不畅，瘀滞不通。可由于产后伤血、百脉空虚、血少气弱、推行无力以致血流不畅而瘀滞，也可由于产后虚弱、寒邪乘虚而入、血为寒凝、瘀血内停不通而致。

典型症状

新产后至产褥期内出现小腹部阵发性剧烈疼痛，或小腹隐隐作痛，多日不解，不伴寒热，常伴有恶露量少，色紫黯有块，排出不畅，或恶露量少，色淡红。

家庭防治

每日按揉腹部数次，轻重自己掌握，一则可以帮助胃肠消化排气，二则有利于子宫复旧、及时排清恶露。

民间小偏方

【用法用量】当归15克，川芎10克，桃仁15克，炙甘草6克，炮姜10克，益母草30克，丹参15克，香附子12克，水煎服。

【功效】活血化瘀，散寒止痛。

民间小偏方

【用法用量】当归15克，熟地黄20克，阿胶15克（烊化），麦冬15克，党参20克，山药20克，甘草6克，续断15克，肉桂5克（焗服），白芍20克，水煎服。

【功效】养血益气。

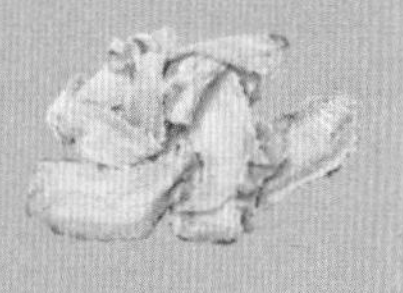

• 推荐药材食材 •

【白术】

◎具有健脾益气、燥湿利水、止汗、安胎的功效。

【阿胶】

◎具有滋阴、补血、安胎的功效，可治血虚、吐血、衄血、月经不调、胎漏等。

【肉桂】

◎性大热，味辛、甘，有补火助阳、引火归源、散寒止痛、活血通经的功效。

白术陈皮鲈鱼汤

原材料

鲈鱼 500 克，白术 20 克，陈皮 10 克。

调　料

胡椒粉 3 克，盐适量。

做　法

①鲈鱼去鳞，剖开后去肠杂，洗净，切块。②白术、陈皮洗净，与鲈鱼一起放入锅内，加清水适量，武火煮沸后，文火煲 2 小时，加盐调味即可。

养生功效 白术水煎剂可以健胃、助消化，对止呕止泻有一定的作用，但需配消导药或利水渗湿药。《医学启源》记载："除湿益燥，和中益气，温中，去脾胃中湿，除胃热，强脾胃，进饮食，止渴，安胎。"因此，产后腹痛者可以喝此汤暖胃健脾。

党参茯苓鸡腿汤

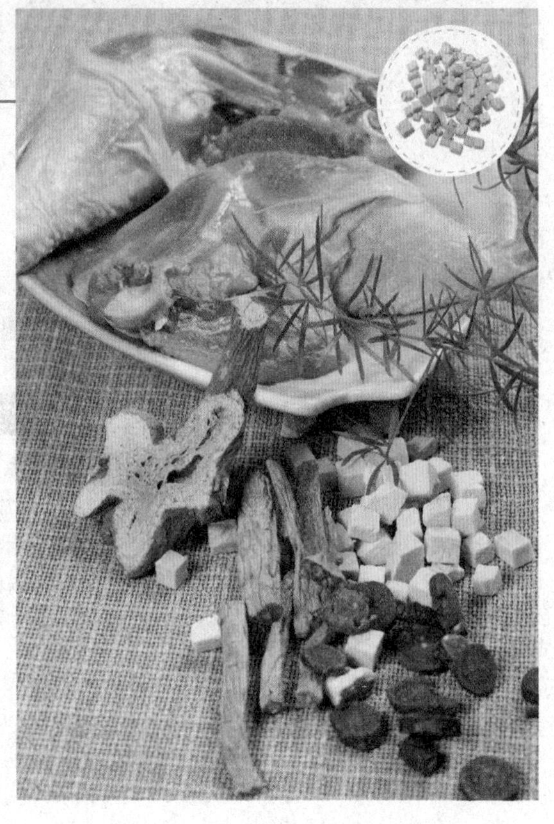

原材料

党参 15 克，白术 5 克，茯苓 15 克，炙甘草 5 克，鸡腿 500 克。

调　料

生姜 5 克，盐适量。

做　法

①鸡腿洗净，剁成小块，加盐腌 15 分钟，洗净备用；生姜洗净，切片。②所有中药材洗净，沥干。③锅中加 500 毫升水煮开，放入鸡块、姜片及药材，待水再开时转小火煮至熟，即可食用。

养生功效 白术性温，味苦、甘，归脾、胃经，有补气健脾之效，可治疗脾气虚弱、食少神疲，常配伍人参、党参、茯苓或甘草等，以益气健脾、暖中和胃，亦可缓解产后虚症。因此，产后腹痛者可适量食用本汤。

红枣枸杞阿胶汤

原材料

阿胶50克，红枣10颗，枸杞15克。

调　料

盐适量。

做　法

①红枣、枸杞洗净，放入微波盒中备用。②取小块阿胶放入微波盒中，加冷开水500毫升左右，加盖放置一晚上。③第二天一早将整盒泡好的红枣、枸杞、阿胶放入微波炉中加热后，加盐调味即可饮用。

养生功效 早在两千多年前，《神农本草经》就把阿胶列为上品，认为它是滋补佳品，且适宜久服。阿胶是补肺要药，而肺为血之上源，补肺可以从根本上解决血的源泉不足问题，能收到良好的补益气血效果。因此产后妇女常服用此汤，可缓解腹痛等症状。

葡萄当归煲猪血

原材料

鲜葡萄150克，当归15克，党参15克，阿胶10克，猪血200克。

调　料

料酒、葱花、生姜末，盐、味精、麻油、五香粉各适量。

做　法

①葡萄洗净去皮；当归、党参洗净，切片，用纱布包好；猪血洗净，汆水后切成小块，与药袋同放入砂锅，加水，大火煮沸，烹入料酒，改用小火煨煮30分钟，取出药袋，加入葡萄续煮。②阿胶洗净，放入砂煲中，待水煮沸、阿胶完全烊化，加调料即成。

养生功效 阿胶为补血之佳品。常与熟地黄、当归、黄芪等补益气血药同用。阿胶具有提高红细胞数和血红蛋白量、促进造血功能的作用，阿胶补血机制与其含有氨基酸、富含铁和微量元素等因素有关。加当归同煮，有暖宫的作用，可以有效缓解产后腹痛。

产后恶露不尽

产后血性恶露持续10天以上，仍淋漓不尽，称“产后恶露不尽”。是由气血运行失常、血瘀气滞引起，可服用具有活血化瘀功效的药物进行治疗。

典型症状

产后血性恶露不尽，量或多或少，色淡红、暗红或紫红，或有恶臭气，可伴神疲懒言、气短乏力、小腹空坠，或伴有小腹疼痛拒按。

家庭防治

产后注意适当休息，注意产褥卫生，避免感受风寒。且要增加营养，不宜过食辛燥之品，提倡做产后保健操。

民间小偏方

【用法用量】鸡蛋 3 个、阿胶 30 克、米酒 100 克、精盐 1 克，先将鸡蛋打入碗里，用筷子均匀地打散，再把阿胶打碎放在锅里浸泡，加入米酒和少许清水用小火炖煮，待煮至胶化后倒入打散的鸡蛋液，加上一点盐调味，稍煮片刻后即可盛出食用。

【功效】此方对产后阴血不足、血虚生热、热迫血溢引起的恶露不尽有治疗作用。

民间小偏方

【用法用量】取个大、肉多的新鲜山楂 30 克，红糖 30 克，先清洗干净山楂，然后切成薄片，晾干备用。在锅里加入适量清水，放在火上，用大火将山楂煮至烂熟，再加入红糖稍微煮一下，出锅后即可给产妇食用，每天最好食用 2 次。

【功效】可以促进恶露不尽的产妇尽快化瘀，排尽恶露。

· 推荐药材食材 ·

◎补气固表、利尿排毒、排脓敛疮、生肌，用于中气下陷所致的崩漏带下等病症。

◎具有补中益气、健脾益肺的功效，可用于脾肺虚弱、气短心悸、内热消渴等。

【马齿苋】

◎具有清热解毒、散血消肿、止血凉血的功效，主治产后子宫出血、便血等病症。

黄芪党参瘦肉汤

原材料

黄芪 15 克，党参 25 克，黑豆 100 克，猪瘦肉 300 克，红枣 4 颗。

调　料

生姜 5 克，盐适量。

做　法

①黑豆炒至豆衣裂开，洗净，沥干水。②生姜用清水洗干净，刮去姜皮，切两片；红枣用清水洗干净，去核；黄芪、党参、猪瘦肉分别用清水洗干净。③将以上材料一起放入炖盅内，用文火煲 4 小时左右，以少许盐调味即可。

养生功效 黄芪性微温，味甘，归肺、脾、肝、肾经，可补气固表。党参具有补中益气、健脾益肺的功效，《本草从新》记载其“补中益气、和脾胃、除烦渴。中气微弱，用以调补，甚为平妥”。二者同用，能补气，让气血流通，排尽恶露。

绿豆马齿苋瘦肉汤

原材料

绿豆 50 克，马齿苋 50 克，猪瘦肉 500 克，蜜枣 3 颗。

调　料

盐 5 克。

做　法

①绿豆洗净，浸泡 1 小时。②马齿苋、猪瘦肉洗净；蜜枣洗净。③将 2000 毫升清水放入瓦煲内，煮沸后加入以上材料，武火煲沸后，改用文火煲 3 小时，加盐调味。

养生功效 马齿苋全株入药具有解毒、抑菌消炎、利尿止痢、润肠消滞、去虫、明目和抑制子宫出血等功效。但孕妇，尤其是有习惯性流产者，应禁止食用马齿苋，因为马齿苋有堕胎的功能。绿豆亦有解毒清热功效，二者同煮，对产后恶露不尽有一定治疗作用。

第六章 男科疾病食疗好汤膳

前列腺炎

前列腺炎是一种急、慢性炎症，主要由前列腺特异性和非特异感染所致而引发的局部或全身症状。

按照病程分，可将前列腺炎分为急性前列腺炎和慢性前列腺炎，前者由致病菌侵入前列腺所致，后者多因前列腺充血、尿液化学物质刺激、病原微生物感染、不良心理因素和免疫性因素诱发产生。

典型症状

急性前列腺炎：尿频、尿急、尿痛、尿血、会阴部放射性坠胀疼痛，常伴有高热、寒战、头痛、全身疼痛、神疲乏力、食欲不振等症状。

慢性前列腺炎：会阴、阴茎、肛周部、尿道、耻骨部或腰骶部等部位疼痛，尿频、尿急、尿痛，常伴有性欲减退、射精痛、射精过早、心情忧郁、失眠等症状。

家庭防治

勤洗澡，坚持每天用温水和除菌皂清洁外生殖器和会阴部，彻底清除细菌，避免前列腺感染，预防前列腺炎产生。

民间小偏方 壹

【用法用量】取马蹄（带皮）150克，洗净去蒂，切碎捣烂，加温开水250毫升，充分拌匀，滤去渣皮，饮汁，每日2次。

【功效】生津润肺，化痰利肠，通淋利尿，消痈解毒，凉血化湿。

民间小偏方 贰

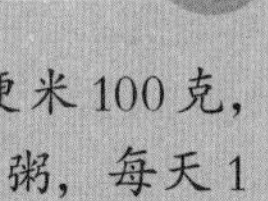

【用法用量】取薏米30克，粳米100克，倒入锅中，加适量清水后煮成粥，每天1剂，连服20天。

【功效】清热利湿，能有效治疗慢性前列腺炎。

推荐药材食材

【土茯苓】

◎解毒散结、祛风通络、利湿泄浊，用于治疗水肿、前列腺炎、梅毒。

【白茅根】

◎凉血止血、清热解毒、利尿通淋，用于治疗小便淋漓涩痛、尿血、前列腺炎。

【芡实】

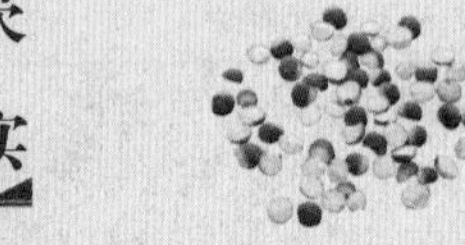

◎固肾涩精、补脾止泄，用于治疗遗精、淋浊、尿频、尿失禁。

土茯苓瘦肉煲甲鱼

原材料

土茯苓50克，甲鱼1只，龙骨和猪瘦肉各100克。

调　料

姜片和葱段各10克，盐3克，鸡精和胡椒粉各2克。

做　法

❶土茯苓洗净，切片；甲鱼宰杀，汆烫，洗净，斩件；龙骨、猪瘦肉切块。❷锅置火上，放油烧热，爆香姜片、葱段，将瘦肉、龙骨炒香，加适量清水，以大火煮开，撇去浮沫。❸转入瓦煲中，加入土茯苓、甲鱼，大火煮开后转用小火煲 60 分钟，调味即可。

养生功效 中医认为前列腺炎与湿热滞结成毒有关，湿毒流滞下焦，湿毒蕴结留于精室，精浊混淆，病情缠绵，易反复发作。而土茯苓能解毒除湿，为治疗慢性前列腺炎的要药。此汤能解毒、除湿，对于前列腺炎有辅助治疗的功效。

白茅根煮鲫鱼

原材料

鲜白茅根30克，鲫鱼500克，蜜枣3颗。

调　料

姜2片，花生油10毫升，盐5克。

做　法

❶鲜白茅根洗净。❷蜜枣洗净，鲫鱼宰杀后去鳞、鳃、内脏；烧锅下花生油、姜片，将鲫鱼两面煎至金黄色。❸将 1600 毫升清水放入瓦煲内，煮沸后加入以上材料，武火煲开后，改用文火煲 2 小时，加盐调味即可。

养生功效 白茅根有清热利湿、通淋之效，有较强的利尿作用和一定的抗菌、解热镇痛作用。此汤可治淤积内阻型前列腺炎，症见排尿时间延长，会阴胀痛者。如果是非淋菌性前列腺炎，最好夫妻同时服用此汤，以免交叉感染和反复感染。

前列腺增生

前列腺增生，俗称前列腺肥大症，是由人体内雄激素与雌激素的平衡失调导致的一种前列腺的良性病变。

前列腺位于膀胱与原生殖膈之间，尿道从前列腺体中间穿过。男性性腺内分泌紊乱是前列腺增生的主要原因，但具体机制尚不明确。患有前列腺增生要及时治疗，以免诱发其他生殖系统疾病。

典型症状

尿频、尿急、夜尿增多、血尿、排尿费力、性欲亢进，严重的还会引发肾积水、尿潴留、膀胱结石、疝、痔、肺气肿等并发症。

家庭防治

饮食应以清淡、易消化为主，多吃新鲜的蔬菜水果，少食辛辣刺激之品，戒酒，以减少前列腺充血的概率，防止诱发前列腺增生。

民间小偏方 壹

【用法用量】取大黄、毛东青、银花藤各30克，吴茱萸、泽兰各15克，川红花12克。用适量清水煎煮，滤取药汁1500毫升，待温热时坐浴15～20分钟。早晚坐浴1次，15天为1疗程。

【功效】清热解毒，治小便淋漓不尽、尿后尿道口灼热。

民间小偏方 贰

【用法用量】取艾叶60克，石菖蒲30克，放入锅中炒热，温度在60～70℃，用密纱布包起，敷于脐部，时间以能承受为限，然后取下稍停再敷上。每天1次，10天1疗程。

【功效】治疗肾气不足引起的夜尿增多、小便短少而清、小便不畅。

推荐药材食材

【熟地黄】

◎补血滋润、益精填髓，用于治疗强心、利尿、抗增生、抗真菌等。

【巴戟天】

◎补肾助阳、强筋壮骨，主治小便不禁、风寒湿痹、腰膝酸软。

【白果】

◎敛肺定喘、止带缩尿，治疗淋病、尿频、哮喘。

熟地炖老鸭

原材料

老鸭半只（约500克）、熟地60克，红枣10颗。

调　料

盐适量。

做　法

❶鸭去毛、肠脏、头颈、爪，洗净后沥干水；熟地、红枣洗净。❷将熟地、红枣放入鸭腹腔内，将鸭放入炖盅内，加开水适量，炖盅加盖，文火隔水炖3小时，调味即可。

养生功效 熟地黄为玄参科植物地黄的块根经加工炮制而成。《本草从新》说其"（治）一切肝肾阴亏，虚损百病，为壮水之主药"。此汤可治肾阴虚型前列腺增生，症见小便涓滴而下，淋漓不畅，甚至无尿，腰膝酸软。

巴戟枸杞羊肉汤

原材料

羊肉750克，巴戟天30克，枸杞30克。

调　料

生姜5片，大蒜30克，盐适量。

做　法

❶羊肉洗净，切块，用开水氽去膻味。❷将巴戟天、枸杞洗净，与羊肉、姜、蒜一起放入锅内，加适量清水，武火煮沸后改文火煲3小时，加盐调味即可。

养生功效 巴戟天有补肾祛风之效，可治肾虚腰脚无力、风湿骨痛、阳痿遗精、前列腺增生等。此汤可以疏通腺体内外的血管，打开代谢通道以及营养通道，清除细小血管中的脂质堆积，药力药效迅速进入，可以恢复腺体血流空间，使腺体血氧供应得到恢复。

附睾炎

附睾炎是男性生殖系统常见疾病，男性自身抵抗力下降时，大肠杆菌、葡萄球菌、链球菌等致病菌就会趁机侵入附睾引发炎症。

附睾能分泌附睾液，其含有的激素、酶和特异的营养物质有助于精子成熟。附睾炎分为急性附睾炎和慢性附睾炎。急性附睾炎多由泌尿系、前列腺炎和精囊炎沿输精管蔓延到附睾所致，急性附睾炎治疗不彻底则会转变为慢性附睾炎。

典型症状

急性附睾炎：附睾肿大，阴囊皮肤红肿、坠胀，疼痛可放射至腹股沟区及下腹部，常伴有畏寒、高热等症状。

慢性附睾炎：阴囊坠胀感，疼痛可放射至下腹部及同侧大腿内侧，附睾轻度肿大、变硬，有硬结，局部压痛不明显，偶有急性发作。

家庭防治

急性期应卧床休息，多饮水，可用布带将阴囊托起，以减轻阴囊的坠胀感。多喝绿豆和红豆汤可清热利湿解毒，有助于及早治愈本病。

民间小偏方 壹

【用法用量】取柴胡、乌药、青皮各6克，橘核、附片各9克，海藻、大贝母、白芥子各12克，水煎服，每日1剂。

【功效】主治附睾炎。

民间小偏方 贰

【用法用量】取黄柏、熟地各15克，知母、龟板各12克，猪脊髓1匙（蒸熟兑服），银花30克，荔枝核20克，水煎服，每日1剂，10天为1疗程。

【功效】治急、慢性附睾炎。

推荐药材食材

【知母】

◎清热泻火、生津润燥，主治肺热燥咳、高热烦渴、肠燥便秘。

【柴胡】

◎疏肝解郁、和解少阳，主治肝郁气滞、胸肋胀痛、寒热往来。

【黄柏】

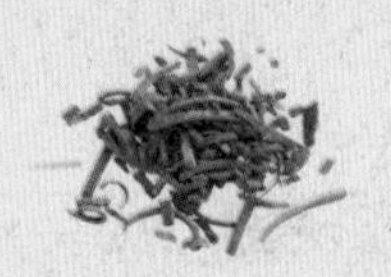

◎清热燥湿、解毒疗疮，主治疮疡肿毒、湿疹瘙痒。

当归乌鸡汤

原材料

乌鸡1只（约500克）、当归15克，熟地15克，白芍15克，知母15克，地骨皮15克。

调　料

葱、生姜，盐、味精各适量。

做　法

❶乌鸡宰杀洗净，去内脏；生姜洗净，切片；葱洗净，切段。中药材洗净，装入纱布袋，扎紧口。❷中药袋、生姜片、葱段塞入鸡腹内扎紧，鸡肚朝上放入砂锅内，加水1500毫升，上笼用旺火蒸2小时，取出药袋，加盐、味精调味，复蒸10分钟即可。

养生功效 山药因富含18种氨基酸和10余种微量元素及其他矿物质，所以有健脾胃、补肺肾、补中益气、健脾补虚、固肾益精、益心安神等作用，李时珍《本草纲目》中有“健脾补益、滋精固肾、治诸百病、疗五劳七伤”之说。山药煮汤食用，加党参同煮，宁心安神效果更好。

柴胡枸杞羊肉汤

原材料

柴胡15克，枸杞10克，羊肉200克，油菜200克。

调　料

盐5克。

做　法

❶柴胡洗净，放进锅中，加适量水熬高汤，熬到约剩一半水时，去渣留汁。❷油菜洗净，切段；羊肉洗净，切片。❸枸杞放入高汤中煮软，放入羊肉片、油菜。待羊肉片熟，加盐调味即可食用。

养生功效 附睾炎是青壮年的常见疾病，若治疗不及时，多继发尿道炎、前列腺炎、精囊炎等。柴胡有疏肝理气、清热之功效。柴胡中的柴胡苷有抗渗出、抑制肉芽肿生长的作用。此外，柴胡还有抗病原体的作用。此汤对于前列腺炎有较好的防治作用。

阳痿

阳痿，指的是男性在有性欲要求时，阴茎不能勃起、勃起不坚或坚而不久，或虽有勃起且有一定硬度，但不能保持性交的足够时间，或阴茎根本无法插入阴道，不能完成正常性生活。

器质性阳痿较为少见，治愈难度大。功能性阳痿较多见，治愈率高。功能性阳痿主要是紧张、焦虑、性生活过度等精神神经因素，内分泌病变，泌尿生殖器官病变以及慢性疲劳等原因造的。中医将阳痿称为"阳事不举"，多是虚损、惊恐以及湿热等原因致使宗筋弛纵所致。

典型症状

早期表现为阴茎能自主勃起，但勃起不坚不久；中期阴茎不能自主勃起、性欲缺乏、性冲动不强、性交中途痿软；到晚期，患者阴茎萎缩、无性欲、阴茎完全不能勃起。

家庭防治

加强体育锻炼，保持充足的睡眠，避免疲劳过度。多吃壮阳食物，如动物内脏、羊肉、牛肉、山药、冻豆腐、花生等，以助提高性能力。

民间小偏方

【用法用量】冬虫夏草15克，白酒500毫升，将药入白酒中，浸泡7天后酌量饮用。

【功效】适用于阳痿肾阳亏虚症。

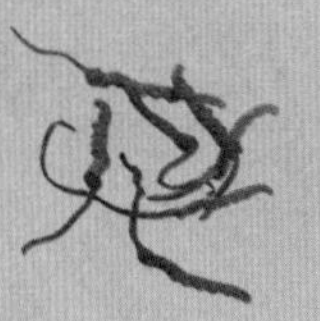

民间小偏方

【用法用量】取制黑附子、甘草各6克，蛇床子、淫羊藿叶各15克，益智仁10克，共为细末，炼蜜丸，做成12丸，每次服1丸，日服3次。

【功效】治阳痿肾阳不足证。

·推荐药材食材·

【鹿茸】

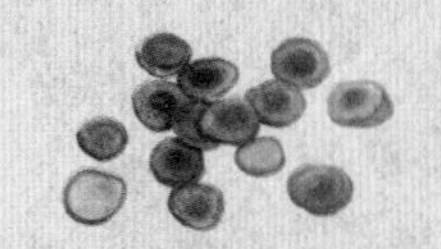

◎壮肾阳、补精髓、强筋骨，主治肾虚、阳痿等症。

【肉苁蓉】

◎补肾阳、益精血，用于治疗肾虚阳痿、筋骨无力、肠燥便秘。

【淫羊藿】

◎补肾阳、强筋骨、祛风湿，主治阳痿遗精、风湿痹痛。

参茸枸杞炖龟肉

原材料

乌龟1只，人参6克，鹿茸6克，枸杞6克。

调　料

盐3克。

做　法

①人参、鹿茸、枸杞稍冲洗；乌龟用开水烫死后去龟壳、肠脏，洗净，斩件。②把全部材料一起放入炖盅内，加开水适量，炖盅加盖，文火隔开水炖3小时，加盐调味即可。

养生功效 鹿茸味甘、咸，性温，能壮元阳，益精髓。《本草纲目》说其能“生精补髓，养血益阳，强健筋骨”。此汤适用于男性遗精阳痿，同时可作为体弱肾虚、腰膝酸软、夜尿频多等症的食疗方。

猪骨补腰汤

原材料

杜仲10克，肉苁蓉10克，巴戟5克，狗脊5克，牛大力10克，淮牛膝10克，黑豆20克，猪脊骨250克。

调　料

盐适量。

做　法

①猪脊骨洗净，焯烫3分钟，洗净待用；黑豆洗净，用清水浸30分钟。②其他药材洗净，和猪骨、黑豆一起放入瓦煲中，加适量清水，大火煲开后改用小火煲2小时，加盐调味即可。

养生功效 肉苁蓉具有补肾阳、益精血、润肠通便的功效，常用于治疗男子阳痿、早泄、遗精、遗尿，女子白带过多、月经不调、不孕等症。因其补肾填精之力较为缓和，故称其为“血肉有情之品”。此汤有补肾壮阳之功，温而不燥。

巴戟锁阳羊腰汤

原材料

羊腰（即羊肾）1对、巴戟天30克，锁阳30克，淫羊藿15克。

调　料

生姜4片，盐适量。

做　法

❶把羊腰切开，割去白筋膜，用清水冲洗干净，切片。❷巴戟天、锁阳、淫羊藿、生姜洗净，与羊腰一起放入锅内，加水适量，武火煮沸后改用文火煲2小时，加盐调味即可。

养生功效 淫羊藿擅补肾壮阳，古人谓服本品“使人好为阴阳”，凡肾阳不足、阳痿不举、性功能低下者，用之恒有佳效。它使精液分泌亢进，刺激感觉神经，间接促进性欲。此汤适用于阳虚精少、阳痿、筋骨不健等症。

黑豆鸡肉汤

原材料

黑豆100克，鸡肉500克。

调　料

生姜4片，盐适量。

做　法

❶将黑豆洗净，用清水浸泡2小时，备用。❷将鸡肉洗净，切块。❸将全部材料与姜片放入瓦煲内，加清水适量，武火煮沸后，文火煲2小时，加盐调味即可食用。

养生功效 黑豆味甘性平，不仅形状像肾，还有补肾壮阳、活血利水、解毒、润肤的功效，特别适合肾虚、阳痿患者。鸡肉能滋补血气、补肾，服之能使气血溢沛、百脉沸腾。此汤有补肾、强腰、益气的作用，对于男性肾虚诸症有较好的辅助治疗效果。

早泄

早泄，指的是男性在性生活时，阴茎勃起后未进入阴道前，或正当进入以及刚刚进入而尚未进入时便已射精，阴茎随之疲软并进入不应期的情况。

精神因素是引发早泄的主要原因，如过度兴奋或紧张、过分疲劳、心情郁闷、存在自卑心理、对性生活期望过高等。某些器质性疾病，如尿道炎、附睾炎、脊髓肿瘤、慢性前列腺炎、阴茎包皮过长，以及常穿紧身内裤等过度刺激龟头也都会导致早泄。

典型症状

完全性早泄：不同地点、不同时间进行性生活，都出现早泄。

原发性早泄：由精神因素导致，未得到过射精的良好控制感。

继发性早泄：曾有过射精的良好控制感，但后来因器质性因素引发早泄。

家庭防治

在性生活过程中，可以有意识地将注意力转移，待伴侣邻近高潮时再立即移回注意力，以延缓射精时间。平时要节制房事，减少手淫次数，注意增强体质，有助于防治早泄。

民间小偏方 

【用法用量】红枣、山药、白扁豆各20克，莲子、芡实各10克，大米适量，放入锅中，煮成粥分次食用。

【功效】养心，健脾，补肾，适用于早泄、遗精。

民间小偏方 

【用法用量】将芡实、茯苓捣碎，加水适量，煎至软烂时再加入淘净的大米，煮烂成粥，分次食用，连吃数日。

【功效】补脾益气，主治早泄、阳痿、小便不利、尿液混浊。

・推荐药材食材・

【金樱子】

◎能固精室以防治男子遗精、早泄等症。

【泥鳅】

◎具有补中益气、益肾助阳之效，对于肾虚早泄有较好疗效。

【羊肉】

◎温中补虚，可治因体虚羸弱所致阳痿、早泄、遗精等。

补肾牛肉汤

原材料

仙茅、金樱子、熟地、菟丝子、淫羊藿各9克，五味子6克，牛肉300克，枸杞、山药、锁阳各15克。

调　料

花椒、胡椒粉、味精各3克，生姜、葱各10克，料酒5毫升，精盐5克 。

做　法

①所有中药材洗净入炖锅内，加水煎45分钟，滤出药液、药渣，再加水煮25分钟，滤去药渣，将两次药液合并；牛肉洗净，切块。②将牛肉、生姜、葱、花椒放入炖锅，加清水、药液，入调料，武火烧沸后用文火炖3.5小时。

养生功效 关于金樱子治疗男性疾病历代医家著作均有记载。如《名医别录》中有关于金樱子“止遗泄”的记载，《蜀本草》记载其可“涩精气”，《本草从新》记载金樱子“酸、涩、平，固精秘气、治滑精”。此汤对于遗精、早泄等症有较好的疗效。

山药羊肉汤

原材料

羊肉750克，山药30克，当归15克。

调　料

生姜4片，盐适量。

做　法

①羊肉洗净，切块，用开水氽去膻味。②山药、当归分别洗净。③将山药、当归、羊肉、姜一起放入炖盅内，加清水适量，武火煮沸后转文火煲3小时，调味供用。

养生功效 常吃羊肉可以去湿气、避严冷、热心胃、补元阳，对提高人的身体素质及抗病能力十分有益。羊肉味甘而不腻，性温而不燥，具有补肾壮阳、温中祛寒、温补气血、开胃健脾的功效。羊肉与山药共煲汤汤，对于早泄有辅助治疗效果。

性欲减退

性欲减退，是指男性在较长一段时间内，出现以性生活接应能力和初始性行为水平皆降低为特征的一种状态，表现为对性生活要求减少或缺乏。

情绪不良非常容易引起性欲减退，尤其是工作屡屡受挫、人际关系紧张、悲伤绝望等恶劣状态，会对性欲造成显著影响。性欲减退与营养状况、不良饮食习惯、药物因素、居住环境和健康状况等也存在较为密切的关系。因而，治疗性欲减退要结合精神疗法和生理疗法，及时找出病因，并从多方面入手，以尽快恢复正常的生活。

典型症状

缺乏性的兴趣和性活动的要求，久治不愈可导致性功能障碍、不育症等。

家庭防治

及时排解、发泄畏惧、愤怒、悲痛、焦虑和其他令人不适的情绪，努力消除顾虑和压力，有助于恢复和维持充分的性兴趣。

民间小偏方 

【用法用量】取海参适量，粳米100克。将海参浸透，剖洗干净，切片后煮烂，同粳米煮为稀粥食用。

【功效】补肾，益精髓，有壮阳疗痿的作用。

民间小偏方 

【用法用量】取肉苁蓉50克，碎羊肉200克，粳米100克，生姜适量。将肉苁蓉切片，先放入锅内煮1小时，去药渣，加入羊肉、粳米和生姜同煮成粥，加入油、盐调味。

【功效】适宜肾虚引起的男女性欲减退。

• 推荐药材食材 •

【菟丝子】

◎补肾益精、养肝明目、固胎止泄；用于治疗腰膝筋骨酸痛、阳痿遗精、头晕眼花。

【补骨脂】

◎温肾助阳、纳气、止泻，用于治疗性功能低下、阳痿早泄、腰膝冷痛。

【海参】

◎补肾益精、养血，主治精血亏损、体质虚弱、性功能减退。

枸杞菟丝子鹌鹑蛋汤

原材料

鹌鹑蛋100克，菟丝子30克，玉米须15克，枸杞10克。

调　料

盐适量。

做　法

❶鹌鹑蛋煮熟，去壳。❷将菟丝子、玉米须、枸杞洗净，与鹌鹑蛋一起放入锅内，加清水适量，武火煮沸后改用文火煲 1~2 小时，汤成去渣，加盐调味即可。

养生功效 现代药理研究表明，菟丝子提取物有助阳和增强性活力的作用。常食鹌鹑蛋、动物肾脏、海鲜等富含优质蛋白质的食物，可增强性欲。此汤可补肾壮阳、益精填髓，对于男性体弱肾虚、夜尿频多、性欲减退等有辅助治疗作用。

黄芪海参汤

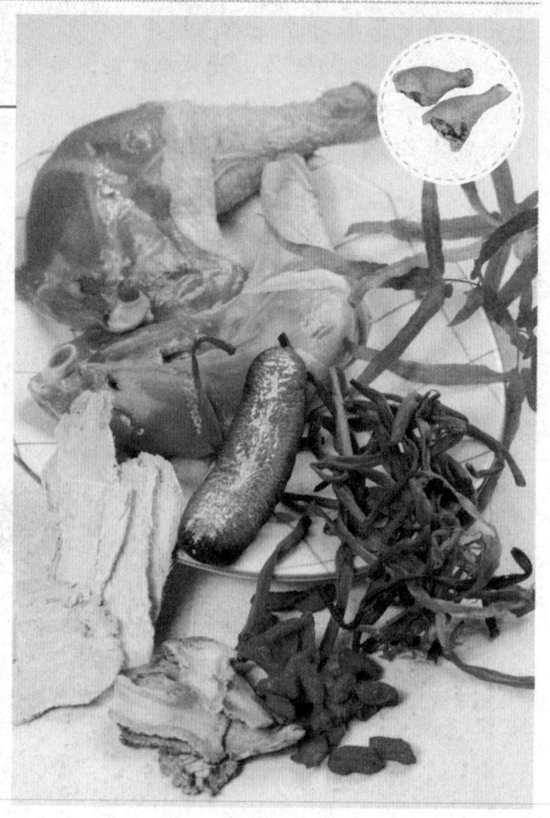

原材料

当归10克，黄芪15克，枸杞15克，黄花菜10克，海参200克，鸡腿300克。

调　料

盐适量。

做　法

❶当归、黄芪、枸杞洗净；黄芪包好，加水煮沸，入当归，熬煮汤汁。❷黄花菜洗净；海参、鸡腿洗净，切块，分别用热水汆烫，捞起后沥干水分备用。❸将黄花菜、海参、鸡腿、枸杞放入锅中，加药材汁、盐和水，大火煮开后转小火煮熟即可。

养生功效 海参富含精氨酸，有“精氨酸”大富翁之称，而精氨酸是构成男性精细胞的主要成分，具有提高勃起力的作用，能延缓性腺衰老，增强性欲。此汤适用于精血亏损、体质虚弱、性功能减退、遗精、小便频数等症。

少精症

少精症，即少精子症，是指精液中精子的数量低于正常健康有生育能力男子的一种疾病。国际卫生组织规定，正常男性的精子每毫升应达到2千万个或以上。

男性精索静脉曲张、患有隐睾症、生殖道感染、抗精子抗体、内分泌异常，以及长期酗酒、吸烟等，都会造成精子数量大大减少。中医认为，少精症多因先天不足、禀赋虚弱、肾精亏损，或恣意纵欲、房事不节、肾阴亏虚、虚火内生、灼伤肾精所致。

典型症状

精液稀薄如水，精子数量低于正常水平，并可伴有神疲乏力、腰酸膝软、头晕耳鸣、性欲淡漠等症状。

家庭防治

日常可多吃一些富含赖氨酸、锌的食物，如鳝鱼、泥鳅、山药、银杏、鸡肉、牡蛎等，注意不要酗酒，尽快戒掉烟瘾，及时舒缓情绪和工作压力。

民间小偏方

【用法用量】枸杞9克，菟丝子、覆盆子、车前子各12克，五味子45克，泽泻、当归、茯苓各12克，甘草45克，淮山、丹皮、白芍、生地、党参各12克，水煎服。

【功效】填精种子，适用于少精症。

民间小偏方

【用法用量】枸杞、菟丝子、首乌、桑寄生、当归、牛膝各30克，肉苁蓉、王不留行、山茱萸、杜仲各15克，水煎服，10剂为1疗程。

【功效】治少精症。

推荐药材食材

【山茱萸】

◎补益肝肾、收敛固涩，用于治疗肝肾不足、头晕耳鸣、腰膝酸痛。

【覆盆子】

◎补肾壮阳、固精缩尿，主治精神疲倦、肾精虚竭。

【乌龟】

◎滋阴补血、益肾填精，用于治疗肝肾阴虚、虚劳发热、血虚体弱。

覆盆子白果煲猪肚

原材料

覆盆子10克，白果10克，猪肚100～ 150克，猪瘦肉100克。

调　料

生姜片、盐、鸡精各适量。

做　法

❶覆盆子洗净；白果去壳，洗净；猪肚用盐搓洗干净，切开；猪瘦肉洗净。❷锅内烧水，水开后放入猪肚、猪瘦肉，焯去表面血迹，再捞出洗净。❸将全部材料一起放入煲内，加清水适量，武火煮沸后改用文火煮 1.5 小时，调味即可食用。

养生功效 覆盆子性温，味甘、酸，归肾、膀胱经。《药性论》说其“主男子肾精虚竭，女子食之有子，主阴痿”。《开宝本草》说其能“补虚续绝，强阴建阳”。《本草蒙筌》说其能“治肾伤精竭流滑”。此汤为治疗少精症的常用食疗汤膳。

芡实乌龟汤

原材料

芡实50克，枸杞30克，桂圆肉50克，土茯苓60克，乌龟1只(约400克)。

调　料

盐5克。

做　法

❶将芡实、枸杞、桂圆肉、土茯苓洗净。❷乌龟放入盆中，淋热水使其排尿、排粪便，用开水烫死后洗净，杀后去内脏、头爪。❸把全部用料放入炖锅内，加适量清水，武火煮沸后用文火煲 3 小时，加盐调味即可。

养生功效 芡实富含淀粉、维生素及矿物质，具有补肾固精、补脾除湿的功能，对于提高精子数量和质量有较好的辅助治疗效果。乌龟可气血双补，温而不燥，滋而不腻，补而不滞，对性激素影响较大，对于少精症效果良好。此汤可用于阳痿早泄、遗精无精等症。

无精症

无精症，指的是连续3次以上精液离心沉淀检查均未发现有精子的一种男性疾病。一般可分为原发性无精症和梗阻性无精症两种。

原发性无精症是由营养不良、遗传性疾病、先天性睾丸异常、睾丸病变、内分泌疾病和严重全身性疾病等因素影响睾丸生成精子所致；梗阻性无精症患者性功能正常，睾丸发育正常，但由于附睾和输精管发育畸形，或者感染病菌，受到压迫，引起输精管阻塞，导致无精子排出。

典型症状

精液减少，精液pH值下降，没有精子分泌，常伴有阴毛稀疏、性欲低下、阳痿早泄、神疲乏力、小腹会阴疼痛，睾丸、附睾肿痛等症状。

家庭防治

保证足够的休息时间，避免酗酒，尽快戒烟，保持良好的心态，淡然对待，积极配合治疗，这些对预防和治愈无精症有很大的帮助。

民间小偏方

【用法用量】取仙灵脾、附子、黄芪各30克，枸杞、白术、熟地、龙骨各15克，菟丝子、蛇床子各10克，桂枝6克，水煎服，每日1剂。30天为1个疗程。

【功效】适用于无精症患者。

民间小偏方

【用法用量】熟地、山药各30克，覆盆子、枸杞、菟丝子各15克，泽泻12克，枣皮10克，将上药用水煎煮，每天早晚服用药汁。

【功效】适于精液异常、肾精亏者服用。

· 推荐药材食材 ·

【冬虫夏草】

◎补虚损、益精气，用于治疗贫血虚弱、阳痿遗精、病后虚弱。

【黄精】

◎补气养阴、滋肾润肺，具有抗缺氧、抗衰老、增强免疫力等作用。

【羊腰】

◎补肾气、益精髓，主治肾虚劳损、腰脊疼痛。

生地黄精甲鱼汤

|原材料|

生地30克，黄精20克，甲鱼500克，蜜枣3颗。

|调　料|

盐3克。

|做　法|

❶将生地、黄精洗净，浸泡1小时。❷甲鱼与清水一同放入煲内，加热至水沸鱼死，褪去四肢表皮，去肠脏，洗净，斩件。❸蜜枣洗净，将清水2000毫升放入瓦煲内，煮沸后加入以上材料，武火煲开后改用文火煲3小时，加盐调味。

养生功效　黄精为百合科植物滇黄精、黄精或多花黄精的干燥根茎。其性平，味甘，归脾、肺、肾经，有补肾益气之效。《滇南本草》说其能"补虚添精"。此汤对于津伤口渴、消渴病、肾虚精亏、腰膝酸软、肾虚少精或无精都有较好疗效。

枸杞羊腰汤

|原材料|

羊腰2个，猪脊骨500克，红枣10颗，枸杞20克，猪骨汤适量。

|调　料|

花椒10克，胡椒粉少许、生姜末5克，葱白10克，香菜末3克，食盐适量。

|做　法|

❶羊腰洗净，切片；红枣洗净，去核；枸杞洗净；猪脊骨斩成3厘米长的小段。❷猪骨汤倒入瓦煲内，加红枣、枸杞、花椒、胡椒粉、食盐、生姜末、葱白，用文火烧沸后放入猪脊骨，煮约15分钟，再放入羊腰片，改用武火烧沸3分钟，撒上香菜末即成。

养生功效　羊肾含有丰富的蛋白质、维生素A、铁、磷、硒等营养元素，有生精益血、壮阳补肾的功效。此外，羊肾还含有丰富的锌，锌是形成睾丸激素的重要物质。此汤滋补生精之效较好，对于无精症、少精症、弱精症均有一定食疗作用。

遗精

遗精，是指在不发生性交的情况下，精液自行泄出的一种生理现象。值得注意的是，遗精现象存在生理性和病理性的差别。

生理性遗精是正常现象，常发生于青壮年、未婚或婚后分居。青壮年身体健康，精力充沛，睾丸不断分泌大量雄性激素，促使产生大量精子、精浆，当精液达到饱和状态时就会自行排出。病理性遗精主要由身体虚弱、纵欲过度、长期吸烟、饮酒无度、过食肥甘等因素导致。

典型症状

遗精次数频繁，醒来精液自出，且精液量少而清稀。遗精时，阴茎勃起不坚，或者不能勃起，常伴有头昏、耳鸣、健忘、心悸、失眠、腰酸、精神萎靡等症状。

家庭防治

注意加强营养，增强体质。平时应丰富业余生活，积极参加文体活动，培养多种兴趣爱好。合理起居，节制性欲，戒除手淫等不良习惯。

民间小偏方

【用法用量】肉苁蓉30克，羊肉150克，粳米100克，精盐、味精各适量，羊肉洗净切片，与肉苁蓉、粳米同煮成粥，加调味料调味食用。

【功效】补肾益精，收敛滑泄。

民间小偏方

【用法用量】取萆薢、茯苓、车前子、白术、木通、泽泻、石菖蒲、丹参各10克，黄柏6克，莲子心3克，水煎服，1日1剂，晚上服。

【功效】清热利湿，分清导浊。

推荐药材食材

【韭菜子】

◎温补肝肾、壮阳固精，可壮阳、固精止遗。

【夜交藤】

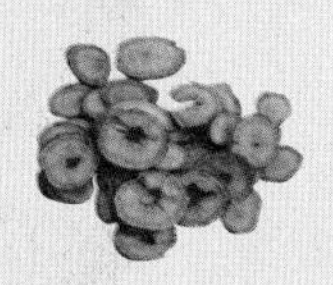

◎补中气、行经络、通血脉、治劳伤，可治虚劳、贫血、多汗、滑精等。

【龙骨】

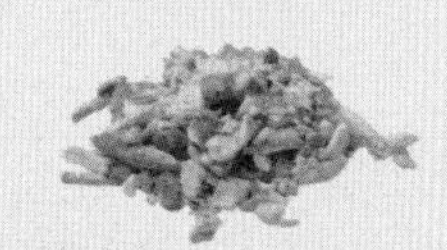

◎镇惊安神、敛汗固精，用于治疗失眠多梦、遗精淋浊。

鹿茸炖猪心

|原材料|

鹿茸5克，当归15克，韭菜子10克，山萸肉9克，猪心1个，上汤适量。

|调　料|

料酒10克，精盐4克，味精3克，胡椒粉3克，生姜4克，葱段6克，鸡油25克。

|做　法|

①将所有中药洗净，装在纱布袋内；猪心洗净，入沸水锅内氽水；姜拍松。②将药袋、猪心、姜、葱、上汤、料酒放入炖锅，武火烧沸后用文火炖30分钟，捞出猪心切成薄片后放回炖锅内，最后加入精盐、味精、胡椒粉调味即成。

养生功效　韭菜子有补肾、壮阳、固精的功效，适用于阳痿、早泄、遗精等，故而有“壮阳草”之称。其多用于阳痿遗精、腰膝酸痛、遗尿尿频。《千金要方》单用本品研末或作蜜丸服，可治肾虚遗精、带下。此汤适用于肾阳虚弱所致的遗精。

莲藕龙骨汤

|原材料|

龙骨200克，莲藕100克。

|调　料|

生姜片5克，盐、味精各适量。

|做　法|

①龙骨洗净，斩成小块，入沸水氽去血水；莲藕洗净，切滚刀块。②将龙骨、莲藕、生姜片装入炖盅内，加适量开水，上笼用中火蒸1个小时。③加盐、味精调味即可。

养生功效　梦遗之病，最能使人之肾精虚弱。此病若不革除，虽日服补肾药无益也。龙骨、牡蛎、金樱皆为固涩之品，服之而恒有效。其中，龙骨镇惊潜阳、收敛固涩之效甚佳，对于遗精收效甚好。此汤适用于遗精以及产后虚汗不止、盗汗、自汗、崩漏等。

男性不育症

男性不育症，是指正常育龄夫妇婚后性生活正常，在1年或更长的时间内，未采取任何避孕措施，且女方检查正常，由于男方原因造成的女方不孕。

男性不育症分为原发性不育和继发性不育两种，造成男性不育的原因常见的有精液异常、生精障碍、抗精子免疫和男性性功能障碍等。男性要注意加强自我保护，养成健康的生活习惯，增强体质，避免导致不育症因素的产生。重视婚前检查，做到早发现早治疗，以免婚后痛苦。

典型症状

射精疼痛，排尿困难，白浊，精子数量稀少，无精症，常伴有阳痿、早泄、不射精等性功能障碍等症状。

家庭防治

平时要避免长时间骑自行车、泡热水澡、穿紧身内裤，以防睾丸温度长期过高，影响其生精功能。

民间小偏方 壹

【用法用量】取山药、海参各30克，莲子20克，大米60克，将药材和大米煮成粥，加入适量冰糖，搅匀后食用。每天1次。

【功效】治精液稀、精子少，适用于肾阴虚亏型不育。

民间小偏方 贰

【用法用量】取枸杞、龙眼肉、菟丝子各15克，五味子10克，熟鸽蛋（去壳）4枚，将上药共炖，加适量白糖，拌匀后食用。每天1次。

【功效】治阳痿、遗精、早泄、精子少、腰腿酸痛，适用于肾精亏虚型不育。

推荐药材食材

【锁阳】

◎补肾阳、益精血、润肠通便，用于治疗腰膝痿软、阳痿滑精、肠燥便秘、男性不育。

【鹿茸】

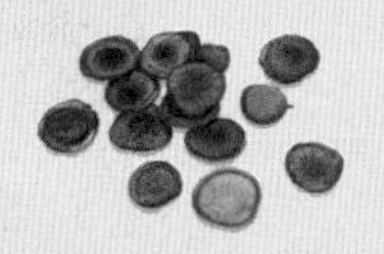

◎生精补髓、养血益阳、强健筋骨、益气强志，治一切虚损。

【虾】

◎其肉性温，有壮阳益肾、补精之功，适用于肾虚阳痿、遗精早泄、体虚不育者。

锁阳牛肉汤

原材料

锁阳15克，巴戟10克，牛肉200克，猪瘦肉100克。

调　料

生姜5克，盐、鸡精、料酒各适量。

做　法

❶将牛肉、猪瘦肉洗净，切块；锁阳、巴戟洗净；生姜洗净，切片。❷锅内烧水，水开后放入牛肉、猪瘦肉焯去表面血迹，再捞出洗净。❸全部材料放入瓦煲，加适量水，用大火烧开后转用小火慢煲3小时，调味即可。

养生功效 锁阳性温，味甘，归脾、肾、大肠经。《本草纲目》说其能“润燥养筋，治痿弱”。《本草原始》说其能“补阴血虚火，兴阳固精，强阴益髓。”《内蒙古中草药》说其能“治阳痿遗精，腰腿酸软，神经衰弱”。此汤可增强体力，增加精子活力。

羊肉虾仁汤

原材料

羊肉150克，虾仁100克。

调　料

大蒜30克，葱2根、生姜2片，生油适量。

做　法

❶将蒜去衣洗净，切细；葱去须洗净，切葱花；生姜洗净，切丝；羊肉洗净，切薄片；虾肉洗净，切粒。❷起油锅，用姜丝爆香羊肉，加清水适量，煮沸后放蒜粒、虾肉粒，煮20分钟，放葱花，调味即可。

养生功效 虾的营养丰富，且其肉质松软，易消化，对身体虚弱以及病后需要调养的人是极好的食物。中医认为，虾可补肾、壮阳，为一种强壮补精药。羊肉具有补肾壮阳、补虚温中等作用。此汤适宜肾虚阳痿、男性不育症、腰脚无力之人食用。

第七章 儿科疾病食疗好汤膳

小儿咳嗽

小儿咳嗽是人体的一种保护性呼吸反射动作。当异物、刺激性气体、呼吸道内分泌物等刺激呼吸道黏膜里的感受器时，冲入神经纤维传到延髓咳嗽中枢，引起咳嗽。

典型症状

上呼吸道感染引发的咳嗽：多为一声声刺激性咳嗽，好似咽喉瘙痒，无痰，不分白天黑夜，不伴随气喘或急促的呼吸。宝宝嗜睡，流鼻涕，精神差，食欲不振。

支气管炎引发的咳嗽：支气管炎通常在感冒后接着出现，由细菌感染导致。咳嗽有痰，有时剧烈咳嗽，一般在夜间咳嗽次数较多并发出咳喘声。

咽喉炎引起的咳嗽：声音嘶哑，有脓痰且咳出的少，多数被咽下。较大的宝宝会诉咽喉疼痛，不会表述的宝宝常表现为烦躁、拒哺，咳嗽时发出“空、空”的声音。

过敏性咳嗽：持续或反复发作性的剧烈咳嗽，多呈阵发性发作，晨起较为明显。夜间咳嗽比白天严重，咳嗽时间长久，通常会持续3个月，以花粉季节较多。

家庭防治

热水袋中灌满40℃左右的热水，外面用薄毛巾包好，然后敷于宝宝背部靠近肺的位置，这样可以加速驱寒，能很快止住咳嗽。这种方法对伤风感冒早期出现的咳嗽症状尤为管用。但要注意给宝宝穿上几件内衣再敷，千万不要烫伤宝宝。

民间小偏方 壹

【用法用量】香菜根、葱根各15克，洗净煎水后加适量冰糖代茶饮。

【功效】可以缓解感冒引起的小儿咳嗽。

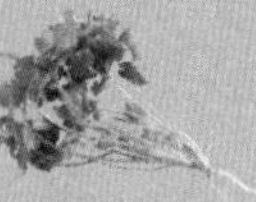

民间小偏方 贰

【用法用量】取白菜根20克、生姜3片洗净，与红糖60克一同煮水，热饮。

【功效】可有效缓解小儿咳嗽。

推荐药材食材

【白果】

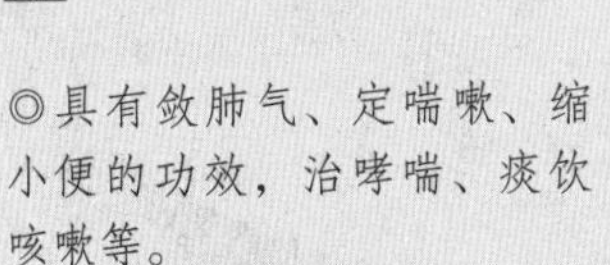

◎具有敛肺气、定喘嗽、缩小便的功效，治哮喘、痰饮咳嗽等。

【杏仁】

◎具有祛痰止咳、平喘的功效，治外感咳嗽、喘满、喉痹、肠燥便秘。

【雪梨】

◎具有生津润燥、清热化痰的功效，治热病津伤烦渴、热咳等症。

蜜梨猪肉汤

原材料

猪瘦肉500克，蜜梨2个，无花果50克。

调　料

盐适量。

做　法

①蜜梨连皮洗净，每个切4块，去心及核；无花果洗净；猪瘦肉洗净，切块。

②把全部材料放炖盅内，加清水适量，武火煮沸后，文火煲2小时，调味供用。

养生功效 梨性凉，味甘、酸。中医认为，梨有生津止渴、止咳化痰、清热降火、润肺去燥等功效，尤其对肺热咳嗽、小儿风热、咽干喉痛等症，效果显著。梨加猪肉炖煮之后性味更温和，可以给咳嗽有痰的小儿食用，有很好的缓解作用。

苹果雪梨煲牛腱

原材料

苹果1个，雪梨1个，牛腱600克，杏仁25克，红枣5颗。

调　料

生姜片5克，盐5克。

做　法

①牛腱洗净，切块，汆烫后捞起备用。②杏仁、生姜片洗净备用；红枣去核，洗净；苹果、雪梨洗净，去皮切薄片。③将所有的原材料和生姜片放入煲中，加适量水，用大火煮沸后再用小火煮1小时，加盐调味即可。

养生功效 苹果有生津润肺的功效，梨可以化痰止咳，加牛腱同煮，既可缓解小儿咳嗽，还能增强儿童的免疫力，细心的妈妈可以常选这几样食材煲汤给孩子喝。但梨性凉，脾虚便溏及寒嗽者忌服。

杏仁煲猪腱

原材料

杏仁、银耳各20克，鲜香菇4朵，猪腱肉50克，红枣4颗。

调 料

生姜片5克，细盐少许。

做 法

①香菇去蒂，洗净；银耳泡发，洗净备用；杏仁、猪腱、红枣分别用清水洗净，红枣去核。②汤锅中加1500毫升清水，用大火煮沸，放入全部材料，改用中火继续煲3小时左右，加细盐调味即可食用。

养生功效 杏仁主要用于咳嗽气喘，主入肺经，且兼疏利开通之性，降肺气之中兼有宣肺之功，为治咳喘之要药，可用于多种咳喘病症。如风寒咳喘，配伍麻黄、甘草，以散风寒，宣肺平喘。风热咳嗽，配伍桑叶、菊花，以散风热。

白果炖乳鸽

原材料

白果、枸杞、火腿各20克，乳鸽1只。

调 料

盐5克，胡椒粉适量、绍酒10毫升、味精2克。

做 法

①白果去外壳，浸泡一夜，去心备用；枸杞去果柄、杂质，洗净；乳鸽洗净，斩件。②锅中加水烧开，下入乳鸽汆水，捞出。③白果仁、乳鸽、火腿片、枸杞、绍酒放入炖盅，加水2000毫升，武火烧沸后改用文火炖1小时，加盐、味精、胡椒粉调味即可。

养生功效 白果性平，味甘，微苦涩，有小毒，归肺经，有敛肺定喘及化痰的功能，外用还能“消毒杀虫”。因为白果有小毒，用于治疗儿童咳嗽时也不宜过多，在汤中放少许即可。本汤中放白果少量即可，能缓解小儿咳嗽。

小儿发热

发热是小儿最常见的症状，尤其是幼儿和学龄前儿童。引起孩子发热的原因最常见的是呼吸道感染，如上呼吸道感染、急性喉炎、支气管炎、肺炎等；也可由小儿消化道感染，如肠炎、细菌性痢疾引起；其他如泌尿系感染、中枢神经系统感染以及麻疹、水痘、幼儿急疹、猩红热等也可导致发热。

典型症状

小儿正常体温常以肛温 36.5 ~ 37.5℃、腋温 36 ~ 37℃作为衡量的标准。若腋温超过 37.4℃，且一日间体温波动超过 1℃以上，可认为发热。低热是指腋温为 37.5 ~ 38℃，中度热为 38.1 ~ 39℃，高热为 39.1 ~ 40℃，超高热则为 41℃以上。

家庭防治

一般宝宝发热在 38.5℃以下不用退热处理，选用物理降温的方法；38.5℃以上应采用相应的药物退热措施。物理降温：温水擦浴，用毛巾蘸上温水（水温不感烫手为宜）在颈部、腋窝、大腿根部擦拭 5 ~ 10 分钟。

民间小偏方

【用法用量】取荆芥、紫苏叶各 10 克，生姜 15 克，红糖 20 克，药材用水洗净，与红糖一起用水煎服，每日 2 次。

【功效】主治风寒感冒、头痛、咽痛，能解表散风、理气宽胸。

民间小偏方

【用法用量】取生姜 10 克，葱白 15 克，白萝卜 150 克，洗净，加红糖 20 克，以水煎服，服后微出汗。

【功效】解表散寒、温中化痰，可明显减轻发热症状。

推荐药材食材

【荆芥】

◎具有发表、祛风的功效，治感冒发热、头痛、咽喉肿痛等症。

【紫苏】

◎具有发表散寒、理气和营的功效，治感冒风寒、恶寒发热、咳嗽等。

【绿豆】

◎具有清热、消暑、利水、解毒的功效，治暑热烦渴、感冒发热等症。

菊花绿豆汤

|原材料|

枸杞叶100克，菊花15克，绿豆30克。

|调　料|

冰糖适量。

|做　法|

❶绿豆洗净，用清水浸约30分钟；枸杞叶、菊花洗净。❷把绿豆放入锅内，加适量清水，武火煮沸后改用文火煮至绿豆烂。❸加入菊花、枸杞叶、冰糖，再煮5~10分钟即可。

养生功效 绿豆性凉，味甘，归心、胃经，具有清热解毒、消暑除烦、止渴健胃、利水消肿之功效，主治暑热烦渴、湿热泄泻、水肿腹胀、疮疡肿毒、丹毒疖肿、痄腮、痘疹。加菊花同煮，对小儿热感引起的发热有一定的缓解作用。

海带绿豆汤

|原材料|

海带50克，绿豆30克，杏仁9克，玫瑰花6克。

|调　料|

红糖适量。

|做　法|

❶绿豆洗净，沥干，制成绿豆粉；海带洗净，切丝；杏仁、玫瑰花分别洗净备用。❷锅里加适量水，放入杏仁、玫瑰花、绿豆粉，大火烧开后转小火煮20分钟。❸放入海带丝煮5分钟，加红糖调味即可。

养生功效 海带性寒，味咸，具有化痰、软化、清热、降血压的作用。海带营养丰富，是一种富含碘、钙、铜、锡等多种微量元素的海藻类食物。绿豆性寒，味甘，有清热解毒、消暑、利尿作用。常喝海带绿豆汤可清热解毒、凉血清肺、疗疮除痘。

小儿感冒

小儿感冒，也叫急性上呼吸道感染，是小儿最常见的疾病，由外感时病毒所致。由于小儿冷暖不知调节、肌肤嫩弱、腠理疏薄、卫外机能未固，故易于罹患此病。受病以后，因小儿脏腑嫩弱，故传变较速，且易兼夹痰壅、食滞、惊吓等因素而使病情复杂。分为风寒、风热感冒。

典型症状

普通小儿感冒初起的症状有：连续打喷嚏、流清鼻涕、鼻子堵塞、发热头痛和嗓子肿痛。如果兼有风寒，还会出现怕冷、全身骨节痛等症状。

家庭防治

每周在密闭的房间（最好是在厨房内）用醋蒸呼吸道，汽熏 20 分钟，是杀灭病毒的简单消毒法。这种方法可以杀灭藏在口腔和呼吸道内的可疑病毒，同时能增强呼吸道表面的免疫力，明显减少冬天儿童患感冒的次数。

民间小偏方

【用法用量】生姜 1 片洗净，红糖适量，开水冲泡，代茶饮之。

【功效】可治疗小儿风寒感冒。

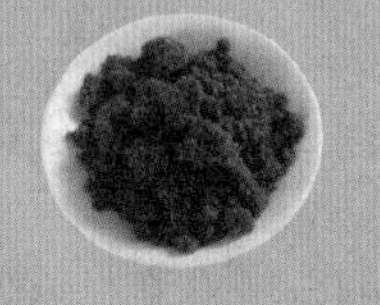

民间小偏方

【用法用量】菊花 5 克，桑叶 5 克，豆豉 3 克，洗净煎水饮用。

【功效】可治疗小儿风热感冒。

· 推荐药材食材 ·

【柴胡】

◎具有和解表里、疏肝、升阳的功效，治寒热往来、口苦耳聋、头痛目眩等。

【菊花】

◎具有清热解毒、疏风平肝的功效，治湿疹、皮炎、风热感冒、咽喉肿痛等症。

【葱白】

◎具有发汗解表、通阳解毒的功效，治伤寒、寒热头痛、风寒感冒等症。

竹笋香葱鱼尾汤

原材料

竹笋100克，鲩鱼尾1条、葱40克。

调　料

生姜2片，盐、油各适量。

做　法

①竹笋洗净，切为小片；葱洗净，切为条状；鲩鱼尾洗净抹干水，加入少许食盐腌 15 分钟。②起油锅烧热，放进姜片和鱼尾，将鱼尾煎至两面微黄色。③锅中加入清水 1250 毫升，大火煮沸后，放入竹笋、鱼尾继煮约 5 分钟，改中火再煮 15 分钟，调入适量盐、油调味即可。

养生功效 葱白性温，不燥热，发汗不猛，药力较弱，适用于风寒感冒、恶寒发热之轻症。葱白通常作为发汗的药剂，与淡豆豉或其他解表药合用，治疗感冒初起的发热、头痛、鼻塞且无汗的病例。此汤中放入适量的葱白，亦可有效地对抗感冒。

柴胡肝片汤

原材料

柴胡15克，猪肝200克，菠菜100克。

调　料

生粉5克，盐3克。

做　法

①柴胡加水 1500 毫升，大火煮开后转小火熬 20 分钟，去渣留汤；菠菜去根洗净，切小段。②猪肝洗净，切片，加生粉拌匀。③将猪肝加入柴胡汤中，转大火，并下菠菜，等汤再次煮沸，加盐调味即可。

养生功效 柴胡对流感病毒有强烈的抑制作用，此汤对预防感冒也有良好作用。另外，柴胡和白芍常配伍同用，一方面能加强疏肝镇痛的效果，另一方面白芍可缓和柴胡对身体的刺激作用。用于治疗小儿感冒时，可酌量添加白芍。

小儿支气管炎

小儿支气管炎通常都是由普通感冒或流行性感冒等病毒性感染所引起的并发症，有时也可能由细菌感染所致。小儿支气管炎是儿童常见呼吸道疾病，患病率高，一年四季均可发生，冬春季节达高峰。

典型症状

以咳嗽、痰多或干咳，或伴气喘，或见发热等为主要特征。

家庭防治

患儿咳嗽、咳痰时，表明支气管内分泌物增多。为促进分泌物顺利排出，可用雾化吸入剂帮助祛痰，每日 2 ～ 3 次，每次 5 ～ 20 分钟。如果是婴幼儿，除拍背外，还应帮助其翻身，每 1 ～ 2 小时一次，使患儿保持半卧位，以利于痰液排出。

民间小偏方

【用法用量】取桔梗、半夏、五味子、桂枝各 9 克，生麻黄、细辛各 3 克，生石膏 30 克，洗净以水煎浓缩。每日 1 剂，一岁以下分 5 次服，一岁以上分 3 ～ 4 次服。

【功效】宣肺散寒、清热化痰，主治小儿喘息性支气管炎。

民间小偏方

【用法用量】取麻黄、紫苏子、杏仁、桑白皮、橘红、茯苓各 3 克，甘草 1.5 克，生姜 1 片，红枣 1 枚。将上药洗净水煎，每日 1 剂，分 4 ～ 6 次服完。2 岁以下者麻黄用量减半，一般可连续服用 3 ～ 4 剂。

【功效】主治小儿急性支气管炎。

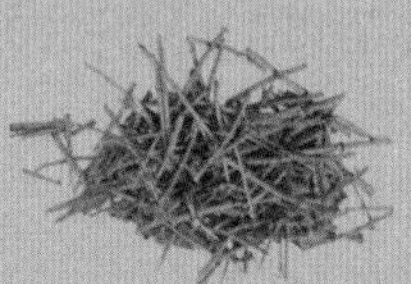

推荐药材食材

【桔梗】

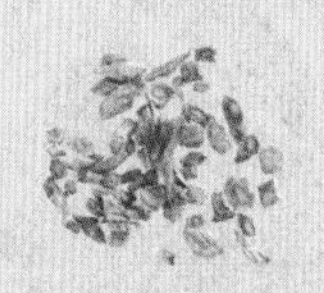

◎具有开宣肺气、祛痰排脓的功效，治外感咳嗽、咽喉肿痛、肺痈吐脓等。

【海蜇皮】

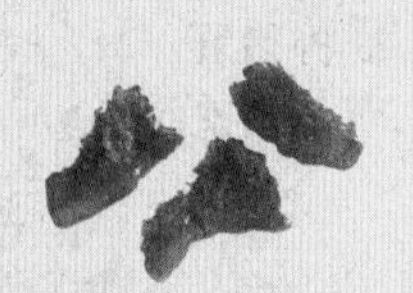

◎具有清热化痰、消积润肠的功效，可治痰饮咳嗽、哮喘、痰咳等症。

【银耳】

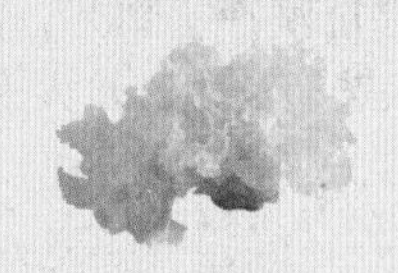

◎具有滋补生津、润肺养胃的功效，可治虚劳咳嗽、痰中带血、津少口渴等。

蜜梨海蜇鹧鸪汤

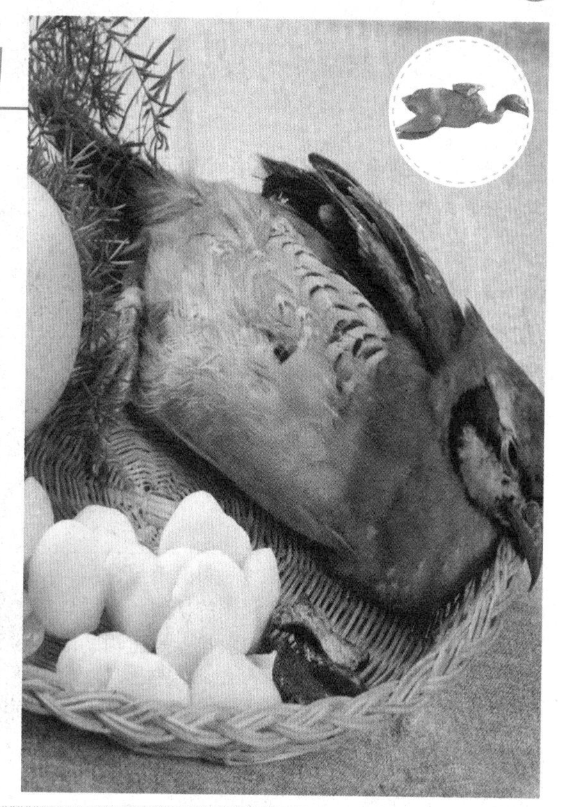

原材料

蜜梨2个，海蜇250克，马蹄12个，鹧鸪1只，陈皮5克。

调　料

生姜3片，油，盐各少许。

做　法

①蜜梨洗净，去核，切厚块；马蹄洗净，去皮，切块；陈皮洗净；海蜇洗净浸泡，切片。②将除海蜇外的原材料与生姜一起放进瓦煲内，加入清水3000毫升，武火煲沸后改文火煲2小时。③加海蜇再煲20分钟，调入盐、油便可。

养生功效 海蜇性平，味甘、咸，有清热解毒、化痰软坚、降压消肿的功效。梨可润燥消风，马蹄能清热化痰，搭配鹧鸪同煮，可清心火、化痰、补虚健胃，适宜小儿支气管炎患者食用。但此汤不宜凉喝，趁热食用效果更好。

玄参麦冬瘦肉汤

原材料

胡萝卜150克，香菇30克，马蹄100克，海蜇头100克，猪瘦肉150克。

调　料

盐5克。

做　法

①胡萝卜去皮，洗净，切成块状；猪瘦肉洗净切块，入沸水中汆水。②香菇去蒂，浸泡2小时，洗净；马蹄洗净；海蜇头浸泡，洗净，汆水。③将清水放入瓦煲内，煮沸后加入以上材料，武火煲开后用文火煲3小时，加盐调味即可。

养生功效 海蜇滋阴润肠、清热化痰，在夏日里尤宜进食；胡萝卜健胃消食、养肝明目；猪瘦肉补益滋阴。三者一起所煲的汤消痰而不伤正，滋阴而不留邪，不仅可以缓解小儿支气管炎，而且是老少皆宜的靓汤。

海蜇马蹄汤

原材料

生地50克，马蹄60克，海蜇100克，猪瘦肉300克，蜜枣3颗。

调　料

盐5克。

做　法

①生地洗净，浸泡1小时；马蹄去皮，洗净。②海蜇、蜜枣洗净；猪瘦肉洗净，切块，飞水。③将清水2000毫升放入瓦煲内，煮沸后加入以上用料，武火煲滚后改用文火煲3小时，加盐调味即可。

养生功效 马蹄性寒，味甘，具有清热化痰、生津开胃、明目清音、消食醒酒的功效。海蜇与马蹄同煮食，对肺脓肿、支气管扩张等有辅助治疗作用。儿童和发热病人最宜食用马蹄，咳嗽痰多、咽干喉痛者也可多食。

哈密瓜银耳瘦肉汤

原材料

哈密瓜500克，泡发银耳40克，猪瘦肉500克。

调　料

盐5克。

做　法

①哈密瓜去皮、瓤，洗净，切块；银耳去除根蒂部硬结，撕成小朵；猪瘦肉洗净，氽水。②将清水1600毫升放入瓦煲内，煮沸后加入以上材料。武火煲沸后，改用文火煲2小时，加盐调味即可。

养生功效 银耳是一味滋补良药，有养阴清热、润燥之功，还可治疗秋冬时节的燥咳，煮汤食用，对小儿支气管炎有缓解作用。银耳宜用开水泡发，泡发后应去掉未发开的部分，特别是那些呈淡黄色的东西。

椰子银耳煲老鸡

原材料

土鸡500克，椰子1个，银耳40克，红枣12颗。

调　料

生姜6克，盐适量。

做　法

❶椰子去皮，取椰汁与椰肉；土鸡肉洗净，切块，入沸水汆烫；银耳泡水15分钟，洗净，去蒂备用；红枣洗净；生姜洗净，切片。❷将鸡肉块放入炖锅中，加水没过鸡肉，以大火煮沸后转中火续煮45分钟，放入其他材料，再煮45分钟，加盐调味即可。

养生功效 椰子性平，味甘，入胃、脾、大肠经，果肉具有补虚强壮、益气祛风、消疳杀虫的功效。银耳用于治肺热咳嗽、肺燥干咳等病症。二者结合，清热润肺而不燥，可以有效缓解小儿支气管炎症。

黄芪枸杞鲜虾汤

原材料

黄芪30克，山药30克，当归10克，枸杞15克，桔梗6克，鲜虾100克。

调　料

生姜2片，盐和生油少许。

做　法

❶将各药材洗净，稍浸泡；鲜虾洗净，剥壳取仁。❷中药材放进瓦煲内，加2000毫升清水，武火煲沸后改文火煲约30分钟，弃药渣留药液，加入鲜虾仁、姜片同煮10~15分钟，调入适量食盐和少许生油便可。

养生功效 桔梗性微温，味苦、辛，入肺经，能祛痰止咳，并有宣肺、排脓作用。但阴虚久嗽、气逆及咯血者忌服，胃溃疡者慎用。黄芪补气，枸杞强身，虾仁增强免疫力，配合桔梗煮汤食用，既可增强体质，又可缓解小儿咳嗽、支气管炎症状。

小儿肺炎

小儿肺炎是临床常见病，四季均易发生，以冬春季为多。如治疗不彻底，易反复发作，影响孩子发育。其病因主要是小儿素喜吃过甜、过咸、油炸等食物，致宿食积滞而生内热，痰热壅盛，偶遇风寒使肺气不宣，二者互为因果而发生肺炎。小儿肺炎是小儿最常见的一种呼吸道疾病，四季均易发生，3岁以内的婴幼儿在冬、春季节患肺炎较多。如治疗不彻底，易反复发作、引起多种重症并发症，影响孩子发育。

典型症状

小儿肺炎典型症状为发热、咳嗽、呼吸困难，也有不发热而咳喘重者。

家庭防治

常规消毒，以小三棱针或28号毫针，针尖略斜向上方，刺入少商穴1分许深。对急性肺炎高热、惊厥、呼吸急促者，疾刺出血。对病程长，出现呼吸困难、心衰、缺氧、休克者，需强刺激，久留针（20～50分钟，多达2小时以上）。留针期间，初以5～10分钟行针1次，待复苏后以15～20分钟行针1次。

民间小偏方

【用法用量】取梨1个，杏仁10克，冰糖12克。将梨洗净去皮核，加洗净的杏仁及冰糖，隔水蒸20分钟食用。

【功效】有清热宣肺作用。

民间小偏方

【用法用量】取鱼腥草30克，芦根30克，红枣12克。以上材料洗净，加水煮30分钟饮用。

【功效】有清热化痰作用。

· 推荐药材食材 ·

【橄榄】

◎性平，味甘、酸，有利咽、生津、解毒的功效。

【桑白皮】

◎具有泻肺平喘、利尿消肿的功效，多用于肺热咳喘、痰多之症。

【淡豆豉】

◎具有解表除烦、宣郁解毒的功效，主治伤寒热病、寒热、头痛、烦躁、胸闷。

杏仁桑白煲猪肺

原材料

杏仁20克，桑白皮15克，猪肺250克。

调　料

盐5克。

做　法

❶先将猪肺洗净，切片；杏仁、桑白皮洗净。❷猪肺、杏仁、桑白皮一起放入瓦锅内，加适量水煲至猪肺熟烂，加盐调味即可。

养生功效 桑白皮应用于治肺热咳喘，尤其适于肺气肿合并感染，以及急性支气管炎之咳喘。有身热、手足心热时，则配地骨皮等，方如泻白散，以此方加减较多用于小儿急性支气管炎。直接加杏仁、猪肺煮，也有预防小儿肺炎的作用。

萝卜橄榄咸猪骨汤

原材料

白萝卜250克，胡萝卜200克，橄榄100克，猪脊骨500克，蜜枣3颗。

调　料

盐5克，醋适量。

做　法

❶白萝卜、胡萝卜去皮，切成块状，洗净；橄榄洗净，拍烂。❷猪脊骨用盐腌4小时，洗净；蜜枣洗净。❸将2000毫升清水放入瓦煲内，煮沸后加入以上材料，武火煲开后，改用文火煲3小时，加盐调味。

养生功效 橄榄性平，味甘、酸，入脾、胃、肺经，有清热解毒、利咽化痰、生津止渴的作用，治咽炎、喉咙不适，还有除烦醒酒、化刺除鲠之功。儿童经常食用此汤，可预防小儿肺炎，对骨骼的发育也大有益处。

橄榄瘦肉汤

原材料

青橄榄250克，白萝卜500克，猪瘦肉250克。

调　料

盐、花生油各适量，生姜片6克。

做　法

①青橄榄、白萝卜、猪瘦肉洗干净，白萝卜切成块状，猪瘦肉整块不必切。②将以上材料和生姜片放入瓦煲内，加清水2500毫升。③武火煲沸后改用文火煲2小时，调入盐、花生油即可。

养生功效 中医素来称橄榄为“肺胃之果”，对于肺热咳嗽、咽喉肿痛颇有益。橄榄与肉类炖汤作为保健饮料有舒筋活络功效。冬春季节常食此汤，对小儿感冒引起的肺炎有较好的预防作用。

橄榄炖水鸭

原材料

水鸭700克，青橄榄8颗，猪瘦肉250克，金华火腿30克。

调　料

姜丝5克，盐2克，鸡精15克。

做　法

①水鸭去毛、内脏，洗净，切大块；猪瘦肉和火腿肉切成粒状。②水鸭和猪瘦肉入沸水汆去血污，捞起洗净，装入炖盅内。青橄榄洗净，装入炖盅内，撒上姜丝与火腿粒上火隔水炖4小时。加盐、鸡精调味。

养生功效 橄榄果肉含有丰富的营养物，鲜食有益人体健康，特别是含钙较多，对儿童骨骼发育有帮助。加水鸭同煮，润肺功能更显著。新鲜橄榄可解煤气中毒、酒精中毒和鱼蟹之毒，食之能清热解毒、化痰、消积。

豆豉鲤鱼汤

原材料

鲤鱼300克，豆豉30克。

调　料

生姜片、盐、胡椒粉各适量。

做　法

①将鲤鱼宰杀、洗净，切块；豆豉洗净。②用锅烧水至滚后，放入鱼肉滚去表面血污，捞出浮沫，再洗净。③全部材料一起放锅内，加入适量清水，大火煲沸后，改小火慢煲2小时，调味即可。

养生功效 淡豆豉性凉，味苦、甘、辛，归肺、胃经，气香宣散，主治外感表证、恶寒发热、虚烦不眠等症。与鲤鱼同煮，可补益身体，预防肺炎。淡豆豉不能与抗生素合用。因为本品中含有丰富的消化酶，而抗生素可使酶活性下降，从而严重影响疗效。

葱豉豆腐汤

原材料

淡豆豉9克，豆腐2块、生葱3根。

调　料

盐适量、油适量。

做　法

①豆腐冲洗后切块；生葱洗净，切段。②将豆腐放在锅内煎至两面呈淡黄色。③加入淡豆豉，加入适量清水，煮沸后加入葱段、盐，再煮片刻。

养生功效 淡豆豉具有发汗的效果，但力量很弱，通常需加入其他辛凉解表药。用于治疗轻型感冒、发热无汗、胃脘饱满，可配葱白。治疗阴虚感冒也十分合适，可配生地、玉竹等。葱白、淡豆豉、豆腐煮汤食用，对于感冒引起的小儿肺炎有很好的预防作用。

小儿厌食症

小儿厌食症是指以小儿（主要是3～6岁）较长期食欲减退或食欲缺乏为主的症状。它是一种症状，并非一种独立的疾病。通俗的理解就是食欲好的孩子，视进食为乐事，到时间就想进餐。食欲不好的孩子，厌倦进食，视进食为负担，即使色香味均好的美食，也没有兴趣，这种饮食状态，就叫厌食。如果厌食持续时间较长，就会影响小儿身高、体重的正常增长。

典型症状

脾胃失调，食欲减退，恶心呕吐，手足心热，睡眠不安，腹胀或腹泻。舌苔白腻，脉滑数。

家庭防治

用手掌轻轻顺时针按摩患儿腹部 100 次，坚持每天 1 次，1 周为一个疗程，能够起到调理脾胃、通调脏腑的作用，进而治疗小儿厌食。

民间小偏方

【用法用量】山楂 360 克，莱菔子 90 克，将山楂洗净烘干，与洗净的莱菔子共研细末，混匀备用。每服 3 克，每日 3 次，粳米汤送服。

【功效】健脾行气、消食化积，适用于小儿厌食症。

民间小偏方

【用法用量】鸡内金 5 克，洗净炙酥研末，拌入粳米粥内食用，甜咸自便。

【功效】消积化滞，主治小儿厌食、面色无华、时而腹痛腹胀、矢气恶臭者。

· 推荐药材食材 ·

【麦芽】

◎具有消食、和中、下气的功效。治食积不消、脘腹胀满、食欲不振等。

【神曲】

◎具有健脾和胃、消食调中的功效，治饮食停滞、胸痞腹胀、呕吐泻痢等。

【甘蔗】

◎具有清热解毒、生津止渴、和胃止呕等功效，主治消化不良、反胃呕吐等。

山楂麦芽猪胰汤

原材料

山楂20克，麦芽30克，猪胰250克，猪瘦肉250克，蜜枣5颗。

调　料

盐5克。

做　法

①山楂、麦芽洗净，浸泡1小时；猪胰洗净，汆水；猪瘦肉洗净；蜜枣洗净。②将清水1800毫升放入瓦煲内，煮沸后加入以上材料，武火煲沸后改用文火煲2小时，加盐调味即可。

养生功效 麦芽常在临床上应用于健胃，治一般的消化不良，对米、面食和果积（食水果过多而致的消化不良）有化积开胃的作用。麦芽可视为助消化的滋养药，常配神曲、白术、陈皮，加山楂同煮汤，也有很好的健胃功效，能缓解小儿厌食症。

甘蔗茅根瘦肉汤

原材料

甘蔗500克，鲜白茅根30克，马蹄100克，猪瘦肉500克，蜜枣3颗。

调　料

盐5克。

做　法

①甘蔗洗净，切成小段。②鲜白茅根、蜜枣洗净；马蹄去皮，洗净；猪瘦肉切块，飞水，洗净。③将清水2000毫升放入瓦煲内，煮沸后加入以上用料，武火煲滚后改用文火煲3小时，加盐调味即可。

养生功效 甘蔗性寒，味甘，归肺、胃经，可用于小儿胃阴不足所致的厌食症。加茅根同煮成汤，药性和缓不伤胃，亦可增强食欲。甘蔗虽是果中佳品，但亦有不适合它的人群，比如患有胃寒、呕吐、便泄、咳嗽、痰多等症的病人，应暂时不吃或少吃甘蔗。

小儿腹泻

小儿腹泻是由多种病原及多种病因引起的一种疾病。患儿大多数是2岁以下的宝宝，6～11月的婴儿尤甚。腹泻的高峰期主要发生在每年的6～9月及10月至次年1月。夏季腹泻通常是由细菌感染所致，多为黏液便，具有腥臭味；秋季腹泻多由轮状病毒引起，以稀水样或稀糊便多见，但无腥臭味。

典型症状

腹泻时即会比正常情况下排便次数增多，轻者4～6次，重者可达10次以上，甚至数十次，为稀水便、蛋花汤样便，有时是黏液便或脓血便。宝宝同时伴有吐奶、腹胀、发热、烦躁不安、精神不佳等表现。

家庭防治

为防止孩子发生腹泻，食品及食具的卫生相当重要。特别是人工喂养的孩子，应注意饮食卫生及水源卫生。必须保证食品制作过程的清洁卫生；所用的食具必须每天煮沸消毒1次，每次喂食前还应用开水烫洗。清除了食具上附着的病原微生物后，孩子就会少得腹泻病了。

民间小偏方

【用法用量】取绿茶、干姜丝各3克，放在瓷杯中，以沸水150毫升冲泡，加盖温浸10分钟，代茶随意饮服。

【功效】可治疗小儿风寒型腹泻。

民间小偏方

【用法用量】取栗子3～5枚，去壳洗净捣烂，加适量水煮成糊状，再加白糖适量调味，每日分2～3次食用。

【功效】可治疗小儿脾虚型腹泻。

• 推荐药材食材 •

◎具有固精涩肠、缩尿止泻的功效，治脾虚泻痢、肺虚喘咳等症。

◎具有涩肠、止血、收湿的作用，可治久泻、久痢等症。

【柿饼】

◎具有润肺、涩肠、止血的功效，用于治疗肠风、痔漏、痢疾等症。

金樱鲫鱼汤

原材料

金樱子15克，鲫鱼1条。

调　料

盐、生姜片，油各适量。

做　法

❶将金樱子洗净，鲫鱼剖腹，去内脏。❷烧锅下油，油热后放入鲫鱼煎至两面金黄色，再铲出滤干油。❸将金樱子、鲫鱼、生姜片一起放入煲内，加入适量清水，大火煲滚后用小火煲30分钟，调味即可。

养生功效 金樱子性平，味酸、甘、涩，归肾、膀胱、大肠经，主要作用为收敛、强壮，主要用于补虚固涩。金樱子中含有大量的酸性物质、皂苷等，能涩肠道，防止脾虚约束不力所致的泻痢。煮汤食用，性味更温和，但仍可治疗腹泻。

柿饼蛋包汤

原材料

柿饼3个，鸡蛋1个。

调　料

姜片2片，其麻油10毫升。

做　法

❶将其麻油倒入锅中烧热，爆香姜片，加适量清水烧开，将柿饼切成片状。❷柿饼片放入沸水中，再转文火续煮10分钟。❸最后将鸡蛋液倒入锅中煮熟即可。

养生功效 柿饼性寒，味甘涩，无毒，归胃、大肠经，能有效补充人体养分及细胞内液，起到润肺生津的作用；而且柿饼中的有机酸等有助于胃肠消化，增进食欲，同时有涩肠止泻的功效，可用于治疗小儿腹泻。

小儿营养不良

长期摄食不足是营养不良的主要原因。一般表现为体重不增或减轻，皮下脂肪逐渐消失，一般顺序为腹、胸背、腰部、双上下肢、面颊部。重者肌肉萎缩、运动功能发育迟缓、智力低下、免疫力差，易患消化不良及各种感染。

蛋白质热能营养不良、缺铁性贫血、单纯性甲状腺肿和干眼病，被称为“世界四大营养缺乏病”。

典型症状

主要表现为脂肪消失、肌肉萎缩及生长发育停滞，同时也可造成全身各系统的功能紊乱，降低人体的抵抗力，给很多疾病的发生和发展创造了条件。

家庭防治

针刺中脘、天枢、气海、足三里，配合刺双手四缝，出针后挤出黄色液体，用清洁消毒棉花拭干，隔日一次，有健脾胃、消积滞作用。

民间小偏方 壹

【用法用量】鲜蚌肉500克，先用冷开水洗干净，放入白糖100克浸1小时，取汁。每服3汤匙，每天3次。

【功效】能改善胃口，缓解营养不良。

民间小偏方 贰

【用法用量】疳积草15克，姜、葱各50克，均洗净捣烂，加入鸭蛋白1个搅匀，外敷脚心一夜。隔3天一次，每疗程5～7次。

【功效】可缓解小儿营养不良。

• 推荐药材食材 •

【鸡内金】

◎具有消积滞、健脾胃的功效，治食积胀满、呕吐反胃、疳积、消渴等症。

【鲜蚌肉】

◎具有清热、滋阴、明目、解毒的功效，治烦热、消渴等。

【荞麦】

◎具有开胃宽肠、下气消积的功效，治胃肠积滞、慢性泄泻等症。

蚌肉炖老鸭

原材料

蚌肉60克，老鸭肉150克。

调　料

生姜2片，盐适量。

做　法

①将蚌肉洗净；老鸭肉洗净，斩件；姜片洗净备用。②把全部材料一起放入炖盅内，加开水适量，炖盅加盖，用文火隔开水炖2小时，调味即可。

养生功效 蚌肉性寒，味甘、咸，入肝、肾经，有消谷善饥的功效，加鸭肉同煮，能增强药性，而且能更好地补充小儿身体所需营养，缓解营养不良的症状。蚌肉含钙丰富，对小儿骨骼类的病症也有很好的疗效。

荞麦白果乌鸡汤

原材料

乌鸡肉500克，荞麦100克，白果100克，芡实60克，车前子30克。

调　料

生姜2片，红枣5颗，盐适量。

做　法

①荞麦、芡实、车前子、生姜、红枣（去核）洗净；白果去壳取肉，鸡肉洗净，切块。②把全部材料放入炖盅内，加清水适量，用文火炖3小时，加盐调味供用。

养生功效 荞麦蛋白质中含有丰富的氨基酸成分，铁、锰、锌等微量元素比一般谷物丰富，而且含有丰富的膳食纤维，是一般精制大米的10倍。乌鸡汤中加荞麦同煮，可以补充儿童成长所需营养，缓解营养不良带来的一系列病症。

小儿肥胖症

医学上对儿童体重超过按身高计算的平均标准体重20%的，即可称为小儿肥胖症。超过20%～29%为轻度肥胖，超过30%～49%为中度肥胖，超过50%为重度肥胖。

肥胖症分两大类，无明显病因称单纯性肥胖症，儿童大多数属此类；有明显病因称继发性肥胖症，常由内分泌代谢紊乱、脑部疾病等引起。

典型症状

以5～6岁或青少年为发病高峰。患儿食欲极好，喜食油腻、甜食，懒于活动，体态肥胖，皮下脂肪丰厚，面颊、肩部、乳房、腹壁脂肪积聚明显。

家庭防治

家长应督促肥胖儿童每日坚持运动，养成习惯。可先从小运动量活动开始，而后逐步增加运动量与活动时间。应避免剧烈运动，以防增加食欲。

民间小偏方 壹

【用法用量】生首乌、夏枯草、山楂、泽泻、莱菔子各10克，药材先用清水洗净浸泡30分钟，再煎煮2次，药液对匀后分2次服，每日一剂。

【功效】可治疗肥胖症。

民间小偏方 贰

【用法用量】取二丑、薏米、红豆各30克，大贝20克，大黄、月石各10克，药材洗净共研为细末，过筛。每次1～5克，每日2次，温开水冲服。

【功效】可治疗肥胖症。

· 推荐药材食材 ·

【白豆蔻】

◎具有行气暖胃、消食宽中的功效，治气滞、食滞、腹胀、噎膈、吐逆、反胃等。

【泽泻】

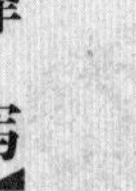

◎具有利水、渗湿、泄热的功效，治小便不利、水肿胀满等。

【魔芋】

◎性寒，味辛，有降血压、降血糖、降血脂、化痰、散积等多种功效。

丝瓜豆芽豆腐鱼尾汤

原材料

丝瓜200克，绿豆芽150克，豆腐200克，草鱼尾200克。

调 料

盐5克，生姜片2克，花生油适量。

做 法

①丝瓜刨去皮，切成块状，洗净。②绿豆芽洗净；豆腐放入雪柜急冻30分钟。③草鱼尾去鳞，洗净；炒锅里下花生油、生姜片，将草鱼尾两面煎至金黄色，加入沸水800毫升，煮30分钟后，加入豆腐、丝瓜、绿豆芽煮熟，加盐即可。

养生功效 绿豆芽含有丰富的纤维素、维生素和矿物质，有消脂通便、抗氧化的功效。每100克绿豆芽仅含8卡热量，而其所含的丰富的纤维素却可促进肠蠕动，具有通便的作用，这些特点决定了绿豆芽的减肥作用。因此常食此汤，可以缓解小儿肥胖症。

豆蔻瘦肉汤

原材料

板蓝根15克，白豆蔻8克，车前子15克，猪瘦肉100克，红枣15颗。

调 料

盐适量。

做 法

①板蓝根、白豆蔻、车前子、红枣洗净。②猪瘦肉洗净，切块，入沸水中汆烫。③将除白豆蔻外的材料放入瓦煲内，加适量清水，武火煮沸后改文火煲2小时，放入打碎的白豆蔻，再煮10分钟，加盐调味即可。

养生功效 白豆蔻性温，味辛，归肺、脾、胃经。白豆蔻含挥发油，其中主要成分为右旋龙脑及右旋樟脑，能促进胃液分泌，增进胃肠蠕动，制止肠内异常发酵，祛除胃肠积气。煮汤食用，对于儿童肥胖症有一定的缓解作用。

流行性腮腺炎

流行性腮腺炎，俗称“痄腮”“流腮”，是儿童和青少年中常见的呼吸道传染病，多见于4～15岁的儿童和青少年，亦可见于成人，好发于冬、春季，在学校、托儿所、幼儿园等儿童集中的地方易暴发流行，曾在我国多个地方发生大流行，成为严重危害儿童身体健康的重点疾病之一。本病由腮腺炎病毒引起，该病毒主要侵犯腮腺，也可侵犯各种腺组织、神经系统及肝、肾、心脏、关节等几乎所有的器官。

典型症状

腮腺肿胀以耳垂为中心，向周围蔓延，边缘不清楚，局部皮肤不红，表面灼热，有弹性感及触痛。腮腺管口可见红肿。患儿感到局部疼痛和感觉过敏，张口、咀嚼时更明显。部分患儿有颌下腺、舌下腺肿胀症状，同时伴中度发热，少数高热。

家庭防治

腮腺炎病毒对紫外线敏感，照射 30 分钟可以杀死，故病人的衣物、被褥就应经常日晒消毒。多注意口腔卫生，可每天用淡盐水漱口 3 ~ 4 次，要多饮开水，保持口腔清洁。

民间小偏方

【用法用量】取夏枯草、板蓝根各 15 克，洗净水煎，每日一剂，分 2 次口服，连服 3 ~ 5 天。

【功效】清热解毒，缓解小儿腮腺炎。

民间小偏方

【用法用量】取板蓝根 30 克、银花、贯众各 15 克，洗净水煎，每日一剂，分 2 次口服，连服 3 ~ 5 天。

【功效】清热消炎，可缓解流行性腮腺炎的症状。

• 推荐药材食材 •

【夏枯草】

◎具有清肝散结的功效，治瘰疬、瘿瘤、肺结核、急性黄疸型传染性肝炎等。

【地胆草】

◎性寒，味苦、辛，能清热解毒、凉血消肿、止咳利尿，可治各种炎症性疾病。

【土豆】

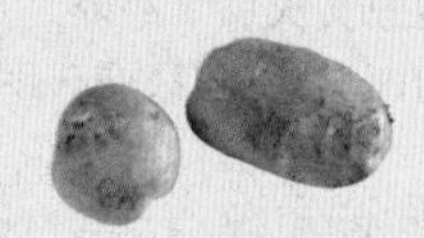

◎具有补气、健脾、消炎的功效，可治腮腺炎、烫伤。

夏枯草菊花猪肉汤

原材料

夏枯草、菊花各50克，蜜枣4颗，猪肉400克。

调　料

生姜片5克，盐适量。

做　法

①夏枯草、菊花洗净，用纱布包裹；蜜枣浸泡去核、洗净；猪肉洗净，切块，飞水。②将夏枯草、菊花、猪肉、蜜枣与生姜一起放进瓦煲内，加入清水适量，武火煲沸后，改为文火煲约2小时，捞去夏枯草和菊花，调入适量盐便可。

养生功效　夏枯草性寒，味苦、辛，归肝、胆经，为清肝火、散郁结的要药，它所主治的大多是肝经不顺的病症。该品配以菊花、决明子等煮汤，可清肝明目，治目赤肿痛，也能消炎散结，对儿童的流行性腮腺炎有一定治疗作用。

西红柿土豆脊骨汤

原材料

西红柿250克，土豆300克，猪脊骨600克，蜜枣5颗。

调　料

盐5克。

做　法

①西红柿洗净，切去蒂部，一个切成4块。②土豆去皮，切成块状；蜜枣洗净。③猪脊骨洗净，斩件，氽水。④将清水2000毫升放入瓦煲内，煮沸后加入以上材料，武火煲沸后改用文火煲3小时，加盐调味即可。

养生功效　西红柿性凉，味甘、酸，入肝、胃、肺经，有清热生津、养阴凉血的功效，对发热烦渴、口干舌燥、虚火上升有较好治疗效果。加土豆、猪骨煮汤食用，疗效更显著。西红柿煮汤食用，对上呼吸道和上消化道炎症也有较好的食疗作用。

小儿疳积

疳积是小儿时期，尤其是1～5岁儿童的一种常见病症，是指由于喂养不当或多种疾病的影响，使脾胃受损而导致全身虚弱、消瘦面黄、发枯等慢性病症。

古代所说之“疳积”已与现代之“疳积”有了明显的区别。在古时候，由于生活水平不高，人们常常饥饱不均，对小儿喂哺不足，致使小儿脾胃内亏而生疳积，多由营养不良而引起，也就是相当于西医所讲的“营养不良”。现在，随着人们生活水平的提高，且近来独生子女增多，家长们又缺乏喂养知识，只会盲目地加强营养，结果反而加重了小儿脾运的负荷，伤害了脾胃之气，造成滞积中焦，使食欲下降，营养缺乏，故现在的疳积多由营养失衡造成。

典型症状

小儿面黄肌瘦、烦躁爱哭、睡眠不安、食欲不振或呕吐酸馊乳食，腹部胀实或时有疼痛，小便短黄或如米泔，大便酸臭或溏薄，或兼发低热，指纹紫滞，此为乳食积滞的实证。

家庭防治

按揉小儿足三里穴2分钟。通过中医的小儿推拿，帮助宝宝缓解脾胃不适，镇静宝宝情绪。推拿一段时间后，可达到治疗效果。

民间小偏方

【用法用量】大麦米50～100克，洗净研碎，煮粥常食。

【功效】主治小儿乳食所伤不思饮食、恶心呕吐、腹胀腹痛。

民间小偏方

【用法用量】莲肉、山药、麦芽、扁豆、山楂等量，加少许粳米，洗净煮粥食用。

【功效】主治小儿食积、形体消瘦、纳差、便溏。

推荐药材食材

【鳗鱼】

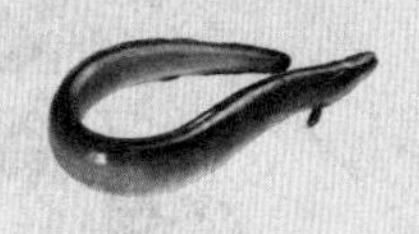

◎具有补虚羸、祛风湿、杀虫的功效，可治虚劳骨蒸、小儿疳积等症。

【胡萝卜】

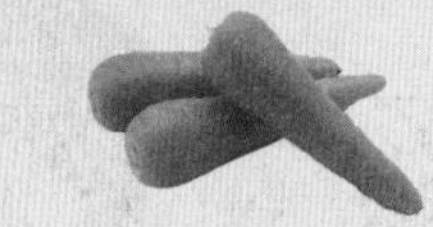

◎性平，味甘，有健脾和胃、补肝明目、清热解毒等功效。

【鹌鹑蛋】

◎具有益气补血、补五脏、壮筋骨、除湿消热的功效。

鳗鱼枸杞汤

原材料

鳗鱼500克，枸杞15克，参须10克。

调　料

盐5克，米酒15毫升。

做　法

①将鳗鱼处理干净，切段，放入沸水中氽烫，捞起后洗净，盛入炖盅，加水至盖过材料，撒进枸杞、参须。②移入电锅，加水适量，隔水炖 40 分钟。③加盐、米酒调味即可。

养生功效 鳗鱼富含多种营养成分，具有补虚养血、祛湿、抗痨等功效，是久病虚弱、贫血、肺结核等病人的良好营养品。加枸杞煮食，对小儿疳积有很好的治疗作用。鳗鱼是富含钙质的水产品，经常食用，能使血钙值有所增加，使身体强壮。

胡萝卜豆腐猪骨汤

原材料

胡萝卜和猪骨各400克，豆腐200克，蜜枣3颗。

调　料

花生油10毫升，盐5克。

做　法

①胡萝卜去皮，洗净，切块；蜜枣洗净；猪骨洗净，斩件，入沸水中氽去血水。②豆腐用盐水浸泡 3 小时，沥干水；烧锅下花生油，将豆腐两面煎至金黄色。③将清水放入瓦煲内，煮沸后加入所有材料，武火煲开后用文火煲 2 小时，加盐调味。

养生功效 胡萝卜有健脾除疳的功效，它所富含的维生素A是骨骼正常生长发育的必需物质，有助于细胞增殖与生长，是机体生长的要素，对促进婴幼儿的生长发育具有重要意义，加豆腐、猪骨煮汤，对小儿疳积有预防和缓解作用。

小儿遗尿

小儿遗尿是指3岁后小儿不自主地排尿，常发生于夜间熟睡时，多为梦中排尿，尿后并不觉醒。中医认为，遗尿为“虚症”，由于腹脏虚寒所致，如肾与膀胱气虚，而导致下焦虚寒，不能约束小便，或者上焦肺虚，中焦脾虚而成脾肺两虚，固摄不能，小便自遗。除虚寒外，还有挟热的一面，肝经郁热，火热挟湿，内迫膀胱，可导致遗尿。

典型症状

肾气不足型：睡中遗尿，一夜可发生 1 ~ 2 次，或更多次，醒后方觉，兼见面色无华、智力低下、反应迟钝、腰膝酸软、甚则手足不温、舌质淡、脉象沉迟无力、指纹淡。

肺脾气虚型：睡中遗尿，但尿频而量少，兼面白神疲、四肢乏力、食欲不振、大便溏薄、舌淡、脉缓或弱、指纹色淡。

肝经湿热型：睡中遗尿，小便黄臊，性情急躁，夜间撮牙，面赤唇红，舌苔黄腻，脉弦滑或滑数。

家庭防治

经常发生遗尿的孩子，他的遗尿时间往往固定在半夜的某一段时间里，家长可以在孩子经常遗尿的时间之前叫醒孩子，或用闹钟叫醒孩子，让他自己起床小便，坚持一段时间，就能形成条件反射。

民间小偏方

【用法用量】生葱白一根，洗净捣烂，每晚睡前敷肚脐，用布包好，次日晨揭去，连用 3 ~ 5 天。

【功效】可治愈小儿遗尿。

民间小偏方

【用法用量】车前草 15 克，猪膀胱 1 个，二者洗净加水共煮熟，去药渣服用。

【功效】适用于因肝经湿热所致的小儿遗尿。

· 推荐药材食材 ·

◎具有补肾助阳的功效，可治肾虚冷泻、遗尿、滑精、小便频数等。

◎具有补肾固精功效，可治遗精、白浊、小便频数、遗尿等症。

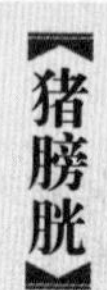

◎具有缩小便、健脾胃的功效，可治尿频、遗尿、消渴无度等。

桑螵蛸红枣鸡腿汤

原材料

桑螵蛸10克，红枣8颗，鸡腿500克。

调　料

鸡精5克，盐2克。

做　法

①鸡腿剁块，放入沸水中汆烫，捞起冲净；红枣洗净，去核。②鸡肉、桑螵蛸、红枣一起放入瓦煲中，加适量水，以大火煮开后转小火继续煮30分钟。③加入鸡精、盐调味即成。

养生功效 桑螵蛸性平，味咸、甘，归肝、肾、膀胱经，可治尿频、夜尿或小便不禁。如属小儿夜间遗尿，则配远志、茯神等镇静药，和党参、当归等补益药，也可在红枣汤的基础上加桑螵蛸，都有较好的效果。

杜仲煲猪肚

原材料

桑螵蛸10克，杜仲10克，山药20克，猪肚500克，猪瘦肉100克。

调　料

生姜5克，盐适量。

做　法

①将药材洗净；猪肚割去肥肉洗净，再用食盐洗擦干净；猪瘦肉洗净，切块。②锅内烧水，放入猪瘦肉、猪肚焯去表面血迹，再捞出洗净。③全部材料放入瓦煲内，加入清水，大火烧开后转用小火慢煲3小时，调味即可。

养生功效 桑螵蛸一般宜炙用，不宜生用，生用反而会引起腹泻等不适症状，而且阴虚火旺或膀胱有热者慎服。小儿肾气未充、膀胱失固、夜多遗尿，可常喝此汤，增强肾气，治疗小儿遗尿症。

补骨瘦肉汤

原材料

猪瘦肉200克，补骨脂10克，菟丝子15克，红枣4颗。

调　料

生姜片、盐各适量。

做　法

①将补骨脂、菟丝子洗净；猪瘦肉洗净，切块；红枣洗净。②锅内烧水，水开后放入瘦肉飞水，再捞出洗净。③将药材及生姜片、红枣、瘦肉一起放入瓦煲内，加适量清水，大火煲滚后用文火煲1小时，加盐调味即可。

养生功效 补骨脂性温，味辛，归肾、心包、脾、胃、肺经，具有补肾助阳的功效，用于治疗肾虚冷泻、遗尿、滑精、小便频数、阳痿、腰膝冷痛、虚寒喘嗽等症。加瘦肉同煮，对于因肾气不足引起的小儿遗尿症有很好的缓解作用。

沙参滋补汤

原材料

益智仁50克，北沙参、山药、补骨脂、菟丝子各10克，猪瘦肉300克。

调　料

生姜片、盐各适量。

做　法

①将所有药材洗净；猪瘦肉洗净，切块。②锅内烧水，水开后放入猪瘦肉烫去表面血迹，再捞出洗净。③全部材料与生姜片放入瓦煲内，加入清水，大火烧开后转小火慢煲3小时，用盐调味即可。

养生功效 沙参滋补汤适合脾虚泄泻、因肾阳不足引起的遗尿者食用，能温暖脾肾、止泻摄唾、固精缩尿，但阴虚火旺及有湿热者不宜服用。另外，补骨脂炒成末，热水送服，也可治疗小儿遗尿症。两者同煮食用治疗遗尿，效果更好。

小儿自汗、盗汗

小儿汗症是指小儿在安静的状态下，全身或身体的某些部位出汗较多，或大汗淋漓不止的一种征候。一般入睡中汗出称之为“盗汗”，白日无故汗出称之为“自汗”。但是，因天热或衣着过厚等因素引起的汗出不属于此列。自汗多是因气虚、阳虚，汗孔不能关闭而出汗；盗汗不仅气虚，长期汗出，津液流失过多，“阴”也亏损，所以食疗要养气补阴。

典型症状

盗汗是入睡后出汗，自汗是安静状态下无故出汗。

家庭防治

妈妈可以帮孩子按耳穴缓解盗汗。耳穴选肺、脾、皮质下穴，按摩出现热胀感而止，每穴 60 下，10 天为一疗程。

民间小偏方

【用法用量】取五倍子 30 克，洗净研为细粉，每晚在患儿睡前取 2 ~ 3 克，用温开水调成糊，敷于患儿脐窝处，用洁净纱布覆盖，外用胶布或绷带固定，次晨起床后去掉。

【功效】一般患儿 5 ~ 7 天可见盗汗明显好转。

民间小偏方

【用法用量】取黑豆 20 克洗净捣碎，红枣 5 枚洗净劈开，加适量水炖熟或蒸熟食用，每晚一剂，7 ~ 9 天为 1 个疗程。

【功效】一般患儿 1 ~ 2 个疗程可缓解盗汗症状。

• 推荐药材食材 •

◎具有滋阴润肺、养胃生津的功效，可治燥咳、劳嗽、热病阴液耗伤之咽干口渴等症。

◎具有清肺化痰、养阴润燥、益胃生津的功效，可治阴虚发热、津伤口渴等症。

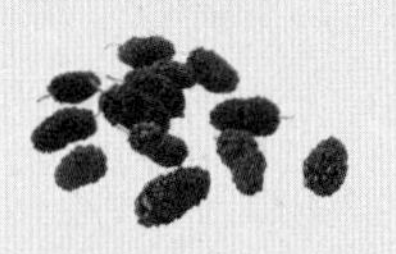

◎具有补肝、益肾、熄风、滋液的功效，治肝肾阴亏、消渴等。

玉竹南杏鹧鸪汤

原材料

鹧鸪1只，玉竹30克，南杏仁10克，蜜枣3颗。

调　料

盐适量。

做　法

❶鹧鸪去毛后剖开，去内脏，洗净斩件；将玉竹、南杏仁、蜜枣分别洗净。❷将以上材料全部放入炖盅内，加开水适量，炖盅加盖，置锅内用文火隔水炖2小时，加盐调味食用。

养生功效 玉竹味甘，多脂，柔润可食，长于养阴，主要作用于脾胃，故久服不伤脾胃。《广西中药志》说其能“养阴清肺润燥。治阴虚，多汗，燥咳，肺痿”。《纲目》说其“主风温自汗灼热”。此汤可治肺虚自汗、脾虚自汗及气阴两虚自汗。

沙参玉竹老鸭汤

原材料

老鸭1只（约600克）、北沙参15克，玉竹15克。

调　料

生姜2片，盐适量。

做　法

❶北沙参、玉竹洗净；老鸭洗净，斩件。

❷把全部材料放入锅内，加清水适量，武火煮沸后，转文火煲2小时，调味供用。

养生功效 沙参有南沙参和北沙参之别。北沙参善养肺胃之阴，适用于热病后期或久病阴虚内热、干咳、痰少、低热、口干、舌红、苔少、脉细弱。自汗多属气虚、阳虚，可用南沙参调养；盗汗多属阴虚，用北沙参调养，收效甚佳。

莲子百合沙参汤

原材料

莲子、桂圆肉各10克，百合、北沙参、玉竹、枸杞各15克。

调　料

盐适量。

做　法

❶莲子略泡发，洗净，备用；桂圆肉洗净；百合、北沙参、玉竹、枸杞分别洗净，备用。
❷将所有原材料放入瓦煲内，加适量水，以小火煲90分钟，加盐调味即可。

养生功效 百合有养阴、润肺、止汗之功，可治阴虚内热导致的汗出不止之症。莲子能安心养神，可治自汗、盗汗，症见精神萎靡、容易疲劳。北沙参养阴清热之功甚佳，可治阴虚盗汗。此汤有养阴益气之功效，适用于气阴两虚所致的出汗、气短乏力等症。

葚樱炖牡蛎

原材料

肉苁蓉15克，桑葚30克，金樱子30克，山萸肉30克，枳壳12克，白术12克，红枣10颗，甘草6克，牡蛎肉300克，上汤适量。

调　料

料酒10毫升、精盐4克，味精3克，生姜4克，葱8克，胡椒粉适量。

做　法

❶牡蛎肉、生姜洗净，切片；葱切段。❷中药材洗净，装入纱布袋，放入瓦锅，加上汤武火烧沸后改文火煮35分钟，取出药包。将药液烧沸，下入牡蛎肉、生姜片和调料即成。

养生功效 《本草经疏》云："桑葚，甘寒益血而除热，为凉血补血益阴之药。"其入肝、肾经，可治肝肾阴虚导致的汗出不止。牡蛎长于收敛，可用于自汗盗汗、遗精崩带等。《千金方》中用牡蛎散治卧即盗汗、风虚头痛。二者同煮食，对小儿汗症有治疗作用。

小儿夜啼

婴儿白天能安静入睡，入夜则啼哭不安、时哭时止，或每夜定时啼哭，甚则通宵达旦，称为夜啼。多见于新生儿及6个月内的小婴儿。中医认为小儿夜啼常因脾寒、心热、惊骇、食积而发病。

典型症状

脾胃虚寒：症见小儿面色青白，四肢欠温，喜伏卧，腹部发凉，弯腰蜷腿哭闹，不思饮食，大便溏薄，小便清长，舌淡苔白，脉细缓，指纹淡红。

心热受惊：症见小儿面赤唇红，烦躁不安，口鼻出气热，夜寐不安，一惊一乍，身腹俱暖，大便秘结，小便短赤，舌尖红，苔黄，脉滑数。

惊骇恐惧：症见夜间啼哭，面红或泛青，心神不宁，惊惕不安，睡中易醒，梦中啼哭，声惨而紧，呈恐惧状，紧偎母怀，脉象唇舌多无异常变化。

乳食积滞：症见夜间啼哭，厌食吐乳，嗳腐泛酸，腹痛胀满，睡卧不安。

家庭防治

按摩百会、四神聪、脑门、风池（双），由轻到重，交替进行。患儿惊哭停止后，继续按摩2～3分钟。用于惊恐伤神症。

民间小偏方

【用法用量】蝉蜕、灯芯草各3克，洗净水煎，每日1剂，分3～4次口服，连服2～3剂。

【功效】尤宜于婴儿病后体弱、余热未尽、虚烦不寐、惊哭夜啼之症。

民间小偏方

【用法用量】取乌药、僵蚕各10克，蝉蜕15克，琥珀3克，青木香6克，雄黄5克，洗净研细末备用。用时取药10克，用热米酒将药末调成糊状，涂在敷料上，敷脐。每晚换一次，7天为一个疗程。一般一个疗程治愈。

【功效】可治疗小儿夜啼。

· 推荐药材食材 ·

◎具有安神益智、祛痰、消肿的功效，用于惊悸、神志恍惚等症。

【茯神】

◎具有宁心、安神、利水的功效，用于心虚惊悸、健忘、失眠、惊痫等症。

【淡竹叶】

◎甘淡渗利、性寒清降，主治小儿惊痫、喉痹、烦热等。

茅根鲮鱼汤

原材料

鲜白茅根500克，淡竹叶15克，鲮鱼肉200克。

调　料

生姜2片，盐适量。

做　法

❶鲜白茅根、淡竹叶分别洗净。❷鲮鱼肉宰杀洗净，剁成泥。❸将材料和姜片一起放入炖盅里，加清水适量，用文火炖4小时，加盐调味饮用。

养生功效 竹叶性寒，味甘淡，无毒，入心经、肾经，可治胸中疾热、咳逆上气，对小儿脾寒、心热引起的夜啼有缓解作用。白茅根可治热病的津伤口渴，有凉血作用。二者同用，可清热，缓解热病及小儿心热不安。

锁阳炖乌鸡

原材料

锁阳20克，煅龙骨10克，远志6克，党参15克，金樱子12克，五味子6克，乌鸡500克。

调　料

料酒10毫升、精盐5克，姜片5克，味精3克，胡椒粉3克，葱段10克，上汤适量。

做　法

❶药材洗净，装入纱布袋；乌鸡剁块后汆水。❷将药包、乌鸡、姜片、葱段一起放入炖锅内，加入上汤、料酒，武火烧沸后再用文火炖1小时，最后加入精盐、味精、胡椒粉调味即成。

养生功效 远志有治惊悸、神情恍惚的功效；龙骨可镇定安神，治烦躁失眠；党参对气短心悸也有治疗作用，再加入乌鸡滋补，强化功效，对小儿惊骇引起的夜啼有较好的治疗作用。同时，也适用于其他失眠、头晕的患者。

小儿惊风

惊风是小儿常见的一种急重病症，又称“惊厥”，俗名“抽风”。惊风是中枢神经系统功能紊乱的一种表现，引发的原因较多，如高热、脑炎、脑膜炎、大脑发育不全、受到惊吓、癫痫等都可引发小儿惊风。

典型症状

惊风一般分为急惊风和慢惊风。急惊风的主要症状为突然发病，出现高热、神昏、惊厥、牙关紧闭、两眼上翻、角弓反张，可持续几秒至数分钟，严重者可反复发作甚至呈持续状态而危及生命。慢惊风主要表现为嗜睡、两手握拳、手足抽搐无力、突发性痉挛等症。

家庭防治

无论什么原因引起的惊风，未到医院前，都应尽快地控制惊厥，因为惊厥会引起脑组织损伤，先要让患儿在平板床上侧卧，以免气道阻塞。如患儿窒息，要立即做人工呼吸。可用毛巾包住筷子或勺柄垫在其上下牙齿间，以防其咬伤舌头。发热时用冰块或冷水毛巾敷头和前额。惊风时切忌喂食物，以免食物呛入呼吸道。

民间小偏方

【用法用量】取天麻3～5克洗净，与绿茶2克一同放入杯中，冲入适量的沸水，加盖闷5分钟即可趁热饮用。

【功效】有平肝熄风、镇静安神的作用，适用于小儿惊风等症。

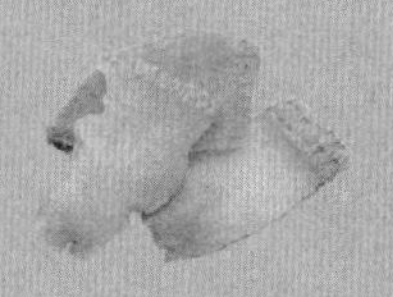

民间小偏方

【用法用量】取蝉蜕3克，朱砂0.6克，薄荷叶24克，洗净一同研成细末，分数次用开水送服。

【功效】有抗惊厥、抑制癫痫发作的作用，适用于小儿惊风患者。

• 推荐药材食材 •

【远志】

◎具有平肝潜阳、清肝明目、镇静抗惊吓的功效。

【茯神】

◎具有抗惊厥、抑制癫痫发作的作用，可治小儿惊风、癫痫等症。

【淡竹叶】

◎具有有发表、祛风、止痛的功效，主治外感风寒、头痛、破伤风等。

蝉蜕冬瓜汤

|原材料|

冬瓜2000克，蝉蜕15克，麦冬20克，鲜扁豆30克，红豆30克，蜜枣4颗。

|调　料|

盐5克。

|做　法|

❶蝉蜕洗净，浸泡 30 分钟；麦冬、红豆洗净，浸泡 1 小时；蜜枣洗净；冬瓜连皮洗净，切成大块状；扁豆洗净，择去老筋，切段。❷将清水放入瓦煲内，煮沸后加入以上用料，武火煲滚后用文火煲 3 小时，加盐调味即可。

养生功效 蝉蜕在临床应用于小儿科较多，可治疗肺热咳嗽、感冒发热、小儿夜啼。蝉蜕可以直接泡茶饮用，但要注意使用剂量，特别是小儿服用时，使用量要适当减少，以免引起一些不良的反应。加冬瓜同煮，药效减弱，但更适宜小儿食用，缓解小儿惊风。

桑寄生何首乌鸡蛋汤

|原材料|

桑寄生30克，何首乌60克，红枣6颗，鸡蛋2个。

|调　料|

红糖适量。

|做　法|

❶桑寄生、何首乌分别洗净；红枣洗净，浸软，去核。❷将全部材料放入砂锅内，加适量清水，武火煮沸后改用文火煮 30 分钟，捞起鸡蛋去壳，再放入煮 1 小时，加红糖煮沸即可。

养生功效 桑寄生有通经络、祛风湿之功效，且有一定的镇静作用。桑寄生入药始载于《神农本草经》，名“桑上寄生”，入肝、肾二经。《湖南药物志》说，桑寄生能“治肝风昏眩，四肢麻木，酸痛，内伤咳嗽，小儿抽搐”。现代药理研究也表明桑寄生有较好的抗惊厥作用。桑寄生与何首乌、红枣、鸡蛋同煮，不仅对小儿惊风有较好的食疗作用，还可增强小儿的机体免疫力。